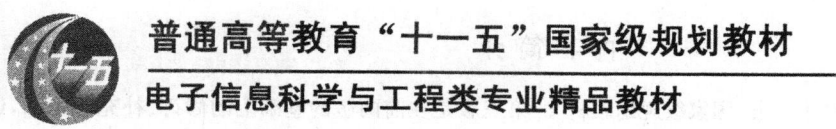

普通高等教育"十一五"国家级规划教材

电子信息科学与工程类专业精品教材

数据压缩

（第三版）

吴乐南　编著

电子工业出版社

Publishing House of Electronics Industry

北京·BEIJING

内 容 简 介

本书系"普通高等教育'十一五'国家级规划教材"。第三版是在前两版的基础上的修订、补充和更新，继续讲述数据压缩的基本理论、实用技术、先进标准和具体应用。

全书共 8 章。第 1 章"绪论"，点明数据压缩的两个基本问题："为什么压缩"和"压缩什么"。第 2 章"信源的数字化与压缩系统评价"和第 3 章"理论极限与基本途径"，是数据压缩的理论基础。第 4 章"统计编码"不但是无失真数据压缩的基本手段，也常成为其他压缩技术的组成部分，讨论了行之有效的数据和文件压缩算法。第 5 章"预测编码"和第 6 章"变换编码"，是限失真信源编码的主要原理和方法，结合语音、图像和电视等具体信源，介绍了有关算法和标准。第 7 章"分析—综合编码"和第 8 章"视频编码标准与进展简介"，引述了音像压缩的新方法和国内外新标准，供有志深入者参考。

本书的基本内容是高等学校电子信息科学与工程类专业本科生的教材或教学参考书，全书可用于研究生"数据压缩"或"信源编码"课程的教学参考，同时也适合从事数字通信、广播电视、消费电子、多媒体技术、遥感遥测、安防监控和计算机应用等工作的科技人员自学。

未经许可，不得以任何方式复制或抄袭本书之部分或全部内容。
版权所有，侵权必究。

图书在版编目(CIP)数据

数据压缩 / 吴乐南编著. —3 版. —北京：电子工业出版社，2012.8
电子信息科学与工程类专业精品教材
ISBN 978-7-121-17756-9

Ⅰ. ①数… Ⅱ. ①吴… Ⅲ. ①数据压缩—高等学校—教材 Ⅳ. ①TP274

中国版本图书馆 CIP 数据核字(2012)第 172968 号

责任编辑：陈晓莉
印　　刷：河北虎彩印刷有限公司
装　　订：河北虎彩印刷有限公司
出版发行：电子工业出版社
　　　　　北京市海淀区万寿路 173 信箱 邮编 100036
开　　本：787×1 092　1/16　印张：15.75　字数：443 千字
版　　次：2000 年 6 月第 1 版
　　　　　2012 年 8 月第 3 版
印　　次：2025 年 7 月第 8 次印刷
定　　价：38.00 元

凡所购买电子工业出版社图书有缺损问题，请向购买书店调换。若书店售缺，请与本社发行部联系，联系及邮购电话：(010)88254888。
质量投诉请发邮件至 zlts@phei.com.cn，盗版侵权举报请发邮件至 dbqq@phei.com.cn。
服务热线：(010)88258888。

第三版修订前言

本教材自从 2005 年 10 月出版第二版以来,在 2006 年入选"普通高等教育'十一五'国家级规划教材"。由于我国高等教育的发展,教学和教材"精品化"的要求,特别是本学科领域认识的深化,技术的突破,需求的牵引,产品的创新,市场的竞争,以及对于标准的重视与前瞻,都持续地对本教材内容的修订与更新提出了紧迫的要求和更高的标准,因此,电子工业出版社和读者也要求编者在保持教材总体格局的前提下,对第二版继续进行修订、补充和更新。

第三版的章节总体结构同第二版,除修订了第二版的部分错误和疏漏外,基本保持了原作的框架风貌与教材特点。在内容的增删与更新方面主要进行了以下安排。

第 1 章:仅略做更新。

第 2 章:结构不变,做了少量的订正、润色与更新,列出了参考文献。

第 3 章:在少量订正和润色的基础上,通过新增 3.3.5 节"基本途径之六——利用方差变换"、3.5 节"分布式信源编码"和 3.6 节"压缩感知"(可在教学中酌情处理,均以"*"号表示),将理论研究的新进展凝练为 4 条新的数据压缩基本途径,并列出了参考文献。

第 4 章:做了少量的订正、润色与更新,扩充了参考文献。重点针对 4.4 节"游程编码",删除了内容陈旧且不实用的 4.4.1 节"基本方法分析",更新了 4.4.2 节(原 4.4.3 节)"连续色调图像的二维编码",以反映国内外视频压缩标准中的新进展。

第 5 章:结构不变,订正了印刷错误,更新了参考文献,主要将 5.7.4 节由原来的"H.264 的宏块划分"更改为"预测块划分与亚像素精度",以侧重基本原理的理解。

第 6 章:结构不变,订正了印刷错误,并配合正文内容增补了少量参考文献,以反映最新的研究进展。

第 7 章:除了 7.2 节外,其他结构不变,仅做少量润色和文献更新。重点改写了 7.2 节"宽带声音的子带编码":扩充了 7.2.1 节"宽带音频编码的特点";将原 7.2.4 节"音响信号压缩的分析模型"作为新的 7.2.2 节,并删除了其中一些陈旧或非标准的例子,以体现原理在标准前面介绍的教学合理性;将原 7.2.2 节"宽带音频编码的标准考虑"和原 7.2.3 节"MPEG 音频编码标准的发展"的内容,合并调整为新的 7.2.3 节"宽带音频编码的 MPEG 标准",并通过新的 7.2.4 节相应地增补"宽带音频编码的中国标准";将原 7.2.5 节"动态码位分配及其 MPEG 实现"展开为新的 7.2.5 节"MPEG-1 音频算法"和新的 7.2.6 节"MPEG-2 AAC 音频算法",使得各节之间的内容更加均衡,更便于教学内容的模块化组织,也能够更清晰地在整体上与新增的 7.2.7 节"DRA 音频算法"和 7.2.8 节"SVAC 音频算法"这两个新近公布的国家标准相对应,有利于读者的查找和对比。本章新增了大量的参考文献以供有兴趣的读者深入和溯源。

第 8 章:名称由原来的"视频压缩编码的国际标准简介"更改为"视频编码标准与进展简介",以涵盖已实施的中国标准和新的标准化进展;将已经陈旧的原 8.1 节"H.261 建议"、原 8.2 节"MPEG-1 视频压缩标准"、原 8.3 节"MPEG-2 视频压缩标准"和原 8.4 节"H.263 建议"大幅删减,同时并入原 8.5.2 节"现有视频编码标准的共性技术"和原 8.5.3 节"经典标准算法的不足"的内容,整体浓缩为新的 8.1 节"视频压缩编码国际标准的发展";将原 8.5 节"MPEG-4 视频压缩标准概述"的其他内容,与原 8.6 节"MPEG-4 基于内容的编码"整体合并,作为新的 8.2 节"MPEG-4 基于内容的编码";将原 8.7 节"H.264/AVC 视频压缩标准"作为新的 8.3 节而适度扩充,删除了非正式出版的参考文献,补充了最新的研究进展;将原 8.8 节"AVS 视频压缩标准简介"充实为新的 8.4 节"AVS 视频压缩标准";增加了全新的 8.5 节"SVAC 视频压缩标准"、8.6 节"H.265 视频编码标准简介"和 8.7 节"立体视频编码技术介绍",补充了大量的近期参考文献。

习题或思考题:仅有个别更新。

缩写词索引:继续充实。

参考文献:统一在书后按章列出,并在正文中有所标记,需要时按章查找即可。为了在有限的篇幅内给出更大的信息量,编者尤其注重给出国内近期的有关博士论文,这样读者在查找时可通过每篇博士论文的综述及后面上百篇的参考文献,追溯到更多的源头期刊和会议论文。这种方式应该有利于不同层次的读者各取所需。谨在此对所有文献的作者表示深深的谢意和敬意。

本教材的参考学时数和对教学内容的取舍仍可参照第一版的"前言"灵活安排。

本教材为"江苏省高等教育精品课程"配套教材,开通的教学网站提供本课程教学团队的全程教学录像和全部课件,需求者请登录:ww.hxedu.com.cn 索取。

本教材 3.6 节由戚晨皓讲师编写,8.7 节由罗琳副教授编写;陈阳教授提供了对于第二版的详细勘误;一些兄弟院校的任课教师也提出了许多宝贵意见,谨在此表示衷心的感谢。第三版时至今日才与读者见面,概因作者的耽搁,为此深感内疚。纵然时间太紧、发展太快可作为客观托辞,但跟踪吃力、缺乏动力却是真实写照,为此特别要对第三版的责任编辑陈晓莉女士多年来的耐心、理解、宽容和帮助表示真诚的敬意与谢意。本次修订仍遗留下许多作者自感仓促成文、未及深究以致难以把握的遗憾,恳请广大读者不断批评指正。

吴乐南

2012 年 7 月 18 日于南京

第二版前言

本教材是根据原电子工业部《1996—2000 年全国电子信息类专业教材编审出版规划》，由通信与信息工程专业教学指导委员会编审、推荐出版的。自从 2000 年 6 月第一版出版以来，虽然时间只过去了 52 个月，但我国高等教育的发展，教学要求的提高，特别是本学科领域技术的进步，产品的普及，市场的扩张，标准的换代，以及新的应用需求(如无线多媒体)的牵引，都相应地对本教材内容的更新提出了紧迫的要求和更高的标准。正是在这样的背景下，电子工业出版社要求编者在保持教材总体格局不应有大变化的前提下，对第一版进行修订、补充和更新。

第二版的章节总体结构同第一版，除修订了第一版的部分错误和疏漏外，基本保持了原作风貌，但在章、节、段的目录结构上，取消了原来某些章节中的第 4 级段落，使得各段(即第 3 级目录)的内容更均衡一些，以便教学内容的组织和选取。在内容的增删与更新方面主要进行了以下安排。

第 1 章与第 3 章不变，仅略做润色。

第 2 章：将原 2.2 节"量化"拆分为"标量量化"和"矢量量化"两节。

第 4 章：扩充了 4.2 节"霍夫曼编码"；调整了原来的 4.3 节"游程编码"，即将原 6.3.4 节"JPEG 基本系统的编码"中有关编码的内容按照"难点分散"的原则，作为新的 4.4.3 节"连续色调图像的二维编码"调整过来。另外，新增了 4.3 节"Golomb 编码与通用变长码"，以反映国内外视频压缩标准中的最新进展。

第 5 章：调整了 5.3 节，即将原来分散在原 5.3 节"语音信号的预测编码"与原 7.2 节"宽带声音的子带编码"中有关听觉感知方面的内容加以集中，形成新的 5.3 节"音频信号与听觉感知"；重新改写了原 5.3 节"语音信号的预测编码"，并作为新的 5.4 节；在原 5.4 节"静止图像的预测编码"中补充了国际标准 H.264/AVC 和国家标准 AVS 视频中新出现的帧内预测模式；将原 5.5 节"活动图像的预测编码"拆分为新的 5.6 节"视频信号与视觉感知"和 5.7 节"活动图像的预测编码"两节；前者并入了原 8.1.1 节和原 8.2.1 节的"输入图像格式"，以突出重点，便于查找；后者则新增了 5.7.4 节"H.264 的宏块划分"。

第 6 章：在 6.2 节中新增了在 H.264 中出现的"基于 DCT 的整数变换"(6.2.5 节)，并改写了 6.3 节。

第 7 章：裁减了 7.2 节；重新改写了原 7.3 节"小波变换编码"：理论部分作为新的 7.3 节"小波分析简介"可在教学中酌情处理(以"＊"号表示)，应用部分则作为新的 7.4 节"静止图像的小波变换编码"，重点引入了新的 JPEG 2000 标准；而对原 7.4 节(现 7.5 节)"从波形基编码到模型基编码"(仍加以"＊"号表示)则进行了较大的扩充，主要是在模型基编码方面，意在分散 MPEG-4 视频标准介绍中的难点，并将这些体现先进技术潮流但又尚未普及实用的内容呈现给读者评判和思考。

第 8 章：主要基于技术发展、产品更新和即将开始的主流应用方面的考虑，简化或裁减了涉及 H.261、MPEG-1、MPEG-2 和 H.263 的前 4 节；拆分并充实了原 8.5 节"MPEG-4 视频压缩标准"；新增了 8.7 节"H.264/AVC 视频压缩标准"和 8.8 节"AVS 视频压缩标准简介"。除了展现国际上的新标准，也想为我国自己的标准做一点宣传。

另外，各章都增添了一些习题或思考题，而书末的"习题答案"和"缩写词索引"也有相应的

V

充实。

关于参考文献,除了个别再次引用并标明出处者,第二版一般只列入本次修订所新增的新文献,而读者需要追溯的其他参考文献可在本教材的第一版及编者的旧作《数据压缩的原理与应用》(电子工业出版社,1995年2月第一版)找到。目的是既压缩篇幅,又为有研究兴趣的读者留下查找的线索;同时为方便查找,第二版的参考文献是按章列出并在正文中有所标记(当然又带来少量的重复)。编者谨在此对所有文献的作者表示深深的谢意和敬意。

本教材的参考学时数和对教学内容的取舍仍可参照第一版的"前言"灵活安排。

最后,编者真诚感谢电子工业出版社文宏武社长的鼓励和李秦华编辑的前期帮助,特别是对本次修订版的责任编辑陈晓莉女士的理解和宽容表示衷心的感谢。但是,尽管编者对于完稿期一拖再拖,仍感到时间太紧,发展太快,跟踪太吃力,力又不从心!使得本次修订仍遗留下许多连编者自己都深感遗憾之处,但愿能在"第三版"中加以弥补,也恳请广大读者不断批评指正。

吴乐南
2005年3月20日于南京

第一版前言

本教材是根据原电子工业部《1996—2000年全国电子信息类专业教材编审出版规划》,由通信与信息工程专业教学指导委员会编审、推荐出版的。本教材由东南大学吴乐南担任主编,北京大学徐孟侠教授担任主审,电子科技大学李在铭教授担任责任编委。

本教材的参考学时数为48学时(编者一直采用32学时),其主要内容大致可分为三部分。第一部分(第1至第3章)阐述数据压缩的基本概念、前提条件、评价准则、理论极限和主要途径,是全书的理论基础;第二部分(第4至第6章)讨论统计编码、预测编码和变换编码等数据压缩的经典方法和实用技术,是全书的主体;第三部分(第7和第8章)介绍了基于子带、小波、分形和模型的数据压缩理论、方法和进展,并作为综合应用的实例,给出了有关视频压缩编码的若干国际标准,是全书的深入和拓展。教材主要依据编者原作《数据压缩的原理与应用》(电子工业出版社,1995年2月第一版)并针对本科教学要求,分散难点(将有关标准所涉及的原理分散到各章),突出重点(注重概念,将必要的推导和证明留作习题),压缩篇幅(删除过时或未广泛应用的内容),更新内容(增加H.263、MPEG-4和MPEG-2 AAC的原理)。各章均有少量习题或思考题,书后附有参考文献、习题答案及全书缩写词的索引。

使用本教材时应注意根据不同的教学要求对内容进行适当取舍,灵活安排讲课时数。例如,教学时数为32/48学时,从第1章至第8章所用的参考学时数依次为2/2、3/4、5/6、6/8、5/8、5/6、2/4和2/6(均不包括加"*"的章节),留出2/4学时做实验。为利于自学或跨专业选修,本教材只要求读者具有普通工科大学生的概率论与线性代数基础。本教材也包含了一些较深入的内容,可用于研究生教学或参考。

本教材由吴乐南编写,其中第7.3.1至7.3.4节的内容及部分参考文献由王桥副教授提供。参加审阅工作的还有陈天授等同志,都为本书提出了许多宝贵意见,在此表示诚挚的感谢。由于编者水平有限,书中难免还存在一些缺点和错误,殷切希望广大读者批评指正。

编　者
2000年1月

目　　录

第 1 章　绪论 ………………………………………………………………………………… (1)
　1.1　什么是数据压缩 ………………………………………………………………………… (1)
　1.2　数据压缩的必要性 ……………………………………………………………………… (2)
　1.3　数据压缩技术的分类 …………………………………………………………………… (3)
　　　1.3.1　数据压缩的一般方法 …………………………………………………………… (3)
　　　1.3.2　可逆压缩 ………………………………………………………………………… (4)
　　　1.3.3　不可逆压缩 ……………………………………………………………………… (4)
　　　1.3.4　实用的数据压缩技术 …………………………………………………………… (5)
　1.4　数据压缩的标准和应用 ………………………………………………………………… (6)
　习题与思考题 …………………………………………………………………………………… (7)

第 2 章　信源的数字化与压缩系统评价 ………………………………………………… (8)
　2.1　取样 ……………………………………………………………………………………… (8)
　　　2.1.1　取样定理 ………………………………………………………………………… (8)
　　　2.1.2　内插恢复 ………………………………………………………………………… (9)
　　　2.1.3　其他表述 ………………………………………………………………………… (10)
　2.2　标量量化 ………………………………………………………………………………… (11)
　　　2.2.1　量化误差 ………………………………………………………………………… (11)
　　　2.2.2　均匀量化 ………………………………………………………………………… (12)
　　　2.2.3　最佳量化 ………………………………………………………………………… (13)
　　　2.2.4　压扩量化 ………………………………………………………………………… (14)
　2.3　矢量量化 ………………………………………………………………………………… (15)
　　　2.3.1　基本原理 ………………………………………………………………………… (15)
　　　*2.3.2　码书的设计 ……………………………………………………………………… (17)
　2.4　信号压缩系统的性能评价 ……………………………………………………………… (18)
　　　2.4.1　信号质量：客观度量 …………………………………………………………… (19)
　　　2.4.2　信号质量：主观度量 …………………………………………………………… (21)
　　　2.4.3　比特率 …………………………………………………………………………… (23)
　　　2.4.4　复杂度 …………………………………………………………………………… (23)
　　　2.4.5　通信时延 ………………………………………………………………………… (24)
　　　2.4.6　编码与数字通信系统的性能空间 ……………………………………………… (24)
　习题与思考题 …………………………………………………………………………………… (25)

第 3 章　理论极限与基本途径 …………………………………………………………… (27)
　3.1　离散无记忆信源 ………………………………………………………………………… (27)
　　　3.1.1　自信息量和一阶熵 ……………………………………………………………… (28)
　　　3.1.2　基本途径之一——概率匹配 …………………………………………………… (28)
　3.2　联合信源 ………………………………………………………………………………… (30)
　　　3.2.1　联合熵与条件熵 ………………………………………………………………… (30)
　　　3.2.2　基本途径之二——对独立分量进行编码 ……………………………………… (32)
　3.3　随机序列 ………………………………………………………………………………… (33)

· IX ·

3.3.1　极限熵 ………………………………………………………………………… (33)
　　3.3.2　基本途径之三——利用条件概率 …………………………………………… (33)
　　3.3.3　基本途径之四——利用联合概率 …………………………………………… (35)
　　3.3.4　基本途径之五——对平稳子信源进行编码 ………………………………… (35)
　　3.3.5　基本途径之六——利用方差变换 …………………………………………… (36)
3.4　率失真理论 ……………………………………………………………………………… (36)
　　3.4.1　率失真函数的基本含义 ……………………………………………………… (36)
　　3.4.2　离散信源的率失真函数 ……………………………………………………… (38)
＊3.5　分布式信源编码 ……………………………………………………………………… (39)
　　3.5.1　无损编码——Slepian-Wolf 理论 …………………………………………… (39)
　　3.5.2　基本途径之七——利用联合解码 …………………………………………… (40)
　　3.5.3　有损编码——Wyner-Ziv 理论 ……………………………………………… (41)
　　3.5.4　基本途径之八——利用边信息解码 ………………………………………… (41)
＊3.6　压缩感知 ……………………………………………………………………………… (42)
　　3.6.1　模型 ……………………………………………………………………………… (42)
　　3.6.2　感知矩阵 ………………………………………………………………………… (43)
　　3.6.3　重建算法 ………………………………………………………………………… (43)
　　3.6.4　基本途径之九——利用压缩感知 …………………………………………… (44)
习题与思考题 …………………………………………………………………………………… (44)

第4章　统计编码

4.1　基本原理 ……………………………………………………………………………… (45)
　　4.1.1　文件的冗余度类型 …………………………………………………………… (45)
　　4.1.2　编码器的数学描述 …………………………………………………………… (46)
　　4.1.3　变长码的基本分析 …………………………………………………………… (47)
　　4.1.4　唯一可译码的存在 …………………………………………………………… (49)
　　4.1.5　唯一可译码的构造 …………………………………………………………… (50)
4.2　霍夫曼编码 …………………………………………………………………………… (51)
　　4.2.1　霍夫曼码的构造 ……………………………………………………………… (51)
　　4.2.2　信源编码基本定理 …………………………………………………………… (52)
　　4.2.3　截断霍夫曼编码 ……………………………………………………………… (54)
　　4.2.4　自适应霍夫曼编码 …………………………………………………………… (55)
4.3　哥伦布编码与通用变长码 ………………………………………………………… (56)
　　4.3.1　一元码 ………………………………………………………………………… (56)
　　4.3.2　哥伦布编码 …………………………………………………………………… (57)
　　4.3.3　指数哥伦布码 ………………………………………………………………… (58)
　　4.3.4　通用变长码 …………………………………………………………………… (58)
4.4　游程编码 ……………………………………………………………………………… (59)
　　4.4.1　二值图像的游程编码 ………………………………………………………… (59)
　　4.4.2　连续色调图像的二维编码 …………………………………………………… (62)
4.5　算术编码 ……………………………………………………………………………… (65)
　　4.5.1　多元符号编码原理 …………………………………………………………… (66)
　　4.5.2　二进制编码 …………………………………………………………………… (67)
　　4.5.3　二进制解码 …………………………………………………………………… (69)
　　4.5.4　$Q(s)$ 的确定与编码效率 …………………………………………………… (70)

   4.5.5　算术码评述 ……………………………………………………………… (71)
  4.6　基于字典的编码 ………………………………………………………………… (72)
   4.6.1　LZ 码基本概念 ……………………………………………………………… (72)
   4.6.2　LZW 算法 …………………………………………………………………… (72)
   4.6.3　通用编码评述 ……………………………………………………………… (75)
  习题与思考题 ………………………………………………………………………… (75)

第 5 章　预测编码 …………………………………………………………………… (78)

  5.1　DPCM 的基本原理 ……………………………………………………………… (78)
  5.2　最佳线性预测 …………………………………………………………………… (79)
   5.2.1　MMSE 线性预测 …………………………………………………………… (79)
   5.2.2　预测阶数的选择 …………………………………………………………… (81)
  5.3　音频信号与听觉感知 …………………………………………………………… (82)
   5.3.1　语音信号的时域冗余度 …………………………………………………… (82)
   5.3.2　语音信号的频域冗余度 …………………………………………………… (83)
   5.3.3　单音的听觉感知 …………………………………………………………… (84)
   5.3.4　多音的掩蔽效应 …………………………………………………………… (85)
  5.4　语音信号的预测编码 …………………………………………………………… (86)
   5.4.1　技术与标准的沿革 ………………………………………………………… (86)
   5.4.2　LPC 语音合成模型 ………………………………………………………… (88)
   5.4.3　线性预测合成—分析编码 ………………………………………………… (90)
  5.5　静止图像的预测编码 …………………………………………………………… (92)
   5.5.1　帧内预测器的设计 ………………………………………………………… (92)
   5.5.2　JPEG 的无损压缩模式 …………………………………………………… (93)
   5.5.3　JPEG－LS 压缩标准 ……………………………………………………… (94)
   5.5.4　H.264 和 AVS 的帧内预测模式 …………………………………………… (95)
  5.6　视频信号与视觉感知 …………………………………………………………… (95)
   5.6.1　电视信号概述 ……………………………………………………………… (96)
   5.6.2　数字电视的编码参数 ……………………………………………………… (96)
   5.6.3　CIF 格式与 SIF 格式 ……………………………………………………… (99)
   5.6.4　电视图像信号的时间冗余度 ……………………………………………… (99)
   5.6.5　人的视觉感知特性 ………………………………………………………… (101)
  5.7　活动图像的预测编码 …………………………………………………………… (102)
   5.7.1　帧间预测编码的发展 ……………………………………………………… (102)
   5.7.2　二维运动估计的基本概念及方法 ………………………………………… (103)
   5.7.3　块匹配运动估计 …………………………………………………………… (105)
   5.7.4　预测块划分与亚像素精度 ………………………………………………… (106)
  习题与思考题 ………………………………………………………………………… (108)

第 6 章　变换编码 …………………………………………………………………… (110)

  6.1　基本原理 ………………………………………………………………………… (110)
  6.2　离散正交变换 …………………………………………………………………… (111)
   6.2.1　基本概念 …………………………………………………………………… (111)
   6.2.2　KL 变换 …………………………………………………………………… (113)
   6.2.3　图像编码中的正交变换 …………………………………………………… (114)
   6.2.4　DCT ………………………………………………………………………… (115)

· XI ·

6.2.5　基于DCT的整数变换 ……………………………………………………………… (117)
　6.3　图像的正交变换编码 ………………………………………………………………………… (118)
　　6.3.1　变换矩阵的选择 …………………………………………………………………… (118)
　　6.3.2　变换域系数的选择 ………………………………………………………………… (120)
　　6.3.3　系数的量化 ………………………………………………………………………… (121)
　　6.3.4　JPEG的操作模式和数据组织 …………………………………………………… (123)
　　6.3.5　JPEG的系统描述 ………………………………………………………………… (125)
　6.4　MDCT ………………………………………………………………………………………… (126)
＊6.5　深化认识 ……………………………………………………………………………………… (127)
　习题与思考题 ……………………………………………………………………………………… (128)

第7章　分析-综合编码 …………………………………………………………………………… (130)
　7.1　子带分析 ……………………………………………………………………………………… (130)
　　7.1.1　子带编码的主要特点 ……………………………………………………………… (130)
　　7.1.2　整数半带滤波器组 ………………………………………………………………… (132)
　　7.1.3　二维子带分解 ……………………………………………………………………… (133)
　　7.1.4　正交镜像滤波器组 ………………………………………………………………… (133)
　7.2　宽带声音的子带编码 ………………………………………………………………………… (135)
　　7.2.1　宽带音频编码的特点 ……………………………………………………………… (135)
　　7.2.2　音响信号压缩的分析模型 ………………………………………………………… (137)
　　7.2.3　宽带音频编码的MPEG标准 ……………………………………………………… (138)
　　7.2.4　宽带音频编码的中国标准 ………………………………………………………… (142)
　　7.2.5　MPEG-1音频算法 ………………………………………………………………… (144)
　　7.2.6　MPEG-2 AAC音频算法 …………………………………………………………… (146)
　　7.2.7　DRA音频算法 ……………………………………………………………………… (148)
　　7.2.8　SVAC音频算法 …………………………………………………………………… (148)
＊7.3　小波分析简介 ………………………………………………………………………………… (150)
　　7.3.1　基本观念 …………………………………………………………………………… (151)
　　7.3.2　小波基的选择 ……………………………………………………………………… (154)
　　7.3.3　第一代小波构造的统一框架 ……………………………………………………… (156)
　　7.3.4　第二代小波构造的统一框架 ……………………………………………………… (157)
　　7.3.5　提升格式的特点 …………………………………………………………………… (159)
　7.4　静止图像的小波变换编码 …………………………………………………………………… (160)
　　7.4.1　图像DWT系数的零树结构 ………………………………………………………… (160)
　　7.4.2　图像DWT系数编码的SPIHT算法 ………………………………………………… (162)
　　7.4.3　JPEG 2000的发展历程 …………………………………………………………… (164)
　　7.4.4　JPEG 2000特征集 ………………………………………………………………… (165)
　　7.4.5　JPEG 2000图像编码算法 ………………………………………………………… (167)
＊7.5　从波形基编码到模型基编码 ………………………………………………………………… (169)
　　7.5.1　基于信源模型的图像编码技术分类 ……………………………………………… (170)
　　7.5.2　分形图像编码简介 ………………………………………………………………… (170)
　　7.5.3　模型基图像编码的基本思想 ……………………………………………………… (173)
　　7.5.4　MPEG-4中的人脸模型化定义 …………………………………………………… (175)
　　7.5.5　模型基辅助的视频混合编码示例 ………………………………………………… (177)
　习题与思考题 ……………………………………………………………………………………… (180)

第8章 视频编码标准与进展简介 (181)

8.1 视频压缩编码国际标准的发展 (181)
- 8.1.1 ITU－T H.26x 系列 (181)
- 8.1.2 MPEG－x 系列 (186)
- 8.1.3 现有视频编码标准的共性技术 (189)
- 8.1.4 早期标准算法的不足 (190)

8.2 MPEG－4 基于内容的编码 (191)
- 8.2.1 基本描述 (191)
- 8.2.2 视频验证模型 (193)
- 8.2.3 视频对象的分割 (194)
- 8.2.4 视频对象编码 (196)

8.3 H.264/AVC 视频压缩标准 (197)
- 8.3.1 基本框架 (197)
- 8.3.2 视频编码技术特征 (198)
- 8.3.3 数据传输技术特征 (200)
- 8.3.4 性能测试 (200)

8.4 AVS 视频压缩标准 (201)
- 8.4.1 标准化过程 (201)
- 8.4.2 特色技术 (202)
- 8.4.3 性能与应用 (203)

8.5 SVAC 视频压缩标准 (204)
- 8.5.1 标准化过程 (204)
- 8.5.2 技术特点 (205)
- 8.5.3 性能评测 (206)

8.6 H.265 视频编码标准简介 (207)
- 8.6.1 视频编码标准划代 (207)
- 8.6.2 H.265/HEVC 新技术预览 (207)

8.7 立体视频编码技术介绍 (208)
- 8.7.1 基本原理 (209)
- 8.7.2 多视角编码 (210)
- 8.7.3 标准化进展 (211)

习题与思考题 (213)

附录 A 习题答案 (214)

附录 B 缩写词索引 (221)

参考文献 (230)

第1章 绪 论

折中折中在深入本书讨论之前,先简单了解一下有关数据压缩的基本概念、定义、必要性、一般方法、技术分类和应用前景的概况,有助于提高我们的学习兴趣。

1.1 什么是数据压缩

人类社会已进入信息时代。而信息的本质,要求交流和传播。即使是最高度的机密,也需要有解密的使用者。否则,不能称之为信息。于是需要将信息从"这里"传输到"那里"——典型的"通信"概念;或者将信息从"现在"传输到"将来"——所谓"存储"问题。这两种物理过程,均可用图 1.1 所示的一个统一的数字传输系统模型来概括。

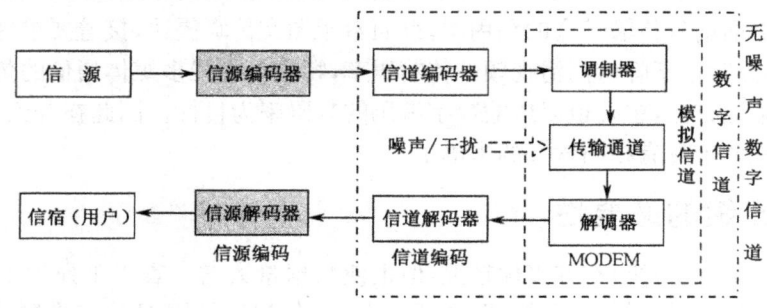

图 1.1 数字传输系统模型

图 1.1 中信源是数字的(或对模拟信号数字化的),而实际的物理传输通道却多为模拟信道,为此发送端通过调制器而接收端借助解调器实现数字序列在模拟信道上的传输。调制器加上解调器(modulator+demodulator)合称调制解调器(modem),简称调解器,它把物理上的模拟信道,转化为一个实际的数字信道。

之所以称"实际的",是因为在传输过程中信道噪声和干扰在所难免,有可能使解调后的传输信息出错。为此,图 1.1 中的信道编码器加上信道解码器(coder+decoder)合称信道编解码器(codec)的任务,就是尽量使数字信息在传输过程中不出错或少出错,即使出了错也要能自动检错和尽量纠错。如果信道编码和信道解码(统称信道编码)足以保证数字序列的无误差传输,则图 1.1 中的信道 codec 就把由 modem 和模拟信道构成的实际数字信道,改造成一个理想的无噪声数字信道。因此,**信道编码主要解决传输的可靠性问题**。

而图 1.1 中的信源编码和信源解码即为本书所要研究的内容,统称为信源编码(阴影部分)。信源编码器加上信源解码器也合称信源 codec,它通过对信源的压缩、扰乱、加密等一系列处理,力求用最少的数码最安全地传递最大的信息量。因此,信源编码面对的是传输的安全性和有效性。

信源编码和信道编码都是信息科学的重要分支。信源编码最初研究密码和压缩编码两大类编码方法,但随着理论基础和社会需求的细化,信息安全甚至密码学本身都已发展成为独立的学科。由此,**信源编码主要解决传输的有效性问题**,它构成了数据压缩的理论基础。那么,什么是数据压缩呢?

· 1 ·

数据压缩,就是**以最少的数码表示信源所发的信号,减少容纳给定消息集合或数据采样集合的信号空间**。

所谓信号空间即被压缩对象,是指:

① 物理空间,如存储器、磁盘、磁带、光盘、USB闪存盘(U盘)等数据存储介质;
② 时间区间,如传输给定消息集合所需要的时间;
③ 电磁频段,如为传输给定消息集合所要求的频谱、带宽等。

也就是指某信号集合所占的空域、时域和频域空间。信号空间的这几种形式是相互关联的:存储空间的减少也意味着传输效率的提高与占用带宽的节省。这就是说,只要采用某种方法来减少某一种信号空间,就能压缩数据。从这个意义上讲,通过选择不同modem的调制与解调方式,可以在同样的频宽上传送更高的数码率,提高了单位频带的利用率,因而也具有频带压缩之功效。但这属于传输信道的频带压缩技术,与信源本身无关,不在本书讨论。只是有必要指出:调制/解调既影响频带利用的有效性,又涉及信息传输的可靠性。

究竟采用什么方法,以及压缩哪一种信号空间,要根据实际需要与技术条件决定。最初,人们关心提高电话信号传输带宽的利用率,继而希望图文传真提速,接着要求减小数据存储空间,而近年来则更紧迫于降低高清视频的传输码率,特别是无线多媒体通信的传输带宽。近代信源编码的理论与方法,主要也以压缩数字编码的数码率为目标。因此在今天,"数据压缩"与"信源编码"已是两个具有相同含义的术语了。

1.2 数据压缩的必要性

采用数字技术(或系统)有许多优越性,但也使数据量大增。表1.1列举了一些常见的数字化音、视频格式。如果对每个取样(取样频率为f_s)的幅度值用R位二进制编码(叫做R比特[①])表示,就得到数字信号的传输速率或比特率I,即

$$I = f_s \times R (\text{bit/s}, \text{b/s} 或 \text{bps}) \tag{1.2.1}$$

表1.1 数字化音、视频格式

数字音频格式	频带范围(Hz)	取样频率(kHz)	样本精度(bit)	声道数	原始码率(Kb/s)
电话	300～3400	8	8	1	64
调幅(AM)广播	50～7000	11.025	16	1	176.4
调频(FM)广播	20～15000	22.03	16	2	705.6
激光唱盘(CD)	20～20000	44.1	16	2	1411.2
数字录音带(DAT)	20～20000	48	16	2	1536
数字电视格式	每秒帧数	图像分辨率(像素)	样本精度(bit)		亮度信号原始码率(Mb/s)
CIF格式的亮度信号	30	352×288	8		24.33
CCIR 601的亮度信号	30/25	720×480/720×576	8		82.944
HDTV亮度信号一例	60	1920×1080	8		995.3

此即为该信号在通信线路上每秒钟应传送的位数,或者保存1秒钟信号样值所需占用的存储容量。传输速率I也可以用每秒千位(Kb/s)、每秒兆位(Mb/s)甚至每秒吉位(Gb/s)来表示。当信号带宽给定从而f_s为已知且不变时,传输速率就简单地由每样值的位数R(或bit/样值)来确定。在有关编码的文献及本书中,比特率(或数码率、码率、速率、数据率)用来表示I和R,具体指哪一个可从其量纲看出,不会混淆。一般传输时多用I,而存储时只用R,因为此时不再涉及时间。

---

① 比特(bit;binary digit)的涵义即为二进制数字。

【例 1-1】 从传输角度看：数字电话的取样率最低，按每一取样用 8 位压扩量化（见 2.2.1 节），通常其数码率也需要 $I=8\times 8=64\text{Kb/s}$；一路广播级的彩色数字电视，若按 4∶2∶2 的分量编码标准格式（见 5.5.1 节），用 13.5/6.75/6.75 MHz 频率采样，每像素（pixel：picture+element，常简写为 pel）用 8 位编码，数码率为

$$I=(13.5+6.75+6.75)\times 8=216 \text{ Mb/s}$$

若实时传送，需占用上述数字话路 3375 个。若能将其压缩到原来的 1/3，即可同时增开 2250 路数字电话；而一路 4∶2∶2 格式的高清晰度（或高分辨率）电视（HDTV：High Definition Television），数码率更可高达

$$I=1920\times 1080\times 60\times 2\times 8=1990 \text{ Mb/s}$$

【例 1-2】 从存储角度看：一幅 512×512 像素、8bit/pel 的黑白图像占 256 B①；一幅 512×512 像素、每分量 8 位的彩色图像则占 3×256=768B；一幅 2230×2230×8bit 的气象卫星红外云图占 4.74MB，而一颗卫星每半小时即可发回一次全波段数据（5 个波段），每天的数据量高达 1.1GB。但这与光谱分辨率在 λ/100（λ 为光波长）的高光谱（Hyperspectral）甚至达到 λ/1000 的超高光谱（Ultraspectral）遥感图像的海量数据相比，却又差多了。

【例 1-3】 海洋地球物理勘探遥测数据，是用 60 路传感器，每路信号按 1kHz 频率采样、16 位模-数转换器（ADC）量化而得，每航测 1km 就需记录 1 盘 0.5 英寸的计算机磁带，而仅仅一条测量船每年就可勘测 15000km！

由此可见，信息时代带来了"信息爆炸"。数据压缩的作用及其社会效益、经济效益将越来越明显。反之，如果不进行数据压缩，则无论传输或存储都很难实用化。而数据压缩的好处就在于：

① 较快地传输各种信源（降低信道占有费用）——时间域的压缩；
② 在现有通信干线上开通更多的并行业务（如电视、传真、电话、可视图文等）——频率域的压缩；
③ 降低发射功率（这对于依靠电池供电的移动通信终端，如手机、个人数字助理（PDA）、无线传感器网络（WSN）等尤为重要）——能量域的压缩；
④ 紧缩数据存储容量（降低存储费用）——空间域的压缩。

1.3 数据压缩技术的分类

数据压缩的分类方法繁多，尚未统一。从考察其一般方法入手，可望得到更本质的认识。数据压缩的一般步骤如图 1.2 所示。

图 1.2 数据压缩的一般步骤

1.3.1 数据压缩的一般方法

所谓"数据"，通常是指信源所发信号的数字化表示或记录。而本书所谓的"数据压缩"，则是考虑以更少的数码来"进一步"地"表示"这样的原始数据。因此，任何数据压缩方法，都可以抽象成图 1.2 所示的 3 个主要步骤（有些步骤可以没有）。

---

① 遵循计算机工程习惯，本书用大、小写字母"B"和"b"分别表示字节（Byte）和二进制位（bit）。

① 建立一个数学模型,以便能更紧凑或更有效地"重新表达"规律性不那么明显(或本质性不那么突出)的原始数据;

② 设法更简洁地表达利用该模型对原始数据建模所得到的模型参数(或新的数据表示形式)。由于这些参数可能会具有无限的(或过高的)表示精度,因此可以将其量化为有限的精度——为区别于对原始信号数字化时已进行过的一次量化过程,故称为"二次量化";

③ 对模型参数的量化表示或消息流进行码字分配,以得到尽可能紧凑的压缩码流。此时的编码要求能"忠实地"再现模型参数的量化符号,故称为"熵编码"。

显然,在这"三步曲"中,如果没有"②"且建模表达是一个可逆过程,则从压缩后的码流中就可能完全恢复原始数据;否则,由于"二次量化"的存在,便无法完全再现原始数据。由此,能够取得一致的分类方法,就是将数据压缩分为在某种程度上可逆的与实际上不可逆的两大类,这样更能说明它们的本质区别。而如果综合考虑图 1.2 的"三部曲",则可将不可逆压缩理解为"混合编码",因为通常的不可逆压缩过程中总是包含着可逆的编码技术("两部曲")。

1.3.2 可逆压缩

可逆压缩也叫做无失真、无差错编码(error free coding)或无噪声(noiseless)编码,而不同专业的文献作者还采用了另外一些术语,如冗余度压缩(redundancy reduction)、熵编码(entropy coding)、数据紧缩(data compaction)、信息保持编码(lossless,bit-preserving),等等。香农(C. E. Shannon)在创立信息论时,提出把数据看做是信息和冗余度的组合。冗余度压缩的工作机理,是去除(至少是减少)那些可能是后来插入数据中的冗余度,因而始终是一个可逆过程。本书也更多地使用了冗余度压缩的术语。

【例 1-4】在一个数据采集系统中,如果信号在一段长时间内不变,则许多连续采样值将是重复的。若能去除这些重复数据,便可得到冗余度压缩。显而易见的方法就是计算两个不同采样值间重复采样的数目(叫做游程),然后将变化的采样值与该重复数目一起发送。显然,这种压缩技术总是可以根据压缩后的数据恢复原来的数据——没有丢失信息。这样做并未涉及数据在物理媒质上的具体存储表示,而有时这种表示本身也会引入额外的冗余度。

【例 1-5】工程上常用 12 位 ADC 采集数据。为了能高速采样并便于处理,往往就用一个字(2Byte)来保存一个样值,这就使得每一样值额外增加了 4 位冗余度,若改用 3 个字(48bit)存 4 个数据,即可消除这一额外冗余度,使数据存储更加紧凑。

这种对于数据外在冗余度的压缩常称为数据紧缩,其原理是直观的,效果是显然的,无须多加讨论。冗余度压缩是针对数据内部的多余信息进行研究,例如对例 1-4 中的重复数据采用不同的表示方法。虽然也有人不加区分地混用"compression"和"compaction"两术语,但读者应当注意"压缩"与"紧缩"二词的细微差异。

1.3.3 不可逆压缩

不可逆压缩就是有失真(lossy)编码,信息论中称熵压缩(entropy compression)。

【例 1-6】为了简单地实现熵压缩,在监测采样值时设置某个门限:只有当采样值超过该门限时,才传输数据。如果这种事件不常出现,就会实现信号空间的较大压缩,但实际的原始采样值就不可能恢复——丢失了信息。

【例 1-7】设想将茶叶("数据")倒入一个铁罐("存储器")的情形:当罐子装满后,如果这时轻轻地将茶叶罐颠一颠、摇一摇,那么一定可以再多装些,这是因为原来茶叶之间有空隙。而摇晃则可在一定程度上挤掉这种"外在冗余度"——空气所占据的存储空间，使茶叶排列得更紧密（"数据紧缩"——同一个茶叶罐可装得更多）。其次我们设想原来的这些茶叶受了潮，体积自然会有所膨胀，即"数据"具有"内在冗余度"——水分。显然，水分与空气一样，都是我们所不需要的，只会浪费茶叶罐的"存储容量"。如果设法去掉水分，比如将茶叶烘干，那么其体积就会收缩（"冗余度压缩"），同一个罐子还可装得更多。注意，此时茶叶的形状仍然保持完整（"无失真压缩"）。不难想像，如果我们将罐内的茶叶压碎，显然还可以再多装一些，将干茶叶完全压成粉末，一定可以装得最多。但这时的茶叶已不成其为"叶"，只能算做"粉"（"有失真压缩"），而这种压缩已"不可逆"，即我们无法将茶叶末再"还原"成原来形态各异的茶叶。

由此我们已建立了一个初步的概念，即：

① 有冗余度就可以压缩（罐中有空气，茶叶含水分）；

② 压缩只能在一定限度内可逆（茶叶倒出来仍然完整）；

③ 超过此限度，必然带来失真（茶叶会破碎）；

④ 允许的失真越大，压缩的比例也可以越大（如果不计较茶叶形状，则压得越碎，同一只罐装得也越多）。在第3章我们将会明白，这个"限度"，就是数据的"熵"，这也就是为什么有失真压缩又称为熵压缩的道理。

这些概念直观上不难理解，可却是本学科的一些基本结论。

1.3.4 实用的数据压缩技术

为了去除数据中的冗余度，常常要考虑信源的统计特性，或建立信源的统计模型。因此，许多实用的冗余度压缩技术均可归结于一大类统计编码方法。此外，统计编码技术在各种熵压缩方法中也经常会用到。

熵压缩主要有两大类型：特征抽取和量化，如表1.2所示。

特征抽取的典型例子如指纹的模式识别：一旦抽取出足以有效表征与区分不同人指纹的特征参数，便可用其取代原始的指纹图像数据。类似的例子如石油勘探信号的处理：对浩瀚的地震勘探数据进行处理的最后有用结果，有时仅仅是得到了一张地层剖面图。显然，这一大类数据压缩技术是根据特定应用背景而专门设计的，其目的仅仅是为了保护信源中某些感兴趣的内容，根据压缩后的数据已无法在较低的失真度下重现信源的原始风貌，故不在本书讨论之列。

表 1.2 数据压缩技术的简单分类

数据压缩	冗余度压缩（熵编码）	统计编码	霍夫曼编码、游程编码、二进制信源编码等		
			算术编码		
			基于字典的编码：LZW编码等		
		其他编码	完全可逆的小波分解＋统计编码等		
	熵压缩	特征抽取	分析/综合编码	子带、小波、分形、模型基等	
				其他	
		量化	无记忆量化	均匀量化、Max量化、压扩量化等	
			有记忆量化	序列量化	预测编码	增量调制、线性预测、非线性预测、自适应预测、运动补偿预测等
					其他方法	序贯量化等
				分组量化	直接映射	矢量量化、神经网络、方块截尾等
					变换编码	正交变换：KLT、DCT、DFT、WHT等
						非正交变换
						其他函数变换等

对于实际应用而言,量化是更为通用的熵压缩技术:除了直接对无记忆信源的单个样本做所谓零记忆量化外,还可以将有记忆信源的多个相关样本映射到不同的空间,去除了原始数据中的相关性后再做量化处理。由此又引出了预测编码和变换编码这两类最常见的实用压缩技术。另外,在特征抽取与量化相结合的基础上,又发展出一类高效的分析/综合编码技术。而一个实用的高效编码方案常常要同时综合考虑各类编码技术之所长。换句话说,常见信源的标准压缩方法,常常是表 1.2 中熵压缩和熵编码的若干方案的"**混合编码**"。

1.4 数据压缩的标准和应用

数据压缩,可以说是一门既古老又年轻的学科。早在 1843 年出现的莫尔斯(S. Morse)电报码(见 4.1.3 节),就是最原始的变长码数据压缩实例。但由于技术实现上的障碍,长期以来主要处于理论研究和计算机仿真阶段。随着数字信号处理方法、计算机技术和微电子工艺的进步,特别是有关机构如国际标准化组织(ISO)、国际电工委员会(IEC)和国际电信联盟的电信标准部(ITU-T、ITU-TS 或 ITU-TSS)陆续制订的各种数据压缩与通信的标准和建议,极其有力地推动了标准化的数据压缩技术和高效的数字调制技术的迅速普及,使得图 1.1 所示的数字传输系统模型在通信、计算机、广播电视、光盘存储等各个领域都得到了成功的应用,直接引发了消费电子产品乃至整个电子信息领域的一场"数字化革命",把我们带进了一个以网络化和多媒体化为主要技术特征的崭新时代。

标准化的数据压缩技术,为各种电子信息产品从模拟过渡到数字铺平了道路,其应用已随处可见,家喻户晓。表 1.3 是 1990 年以来已形成(或将形成)的主要数据压缩标准及其应用。这些标准的建立极大地推进了数据压缩技术的实用化、产业化,而全球性的技术竞争、标准开放和经济一体化潮流,反过来又强烈地刺激着信源编码理论研究的进一步拓展,因为任何一种新的数据压缩方法欲广为应用,其性能就必须比现有的标准方法更优异。

表 1.3 主要的数据压缩标准及其典型应用

标 准 号	俗 称	适 用 信 源	典 型 应 用
ITU-T T.82|ISO/IEC 11544	JBIG-1	二值图像、图形	G4 传真机、计算机图形
ISO/IEC 14492	JBIG-2	二值图像、图形	传真、WWW 图形库、PDA 等
ITU-T T.81|ISO/IEC 10918	JPEG	连续色调静止图像	图像库、传真、彩色印刷、数码相机等
ITU-T T.87|ISO/IEC 14495	JPEG-LS	连续色调静止图像	医学、遥感图像资料的无损/近似无损压缩
ISO/IEC 15444	JPEG 2000	连续色调静止图像	各种图形、图像(含计算机生成的)
ITU-T G.723、G.728 和 G.729		语音	数字通信和电话录音等
ITU-T H.261 建议	P×64	活动图像	ISDN 上的会议电视/可视电话
ITU-T H.263 建议		活动图像	PSTN 上的会议电视/可视电话
ISO/IEC 11172	MPEG-1	活动图像及伴音	VCD、DAB、多媒体、VOD 等
ITU-T H.262|ISO/IEC 13818-2	MPEG-2 视频	高质量活动图像	SVCD/DVD、VOD/MOD、多媒体视频游戏、DVB、DTV/HDTV 等
ISO/IEC 13818-3	MPEG-2 音频	高质量多声道声音	DAT、DCC、DAB 等及数字视频伴音
ISO/IEC 14496	MPEG-4	多媒体音像数据	WWW 上的视频、音频扩展
ITU-T H.264 建议 (MPEG-4 Part 10)		各种活动图像	H.261/263 和 MPEG-1/2 应用的替代

续表

标 准 号	俗 称	适用信源	典 型 应 用
中国的先进音视频编码系列标准（GB/T 20090—2006）	AVS 标准	活动图像和音频	广播电视、音像产品和多媒体通信等
中国的安全防范监控数字视音频编解码技术要求（GB/T 25724—2010）	SVAC 标准	活动图像和音频	安防监控、网络摄像头等
ITU—T H.265 建议	HEVC	活动图像	高清/超高清视频传输、流媒体等

　　本书首先用两章的篇幅对数据压缩的前提条件——"信源的数字化"、比较标准——"压缩系统评价"和"理论极限与基本途径"进行必要的讨论之后，将逐章对统计编码、预测编码、变换编码和分析/综合编码这几类实用的数据压缩技术加以详细介绍。它们分别以不同的理论准则为指导，并且把一些具体的压缩方法和压缩对象（数据类型）概括在一起。最后，通过对若干视频压缩国际标准的简单介绍，向读者展示完整的综合运用这些技术的实例。

习题与思考题

1-1　数据压缩的一个基本问题是"我们要压缩什么"，对此你是怎样理解的？
1-2　数据压缩的另一个基本问题是"为什么进行压缩"，对此你又是怎样理解的？
1-3　你如何理解信号的空域、时域和频域这几种空间形式是相互关联的？
1-4　利用数据压缩可以降低发射功率，道理何在？如何进行？
1-5　你了解计算机中对于浮点数（或实型数据）是如何建模表达、量化与编码的吗？
1-6　数据压缩技术是如何分类的？
1-7　特征抽取和量化有什么不同吗？
1-8　请列举几种你所见到的采用了数据压缩技术的产品。
1-9　数据压缩技术为什么要标准化？
1-10　你还知道哪些有关数据压缩的标准？
1-11　你认为表 1.3 中的数据压缩标准可以互换使用吗？为什么？

第 2 章 信源的数字化与压缩系统评价

为了对语音、图像等常见信源进行有效的处理、交互与保存,首先应将其数字化,这就是把模拟信号在幅度与时间上都离散化。对于图像等多维信源,需要在空间上也同时离散化(隐含在时间离散化中)。而对于彩色图像,还需要将给定色度空间的 3 基色(或 3 原色,如红、绿、蓝)值也同时离散化。常用的数字化方法是 1938 年 Reeves 取得的脉冲编码调制(PCM:Pulse Code Modulation)的专利,包括取样(sampling,也称采样或抽样,但标准术语是取样)、量化(quantization)和编码(coding)3 个步骤。所谓取样,就是将连续信号在时间、空间上离散化[1];所谓量化,就是将取样信号在幅度上也离散化[2];而所谓编码,则是按一定规律把量化后的脉冲取样值(sample)按幅度大小变换成相应的二进制码,形成 PCM 信号。数字化过程常称为模-数变换(A/D),也可以理解为是对连续信源的编码。

信源数字化时一个很重要的设计指标就是:对一定的保真度要求,需要多大的数据速率(即每秒或每个取样的位数)? 或反之,对某一限定的码率,其量化噪声(或信号噪声比)有多大? 我们在对模拟信号的数字化及随后进行的数据压缩过程中,最基本的要求就是要尽量降低数字信号的码率,同时仍然保持一定的信号质量、能够实现的系统复杂度及允许的通信时延等,这就不能不涉及到对一种具体压缩方法或一个实际压缩系统的性能评价问题。

2.1 取样

连续信号可以有多种离散表示法,例如,傅里叶级数展开、泰勒级数展开、非正弦的正交函数展开等。但用周期取样表示最简单,也最常用。

2.1.1 取样定理

设 $g(t)$ 为时间连续的模拟信号,其最高角频率为 $\Omega_c = 2\pi F_c$。我们知道,理想的周期取样,就是用间隔为 T_s 的单位冲激函数序列

$$\delta_T(t) = \sum_{n=-\infty}^{\infty} \delta(t - nT_s) \tag{2.1.1}$$

与待取样的模拟信号相乘,得到

$$g_s(t) = g(t) \cdot \delta_T(t) = \sum_{n=-\infty}^{\infty} g(t)\delta(t - nT_s) = \sum_{n=-\infty}^{\infty} g(nT)\delta(t - nT_s) \tag{2.1.2}$$

其频谱可由 $g(t)$ 的频谱 $G(\Omega)$ 与 $\delta_T(t)$ 的频谱 $\Delta_T(\Omega)$ 卷积而得

$$G_s(\Omega) = \frac{1}{2\pi}[G(\Omega) \cdot \Delta_T(\Omega)] = \frac{1}{2\pi}\int_{-\infty}^{\infty} G(\mu)\Delta_T(\Omega - \mu)d\mu \tag{2.1.3}$$

由于冲激序列 $\delta_T(t)$ 的频谱函数 $\Delta_T(\Omega)$ 亦为冲激序列,即

$$\Delta_T(\Omega) = \sum_{n=-\infty}^{\infty} \Omega_s \delta(\Omega - \Omega_s) \tag{2.1.4}$$

---

[1] 其生理依据是人眼、人耳对快速变化信号的感受能力有一定极限,如电视系统经过描述,已经把图像信息在空间(行间)和时间(帧间)上离散化了,但人眼的感觉却仍然是连续的。

[2] 从生理学角度看,人眼或人耳对信息的幅度变化各有一个称为刚辨差的极限,对低于该极限的幅度变化,人已无法感知,故传送过细的幅度变化也不必要。

式中 $\Omega_s = 2\pi/T_s$ 为取样角频率，把式(2.1.4)代入式(2.1.3)，得

$$G_s(\Omega) = \frac{1}{2\pi}\int_{-\infty}^{\infty} G(\mu) \sum_{n=-\infty}^{\infty} \Omega_s \delta(\Omega - \mu - n\Omega_s) d\mu = \frac{\Omega_s}{2\pi}\sum_{n=-\infty}^{\infty}\int_{-\infty}^{\infty} G(\mu)\delta(\Omega - \mu - n\Omega_s) d\mu$$

$$= \frac{1}{T_s}\sum_{n=-\infty}^{\infty} G(\Omega - n\Omega_s) \tag{2.1.5}$$

由式(2.1.5)可见，取样信号 $g_s(t)$ 的频谱 $G_s(\Omega)$ 是原信号 $g(t)$ 的频谱 $G(\Omega)$ 的周期性延拓(周期为 Ω_s)，或看成把 $G(\Omega)$ 调制在冲激序列 $\delta_T(t)$ 的以 $G_s(\Omega)$ 为间隔的线谱上，但幅度为原来的 $1/T_s$。进一步分析式(2.1.5)还可以发现，根据信号原有频谱宽度和取样频率的不同，取样信号的频谱可分为3种状态：

① 当 $\Omega_s > 2\Omega_c$ 时，以 Ω_s 为周期、分布宽度为 $2\Omega_c$ 的 $G(\Omega - n\Omega_s)$ 互相不会重叠。因此，用一个截止角频率为 $|\Omega| = |G_s(\Omega)|/2$ 的理想低通滤波器，就可以滤除所有高频分量，得到与原信号 $g(t)$ 完全一样的频谱 $G(\Omega)$。这意味着用这样一个低通滤波器可以不失真地从取样信号中完全恢复原信号；

② 当 $\Omega_s < 2\Omega_c$ 时，位于 $n\Omega_s$ 的各频谱 $G(\Omega - n\Omega_s)$ 的分布宽度 $2\Omega_c$ 大于两频谱的间隔 Ω_s，相互有重叠而产生叠加。若试图用同一低通滤波器取出原频谱，则除了原有频谱没有完全取出外，还会混入来自相邻周期的频谱分量，取出的频谱形状也自然与原始的不同。从时间域看，相当于在原有信号上附加了干扰，称为混叠干扰(aliasing)；

③ 当 $\Omega_s = 2\Omega_c$ 时，位于 $n\Omega_s$ 的各频谱 $G(\Omega - n\Omega_s)$ 恰好邻接。此时能否利用一个理想的低通滤波器不失真地恢复原信号，是有条件的。

取样周期的倒数就是取样频率，即 $f_s = 1/T_s$，而满足 $f_s = 2F_c$ 的取样频率即为熟知的奈奎斯特(Nyquist)频率。上述原理可用下面的取样定理表述。

【定理2.1(一维取样)】 如果模拟信号 $g(t)$ 的频率 f 限制在 $|f| \leqslant F_c$，则只要取样频率满足 $f_s > 2F_c$，就可通过截止频率为 F_c 的理想低通滤波器将取样准确地恢复成原信号。

要把一维周期取样推广至二维情况，可以有几种方法，最直接的就是在矩形坐标上周期取样，一般简称为矩形取样，在此只给出结论。

【定理2.2(二维取样)】 若二维信号 $f_a(x,y)$ 的空间频率 u 和 v 分别限制在 $|u| \leqslant U_c$ 和 $|v| \leqslant V_c$，那么只要取样周期 Δx、Δy 满足 $\Delta x < 1/2U_c$ 和 $\Delta y < 1/2V_c$，就可以准确地由取样信号恢复该信号。

矩形取样的概念可以推广到二维以上，此时相当于在超立方体点阵上取样。

2.1.2 内插恢复

如上所述，若取样时满足奈奎斯特准则，即 $\Omega_s > 2\Omega_c$，那么取样信号 $g_s(t)$ 就可通过一个具有以下幅频特性

$$H(\Omega) = \begin{cases} T_s, & |\Omega| \leqslant \Omega_c \\ 0, & |\Omega| > \Omega_c \end{cases} \tag{2.1.6}$$

的理想低通滤波器，无混叠失真地恢复为模拟信号 $g(t)$。

对式(2.1.6)进行傅里叶反变换，可求得滤波器的冲激响应为

$$h(t) = \frac{1}{2\pi}\int_{-\infty}^{\infty} H(\Omega) e^{j\Omega t} d\Omega = \frac{1}{2\pi}\int_{-\Omega_c}^{\Omega_c} T_s e^{j\Omega t} d\Omega = \frac{T_s}{2\pi j t}(e^{j\Omega_c t} - e^{-j\Omega_c t})$$

$$= \frac{T_s \Omega_c}{\pi} \cdot \frac{\sin\Omega_c t}{\Omega_c t} \tag{2.1.7}$$

它与输入 $g_s(t)$ 的卷积就是低通滤波器的输出 $g(t)$。利用式(2.1.2)可得

$$g(t) = \int_{-\infty}^{\infty} g_s(\tau) h(t-\tau) d\tau = \int_{-\infty}^{\infty} \Big[\sum_{n=-\infty}^{\infty} g(\tau)\delta(\tau-nT_s)\Big] h(t-\tau) d\tau$$
$$= \sum_{n=-\infty}^{\infty} \int_{-\infty}^{\infty} g(\tau)h(t-\tau)\delta(\tau-nT_s) d\tau = \sum_{n=-\infty}^{\infty} g(nT_s)h(t-nT_s) \quad (2.1.8)$$

其中,$h(t-nT_s)$由式(2.1.7)及$\Omega_c = \Omega_s/2 = \pi/T_s$,可化为

$$h(t-nT_s) = \frac{T_s\Omega_c}{\pi} \cdot \frac{\sin[\Omega_c(t-nT_s)]}{\Omega_c(t-nT_s)} = \frac{\sin[(t-nT_s)\pi/T_s]}{(t-nT_s)\pi/T_s} \quad (2.1.9)$$

称 $h(t-nT_s)$ 为内插(或插值)函数,其特点是仅在取样点 nT_s 上取值为1,而在其余的 $(n\pm1)T_s$,$(n\pm2)T_s$ 等样点上函数值均为零,即 sinc 函数。

把式(2.1.9)代入式(2.1.8),则

$$g(t) = \sum_{n=-\infty}^{\infty} g(nT_s) \frac{\sin[(t-nT)\pi/T_s]}{(t-nT_s)\pi/T_s} \quad (2.1.10)$$

式(2.1.10)是一个插值公式,内插函数为 $h(t-nT_s)$,插值间距为取样间隔 T_s,权重为各取样点上的值 $g(nT_s)$。表明原始信号 $g(t)$ 可由无穷多加权 sinc 函数移位后的和来重建,即可以通过内插函数把离散信号恢复为连续信号。具体地说,在各取样点上,由于仅仅该取样点所对应的内插函数不为零且等于1,所以式(2.1.10)保证了各取样点上的信号值在恢复为 $g(t)$ 时仍不变;而 $g(t)$ 在取样点之间的值,则由各内插函数延伸到此的值与相应取样值的乘积的总和组成,为无限项之和。因内插函数是低通滤波器的冲激响应,因此也把此低通滤波器称为内插滤波器。式(2.1.10)实际上就是各取样值通过低通滤波器以后的叠加,从而达到了由 $g_s(t)$ 恢复 $g(t)$ 的目的。

2.1.3 其他表述

根据式(2.1.10)内插恢复的讨论,我们可以得到取样定理的第二种表述:

【定理 2.1(第二种表述)】 带宽限制为 F_c 的信号,可由一系列间隔小于 $1/2F_c$ 秒的周期样值完全确定。

定理 2.1 是对确定性连续低通信号而言,对于平稳随机过程也有类似的结果。

【定理 2.3(随机取样)】 设 $x(t)$ 是低通的平稳带限随机过程,若取样间隔

$$T_s < \frac{1}{2F_c} = \frac{\pi}{\Omega_c} T_s$$

则有取样展开式

$$x' = \sum_{n=-\infty}^{\infty} x(nT_s) \frac{\sin\Omega_c(t-nT_s)}{\Omega_c(t-nT_s)} \quad (2.1.11)$$

在均方意义上 $x(t) = x'(t)$,即

$$E[|x(t) - x'(t)|^2] = 0 \quad (2.1.12)$$

将取样定理推广到随机信号对数据压缩具有实际意义,因为语音、图像等信号常常被看做随机过程、随机场。但严格地说,频带有限信号并不存在。因为任何实用信号只存在于有限的时间区间,因而就含有无限的频率分量。不过研究表明,如果信号响应的幅频特性对称而相频特性在截止区线性,则尽管信号频谱是逐渐截止的,仍可以完全恢复。而且所有现实信号随着频率升高其频谱幅度都会降低,大部分能量集中在低频域的某一范围,可以在取样前用一个低通滤波器(称为前置滤波器或抗混滤波器)滤除一部分高频分量而不致引入太大的误差。因

此,取样定理还可以更一般地表述为:

【定理 2.5(更一般表述)】 近似带宽限制为 F_c 赫兹而持续时宽为 T 秒的信号可用 $2F_cT$ 个样值完全描述,称该信号具有 $2F_cT$ 个自由度。

值得注意的是,定理 2.5 并未规定应如何取样。事实上可以任意地选取样值,只是信号的重构要复杂化。

取样定理告诉我们:

用一定速率的离散取样序列可以代替一个连续的频带有限信号而不丢失任何信息,因此传输连续信号可归结为传输有限速率的样值,这就构成了数字信息传输的基本原理,也是进行数据压缩的一个基本前提[①]。

2.2 标量量化

如果取样满足奈奎斯特定理,则每秒取样数已确定。因此,数字信号的数据率或信噪比将主要取决于代表每个取样值的位数,这就是我们将要讨论的量化问题。

量化器可分为无记忆量化器和带记忆量化器两大类。所谓无记忆量化是每次只量化一个模拟取样值,又称零记忆量化或标量量化(SQ:Scalar Quantization)。本节先分析标量量化器,2.3 节再介绍带记忆量化器中的矢量量化器。

2.2.1 量化误差

量化过程始于取样,每一个取样值,其理论值域为 $(-\infty, \infty)$。量化器要完成的功能是按一定的规则对取样值进行近似表示,使经量化器输出的幅值大小为有限个数。或者说,量化器就是用一组有限的实数集合作为输出,其中每个数代表一群最接近于它的取样值。假设该集合含有 J 个数,就叫 J 级量化。若用二进制数表示,则需用 $R=\log_2 J$ 位二进符号来代表集合中的每一个数。我们已知这样的量化器输出的数据率为每样值 R bit。对模拟信号进行脉冲取样、量化并用二进制代码输出的过程就是脉码调制。

以有限个离散值近似表示无限多个连续值,一定会产生误差,这个误差称为量化误差,由此造成的失真称为量化失真。量化误差与噪声有着本质的区别。

① 量化误差由输入信号引起且与输入信号有关:任何一点的量化误差总可以从输入信号中推测出来,而噪声与输入信号就没有任何直接关系;

② 量化器特性实际上是高阶非线性的特例:量化误差可比拟为高阶非线性失真的产物。

尽管如此,由于量化失真看起来类似于噪声,也有很宽的频谱,所以也常常称之为量化噪声并用信噪比来度量。对于均匀量化,量化分层(分级)越多,量化误差就越小,但编码所用码字的位数 R 也越多。以信号功率(S)与噪声功率(N)之比(即功率信噪比,单位为分贝)表示量化噪声与量化位数的关系,近似有

$$\frac{S}{N}(\mathrm{dB}) \approx 6R + 20\lg\frac{\sqrt{3}}{\Psi} \qquad (2.2.1)$$

式中,$\Psi = v/\sigma$ 为负载因子,其中 v 为过载点电平,σ 为均方根信号电平,而 Ψ 选定后即为一常

---

① 以上所述只是理想的取样,对于实际取样过程仍可能产生一些噪声或失真。例如,由于实际抗混叠滤波器幅频特性不理想而产生的混叠噪声,由于实际取样脉冲不可能是理想的冲激函数而引入的孔径失真,由于无穷项的内插公式和理想的内插滤波器不可实现而混人的插入噪声,以及因解码端再生取样脉冲有抖动时而导致的定时抖动失真等。

数,从而 $S/N \propto 6R$。可见,每增加 1 位编码,便可得到 6dB 的信噪比改善,此结论对于下面讨论的线性量化或非均匀量化器都适用。

在对数据取样值进行量化时,通常可以考虑两种设计方法:

① 给定量化电平数 J,希望量化失真最小;

② 给定量化噪声或失真要求,希望每个取样的平均位数最少。

这是因为这些指标再加上要求工程上实现容易(即成本要低)常常互相矛盾,不可能同时满足,只能在满足一定条件下做出最佳设计。

在无记忆量化情况下,当量化电平数 J 给定后,我们力求使量化噪声最小,这里假定对所有取样值都使用相同的量化特性。至于针对不同样本而采取不同量化对策的情形,则留待后续章节中讨论"二次量化"时再介绍。

2.2.2 均匀量化

设 $x \in [a_L, a_M]$ 为量化器输入信号幅值,$p(x)$ 为其概率密度函数,则有

$$\int_{a_L}^{a_M} p(x) \mathrm{d}x = 1 \qquad (2.2.2)$$

记量化总层数为 J,$d_k(k=0,1,\cdots,J)$ 为判决电平,当 $d_k < x \leqslant d_{k+1}$ 时,量化器输出信号幅值即量化值为 y_k,量化误差为 $x - y_k$,如图 2.1 所示。如果

$$\begin{cases} d_{k+1} - d_k = d_k - d_{k-1} = \Delta \\ y_k = \dfrac{d_{k+1} + d_k}{2} \end{cases} \quad (k=1,2,\cdots,J-1) \qquad (2.2.3)$$

就称之为均匀量化,或称为线性量化,这是一种最简单的量化方法。

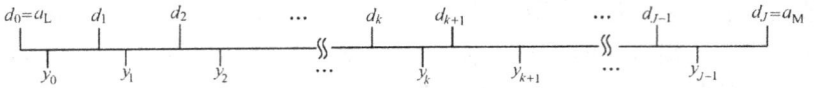

图 2.1 量化的分层示意图

量化器的工作特性可分为三个区域,为简单起见以均匀量化为例进行讨论。

① 正常量化区:只要信号幅值 $x \in [a_L, a_M]$,就会得到正常的量化输出;

② 限幅区:当 $x < a_L$,量化器只输出恒定值 $a_L + \Delta/2$;而当 $x > a_M$,量化器只输出恒定值 $a_M - \Delta/2$。此时信号被量化器限幅(或称量化器过载),失真将大为增加。量化器的过载与模拟信号放大器的过载不同:一般模拟系统的过载特性是缓变的,稍有过载还不致产生很大的失真;而量化器的过载特性是突然截止的,过载部分被全部切除(即所谓"硬限幅"),其结果远比模拟系统严重。因此要求量化器对输入信号幅度有一定的富裕量;

③ 空载区:当 $|x - d_k| < \Delta/2$ 时可能有两种情况(参见图 2.1)。一种是信号均值恰好与判决电平 d_k 一致:当信号幅值稍高于 d_k,量化器输出为上一量化级 y_k;而当信号幅值稍低于 d_k,则量化器输出为下一量化级 y_{k-1}。此时输入信号变化幅度虽小,但量化器的输出却在相邻两个量化级之间跳变,虚假的输出信号是峰值差为 $y_k - y_{k-1} = \Delta$ 的矩形波——放大了输入信号的原始变化。这种矩形波的假输出在图像中的表现类似于点状噪声,所以称为颗粒噪声。而另一种情况却是输入信号电平总是位于判决电平 d_k 之上(或之下):此时即使输入信号有接近最小量化间隔 Δ 的变化,量化器也总是输出恒定值 $y_k = d_k + \Delta/2$(或 $y_{k-1} = d_k - \Delta/2$)。

量化器的这三个区域对于声音、图像等信号的压缩编码器的设计十分重要。

量化特性确定后,如果把$(d_k,d_{k+1}]$区间内的信号幅值都以y_k值输出,就完成了量化。

至于编码,就是根据精度要求取一定长度的码字来代表y_k。当$J=2^R$时,实际的ADC中都采用相等的码长$R=\log_2 J$并直接赋予相应的二进制编码表示(如原码、反码、补码等)。这样,就得到了经过量化与编码的数字信号,即后续讨论所涉及和针对的"原始数据"。

本章将不再讨论具体的编码,因为那将是第4章研究的重点。

2.2.3 最佳量化

由于信号的分布可能不同,且当信号幅值较小时其信噪比也较低,若事先固定量化器的判决电平d_k和输出电平y_k,则对于不同的输入信号,其量化误差也不同。因此,能使量化误差最小的所谓最佳量化器,应该是非均匀的。

按均方误差最小来定义最佳量化,也即使

$$\varepsilon = E\{(x-y)^2\} = \int_{a_L}^{a_M}(x-y)^2 p(x)\mathrm{d}x = \sum_{k=0}^{J-1}\int_{d_k}^{d_{k+1}}(x-y_k)^2 p(x)\mathrm{d}x \quad (2.2.4)$$

最小。通常量化分层数J较大,$p(x)$在$(d_k,d_{k+1}]$中可视为常数,求最佳量化时的d_k和y_k可直接对式(2.2.4)求极值,即令

$$\frac{\partial \varepsilon}{\partial d_k} = (d_k - y_{k-1})^2 p(d_k) - (d_k - y_k)^2 p(d_k) = 0 \quad (k=1,2,\cdots,J-1) \quad (2.2.5)$$

和

$$\frac{\partial \varepsilon}{\partial y_k} = -2\int_{d_k}^{d_{k+1}}(x-y_k)p(x)\mathrm{d}x = 0 \quad (k=0,1,\cdots,J-1) \quad (2.2.6)$$

因为$d_0=a_L,d_J=a_M$,故式(2.2.5)只需对$1\leqslant k\leqslant J-1$求解;而$p(d_k)\neq 0$,所以有

$$d_k = \frac{y_{k-1}+y_k}{2} \quad (k=1,2,\cdots,J-1) \quad (2.2.7)$$

而由式(2.2.6)可得

$$y_k = \frac{\int_{d_k}^{d_{k+1}} x p(x)\mathrm{d}x}{\int_{d_k}^{d_{k+1}} p(x)\mathrm{d}x} = \frac{x 在[d_k,d_{k+1}]上的数学期望}{x 在[d_k,d_{k+1}]上的概率} \quad (2.2.8)$$

式(2.2.7)表明:量化判决电平d_k应位于量化输出电平y_{k-1}和y_k的中点(即为其算术平均值);如果视$p(x)$为质量线密度,则式(2.2.8)或式(2.2.6)即为大家所熟知的物理学中质量中心(重心、形心)的公式,即y_k代表一条长为$d_{k+1}-d_k$的非均匀棒的质量中心。类似地,我们也可以说:y_k的最佳位置,便是概率密度$p(x)$在d_k与d_{k+1}段的概率中心。虽然这个结论听起来很简单,但要从式(2.2.8)计算出y_k并不容易,因为积分限不确定,而根据式(2.2.7),它又依赖于y_k的数值。这可以迭代求解:

① 任选y_0;

② 由$\int_{a_L}^{d_1}(x-y_0)p(x)\mathrm{d}x=0$计算$d_1$($a_L$可为$-\infty$);

③ 计算$y_1=2d_1-y_0$;

④ 继续这一过程直至算出y_{J-1};

⑤ 检验y_{J-1}是否为d_{J-1}至a_M(可为$+\infty$)段的概率中心,即$\int_{d_{J-1}}^{a_M}(x-y_{J-1})p(x)\mathrm{d}x=0$是否成立(在一定误差范围内)。如果成立,结束;反之,选取另一个y_0,重复②~⑤步骤。

这就是Max-Lloyd方法(M-L算法),其意义还不限于由它来设计一个标量量化器,更重

要的是将其设计思想推广到多自由度量化中,构成矢量量化的一种码书(code book)生成算法,具有更大的实用意义。但该算法只是必要条件,有唯一最佳量化器存在的充分条件是

$$\frac{d^2}{dx^2}[\lg p(x)] < 0 \tag{2.2.9}$$

已证明一些常见的概率分布如高斯(Gauss)、拉普拉斯(Laplace)、伽玛(Gamma)等的解满足这些充分与必要条件,故对于上述分布最佳量化器存在且唯一。

利用该算法求得的判决电平 d_k 和量化输出值 y_k,其最小的量化误差为(见习题与思考题2-2)

$$\varepsilon_{\min} = E\{x^2\} - \sum_{k=0}^{J-1} y_k^2 p\{d_k < x \leqslant d_{k+1}\} \tag{2.2.10}$$

对于零均值、单位方差的标准正态分布 $p(x)=(2\pi)^{-\frac{1}{2}}e^{-x^2}$ 信号($a_L=-\infty, a_M=+\infty$),若限制量化分层总数 J 为偶数时,$d_{J/2}=0$;若 J 为奇数时,$d_{(J+1)/2}=0$;而 $J=16$ 时的最佳量化结果见表2.1。可以看出,由于 $p(x)$ 是 x 的偶函数,故正负判决电平和量化值也是偶对称,且对应于 $p(x)$ 大的信号幅值范围,分层相应也密(如 $x=0$ 处),故 M-L 算法可看做是利用概率密度函数的形状特性而实现最佳量化的。表2.1所对应的均方误差为0.009497,量化输出信号的熵为每样值3.765bit,因此,即使固定用 $\log_2 J=4$bit 直接编码,其效率也高于90%,从而最佳量化之后的编码器可以简化(熵与编码效率的概念见3.1.2节)。

表 2.1 正态分布 16 分层最佳量化

k	判决电平 d_k	量化输出值 y_k	k	判决电平 d_k	量化输出值 y_k
0	$-\infty$	-2.7330	9	0.2582	0.3881
1	-2.4010	-2.0690	10	0.5224	0.6568
2	-1.8440	-1.6180	11	0.7996	0.9424
3	-1.4370	-1.2560	12	1.0990	1.2560
4	-1.0990	-0.9424	13	1.4370	1.6180
5	-0.7996	-0.6568	14	1.8440	2.0690
6	-0.5224	-0.3881	15	2.4010	2.7330
7	-0.2582	-0.1284	16	$+\infty$	
8	0.0000	0.1284			

习题与思考题2-3证明:若信源为均匀分布,则最佳量化退化为式(2.2.3)所表示的均匀量化。换句话说,均匀量化只是当 $p(x)$ 为均匀分布时的最佳量化。

2.2.4 压扩量化

在某些应用(如语言、电视伴音)中,对于不同的信源概率分布使用不同的非均匀量化器是不现实的,人们宁可选用那些对输入信号概率分布的变化相对不敏感的量化特性。由此,出现了研究非均匀量化器的另一种方法,即用一个非线性函数变换 $y=F(x)$ 先将信号"压缩"后再均匀量化,它和非线性量化器完全等效。恢复时用该非线性变换的反函数 $x=F^{-1}(y)$ 对量化值进行"扩展"便可得到重建信号。已经发现对数函数能给出这种不敏感的特性或所谓的"耐用性",而且人耳对于音量及人眼对于光强的响应,也呈现出对数特性。用对数特性(修改后使其能过 $x=0$ 点)做压缩的非线性函数 $F(x)$,必然使得均匀间隔被变换(压缩)成低电平处间隔密(小)、高电平处间隔疏(大)的非均匀分布。由于低电平信号出现概率大、量化噪声小;高

电平信号虽然量化噪声变大，但因出现概率小，总的量化噪声还是变小了，从而提高了量化信噪比。这种方法叫做压缩扩张(compress+expand=compand，简称压扩)量化。

通信网中已经使用的对数函数有两种。英、美、日、加拿大等国用 μ 律曲线(归一化)

$$F(x) = \frac{\ln(1+\mu x)}{\ln(1+\mu)} \tag{2.2.11}$$

现在多取 $\mu=255$；我国和欧洲则采用前 CCITT 建议的 A 律曲线，即

$$F(x) = \begin{cases} \dfrac{Ax}{1+\ln A}, & 0 \leqslant x \leqslant 1/A \\ \dfrac{1+\ln Ax}{1+\ln A}, & 1/A \leqslant x \leqslant 1 \end{cases} \tag{2.2.12}$$

通常取 $A=87.6$，用 13 折线逼近实现。它具有与 μ 律特性相同的基本性能(在大信号区信噪比高于 μ 律量化器，但在小信号区则不如 μ 律量化器)和实现方面的优点，尤其是还可用直线段很好地近似，以便简化直接压扩或数字压扩，并易于与线性编码格式相互转换。由于压扩中含有对数非线性函数，所以也称为"对数 PCM"。通常的听觉主观感觉认为 8 位压扩量化有不低于 12 位均匀量化 A/D 的信噪比及动态范围[①]。

【例 2-1】频带为 300～3400Hz 的电话信号，若以 8kHz 频率取样，每样本采用 8 位 A 律压扩量化，则一路数字电话的数码率为 $I=8\times8=64$ Kb/s，这就是 CCITT G.711 建议所规定的一个标准 PCM 话路的传输速率。数据压缩的一个重要目的，就是要在这个话路中传输更多的信息(例如同时传 20 路电话，或传一路可视电话)。

2.3 矢量量化

无记忆量化的基本出发点，是把信号的各个样值都看做彼此独立的，这样处理简单，但效果却不是最好。因为大多数实际信号各样值之间存在着相关性，即若知道了一个样值的参数，对其邻近样值的情况也可作一些判断。这样，如果能合理地利用这些相关性，就能进一步压缩数据率。在语音、图像等实际信源的数字化技术中，大多采用带记忆的量化器，如 DPCM、ΔM、矢量量化(VQ：Vector Quantization)等，本节只介绍 VQ 的基本原理，其余在第 5 章"预测编码"中介绍。

2.3.1 基本原理

先举一个简单的例子，来直观地感受一下矢量量化的基本思路。

【例 2-2】把一幅图像划分成 N 个大小相同的子块(称为"矢量")，编码器和解码器都各有同样一组 J 个同样大小的块(称为"码书")。编码器把每个图像子块 X_j 都与所有的码书块相比较，若与码书块 Y_i "最接近"，就把一个指向 Y_i 的指针 i 写入压缩流——如果指针 i 的长度(字节数)小于子块 X_j 的尺寸(字节数)，就实现了压缩。而解码器只需根据收到的指针 i 从码书中读出码书块 Y_i，并"贴"在 X_j 处作为该子图像块的近似。

如此看来，矢量量化好似儿童"拼图"游戏。下面进行严格表述。

若将 $N\cdot K$ 个取样值组成的信源序列 $\{x_i\}$ 中每 K 个为一组分为 N 个 K 维随机矢量，构成信源空间 $X=\{X_1,X_2,\cdots,X_N\}$(X 在 K 维欧几里德空间 P^K 中)，其中第 j 个矢量可记为

---

① 事实上，μ 律编码器的输入是 14 位样本，A 律编码器的输入是 13 位样本，输出则均为 8 位码字。

$$X_j = \{x_{(j-1)K+1}, x_{(j-1)K+2}, \cdots, x_{jK}\} \quad (j=1,2,\cdots,N) \quad (2.3.1)$$

再把 R^K 无遗漏地划分成 $J=2^n$ 个互不相交的子空间 $R_1, R_2, \cdots, R_j$，即满足

$$\begin{cases} \bigcup_{i=1}^{J} R_i = R^K \\ R_i \bigcap R_j = \varnothing, \quad \text{当 } i \neq j \end{cases} \quad (2.3.2)$$

在每一个子空间 R_i 中找一个代表矢量 Y_i，记恢复矢量集为

$$Y = \{X_1, X_2, \cdots, X_J\} \quad (2.3.3)$$

Y 也叫做输出空间、码书或码本，Y_i 称为码矢(code vector)或码字(code word)，Y 内矢量的数目 J，则叫做码书长度。

当输入一个任意矢量 $X_j \in R^K$ 时，矢量量化器首先判断它属于哪个子空间，然后输出该子空间 R_i 的代表矢量 $Y_i(Y_i \in Y \subset R^K, i=1,2,\cdots,J)$。一句话，VQ 过程就是用 Y_i 代表 X_j，即

$$Y_i = Q(X_j), 1 \leqslant i \leqslant J, 1 \leqslant j \leqslant N \quad (2.3.4)$$

式中，Q 为量化函数。

从而 VQ 编码、解码的全过程完成一个从 K 维欧氏空间 R^K 中的矢量 X 到 R^K 空间中有限子集 Y 的映射

$$Q: R^K \supset X \to Y = \{Y_1, Y_2, \cdots, Y_J\} \quad (2.3.5)$$

但实际上，发送端只需完成映射

$$C: X \to I = \{1, 2, \cdots, J\} \quad (2.3.6)$$

接收端只需完成映射

$$D: I \to Y \quad (2.3.7)$$

而矢量量化 Q 则是 C 和 D 的结合，即

$$Q = C \oplus D \quad (2.3.8)$$

"$\oplus$" 为映射结合符号。上式将 VQ 分为两步：

① 先编码：$X \to I$；
② 再解码：$I \to Y$。

结果与 $X \to Y$ 相同。而 VQ 的基本结构则如图 2.2 所示。

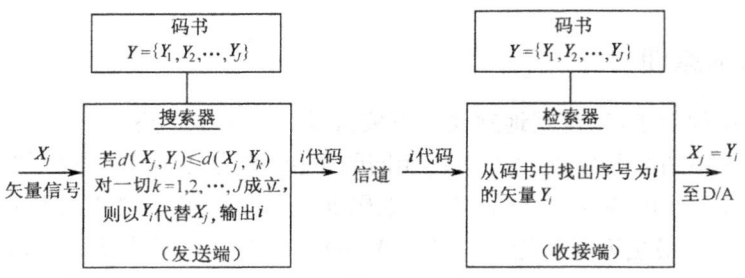

图 2.2 矢量量化的基本结构

形象地说，码书 Y 相当于一本有 J 页的字典，而 I 的元素为其页号，每页有一个代表字 Y_i，它可以看成一个拼音文字，代表了所有的同音汉字(包括简、繁体等)$X_j \in R_i$。由于收、发双方各有一本同样的字典，故发方无须将具体汉字 X(其数目相当于 R^K 中所有元素的总数)告诉收方，只需通知其拼音在字典中的页码 $i \in I$ 即可，而量化失真(即收方词义的模糊)只在于由 Y_i 可能会得到若干个同音异形的汉字 $X_j \in R_i$。由于该字典的总页数 J 一般远小于其收入

的总汉字数,故 VQ 的压缩能力是很大的。其比特率为

$$R = \frac{\log_2 J}{K} \tag{2.3.9}$$

式(2.3.9)的分子 $\log_2 J$ 为每个矢量所需要的编码位数;分母则为每个矢量所包含的信号取样数,且当 $K=1$ 时,矢量量化退化为标量量化。

综上所述,可知 VQ 具有以下特点:

① 压缩能力强,且压缩比可以精确预知。

② 一定产生失真,但失真量容易控制:X 的分类越细,失真就越小(例如,上述拼音字典每页再按汉语的四声分为四页,则接收端弄错的可能性便小多了)。这意味着码书中的码字越多,失真就越小。只要适当地选择码字数量,就能控制失真量不超过某一给定值,因此码书的设计是关系到 VQ 成败的一项关键技术。

③ 计算量大:编码器每输入一个 X_j,都要将其与 J 个 Y_i 逐一比较,看与哪一个更相似——搜索。由于 X_j 和 Y_i 均为 K 维矢量,故搜索是矢量运算,工作量很大,这是 VQ 的一个重要缺点。为此不得不设法减小 K,然而由式(2.3.9)可知,这又会影响压缩能力。因此,快速搜索便成为 VQ 实用化的第二个关键技术。不过值得指出的是,VQ 在接收端只需查表,计算特别简单,适于数据库应用中要求检索快的场合。

④ VQ 是定长码,对于通信尤为可贵:通常各 Y_i 的码字长度相等,这就较变长码(见 4.2 节)容易处理,也有利于减小传输误码的影响。

需要指出的是,有时也会遇到无记忆 VQ 的术语,这仅仅是指各矢量之间不存在记忆作用,或者说,当前的输出只决定于当前的输入矢量 X 而与以前的输入矢量无关。而在各矢量内部则显然是"记忆"了 K 个样值再联合量化的。

矢量量化通过"直接映射",实际上可以"一气呵成"图 1.2 数据压缩的"三步曲"。

*2.3.2 码书的设计

在 VQ 中,码书的生成要根据失真最小的原则,分别决定如何划分 R^K 以得到合适的 J 个分块,以及如何从这 J 个分块(R_i)中选出它们各自合适的代表矢量 Y_i。具体地说,就是寻找一个 J 元最佳量化器 Q,使其平均失真 $D(Q)$ 最小,即

$$D(Q) = \min\{E[d(X,Y)]\} \tag{2.3.10}$$

最佳多维量化器必须满足两个必要条件:

① 分割条件——对 R^K 的分割应满足

$$R_i = \{X \in R^K : d(X,Y_i) \leqslant d(X,Y_j); i \neq j\} \tag{2.3.11}$$

这种分割称为 Voronoi 分割;

② 质心(centroid)条件——当子空间分割 $X \in R_i$ 固定时,Voronoi 胞元的质心就是量化器的码字,即

$$Y_i = E[X \mid X \in R_i] \tag{2.3.12}$$

矢量量化由码书 Y 和划分 R_i 的条件唯一确定。当码书 Y 确定后,分割就可以通过最近邻域准则唯一确定。因此,最佳量化器 Q 的设计也就是最佳码书 Y 的设计。

Linde、Buzo 和 Gray 将 2.2.3 节关于标量最优量化的 M-L 算法推广到了多维空间,常称做 LBG 算法。因其理论上的严密性和实施过程中的简便性及较好的设计效果而得到了广泛的应用,并成为各种改进算法的基础。但 LBG 算法是轮流满足式(2.3.11)和(2.3.12)的不动

点算法,仅为局部最优。它分为基于分布特性和基于训练序列两种算法。由于通常信源的概率分布未必可预知,在此我们只给出基于训练序列的 LBG 算法。

① 初始化条件:给出量化级数(码书长度)J,失真控制门限 ε,初始码书 Y_0 及训练序列 $T_s=\{X_n; n=1,2,\cdots,N\}, N\gg J$;

② 对码书 $Y_m=\{Y_{im}; i=1,2,\cdots,J\}$,从迭代次数 $m=0$ 开始找出训练序列 T_s 的最小失真分割,即若

$$d(X_n, Y_{im}) \leqslant d(X_n, Y_{jm})$$

对所有的 $j=1,2,\cdots,J$ 都成立,则判定 $X_n \in R_i$,其中对失真的测度常采用欧氏距离(或均方误差),即

$$d(X_n, Y_{im}) = \frac{1}{K}\sum_{k=1}^{K}(x_{nk}-y_{ikm})^2$$

式中,y_{ikm} 是第 m 次迭代得到的码书 Y_m 中码字 Y_{im} 的第 k 个分量;x_{nk} 则为 X_n 的第 k 个分量;

③ 计算平均失真:

$$D_m = \frac{1}{N}\sum_{n=1}^{N}\min_{1\leqslant i\leqslant J}d(X_n, Y_{im})$$

若 $\frac{D_{m-1}-D_m}{D_m}\leqslant\varepsilon$,$D_m\leqslant$ 允许的平均失真 D(取 $D_{-1}=\infty$),则输出 Y_m 作为码书,退出迭代过程;否则进行下一步;

④ 求出各分割的算术平均值或几何中心 $G_i, i=1,2,\cdots,J$;取 $m=m+1$,并令新码书

$$Y_{m+1}=\{Y_{i,m+1}=G_i; i=1,2,\cdots,J\}$$

回到步骤②。

在用上述 LBG 算法进行 VQ 设计时,初始码书的确定很重要,可以采用随机选择法、分裂法、乘积码(product code)技术或分析统计法。另外在训练过程中应注意将空胞腔(不含矢量或含矢量很少的胞腔)合并,或将最大胞腔(含矢量最多的胞腔)分裂,原则是:

① 如果胞腔中矢量个数小于规定的最大个数,不分裂;否则分裂。

② 如果胞腔中矢量个数大于规定的最小个数,不合并;否则合并。

基于最基本的 LBG 算法,还提出了许多改进的 VQ 设计方法。除了理论上进行最佳矢量量化(包括压扩 VQ)及最佳设计算法(诸如训练序列的选择与长度、失真测度与控制、改进最佳分割迭代的收敛速度、码书的进一步减小及扩大通用性等)的研究外,重要的是研究如何从硬件实现的角度进一步降低 VQ 的存储与计算复杂度。

2.4 信号压缩系统的性能评价

在讨论信源的数字化时我们特别关注语言、音乐、图片、电视这一类模拟信号,因为在绝大多数应用场合,它们的信宿(图 1.1)是人——供人接收、视听、欣赏、利用。对于这类信源的编码,有时又称之为信号压缩。因涉及模拟波形的数字表示,失真在所难免,但只要作为最终用户的人察觉不出或能够容忍这些失真,就允许对数字信号进一步压缩以换取更高的编码效率,这又常常涉及二次量化的问题。而在通信应用中,又正因为它们是供人实时或交互地收听、收看的,对于主要由编码处理引入的通信时延就不能太长。由此便提出了对于信号压缩系统性能指标的综合评价问题。

2.4.1 信号质量:客观度量

为方便起见,常将所传输的信号视为"波形",而对"波形"的编、解码装置就相应地称做波形编、解码器,其总和(见图 2.3 的两个虚线框)有时又称为波形 codec,或者就统称为波形编解码器,因为这两者常常集成在同一片集成电路(IC)上或安装在同一个单元盒中,但我们不应混淆两者在功能上实际是互逆的处理过程(尽管由于编码失真原始信号已无法精确再现)。对信号质量的评价,其实也就是对于波形逼真度(或失真度)的测量,这既可以通过客观度量如信噪比来表示,也可以用主观度量如平均评分来评价。

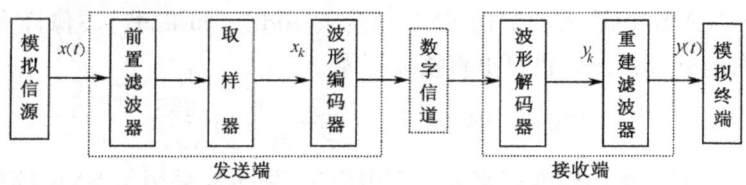

图 2.3 评价数字波形编码系统质量的信号测量点

模拟信源的输出波形记为 $x(t)$,其取样值为 x_k;波形解码器恢复的数字信号为 y_k,经重建滤波器后输出波形则为 $y(t)$,如图 2.3 所示。显然,波形的逼真度可考虑为原始波形与重建波形之差值

$$e(t) = x(t) - y(t) \tag{2.4.1}$$

的函数,例如,考虑为平稳过程 $e(t)$ 的方差

$$\sigma_E^2 = E\{[e(t) - \mu_E]^2\} \tag{2.4.2}$$

通常误差均值 $\mu_E=0$,σ_E^2 又称为均方误差(MSE)。使均方误差最小的编码器设计方法称为最小均方误差(MMSE)设计。

我们知道,对于限带模拟信号的奈奎斯特取样,信息没有损失,即时间连续的原始波形 $x(t)$ 可由时间离散的取样信号 x_k 通过一个理想的重建滤波器精确再现。而从分析方便出发,我们也希望将质量评价的测量点,置于时间离散子系统的输入、输出端。对照图 2.3,就是希望以波形编码器的输入样值 x_k 与波形解码器的输出样值 y_k 之差

$$e_k = x_k - y_k \tag{2.4.3}$$

的均方误差

$$\sigma_e^2 = E\{e_k^2\} \tag{2.4.4}$$

作为信号质量的客观评判标准和 MMSE 的设计准则。如果这与采用式(2.4.2)的模拟 MSE 分析相一致,那就最为理想。有意义的是,对于理想的重建滤波器,可以证明按式(2.4.4)定义的离散时间误差与按式(2.4.2)定义的连续时间误差在数值上相等(见习题与思考题 2-4)。因此,对编码波形质量的客观评价与优化设计更多地在离散时间域进行,其标准客观度量是取样信号方差 σ_x^2 对重建误差方差 σ_e^2 的比值,由于一些历史原因,被称为信噪比(SNR)

$$\text{SNR(dB)} = 10\lg \frac{\sigma_x^2}{\sigma_e^2} \tag{2.4.5}$$

对于图像编码而言,由于显示系统本身会造成质量下降且难以产生理想的二维重建波形,因而实际系统中连续图像的数字样本,并非是所显示图像的奈奎斯特取样,从而按照离散图像场做出的逼真度评价与按照连续图像场得到的结果并不完全一致。但由于按照离散图像场计

算简便——往往就用 $M\times N$ 图像场 $x(m,n)$ 的空间平均

$$\frac{1}{M\times N}\sum_{m=0}^{M-1}\sum_{n=0}^{N-1}x(m,n)^2$$

来代替它的集合平均 $E\{x(m,n)^2\}$，而且被广为应用。只是图像幅度的均值通常为非零正数，因而有时在式(2.4.5)的 SNR 公式中，用 $x(m,n)$ 的最大值 $x_{\max}$ 来代替均方根值 σ_x^2，得到峰值信噪比(PSNR)为

$$\text{PSNR(dB)}=10\lg\frac{x_{\max}^2}{\sigma_e^2} \qquad (2.4.6a)$$

式(2.4.6a)的 PSNR 值比式(2.4.5)的 SNR 值约大 10dB。如果每一图像样本用 8 位表示，则 $x_{\max}$ 可达 255，因此，式(2.4.6a)也可更直接地写为

$$\text{PSNR(dB)}=10\lg\frac{255^2}{\sigma_e^2}=20\lg\frac{255}{\sigma_e} \qquad (2.4.6b)$$

在图像编码中，对于黑白图像逼真度的客观度量，更多地采用与 SNR 等价的归一化均方误差(NMSE)，其通用表达形式为

$$\text{NMSE}=\frac{\sum_{m=0}^{M-1}\sum_{n=0}^{N-1}\{\phi[x(m,n)]-\phi[y(m,n)]\}^2}{\sum_{m=0}^{M-1}\sum_{n=0}^{N-1}\{\phi[x(m,n)]\}^2} \qquad (2.4.7)$$

式中，$\phi[\cdot]$ 为某种运算符。最简单常见的是 $\phi[x]\triangleq x$，称为点变换均方误差；$\phi[\cdot]$ 也可以根据人类视觉系统(HVS：Human Visual System)取其他更适宜的视觉心理生理函数，以便与人眼对图像主观质量的感觉更贴近。

对 NMSE 的倒数取对数，就得到等效的信噪比

$$\text{NSNR(dB)}=-10\lg(\text{NMSE}) \qquad (2.4.8)$$

若式(2.4.7)分母中的 $x(m,n)$ 取其最大值 $x_{\max}$，就得到峰值均方误差

$$\text{PMSE}=\frac{\frac{1}{M\times N}\sum_{m=0}^{M-1}\sum_{n=0}^{N-1}\{\phi[x(m,n)]-\phi[y(m,n)]\}^2}{x_{\max}^2} \qquad (2.4.9)$$

同理，式(2.4.6)定义的峰值信噪比，又可用 PMSE 表示为

$$\text{PSNR(dB)}=-10\lg(\text{PMSE}) \qquad (2.4.10)$$

用 MSE(包括 NMSE、PMSE)这样的准则来度量波形失真，意味着数值大的重建误差比数值小的对波形失真的影响要大得多，但是 HVS 或人类听觉系统(HHS：Human Hearing System)却能够容忍一定的图像或声音的失真，其阈值与信源的内容有关[1]；而用 SNR(包括 NSNR、PSNR)这样的准则来衡量编码器性能虽然最常用，但用来度量数字波形的主观感觉质量也不适宜，因为重建误差序列一般不具有与信号无关的加性噪声特性，因而对感觉影响的严重性不能由简单的功率测量来度量[2]。

总之，一个理想的度量，应该是某个通用、有理、可靠、易求并便于判断分析的单一数值。可以说还没有一个度量能同时满足上述所有要求，上述客观度量都只能看做是对编码器性能

---

[1] 例如，人眼对人像头发上的误差要比脸上的误差"宽容"得多；人耳对不同频率声音失真的感知也不同。

[2] 例如，图像斜一点看起来没什么，但 σ_e^2 却会很大，因而 SNR 很低；而当图像中有条水平亮线拖影时，σ_e^2 可以很小而 SNR 却非常高，但感觉到的图像质量则完全不能接受。在语音的数字化方面也有类似的情况。

的部分描述,有时还要辅之以其他度量。特别是对语音及图像信号编码时,HVS/HHS 的主观感觉机理有决定意义,因此,感觉上的主观测试对于编码器的设计与评价不可缺少。即使有时已得到了主观感觉上有意义的客观度量,通常仍需做一定的主观测试以对客观度量数据进行补充、验证及校准。

2.4.2 信号质量:主观度量

用来确定质量或可懂度的主观测试很费时间,为了得到可靠的主观测试结果,对于单个类型的激励源,要有各种形式的多次重复(如编码不同讲者的语音,或不同的景物图像)。同时在实验中,往往需要对多个编码器进行判分和比较。设计这类实验的首要要求是保证激励源的次序最随机,以消除排序对评价的影响。此外,还要保证足够的样本数以平滑判决结果中的噪声或起伏。受测者可以是未经训练的新手,也可以是经验老到的专家,主要取决于系统将来的用户类型。但实验人数必须足够多,实验人员的类型(性别、年龄、职业、文化程度)也必须有广泛的代表性,这样才能使评价结果的起伏度降低到合理值。有时还可以去掉一(两)个最高分及一(两)个最低分,以消除偶然因素的影响。

主观测试结果既可表现为某个单一数值,也可以是同时反映了判断差异的一组数值。这两种测试步骤大不相同。此外,数字信号质量的测试方法与其可懂度的测试方法也不相同:一般高质量的输出同时意味着满意的可懂度,但反之却不然。

1. 质量的度量

历史上,人们提出过多种主观质量的度量。

① 二元判决:例如,在二级记分中可接受或不可接受,实验者只需二选一;在 A-B 偏爱度中:激励源 A 与 B 成对出现,实验者只需挑出他最偏爱的;

② 主观 SNR:将编码器输出与某个带加性噪声的参考信号相比较,调节噪声能量使实验者对二者具有相同的偏爱度。此时含噪声参考源的信噪比 SNR_A,就可定义为编码器输出信号的等效加性噪声 SNR 或主观 SNR;

③ 平均判分(MOS:Mean Opinion Score):请实验者每人对待测信源进行 N 级质量判分,例如,对于信号质量或失真进行描述性的 5 级判分;

④ 等偏爱度曲线:最简单的情况是以编码器的两个独立参数 P_1 和 P_2 为自变量,以非相关噪声电平 λ 为参变量而做出的一组平面曲线。每一 λ 值可根据半数实验者的意见等效于一对编码器参数;

⑤ 多维计分(MDS):在适当维数的空间中,以点表示编码器条件或类型,以矢量表示个别听众或观众,将编码器条件对某个实验者矢量投影,就能得到此实验者对于编码器条件(或类型)做出的优劣排序。

上述几种方法中,最常用的是 MOS。

2. 图像质量的主观评价

主观评价的任务是要把人对图像质量的主观感觉与客观参数和性能联系起来。只要主观评价准确,就可以用相应的客观参数作为评价图像质量的依据。主观评价实验的准确性表现在实验结果的可重复性,或者说要求主观评价实验结果具有足够的置信度,这要求对实验各方面的条件严格规定。主观测试可分为 3 种类型,每种类型都有各自的分级标准和测试规程。

① 质量测试:观察者应评定图像的质量等级;

② 损伤测试：观察者要评审出电视图像的损伤程度；
③ 比较测试：观察者对一幅给定图像和另一幅图像做出质量比较。

表 2.2 列出了原 CCIR 推荐的这 3 种主观测试方式所用的典型分级标准，每一种分级标准的制定都有其测试规程。假如我们选择"刚察觉"作为"广播质量"的主观等级，那么对 5 级标准在 4～5 之间、对 6 级标准在 1～2 之间均已满足广播质量。

表 2.2 主观测试分级标准

	损 伤			质 量			比 较	
	每级的主观质量	国别		每级的主观质量	国别		比较的衡量	国别
5级标准	5—不能觉察 4—刚觉察不讨厌 3—有点讨厌 2—很讨厌 1—不能用	前联邦德国、日本等	5级标准	A—优 B—良 C—中 D—差 E—劣	前联邦德国、日本、英国	5级标准	+2 好得多 +1 好 0 相同 -1 坏 -2 坏得多	前联邦德国、美国等
6级标准	1—不能觉察 2—刚觉察到 3—明显但不妨碍 4—稍有妨碍 5—明显妨碍 6—极妨碍（不能用）	英国、欧洲广播联盟（EBU）等	6级标准	1—优 2—良 3—中 4—稍差 5—差 6—极差	美国、EBU 等	7级标准	+3 好得多 +2 好 +1 稍好 0 相同 -1 稍坏 -2 坏 -3 坏得多	EBU 等

如何改进 MSE 或 SNR 之类的客观度量使其在主观感觉上也有一定的意义，一直是数据压缩和音像处理研究的一个重要课题。一般的愿望是：一旦建立了客观测试标准，就不必每次都进行较繁琐的主观测试。例如，参照 MSE，引入所谓的显著错误率，来度量能为 HVS 所"察觉"的图像失真，定义为

$$R_{sf} = \frac{1}{M \times N} \sum_{m=0}^{M-1} \sum_{n=0}^{N-1} T[\,|\,x(m,n) - y(m,n)\,| - V(m,n)] \tag{2.4.11}$$

式中 $V(m,n)$ 为 (m,n) 处的视觉感知阈值，$T[\cdot]$ 为门限函数，定义为

$$T[x] = \begin{cases} 1, & x \geqslant 0 \\ 0, & x < 0 \end{cases} \tag{2.4.12}$$

可以看出，显著错误率表示误差不小于视觉感知阈值的像素数在图像总像素数中所占的比例，只要能通过主观评价找出"通用的"视觉感知阈值函数 $V(m,n)$，即可根据式(2.4.11)建立有意义的客观测试标准。如果做不到这一点，就只能用固定的阈值 V 来代替 $V(m,n)$，从而式(2.4.11)就退化为所谓的"大误差"准则。

3. 语音质量的主观评价

在语音编码领域，类似于表 2.2 的 5 级质量 MOS 判分已被广泛接受并沿用至今，有时再辅之以可懂度和可接受度测试。根据正式的主观测试，数字化语音的主观质量随比特率增加而趋向饱和，且 MOS－比特率曲线的"拐点"与编码器类型有关。这与客观的 SNR 度量以及信息论给出的率失真函数曲线（见图 3.5）不同。若以 5 分代表最高音质，则通常约 4.5 分可认为是对公用电话质量即长途电话质量的必要指标，此时在进行语音激励源成对比较的主观测试中，已很难区分数字化语音和经带通输入的模拟语音。4.5 分左右的 MOS 同样意味着数字编码语音的可懂度实际上与原始语音相同。而语音的"通信质量"要低于"长话质量"，它意味着可听出失真，但可懂度降低不多。

不仅如此，涉及电话传输质量评估时，对于 MOS 的使用还要区分为收听、通话或对话等不同情形，并考察其究竟是源于主观测试、客观模型还是网络规划的模型[ITU-T,1993,2006]。即便如此，由于种种原因，当重复实验时 MOS 值会有很大起伏，即重复性差。此时可用基于大量实验者或讲者 MOS 分数的标准差，来评价结果的可信度。例如，64Kb/s PCM 语音编码器输出的 MOS 值为 4.53，其标准差为 0.57。在数字通信系统中，很难单用对 MOS 的要求来定义语音的长话质量（或图像的广播质量），最好能考虑通信网并满足其他一些要求（比如对非语音信号也能保证合适的性能）。一般 MOS 分在 4.0～4.5 就足以代表语音的高质量数字化，而 64Kb/s 的对数 PCM，可认为是在传统的严格意义下达到长话质量的编码器。

主观度量如 MOS 判分是对客观度量如 SNR 或噪声方差的一种不可缺少的补充。

当码率极低或对传输的要求极苛刻（如多次编码或信道噪声极大）时，编码器输出的可懂度就成为主要问题。对此我们并不企图去测试极其低劣的音质或像质，而是要检测其能保留所携带信息的对比度特征，如图像中的边缘、语音中的辅音。

可懂度测试要求听者能辨别由离散音节、单词或整个词组和句子组成的专门发音。这些测试显然比其他质量评定更客观，因为并不要求听者做出有偏向的评价。然而，测试材料（单词或熟悉的声音、音调等）的性质和听者的能力仍然具有主观因素。大多数语音可懂度测试的典型做法是：通过试验信道传输一个单词表，将输出读音放给一组试听人员收听。可懂度测试即以试听组的正确辨认次数为依据。该单词表必须包括所试验语音的所有音位，并且各种音位所占比例应接近该语种的自然比例。通常用无意义的单音节词表示实际收听正确的音位数最灵敏，因为听者不能从已听懂的语音来推测未听懂的部分。也可以让听者从一组只有起始辅音不同的单词（如 meat，feat，heat，seat，beat 和 neat）中辨识字首的辅音，以排除他利用自己的语言先验知识进行猜测。辅音是语音信息的主要载体，直接影响可懂度，设计人员可设法利用测试结果发现语音编解码过程的薄弱环节。

2.4.3 比特率

比特率的概念及典型音频、视频信源的比特率量级已在 1.2 节中介绍，信源主观质量与比特率的关系也已提到。本节的主要宗旨，也正是要讨论如何压低比特率的理论与方法，这将在后续章节逐步展开。单从数据压缩的角度看，比特率常常是体现一个实际编码系统或理论压缩算法技术水平的最主要的指标。而从通信的角度出发，最终的比特率还应与要求的业务质量（QoS：Quality of Service）和现行的数字传输体制相适应。由于 PCM 通信首先用于电话系统，因此现存的 PCM 数字通信网都以此为基础。同时由于发展情况不同，各国的系统也有一定区别。早期有将 24 路或 32 路电话（每路数据率为 64Kb/s）集中编码的终端机，称为基群或 1 次群。在中、大容量数字系统中传输时，往往将几个基群时分复用为一个 2 次群信号；或再把几个 2 次群复合为一个 3 次群信号，如此可以继续合并下去。各种发展较晚的宽带声音、静止图像、数字电视等信源在选择编码比特率参数时，就不能不考虑到这一点。

2.4.4 复杂度

信号压缩系统的复杂度是指为实现编解码算法所需的硬件设备量，典型地可用算法的运算量及需要的存储量来度量。其他一些与复杂度相关的指标还有 codec 的体积、重量、价格和功耗。对于便携式系统，功耗的要求特别重要。一般要求的比特率越低，系统的复杂度越高。复杂度还可以用一些实现指标来定量表述，如每波形样值的乘法和/或加法运算次数，或等效地需要处理器每秒能够执行的百万条指令数（MIPS）。由于系统总的复杂度既包括编码器的复杂度，也包括解码器的复杂度，因此数据压缩算法的选择是一个重要的因素。如果一种数据压缩方法的编码算法（压缩正过程）与解码算法（恢复逆过程）的运算量（或复杂度）大致相当，就称这种方法为对称的；反之为非对称的。单就数据压缩算法本身的复杂度而言，通常编码端不会低于解码端（往往要高得多），因此，若能针对具体应用的要求来选择恰当的信号压缩算法，便有可能使系统的**总复杂度**最低，从而极大地减少系统的总成本。其一般原则显然是应该尽量简化数量巨大的终端设备。以多媒体通信业务为例，ITU－T F.700 建议将其分为会话、会议、分配、检索、消息和采集 6 类：

会话型（人际"点对点"通信）、会议型（人际"多点之间"通信）和消息型（人际可通过机器存储转发的"点对点"通信：人→机器→人）业务的终端设备收发齐备，采用"对称性"数据压缩算法有利于时分复用算法的核心硬件/软件模块；

分配型（"机器对人"的"点对多点"通信）和检索型（"人机交互"的"点对点"通信，如"点播"）业务类似于广播，终端设备主要用于接收，故采用解压缩算法尽量简单、而压缩算法可以有较大运算量以保证较高压缩率的非对称算法更为可取；

采集型（"机器对人"或"机器对机器"的"多点对一点"通信）业务多用于监控或监测，其终端实为"前端"（传感器），主要任务是发送数据，故与广播方式的要求正相反，它希望压缩算法尽量简单，以简化采集与发送设备，而解码算法则允许复杂一些以保证总体性能。这对于物联网中的无线传感网[吴乐南,2010]以及空间飞行器（包括地球卫星）等特别有实际意义。

值得指出的是，由于收、发双方的地位不等，上述"非对称"形式并不是绝对的。一个特殊的例子如气象卫星云图的对地广播业务：虽然属于"一对多"方式（卫星只需一颗，地面接收站可以遍布各地），但受卫星体积、载荷、能源等条件限制，对星上设备尽量简化往往更切合实际。类似于监控方式，此时的卫星图像编码算法就应该尽量简化。

同时也应该注意到，随着单片数字信号处理器（DSP：Digital Signal Processor）、超大规模集成电路（VLSI：Very Large Scale Integrated circuit）、多 CPU 的 DSP 和高速并行处理等硬件平台技术的不断进步，很多复杂算法也正趋向于可以实用。

2.4.5　通信时延

随着压缩算法复杂度的增加，要求存储并加以利用的信号样本数增多，处理的延迟时间常常也相应增加，引起较大的通信时延。电视图像中帧周期是 33.3ms 或 40ms；语音中基音周期为 3～15ms（与讲话人有关）。较复杂的压缩算法要对语音基音周期时间量级内的波形进行观察分析，而对图像波形的观察分析时段也为帧周期量级。这就意味着在语音与图像编码中传输延迟可能达到几十毫秒，引出了波形通信中必须考虑的一些新问题，如长距离双向传输中的回波抑制，以及能否实时通信等。

取决于使用环境，实际允许的单程通信总时延（编码时延加解码时延）可以小到 1ms（像没有回波抑制的电话网），也可以大到约 500ms（如甚低码率可视通信为了能收到较好的图像而不得不容忍较大的通信时延），但一般控制在 200ms 以内为宜。也有一些应用没有时延要求，像单程通信（如电视广播）、存储及消息转递（message-forwarding，如声音邮件）等。

2.4.6　编码与数字通信系统的性能空间

作为对信号压缩系统性能指标综合评价问题的一个总结，我们可以将本节所讨论的编码器性能指标即信号质量 Q、编码效率 E、系统复杂度 C 和通信时延 D，抽象成一个 4 维空间，其坐标轴用图 2.4 来示意。这些指标不仅适用于评价信源编码，也适用于考核信道 codec 和 modem，只是两者对于信号质量和编码效率所用单位有所不同：在 Q 轴上，信源编码用 MOS 判分，信道编码则用误码率 P_e；在 E 轴上，信源编码用编码比特率 bps，信道编码则用单位频带内的传输比特率 bps/Hz（即频谱利用率）。而对于复杂度和时延，所用单位完全相同：在 C 轴上，都用所需处理器的 MIPS 或 codec 的功耗(mW)；而在 D 轴上，则都用 ms 度量①。

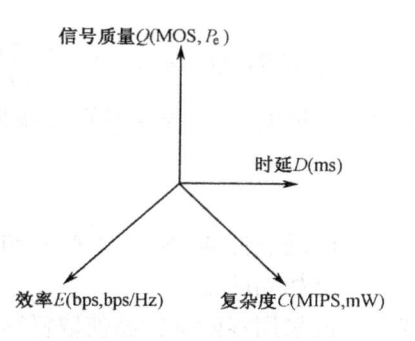

图 2.4 编码器性能维数

任何一个编码算法乃至一个实际数字通信系统均可表示为图 2.4 空间 (Q,E,C,D) 中的一点，该空间中有些区域是理论上允许的，而有些则是一个具体系统所希望达到的。无论是研究信源编码还是信道编码，都试图尽可能定量描述与权衡这些理论上所允许的区域。一般来说，信源编码和信道编码的信号质量和时延决定了一个信息传输系统所能提供的 QoS，而 codec 的效率和复杂度则关系到系统的经济指标。

本书只讨论信源编码，如果不涉及具体实现而仅从方法研究的角度进行讨论，就只需考虑信号质量与编码效率两个指标，从而 4 维空间 (Q,E,C,D) 退化为二维平面 (Q,E)。若讨论的方法仅限于无失真编码，则信号的主、客观质量均不受影响，那么我们所真正关心的就只有算法的压缩效率了，本书第 4 章将要讨论的正是这样一类编码方法。而在第 5、第 6 两章中算法的性能评价仍为 (Q,E,C,D) 空间，但我们关心的重点，则限于 (Q,E) 平面。此时对编码器性能的评价可从两方面入手：在规定的比特率下比较输出信号质量的优劣；或者在一定的信号质量下比较编码率的高低，二者原则上等价，但对于具体应用，则有时某种方法会更合适一些。例如，如果实际系统已经指定压缩语音在 4Kb/s 或将 HDTV 以 20Mb/s 传送，那么此时编码的研究目的就是在这样的比特率下尽量提高信号质量；反过来，对于数字声音广播（DSB；Digital Sound Broadcasting）②应用，要求信号质量对编码算法透明并可与激光唱盘（CD-DA）的音质相媲美，则此时编码工作者的目标就是设法逐步在更低的比特率下展示这样的音质。

习题与思考题

2-1 黑白电视信号的带宽大约为 5MHz，若按 256 级量化，计算按奈奎斯特准则取样时的数据速率。如果电视节目按 25 帧/s 发送，则存储一帧黑白电视节目数据需多大内存容量？

2-2 证明 M-L 量化器的最小量化误差为：$\varepsilon_{\min} = E\{x^2\} - \sum_{k=0}^{J-1} y_k^2 p\{d_k < x \leqslant d_{k+1}\}$.

2-3 一幅图像输入的亮度 x 服从均匀分布 $p(x) = \dfrac{1}{a_M - a_L}$，对它进行最佳量化：

① 求判决电平和输出量化值的表示式；

---

① 在信源编码的处理过程中，延迟是为了去除信号冗余度；而在信道编码中，延迟可用来添加纠错码及其他一些保护措施诸如使突发性错误随机化等。

② 早先称数字音频广播（DAB；Digital Audio Broadcasting）。

② 证明此时有 $\varepsilon_{\min} = \dfrac{(a_M - a_L)^2}{12J^2}$。

2-4 试证明：在奈奎斯特取样条件下，如果图 2.3 中的重建滤波器是一个传递函数为

$$H(j\omega) = \begin{cases} 1, & |\omega| < B \\ 0, & |\omega| \geq B \end{cases}$$

的理想低通，则式(2.4.4)与式(2.4.2)相等，即零均值离散时间误差与模拟时间误差具有相同的方差。

2-5 设采用零阶保持器使取样脉冲变成宽度为 T 的等幅脉冲列

$$s_T(t) = \sum_{n=-\infty}^{\infty} Q(t - nT_S) \quad \text{其中} \quad Q(t) = \begin{cases} 1, & |t| \leq T/2 \\ 0, & |t| > T/2 \end{cases}$$

求 $s_T(t)$ 的频谱，并与式(2.1.4)理想 δ 取样脉冲列的频谱相比较。

2-6 设 A 律压扩量化器输入语音取样值的量化精度为 13 位，若要用可编程只读存储器(PROM)查表的方法直接实现该压扩量化器，则 PROM 的容量至少需要多大？

2-7 量化过程本身是线性的还是非线性的？

2-8 不管对什么信号，均匀量化的均方误差都不会最小吗？

2-9 与标量量化比较，矢量量化的时延大还是小？为什么？

2-10 请推广式(2.4.11)，使之能用于评价具有 RGB 三基色的彩色图像。

2-11 如果处理器的运算速度足够快，编码时延能否降低？

2-12 既然"眼见为实"，为何评价图像质量还要有客观准则？

2-13 你用过失真度测量仪吗？失真度测量仪是如何测量模拟放大器的失真的？其原理能用来测量量化器的失真吗？

第3章 理论极限与基本途径

经典的数据压缩技术,建立在信息论基础上。本章的宗旨就在于通过对信息论中信源编码理论的学习:一、掌握数据压缩的理论极限[①];二、找到数据压缩的基本途径。

3.1 离散无记忆信源

作为香农信息论研究的对象——信息,被假设为由一系列随机变量所代表,往往用随机出现的符号来表示。我们称输出这些符号集的源为"信源"。在研究中,不考虑这个信源的内部结构及发生符号的机理,只研究这些符号集的属性。那么,由信号源输出的随机符号,如果其取值于某一连续区间,就叫做连续信源;如果取值于某一离散集合,就叫做离散信源;如果随机符号的一部分取值于连续区间,另一部分取值于离散集合,则称之为混合信源。一般地说,信源发出的消息是一个随机过程,它是时间与空间的函数。例如:

① 语音信号——时间函数 $X(t)$;
② 静止平面图像——空间函数 $X(x,y)$;
③ 电视信号——时(间)空(间)函数 $X(x,y,t)$;
④ 电报信号——时间离散信号;
⑤ 书信——空间上离散的符号序列——文本。

总之,实际信源多种多样,我们都将其抽象成随机序列来讨论。

我们用大写字母(如 X)表示随机变量,小写字母(如 t)表示随机变量的一个实现的序号。于是一个离散信源的输出可用序列集合

$$\{X_t; t=0, \pm 1, \pm 2, \cdots\}$$

来表示,集合中每个元素取自字母表(有限符号集合)

$$A_m = \{a_1, a_2, \cdots, a_m\} \tag{3.1.1}$$

中的一个,而字母表中的元素叫做字母或字符。若表中含有 m 个不同的字母,就说该表的大小为 m。

若取 t 为从 1 到 n 的有限数,则信源又可用 n 维随机矢量来表示,即

$$\boldsymbol{X} = (X_1, X_2, \cdots, X_n), \quad \boldsymbol{X} \in A_m^n \tag{3.1.2}$$

这里的 A_m^n 是 A_m 中各元素的 n 重笛卡儿乘积(积集),共有 m^n 种可能组合。其中每一个都叫做长为 n 的源字。

用 $P_t(\boldsymbol{X})$ 表示 n 维随机矢量

$$\boldsymbol{X}_t = (X_{t1}, X_{t2}, \cdots, X_{tn}), \boldsymbol{X}_t \in A_m^n$$

的概率,并记

$$t+k \cong (t_1+k, t_2+k, \cdots, t_n+k)$$

若对任意的整数 k 与 n,所有的 $\boldsymbol{X} \in A_m^n$ 都满足

$$P_{t+k}(X) = P_t(X) \tag{3.1.3}$$

---

① 即信源编码器的编码效率,能否沿着图 2-4 的 E 轴向原点无限逼近。

则称此信源为平稳信源,此时式(3.1.3)的下标 t 可省去。若对任意 $X \in A_m^n$,又有关系式

$$P(X) = \prod_{t=1}^{n} P(X_t), \quad X_t \in A_m \tag{3.1.4}$$

成立,则此平稳信源又称为离散无记忆平稳信源,简称离散无记忆信源(常记做 d.m.s.)。

本节就限于讨论这种最简单的信源。

3.1.1 自信息量和一阶熵

记字符 a_j 出现的概率为 $P(a_j)$,那么按概率的公理化定义必须有

$$0 \leqslant p_j \leqslant 1 (j=1,2,\cdots,m), \quad \sum_{j=1}^{m} p_j = 1 \tag{3.1.5}$$

则仙侬信息论把字符 a_j 出现的自信息量定义为

$$I(a_j) = -\log p_j \tag{3.1.6}$$

式(3.1.6)将随对数所用"底"的不同而取不同值(式中的负号可保证其为正值),因而其单位也就不同。一般而言,当底取为大于 1 的整数 r,则自信息量的单位称做 r 进制信息单位。考虑到一般物理器件的二态特性,通常取 $r=2$,相应的单位为比特(bit);当 $r=e$(自然数),单位称奈特(Nat);当 $r=10$,单位称哈特(Hart)。今后若无特殊声明,本书中凡以"log"表示的对数的底均为 2;而以自然对数"ln"和常用对数"lg"表示的底则分别为 e 和 10,所有的"底"均省略不标,当不至于混淆。

$I(a_j)$ 也称自信息函数,其含义实际是:**随机变量 X 取值为 a_j 时所携带信息的度量。**

我们把自信息量的概率平均值,即随机变量 $I(a_j)$ 的数学期望值,叫做信息熵或简称熵(entropy),记为

$$H(X) = \sum_{j=1}^{m} p_j \cdot I(a_j) = -\sum_{j=1}^{m} p_j \cdot \log p_j \tag{3.1.7}$$

单位为 bit/字符。通常也称式(3.1.7)所定义的熵为一阶熵,它表示集合 A_m 中字符出现的平均不确定性,即为了确定集合 A_m 中某一字符出现所需的平均信息量(观察之前);或反过来,它代表每出现一个字符所给出的平均信息量(观察之后)。

对于不可能事件 x,有 $p(x)=0$,则认为 $(0)\log(0)=\lim_{\varepsilon \to 0} \varepsilon \cdot \log \varepsilon = 0$。

更详细地说,人们在解释和理解熵的概念时,一般有以下 4 种样式:

① 当处于事件发生之前,根据先验概率 p_j,就有不同的不确定性存在,因此 $X(p_j)$ 和 $H(X)$ 都是不确定性的度量;

② 当处于事件发生之时,是一种惊奇性度量;

③ 当处于事件发生之后,不确定性已解除,则是获得信息的度量;

④ 还可理解为是事件随机性的量度,因其仅仅对概率 p_j 取另一个坐标而已。

马上可以知道,$H(X)$ 就是离散无记忆信源进行无失真编码时的基本极限。另外,当强调各事件的概率分布,并构成概率向量(m 维)$p=(p_1,p_2,\cdots,p_m)$ 时,熵也习惯地写成

$$H(p) = H_m(p_1,p_2,\cdots,p_m) = -\sum_{j=1}^{m} p_j \cdot \log p_j$$

3.1.2 基本途径之一——概率匹配

如果对字符 a_j 的编码长度为 L_j,则显然 L_j 也是一个非负的随机变量,不妨按概率约束它

取为 $L_j = -\log q_j$，其中 q_j 是一个任意的概率，满足概率的公理化定义，即有 $0 \leqslant q_j \leqslant 1 (j=1, 2, \cdots, m)$ 且 $\sum_{j=1}^{m} q_j = 1$。

那么对信源 A_m 编码的平均码长就是

$$l = \sum_{j=1}^{m} p_j \cdot L_j = -\sum_{j=1}^{m} p_j \cdot \log q_j \tag{3.1.8}$$

而信息论中已经证明熵具有极值性，即

$$H(X) = -\sum_{j=1}^{m} p_j \cdot \log p_j \leqslant -\sum_{j=1}^{m} p_j \cdot \log q_j \tag{3.1.9}$$

其中等号仅在 $\{q_j\} = \{p_j\}$ 时成立。这就告诉我们：

【**数据压缩的基本途径之一**】对于离散无记忆平稳信源，必须：

① **准确得到字符概率 $\{p_j\}$**；

② **对各字符的编码长度都达到它的自信息量。**

在式(3.1.9)中若令 $q_j = 1/m$，便得到重要的最大离散熵定理：

【**定理 3.1(最大离散熵)**】所有概率分布 p_j 所构成的熵，以等概率时为最大，即

$$H_m(p_1, p_2, \cdots, p_m) \leqslant \log m \tag{3.1.10}$$

在用模数转换器(ADC)对各种信源进行数字化的过程中，通常都使 $m=2^R$，若各字符以等概率出现，则 $I(a_j) = -\log 2^{-R} = R(\text{bit})$，此时可以说，$R$ 位二进制码字包含有 R bit 的自信息量。以 $m=2$ 为例，$H(p)$-p 曲线表示如图 3.1 所示。由图 3.1 可见，仅当 $p=1/m=0.5$ 时，$H(p) = \log 2 = 1$ bit。非此情形，$H(p)$ 就减小。当 $p=0$ 或 $p=1$ 时，$H(p)=0$，即成为确定事件集。从物理意义上说，通常传输或存储的一个二元字符(0 或 1)，其所含的信息量总低于 1 bit。只有当字符 0 或 1 的概率 $p_0 = p_1 = 1/2$ 时，才含有习惯上所称之的每一信源符号 1 bit 的信息量(一般认为这是最基本的信息，常称为"是否信息")。

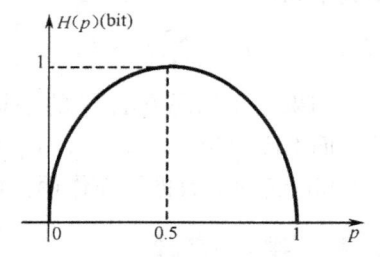

图 3.1 $m=2$ 的熵函数

因而，此最大值与熵之间的差值，就是信源 X 所含有的冗余度(redundancy)，即

$$r = H_{\max}(X) - H(X) = \log m - H(X) \tag{3.1.11}$$

由此可见，离散无记忆信源的冗余度隐含在信源符号的非等概率分布之中。**只要信源不是等概率分布，就存在着数据压缩的可能性。**这就是第 4 章将要介绍的统计编码的基础。

在数据压缩技术中，一般将压缩前每个信源符号(取样)的编码位数($\log m$)与压缩后平均每符号的编码位数(l)之比，定义为数据压缩比(CR：Compression Ratio)。它是一个无量纲数①，即

$$\text{CR} = \frac{\log m}{l} \tag{3.1.12}$$

根据本节介绍，其上界显然是

$$\text{CR}_{\max} = \frac{\log m}{H(X)} \tag{3.1.13}$$

而

$$\eta(\%) = \frac{H(X)}{l} \times 100 \tag{3.1.14}$$

---

① 也有人用 CR 的倒数 $l/\log m$ 来考核压缩效果，称之为压缩率。

则用来表示编码效率。

【例 3-1】某信源有 4 个字符,出现概率如下:

$$X = \left\{ \begin{matrix} a_1 & a_2 & a_3 & a_4 \\ \dfrac{1}{2} & \dfrac{1}{4} & \dfrac{1}{8} & \dfrac{1}{8} \end{matrix} \right\}$$

则根据(3.1.7)式,信源的熵为

$$H(X) = -\frac{1}{2}\log\frac{1}{2} - \frac{1}{4}\log\frac{1}{4} - 2 \times \frac{1}{8}\log\frac{1}{4} = 1.75 \text{bit/字符}$$

采用 PCM 编码,需要 $R = \log 4 = 2\text{bit}$ 表示,即

① $\left\{ \begin{matrix} a_1 & a_2 & a_3 & a_4 \\ 00 & 01 & 10 & 11 \end{matrix} \right\}$

平均码长为 $l = 2 \times \sum\limits_{j=1}^{4} p_j = 2\text{bit/字符}$,CR=2/2=1,$\eta = 1.75/2 = 87.5\%$;

而若采用某种与 $I(a_j)$ 相匹配的二元(二进制)编码,如

② $\left\{ \begin{matrix} a_1 & a_2 & a_3 & a_4 \\ 0 & 10 & 110 & 111 \end{matrix} \right\}$

则其平均码长

$$l = \sum p_j \cdot L_j = \frac{1}{2} \times 1 + \frac{1}{4} \times 2 + \frac{1}{8} \times 3 + \frac{1}{8} \times 3 = 1.75 \text{bit/字符}$$

结果小于编码方法① 的平均码长,正好达到了该信源的熵,即式(3.1.9)所示的基本极限。而 $\text{CR} = \text{CR}_{\max} = 2/1.75$,$\eta = 1.75/1.75$ 达到了 100%,它比方法① 平均每字符可少用 0.25bit,起到了数据压缩作用。而方法② 的一般性构造设计则在第 4 章介绍。

3.2 联合信源

实践中常会遇到由多个信源构成的联合信源,例如,音响设备有多个声道,彩色电视信号可分解为红、绿、蓝(R、G、B)3 种基色,遥感图像包含多个波段,以及形形色色的多维信号和多媒体信源等。为了简单,本节以任意两个随机变量 X 和 Y 的联合为例进行讨论,并在 3.3 节再将其结论推广到随机序列。

3.2.1 联合熵与条件熵

设信源 X 和 Y 分别取值于字母表 $A_m = \{a_1, a_2, \cdots, a_m\}$ 和 $B_n = \{b_1, b_2, \cdots, b_n\}$,对 X 和 Y 做笛卡儿乘积,就构成联合信源(X, Y),此时要涉及到两个符号集各元素之间的关系。记

联合概率:$P(a_j, b_k)$ ——联合信源(X, Y)取值为(a_j, b_k)的概率;

边缘概率:$P(a_j) = \sum\limits_{k=1}^{n} P(a_j, b_k)$ ——信源 X 取值为 a_j 的概率; (3.2.1a)

$Q(b_k) = \sum\limits_{j=1}^{m} P(a_j, b_k)$ ——信源 Y 取值为 b_k 的概率; (3.2.1b)

条件概率:$P(a_j | b_k) = \dfrac{P(a_j, b_k)}{Q(b_k)}$ ——在 Y 取值 b_k 的条件下 X 取值 a_j 的概率; (3.2.2a)

$Q(b_k | a_j) = \dfrac{P(a_j, b_k)}{P(a_j)}$ ——在 X 取值 a_j 的条件下 Y 取值 b_k 的概率。 (3.2.2b)

我们把 X 与 Y 的联合熵(joint entropy,或称共熵)即联合信源(X,Y)的熵定义为值

$$H(X,Y) = -\sum_{j=1}^{m}\sum_{k=1}^{n}P(a_j,b_k)\log P(a_j,b_k) \tag{3.2.3}$$

它是联合概率分布所具有信息量的概率平均值,表示两个事件集联合发生时所能得到的总的平均信息量。

由条件概率可以定义条件自信息量,即

$$I(a_j \mid b_k) = -\log P(a_j \mid b_k) \tag{3.2.4a}$$

$$I(b_k \mid a_j) = -\log Q(b_k \mid a_j) \tag{3.2.4b}$$

其物理意义也可类似于自信息量那样解释。比如,$I(a_j|b_k)$ 表示在发现信源 Y 取值为 b_k 时,对猜测信源 X 是否取值 a_j 的不确定程度;或者当有人告诉你"此时信源 X 取值为 a_j"这个消息所带给你的信息量。

自信息量与条件自信息量之差很重要,叫做互信息量,即

$$I(a_j,b_k) = I(a_j) - I(a_j \mid b_k) \tag{3.2.5}$$

由于 $I(a_j)$ 表示 a_j 所含的信息量(不确定度),而 $I(a_j|b_k)$ 表示知道 b_k 以后 a_j 还保留的信息量,那么它们的差,即互信息量就应该代表信源符号 b_k 为 a_j 所提供的信息量。

同样,通过求概率平均,可得平均互信息量,即

$$I(X;Y) = \sum_{j=1}^{m}\sum_{k=1}^{n}P(a_j,b_k)I(a_j;b_k) \tag{3.2.6}$$

及平均条件自信息量(条件熵)

$$H(X \mid Y) = -\sum_{j=1}^{m}\sum_{k=1}^{n}P(a_j,b_k)\log P(a_j \mid b_k) \tag{3.2.7a}$$

$$H(Y \mid X) = -\sum_{j=1}^{m}\sum_{k=1}^{n}P(a_j,b_k)\log Q(b_k \mid a_j) \tag{3.2.7b}$$

可以证明(见习题与思考题3-3)

$$I(X;Y) = H(X) - H(X \mid Y) \tag{3.2.8a}$$

用文字表达,即:平均互信息量表示信源 X 的平均不确定性与其在信源 Y 被确定条件下仍保留的平均不确定性之差。换言之,$I(X;Y)$ 表示了随机变量 Y 对 X 所提供的平均信息量,反之亦然。应特别注意 $I(X;Y)$ 与 $H(X,Y)$ 的区别。事实上(见习题与思考题3-4)

$$H(X \mid Y) = H(X,Y) - H(Y) \tag{3.2.9}$$

代入式(3.2.8a),得到

$$I(X;Y) = H(X) + H(Y) - H(X,Y) \tag{3.2.10}$$

由于 $I(a_j) - I(a_j|b_k) = I(b_k) - I(b_k|a_j)$(见习题与思考题3-5),故类似于式(3.2.8),我们又有

$$I(X;Y) = H(Y) - H(Y \mid X) = I(Y;X) \tag{3.2.8b}$$

即平均互信息量具有对称性。事实上,由于(见习题与思考题3-6)

$$H(Y \mid X) \leqslant H(Y) \tag{3.2.11a}$$

从而平均互信息量不仅对称,而且非负,即有

$$I(X;Y) = I(Y;X) \geqslant 0 \tag{3.2.12}$$

同理可以有

$$H(X \mid Y) \leqslant H(X) \tag{3.2.11b}$$

3.2.2 基本途径之二——对独立分量进行编码

式(3.2.11)的结论很重要,它表明:**条件熵必不大于无条件熵**。只有当 X 与 Y 相互独立即 $P(a_j,b_k)=P(a_j)\cdot Q(b_k)$ 时,式(3.2.11a)中等式才成立,即

$$H(X|Y) = H(Y) \to I(X;Y) = I(Y;X) = 0$$

由于平均互信息量非负,由式(3.2.10)可以得到另一个重要结论

$$H(X,Y) \leqslant H(X) + H(Y) = H_{\max}(X,Y) \tag{3.2.13}$$

它表明:**联合信息熵必不大于各分量信息熵之和**,仅当 X 与 Y 统计独立时等号才成立,即只有此时两个信源的联合熵才达到其最大值 $H_{\max}(X,Y)$。而一般情况下,$H(X,Y)<H_{\max}(X,Y)$(两个独立信源的联合熵)。因而这二者之差,就反映了此联合信源所含有的冗余度,即

$$r = H(X) + H(Y) - H(X,Y) = I(X;Y) \tag{3.2.14}$$

两信源之间的相关性越大,此冗余度也越大。由此得到

【**数据压缩的基本途径之二**】对于联合信源:① 理论上,**冗余度也隐含在信源间的相关性之中,**;② 实践中,**尽量去除各分量间的相关性**,再对各独立分量进行编码。

这就是第 6 章将要介绍的变换编码的基础。

【**例 3-2**】为了消除彩色电视信号 R,G,B 分量间的相关性并保持与黑白电视兼容,可按下面的彩色空间变换矩阵将其转换为亮度(Y)和色度(U,V)

$$\begin{bmatrix} Y \\ U \\ V \end{bmatrix} = \begin{bmatrix} 0.299 & 0.587 & 0.114 \\ -0.147 & -0.289 & 0.436 \\ 0.615 & -0.515 & -0.100 \end{bmatrix} \begin{bmatrix} R \\ G \\ B \end{bmatrix} \tag{3.2.15}$$

再对相关性较弱的 $Y、U、V$ 分量分别编码,详见第 5 章。

作为总结,我们将式(3.2.10)改写成

$$H(X,Y) + I(X;Y) = H(X) + H(Y) \tag{3.2.16}$$

可见,**联合信息熵与平均互信息量之和等于各分量熵之和**,它也包含了式(3.2.13)的关系。

以上诸关系可用图 3.2 所示的"文氏图"(Venn diagram)来表示。图中两个圆分别代表 $H(X)$ 与 $H(Y)$;其交叠部分代表平均互信息量 $I(X;Y)$;除去交叠部分的两个月牙形分别代表条件信息熵 $H(X|Y)$ 与 $H(Y|X)$;X 与 Y 的联合熵 $H(X,Y)$ 由式(3.2.10)可知相当于图中全部"∞"字形,或利用式(3.2.9)表示成

$$H(X,Y) = H(X) + H(Y|X) = H(Y) + H(X|Y) \tag{3.2.17}$$

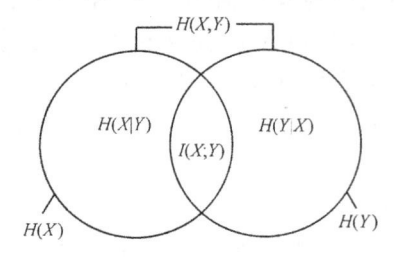

图 3.2 表示信息熵关系的 Venn 图

从文氏图可见,当两个圆相互离开时,条件熵就增大,即由于相关性减弱而使剩余不确定性随之增大,但由式(3.2.11),剩余的总不会大于原有的。至多在 X(或 Y)出现后,对 Y(或 X)的不确定性丝毫也未解除,这恰好是两者相互独立的情形,等号为之成立。从文氏图上看,相当于两圆完全脱离。而当两个圆重合时,条件熵为零,联合熵就等于单个信源的熵,表明两个符号集合完全相关。

3.3 随机序列

与无记忆信源相对应,若信源 X 的各分量不是互相独立的,就称为有记忆信源。对这类信源进行数据压缩的基本极限,理应是该离散平稳信源 X 的每一元素所平均含有的熵。

3.3.1 极限熵

考虑到在一个符号序列中,任一元素的出现总是要附带地解除前面或后面元素的若干不确定性,所以不能简单地把它当成离散无记忆信源,而要用条件熵的方法来处理。而且,如果对前面已出现的符号知道得越多,那么,下一个符号的平均信息量应该越小。

【例 3-3】 对于一个汉字序列:如果已经收到"社会主"3 个字,则第 4 个字大致是"义",其他字的可能性很小,因此,第 4 个字的信息量较小。如果只知道前面两个字"社会",那么第 3 个字可能是"主"、"上"、"的"、"化"、"要",等等。这时,第 3 个字的信息量较大;如果只知道前面第 1 个字"社",则第 2 个字是"会"、"论"、"员"、"团"、"交"、"长"……的可能性均存在,显然第 2 个字的信息量也比较大。

借助于 3.2.1 节对联合信源的讨论,如果把 n 个信源符号当做一个 n 维随机矢量 X,其(联合)概率为 $P(X)$,熵为

$$H(X) = -\sum P(X)\log P(X) \tag{3.3.1}$$

而平均符号熵就是

$$H_n(X) = -\frac{1}{n}H(X) = -\frac{1}{n}H(X_1, X_2, \cdots, X_n) \tag{3.3.2}$$

另一方面,若把前 $n-1$ 个符号作为条件,则可求得最后一个符号 X_n 的熵为

$$H(X_n | X_1, X_2, \cdots, X_{n-1})$$

信息论中已证明,对于离散平稳信源 X,如果它的 $H(X_1) < \infty$,则下述结论成立:

① $H_n(X)$ 与 $H(X_n|X_1,X_2,\cdots,X_{n-1})$ 均为随 n 的增大而单调不增函数;

② $H_n(X) \geqslant H(X_n|X_1,X_2,\cdots,X_{n-1})$; $\tag{3.3.3}$

③ $\lim_{n\to\infty} H_n(X) = \lim_{n\to\infty} H(X_n|X_1,X_2,\cdots,X_{n-1})$。 $\tag{3.3.4}$

从性质① 可见,不管是 $H_n(X)$ 还是 $H(X_n|X_1,X_2,\cdots,X_{n-1})$,只要考虑序列本身的相关性,此平稳信源的熵一般就要降低。而元素间隔无限远也可有相关性,所以当 n 增大也即考虑更多的元素互相依从关系时,熵值将会进一步降低,因为所附带解除的不肯定性越来越多了。更准确地说,n 越大,所得到的熵就越接近于实际信源所含有的熵,而式(3.3.4)一般就称为极限熵或极限信息量,用 H_∞ 表示。由此我们可以得到数据压缩的另外两条基本途径。

3.3.2 基本途径之三——利用条件概率

【数据压缩的基本途径之三】 对于离散有记忆平稳信源:

① 理论上,可通过它的条件概率计算极限熵;

② 实践中,**可利用条件概率进行编码,阶越高越有利**。

但是,H_∞ 的计算极其困难,而实际信源又可能非平稳,H_∞ 不一定存在。有时就干脆假定其平稳,并测得 n 足够大时的条件概率以近似计算 H_∞。其实这样做仍有困难,往往还要假定信源的记忆有限,即假定随机变量 X_p 取值只与其前面 M 个符号 $X_{p-1}, X_{p-2}, \cdots, X_{p-M}$ 有关,并用 M 阶马尔可夫(Markov)链表示由这 $M+1$ 个符号 $X_{p-M}, X_{p-M+1}, \cdots, X_{p-1}, X_p$ 所组成的

序列。这时所需测量的条件概率就要少得多,比如 $M=1$ 时,有

$$\begin{cases} P(X_t \mid X_{t-1}, X_{t-2}, X_{t-3}, \cdots, X_{t-M}) = P(X_t \mid X_{t-1}) \\ P(X) = P(X_1)P(X_2 \mid X_1)P(X_3 \mid X_2)\cdots P(X_n \mid X_{n-1}) \end{cases}$$

这样算得的平均符号熵可称为 H_{M+1};当 $M=1$ 时就是 2 阶条件熵 H_2,如 $H(Y|X)$ 和 $H(X|Y)$ 等;若设信源无记忆,$M=0$,得 1 阶熵 H_1 如 $H(X)$;再进一步简化,就假定信源符号等概率分布,设有 m 种取值,那么符号熵就是零阶熵 H_0,即信源的最大离散熵 $H_0=\log m=R$。

从式(3.3.3)及本章的介绍,可知有

$$\log_2 m = H_0 \geqslant H_1 \geqslant H_2 \geqslant \cdots \geqslant H_M > H_\infty \tag{3.3.5}$$

对于一般平稳信源来说,实际符号熵是 H_∞,理论上只要有能传送 H_∞ 的手段即可(编码定理可证明)。但实际上因未能完全掌握其概率分布而只好计算 H_M,因而也只好用传送 H_M 的手段——很不经济。尤其是有时只能得到 H_1,甚至 H_0,那就更浪费了。这种效率不高(可用 H_∞/H_M 衡量)表现在传送手段上必然太富裕(可用 $1-H_\infty/H_M$ 表征)。

对于按 PCM 编码的取样数据,其无失真压缩的理论极限显然是

$$\text{CR}_{\max} = \frac{H_0}{H_\infty} = \frac{\log m}{H_\infty} \tag{3.3.6}$$

这也是数据压缩基本途径之三努力的目标。

就常见的编码技术而言,等长的 PCM 编码需传送 H_0[①];如果测得各信源符号出现的概率并利用按无记忆信源考虑的统计编码(第 4 章),就可能降低到 H_1,显然 $I_{01}=H_0-H_1\geqslant 0$ 就是统计了信源符号出现概率后获得的信息,有时称为信息变差;进一步考虑利用前一取样值进行预测(见 5.2 节 DPCM 编码),可望降低到 H_2;若利用前 $M-1$ 个取样值,则有可能再降低到 H_M 并获得 $I_{0M}=H_0-H_M$ 的信息变差;……这就是第 5 章预测编码的基础。

表 3.1 为 8 幅典型黑白电视图像的实测熵值,其中图像 1~2 为美国电影电视工程师协会(SMPTE)测试图像,4~8 为欧洲广播联盟(EBU)测试图像。$H(X_0|X_1)$、$H(X_0|X_5,X_1)$ 反映水平方向的相关性;$H(X_0|X_2)$ 反映垂直方向的相关性;而 $H(X_0|X_1,X_2)$ 同时反映水平与垂直两个方向的相关性。显然不同的图像具有不同的信息熵,但经过挑选的典型测试图像是有典型意义的。不难观察到:对于实际的图像信号,2 阶熵比 1 阶熵小得多,3 阶熵又比 2 阶熵小,而更高阶熵的减小就不明显了,但计算量却增加很快。因此,在实际分析性能时,以求能看到 $H_n(X)\sim n$ 曲线出现平稳趋势即可。

表 3.1　实际图像(8bit/pel)的 1~3 阶熵

序　号	图像内容	$H(X_0)$	$H(X_0\|X_1)$	$H(X_0\|X_2)$	$H(X_0\|X_5,X_1)$	$H(X_0\|X_1,X_2)$
1	戴胸花的女郎	6.4145	4.0440	4.0824	3.2661	3.2547
2	双人	6.2200	3.9848	3.8397	2.9583	2.9698
3	教授	7.2100	3.6456	3.5395		
4	男孩与玩具	7.1325	5.0268	4.7978		
5	戴草帽的妇女	7.0030	4.5882	4.3275		
6	船	7.0384	4.9380	4.8652	2.7025	2.6677
7	水池	7.3569	5.1914	5.4112		

---

① 事实上,若我们只知道信源符号有 m 种可能取值而对其概率特性一无所知,合理的假定就是这 m 个取值概率相等,因为此时熵取最大值 $\log m$。统计学认为:最大熵是最合理、最自然、最无主观性的假定。

续表

序　号	图像内容	$H(X_0)$	$H(X_0\|X_1)$	$H(X_0\|X_2)$	$H(X_0\|X_5,X_1)$	$H(X_0\|X_1,X_2)$
8	分辨率测试卡	6.9412	5.4386	5.4716		
熵值计算时所选的相邻像素位置关系				$\begin{array}{\|c\|}\hline X_2 \\ \hline X_1\|X_0 \\ \hline\end{array}$		$\begin{array}{\|c\|c\|c\|}\hline X_3 & X_2 & X_4 \\ \hline X_5 & X_1 & X_0 \\ \hline\end{array}$

3.3.3 基本途径之四——利用联合概率

类似于 3.2.2 节对联合信源的处理，极限熵的结论还告诉我们：

【数据压缩的基本途径之四】 对于离散平稳信源：

① 理论上，可通过联合概率计算极限熵；

② 实践中，**可将多个符号合并成向量**，利用其联合概率进行编码，符号越多越有利。

2.3 节讨论过的矢量量化，就是利用联合概率的一种体现。而第 6 章将要介绍的变换编码，则利用 M 阶的最佳变换（如 6.2.1 节的 K-L 变换），有可能得到 H_M 并获得 $I_{0M}=H_0-H_M$ 的信息变差。这是数据压缩技术中十分重要的思想。

值得注意的是，在一定的条件下，利用联合概率进行编码的思想对于离散无记忆平稳信源仍然适用，详见 4.2 节。

3.3.4 基本途径之五——对平稳子信源进行编码

语音、图像等信源的统计性质一般是非平稳的，这时 3.3.1 节用以导出 H_∞ 的前提已不成立，但在一定的时间段内作为平稳信源对待还是合理的，例如，语音的局部平稳段、图像的平坦区。因此为处理方便，可将非平稳信源 S 看成由多个平稳子信源 S_i 构成的组合信源，在某一时间间隔，组合信源的输出为 L 个 S_i 中的一个（为一段平稳信号），如图 3.3 所示。组合信源中 L 个子信源的符号集相同，均为 $A_m = \{a_2,a_2,\cdots,a_m\}$。设各子信源在 S 中的出现概率为 P_i，这时组合信源模型（或称为非平稳信源的开关选择复合信源模型）可描述如下

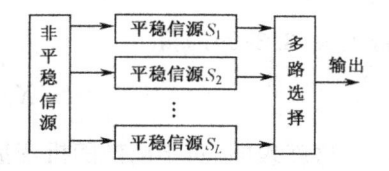

图 3.3 非平稳信源的组合平稳模型

$$\begin{cases} S_i(P_i; P(a_1\mid i), P(a_2\mid i),\cdots,P(a_m\mid i)) \\ \sum_{i=1}^{L} P_i = 1 \end{cases} \quad (3.3.7)$$

平时常把实际信源近似看成是平稳信源，它的统计是上述模型的平均

$$\begin{cases} S_M(P(a_1),P(a_2),\cdots,P(a_m)) \\ P(a_j) = \sum_{i=1}^{L} P_i P(a_j\mid i) \end{cases} \quad (3.3.8)$$

可以证明式（3.3.7）复合信源的熵 H_C 小于式（3.3.8）平均混合信源的熵 H_M，即有：

【定理 3.2（信源的自适应编码）】 一个信源复合模型的熵 H_C 小于混合模型的熵 H_M。

信源的自适应编码定理给我们指出了：

【数据压缩的基本途径之五】 对于离散非平稳信源：

① **设法将其划分成若干个近似平稳的子信源分别编码；**

② 提高编码效率的关键是对平稳子信源的自适应识别。

【例 3-4】预测（包括自适应预测）编码是使预测误差为最小的维纳预测过程，即使采用最佳的不定长编码，也不过趋近于把预测信号作为混合平稳信源看待时的熵 H_M；只有把预测误差信号按照组合信源看待并做自适应编码，才可能达到更低的组合信源熵 H_C。

【例 3-5】典型的语言和音乐信号都不平稳，其主要频率分量的多少和大小是变化的。子带编码（7.1 节）利用带通滤波器组把信号频带分解成 L 个子（频）带分别处理，则每个子带内的信号频率分量有限，至少在一段时间内比全频段的声音信号更接近于平稳信源。

3.3.5 基本途径之六——利用方差变换

通过 3.3.1 节的介绍我们已经明白，极限熵 H_∞ 的计算极其困难。因此，无论是利用条件概率（数据压缩基本途径之三），还是利用联合概率（数据压缩基本途径之四），我们都只能利用到（或计算出）有限阶数下的相应概率。而最大熵的假定虽然最无主观性，但用其作为离散熵的上界来指导数据压缩基本途径的探索，却远不够明确。对于离散信源的熵，我们当然希望有更好（更"紧"）的上界。对此，T. M. Cover 和 J. A. Thomas 在 1991 年就给出了有关离散熵的一个上界[骆源，1997]：

设离散随机变量 X 取值于字母表 $A=\{a_1,a_2,\cdots\}$ 的概率分布为 $\rho=(X=a_i)=p_i(i=1,2,\cdots)$，则

$$H(X) \leqslant \frac{1}{2}\log\left\{2(\pi e)\left[\sum_{i=1}^{\infty}i^2 p_i - \left(\sum_{i=1}^{\infty}i p_i\right)^2 + \frac{1}{12}\right]\right\} \quad (3.3\text{-}9)$$

不失一般性，令 $a_i=i, i=1,2,\cdots$，即 X 为一个取整数值的随机变量，则其方差为

$$Var(X) = \sum_{i=1}^{\infty}i^2 p_i - \left(\sum_{i=1}^{\infty}i p_i\right)^2 \quad (3.3\text{-}10)$$

带入式（3.3-9）即得

$$H(X) \leqslant \frac{1}{2}\log\left\{2(\pi e)\left[Var(X) + \frac{1}{12}\right]\right\} \quad (3.3\text{-}11)$$

这就表明，对于离散随机变量，也可以根据方差（如果该方差存在的话）给出其熵的上界。由于函数变换可以改变随机变量的概率分布，由此我们得到：

【数据压缩的基本途径之六】对于离散信源：①理论上，可通过函数变换改变随机变量的概率分布；②实践中，**尽量选择能够降低随机变量方差的函数变换**，方差越低越有利。

第 5 章和第 6 章将要分别介绍的预测编码和变换编码，其预测残差或变换系数往往具有零均值的近似高斯分布或近似拉普拉斯分布，其方差就可望低于（甚至大大低于）原始的图像、视频或音频信号。

3.4 率失真理论

失真不超过某给定值条件下的编码可称为限失真编码，这是率失真理论研究的问题。能使限失真条件下比特数最少的编码则为最佳编码。1948 年仙侬的经典论文、"通信的数学原理"中首次提到信息率—失真函数的概念，1959 年他又进一步确立了率失真理论，从而奠定了信源编码的理论基础。T. Berger 等人接着进行了深入研究。

3.4.1 率失真函数的基本含义

信源编码过程，实质上就是通过一个编码器，将某个输入符号集 $A_m=\{a_1,a_2,\cdots,a_m\}$，映

射为另一个输出符号集 $B_n=\{b_1,b_2,\cdots,b_n\}$。那么此时式(3.2.4a)的条件自信息量 $I(a_j|b_k)$ 就表示在发现信源编码器输出为 b_k 时,估计对应的信源发出符号 a_j 的概率;而式(3.2.4b)的 $I(b_k|a_j)$ 则表示信源发出符号 a_j 而编码输出为 b_k 的概率。

由于互信息量概念的重要性,我们来讨论一个特别的例子。

【例 3-6】 设信源编码器只是一个简单的——对应关系,即 $m=n$,且

$$a_j \to b_j, \quad j=1,2,3,\cdots,m$$

于是,当知道 b_k 时,就可以确认发出的是 a_k;反之,信源发出的为 a_j,则编码输出一定为 b_j。用概率来表示,即

$$P(a_k|b_k)=1 \quad \text{或} \quad P(b_j|a_j)=1$$

也就是说

$$I(a_k|b_k)=0 \quad \text{及} \quad I(b_j|a_j)=0$$

由式(3.2.5)可知,此时 $I(a_j;b_k)=I(a_j)$,也就是说,b_j 提供了 a_j 的全部信息,或者说解除了 a_j 的全部不确定性。信息保持编码就是属于这种情况。比如信源符号有 8 种

$$\begin{cases} a_j: & 1 & 2 & 3 & 4 & 5 & 6 & 7 & 8 \\ b_j: & 000 & 001 & 010 & 011 & 100 & 101 & 110 & 111 \end{cases}$$

那么只要传输不错,则收到任一码字,比如 110 后,就可立即判定所发的信源符号是 $7(a_7)$。

现在要讨论的问题是可以允许有一定误差存在:假设一个实际信源,也有 8 个不同的消息,但却发现 1,2;3,4;5,6;7,8 两两相差不多,可用同一码字代表,比如

$$\begin{cases} 1,2 & 3,4 & 5,6 & 7,8 \\ 00 & 01 & 10 & 11 \end{cases}$$

即只需 $n=4$ 种编码符号输出即可,较上面的 3bit 编码,节省了 1bit,但它以引入一定的误差为条件。比如收到"01"码后判为 3,若信源发的是 4,就有了误差,不过正如上面假设,其差别不大,且这点误差是允许的。该误差的产生是由于对信源的某些符号进行了合并,减少了事件的数目,从而使新信源的熵降低。所以当集合中事件结构发生变化时,就会引起信源概率结构的变化,从而影响到信源熵的变化。比如例 3-6 题的 8 符号信源,可看做对某一样本进行 8 分层量化(3bit),每一分层代表一个事件。现若改为 4 分层量化(2bit),则原先的两个事件就合为一个,这时信源熵就会减少(即由 $\leqslant$3bit 降至 $\leqslant$2bit)。

可见,只要允许误差(量化)存在,就可以减少编码输出的字符数,因而也就可以降低码率,这在表 1.2 中已有反映。可是字符数越少,译码误差或失真就越大。现在的问题就是要讨论:在给定的失真条件下,最起码需要多大的码率,才能保证不超过允许的失真。用信息论术语,即要确定每个编码符号至少应提供的关于信源符号的信息量。用互信息量表示,即在一定的失真条件下,要找出由式(3.2.6)定义的平均互信息量,即

$$I(X;Y)=\sum_{j=1}^{m}\sum_{k=1}^{n}P(a_j,b_k)I(a_j;b_k)$$

的最小值 $\min I(X;Y)$(这里 X 和 Y 分别表示信源和编码符号的随机变量集合,$I(X)$ 与 $I(Y)$ 分别表示信源信息和编码输出信息),这就是率失真函数的基本含义。应用式(3.2.5)、式(3.2.4)、式(3.2.2a)及式(3.1.6),可将式(3.2.6)写成

$$I(X;Y)=\sum_{j=1}^{m}\sum_{k=1}^{n}P(a_j,b_k)\log\frac{P(a_j,b_k)}{P(a_j)Q(b_k)} \tag{3.4.1}$$

或应用关系式(3.2.2b),改写为

$$I(X;Y) = \sum_{j=1}^{m}\sum_{k=1}^{n}P(a_j)Q(b_k\mid a_j)\log\frac{Q(b_k\mid a_j)}{Q(b_k)} \qquad (3.4.2)$$

平均互信息量的这个表达式,看起来很复杂,实际上它由信源符号概率 $P(a_j)$、编码输出符号概率 $Q(b_k)$ 及已知信源符号出现的条件概率 $Q(b_k|a_j)$ 所确定。在确定信源的条件下,$P(a_j)$ 已确定,因此,所谓选择编码方法,实际上就是通过改变条件概率 $Q(b_k|a_j)$ 的分布来控制平均互信息量。

3.4.2 离散信源的率失真函数

对失真的度量在某种程度上具有随意性:对于不同的信源及不同的场合,可以引入不同的失真度量,最常见的是均方差。设信源发出 a_j,被编码成 b_k,则其均方差值为 $(a_j-b_k)^2$。在图像、语音的编码中,还常常希望用人的视觉、听觉特性来加权(尽管极其困难)。对于离散信源编码,常用失真测量流图或矩阵来表示,如图 3.4 所示。其中 d_1、d_2 是失真测量值:$a_1 \to b_1$、$a_2 \to b_2$ 认为是对应关系,无失真;而 $a_1 \to b_2$,$a_2 \to b_1$ 就有失真,分别以 d_1、d_2 表示,代表它们对信号质量影响的一种度量。

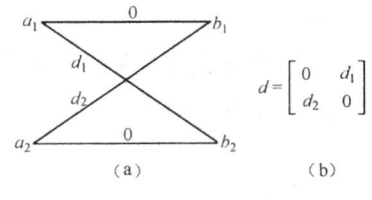

图 3.4 失真测量流图与矩阵

以 $d(a_j,b_k)$ 代表失真度量,则平均失真(失真函数)

$$D(Q) = \sum_{j=1}^{m}\sum_{k=1}^{n}d(a_j,b_k)P(a_j,b_k) = \sum_{j=1}^{m}\sum_{k=1}^{n}d(a_j,b_k)P(a_j)Q(b_k\mid a_j) \qquad (3.4.3)$$

也是由条件概率 $Q(b_k|a_j)$ 控制的一个量,故用 $D(Q)$ 来表示其函数关系。若要求平均失真 $D(Q) \leqslant D$,则必存在这样一个条件概率 $Q(b_k|a_j)$,使 $D(Q)$ 不超过 D,记

$$Q_D = Q(D(Q) \leqslant D) \qquad (3.4.4)$$

为保证失真在允许范围 D 内的条件概率的集合,则由于 $I(X;Y)$ 也受 Q 控制,可将率失真函数 $R(D)$(亦称码率—失真函数)定义为:在 $Q(D)$ 范围内寻找最起码的平均互信息量,即

$$R(D) = \min_{Q \in Q_D} I(X;Y) \qquad (3.4.5)$$

可见,**率失真函数是在允许失真为 D 的条件下**,信源编码给出的平均互信息量的下界,也就是**数据压缩的极限数码率(基本极限)**,即:

【**定理 3.3(有失真时的信源编码逆定理**①)】当数码率 R 小于率失真函数 $R(D)$ 时,无论采用什么编译码方式,其平均失真必大于 D。

由此可知,$R(D)$ 函数对于信源编码具有指导意义。但可惜的是,要计算一个具体信源的 $R(D)$ 函数却很困难:一方面是信源符号的概率分布很难确知;另一方面,即使知道了信源分布,式(3.4.5)的求解也相当复杂。它是一个条件极小值的求解问题,其解的一般结果以参数形式给出,其中起控制作用的变量只有 $Q(b_k)$。所谓信源编码,简单地说,就是通过对 $Q(b_k)$ 的设计与实现,使数码率接近 $R(D)$。但实际中的一些编码方法却并不直接去涉及 $Q(b_k)$,而是从最后的数码率来对 $R(D)$ 函数进行性能比较。

率失真函数具有以下性质:

① 在 $D<0$ 时,$R(D)$ 无定义;

---

① 相应有正定理(离散无记忆信源限失真编码):若一离散无记忆平稳信源的率失真函数是 $R(D)$,则当码长 $R>R(D)$,只要信源序列长度足够长,一定存在一种编码方式,其解码失真 $\leqslant D+\varepsilon$,ε 为任意小的正数。

② 存在一个 $D_{\max}$，使 $D > D_{\max}$ 时，$R(D)=0$；
该 $D_{\max}$ 应为所有满足 $R(D)=0$ 的 D 中的最小值，即(习题与思考题 3-7)

$$D_{\max} = \min_{b_k} \sum_{j=1}^{m} P(a_j) d(a_j, b_k) \tag{3.4.6}$$

即对几个 b_k，择其 $d_k(k=1,2,\cdots,n)$ 最小者即为 $D_{\max}$。

③ $R(0) = H(X)$；

因为 $R(0)$ 代表失真为 0 时的数码率，这正是信息保持编码定理所反映的结果。

④ 在 $0 < D < D_{\max}$ 范围内，$R(D)$ 是正的、连续的下凸函数(下凸性意味着 $R(D)$ 函数在其定义域内连续且单调递减)。

根据上述性质，就可大致地画出离散信源的 $R(D)$ 函数曲线，如图 3.5 所示。

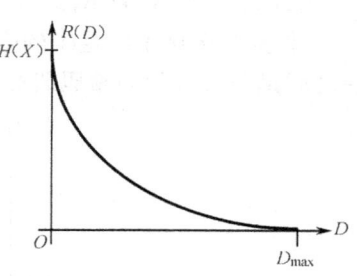

图 3.5 离散信源的率失真曲线

*3.5 分布式信源编码

以上我们所讨论的只是单用户编码问题，此时信源与信宿一一对应。本节将简单介绍对两个或多个相关信源的分布式信源编码(DSC：Distributed Source Coding)，其中每个信源都使用一个单独的编码器，如图 3.6 所示，因而更加适合 2.4.4 节提到的采集型应用。

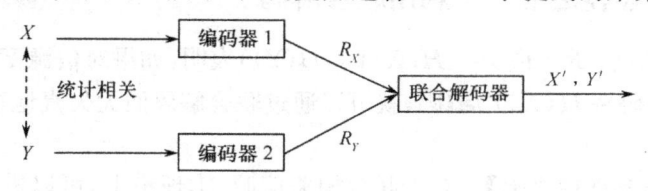

图 3.6 分布式信源编码模型

3.5.1 无损编码——Slepian-Wolf 理论

设有两个相关的离散无记忆信源 X 和 Y，熵分别为 $H(X)$ 和 $H(Y)$，压缩后平均码长分别为 l_X 和 l_Y(为与原始文献统一，下面改用码率 R_X 和 R_Y 的说法和标记)，于是，根据式(3.1-14)，有 $R_X \geq H(X)$ 和 $R_Y \geq H(Y)$。

若利用 Y 做参考信息来无损压缩 X，则由于 X 和 Y 统计相关，根据式(3.2-11b)，有 $H(X|Y) < ; H(X)$，从而得到 $R_X \geq H(X|Y)$。

但是，根据 3.2.1 节的讨论，条件熵 $H(X|Y)$ 表示在信源 Y 被确定的条件下信源 X 仍保留的平均不确定性，这就意味着在编码端和解码端都可以得到参考信息 Y，即可以利用 Y 与 X 之间的相关性。如果只能在解码端得到参考信息 Y，结果又将如何呢？

J. D. Slepian 和 J. K. Wolf 早在 1973 年即证明了存在这样的编/解码器，使得对于 X 的压缩极限仍为 $H(X|Y)$，编码效率与联合编码相同[Slepian,1973]。这就是说，只要知道 X 和 Y 的联合概率分布(X 和 Y 为同分布)，编码器无须参考信息就能取得与已知参考信息一样的编码效率。此结果称为 Slepian-Wolf 定理，其前提条件为

$$R_X \geq H(X|Y), R_Y \geq H(Y|X), R_X + R_Y \geq H(X,Y) \tag{3.5-1}$$

Slepian-Wolf 编码理论表明虽然相关信源 X 和 Y 是分离编码的，但总码率 $R_X + R_Y$(即平

均总码长 l_X+l_Y 可达到联合熵 $H(X,Y)$，与对 X 和 Y 联合编码的情形相同。*Slepian-Wolf* 定理已被推广到遍历信源(Ergodic Sources)和一般信源(General Sources)[杨胜天,2003]。

由式(3.5-1)所限制的码率可达(achievable)区域如图 3-7 所示，分成两块：

① $R_X>H(X)$ 且 $R_Y>H(Y)$，这一区域信源 X 和信源 Y 可以独立编码和解码；

② 其余区域不满足①的限定，为了保证压缩的无损信源 X 和信源 Y 必须联合解码。这一区域是分布式信源编码研究的 Slepian-Wolf 无损编码的情况。

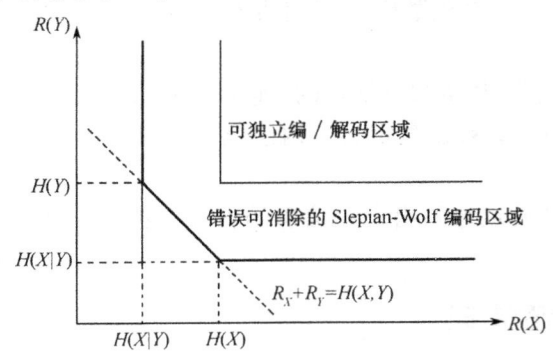

图 3.7　Slepian-Wolf 定理的可达码率区域

3.5.2　基本途径之七——利用联合解码

图 3.7 中的转折点 $(R_X,R_Y)=(H(X|Y),H(Y))$ 表明：如果对信源 Y 用码率 $H(Y)$ 编码，则对信源 X 只需用码率 $H(X|Y)$ 编码，就可以通过联合解码而无失真地重建信源 (X,Y)。从而我们得到：

【数据压缩的基本途径之七】　对于联合相关信源：①理论上，可以进行分布式编码；②实践中，发端对各信源独立编码，**收端利用条件概率对各信源的压缩码流联合解码**。

【例 3-7】设有两个互相关信源 X 和 Y，均为 3bit 等概率分布，其相互关系为码距① $d_H(X,Y)<1$。如果 Y 在编、解码两端都已知，那么 X 可用 2bit 编码，因为 X 与 Y 的模 2 加（异或运算）只有 4 种可能 (000),(001),(010),(100)；如果只能在解码端得到 Y，则仍可把 X 压缩成 $2bit$。其根据为：如果已知 $X=(000)$ 或 $X=(111)$，就没必要再花费码位来区分这两个取值，因为它们中只能有一个满足 $d_H(X,Y)<1$。实际上，可以把 $X=(000)$ 和 $X=(111)$ 组成一个陪集(coset，即把信源 X 的输出划分成的不同组)。同理，把 3bit 二进制码空间中其它码字分割成另外 3 个陪集，使得每个陪集中两个码字之间的汉明距离都大于等于 2。因为共有 4 个陪集，所以只需 2bit 就可指明 X 属于哪个陪集。这 4 个陪集分别是：

Coset1=(000,111)，映射为 00；Coset2=(001,110)，映射为 01；
Coset3=(010,101)，映射为 10；Coset4=(011,100)，映射为 11，

解码端可根据 Y 把 X 解码成陪集中对 Y 的汉明距离最近的那个码字。因此，编码端无须明确知道 Y 的信息，也可把 X 压缩成 2bit。例如，当 $X=(001),Y=(011)$ 时，满足码距 $d_H(X,Y)<1$，把 X 映射到陪集 2，编码为 01，发送到解码端，解码端根据已经收到的 $Y=(011)$ 和 $d_H(X,Y)<1$，可以判断出在陪集 2 中只能是 $X=(001)$ 而不可能是 $X=(110)$。这就说明了 Slepian-Wolf 编码的可行性。

尽管 Slepian-Wolf 编码是一个信源编码问题，但与信道编码原理密切相关。从**【例 3-7】**

可以看出,这里面的关键问题是信源码字空间的分割,即把源 X 的输出划分成不同的陪集,使得在每一个陪集中的两个码字之间的最小距离尽可能地达到最大,同时保持陪集间的对称性。编码器通过只传输陪集的索引来实现数据压缩,解码器通过在陪集中搜索出与参考信息距离最近的码字作为解码结果。陪集的这种特性与信道编码的特性十分相似,所以这种陪集的分割和伴随式的编解码可利用信道编码来完成。

3.5.3 有损编码——Wyner-Ziv 理论

如果在图 3.6 的模型中引入失真度量,原则上即可得到有失真的分布式编码模型,但至今尚未完全解决。Wyner 和 Ziv 在 1976 年提出了一种特殊情况的分布式编码模型。如图 3.8 所示,X 和 S 分别代表具有统计相关性的独立同分布信源和边信息(Side Information,即参考信息),只有解码器能够得到边信息 S,并依据对 X 的编码数据流 R_X 与 S 的联合解码来得到 X 的压缩重建结果 $\hat{X}$。基于该模型,Wyner 和 Ziv 建立了在解码端使用边信息的有损分布式编码的率失真理论,其核心也称为 Wyner 和 Ziv 定理。他们证明在有损压缩时,如果只在解码端可得边信息时的率失真函数为 $R_{X|Y}^{WZ}(D)$,而在编、解码端都能得到边信息时的率失真函数为 $R_{X|Y}(D)$,则 $R_{X|Y}^{WZ}(D) \geqslant R_{X|Y}(D)$,且在高斯无记忆信源和均方误差失真条件下 $R_{X|Y}^{WZ}(D) = R_{X|Y}(D)$。Wyner 和 Ziv 理论得到了更深入的后续研究[陆建,2012]。

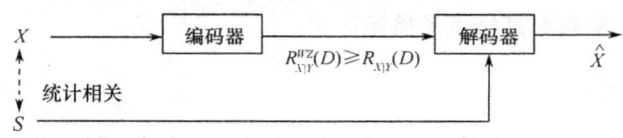

图 3.8 使用统计相关边信息的有损压缩编码

Slepian-Wolf 和 Wyner-Ziv 理论的建立,为指导 DSC 应用需求的重点即分布式视频编码(DVC:Distributed Video Coding)理论奠定了坚实的基础[汪燕,2009]。

3.5.4 基本途径之八——利用边信息解码

Wyner-Ziv 编码可看做是一个码字量化与 Slepian-Wolf 编码相结合的问题,如图 3.9 所示。

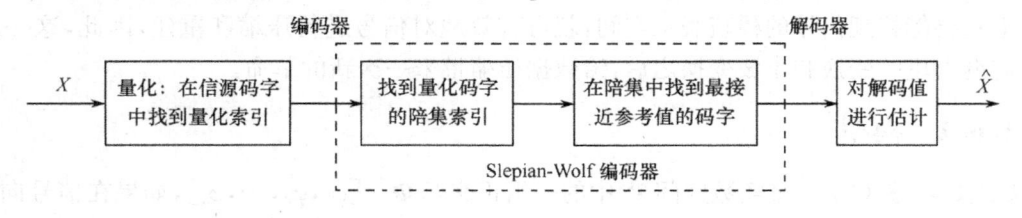

图 3.9 Wyner-Ziv 编/解码结构

图 3.9 中的量化和估计,可看做是信源编码的内容。量化器被设计成一个每符号 R_s bit 的矢量量化器;解码端则根据解码码字和边信息估计解码输出。而图 3.9 中的 Slepian-Wolf 编码器可看做是信道编码部分,但所进行的并非信道编码,只是把信道编码原理用于信源编码。把量化后的信源码字空间用 U 表示,因为 X 与 S 相关,从而 U 与 S 也相关,在 U 和 S 之间想象一条虚拟信道 $P(S|U)$,把信源的码字空间 U 看做信道输入,把边信息 S 看做信道输出,设信道编码有 2^{R_c} 个码字,如果信源码字属于这组信道编码,那么在解码端把边信息看做是信道输出,即边信息 S 是信源码字加入信道噪声后的结果,这样就可以利用信道编码的纠

错特性来恢复信源码字[汪燕,2009]。

【例 3-8】 设用 $R_s=3$bit/符号的矢量量化器来量化信源 X,得到码字 $\Omega=\{r_0,r_1,\cdots,r_7\}$。若要在解码端利用边信息 S 来进一步把 X 压缩到 $l$bit/符号,可把 Ω 分割成 $C=\{r_0,r_2,r_4,r_6\}$ 和 $\bar{C}=\{r_1,r_3,r_5,r_7\}$ 两个陪集。如果把 C 看做信道编码,则 $\bar{C}$ 就是 C 的陪集。编码过程按照如图3.9的流程,首先量化信源 X,即在 $\Omega=\{r_0,r_1,\cdots,r_7\}$ 中找到与 X 距离最近的码字 r 作为 X 的量化值,然后判断 r 所在的陪集,把该陪集的索引作为编码结果发送到解码端,因为只有两个陪集,1bit 就可表示。解码器接收到的是陪集的索引,然后根据边信息 S,在该索引所指向的陪集中按照一定的度量搜索与边信息最近的码字作为解码结果,再利用所有可利用的信息,使得估值 $\hat{X}$ 与 X 之间的误差 $d(X,\hat{X})$ 尽可能小。这样做肯定存在解码出错的概率,但可以通过设计更有效的陪集分割和量化器使得解码错误概率足够小。

虽然分布式编码理论早已提出,但只给出了信源编码的理论根据,并未给出一种具体的实现方法。近年来,人们发现如果一种信道编码能够渐进信道容量,则将其用于分布式信源编码就能渐近 *Slepian-Wolf* 理论极限,于是开始把信道编码的研究结果应用于分布式信源编码[汪燕,2009],但这已超出了本书的教学内容。对于图3.8所示的特例,我们已经可以总结出:

【数据压缩的基本途径之八】 对于离散无记忆信源:①理论上,解码端可利用与信源统计相关的边信息提高有损压缩的率失真性能;②实践中,**发端对信源独立编码,收端可利用边信息与信道编码的关系来重建更高精度的信源码字**。

*3.6 压缩感知

近年来,出现了一种新的数据压缩和解压缩方法——压缩感知(CS:Compressed Sensing,或称压缩传感)[Donoho, 2006][Candes, 2006]。该理论指出,对稀疏信号使用低于奈奎斯特采样速率,仍能精确恢复出原始信号。与经典的奈奎斯特采样不同,压缩感知并不直接对信号进行抽样,而是将信号通过一个非相关的测量系统后,用测量结果重建原始信号,这种特殊的抽样方式有望突破奈奎斯特2倍信号带宽的最低采样率极限,从而降低ADC的硬件成本。压缩感知取代了传统的采样、变换和压缩这3个先后分立的步骤,采样和压缩同时进行,将模拟信号直接采样压缩为数字信息,避免了高速采样后的压缩过程中丢弃大量变换系数所导致的采样资源浪费。理论上只要能找到信号的稀疏表示空间,就可有效地对信号进行压缩和重建,因此,这一新技术有望继傅里叶变换和小波变换之后,给数据压缩带来一次新的革命。

3.6.1 模型

【定义 4-1】 对于 n 维实数空间 $\mathbf{R}^n$ 中的一组正交基 $\boldsymbol{\Phi}=[\varphi_1,\varphi_2,\cdots,\varphi_n]$,如果在信号向量 $x\in \mathbf{R}^n$ 的表示式

$$x = \sum_{i=1}^{n} c_i \varphi_i \tag{3.6-1}$$

式中,系数向量 $c=[c_1,c_2,\cdots,c_n]^T$ 中只有 K 个非零元素,则称信号 x 是 K-稀疏的。

压缩感知理论[Donoho, 2006]指出,采用一个与 $\boldsymbol{\Phi}$ 不相关的已知感知矩阵 $\boldsymbol{\Psi} \in \mathbf{R}^{m\times n}$ ($K<m\ll n$),对 K-稀疏向量 x 进行测量,获得

$$y = \boldsymbol{\Psi} x = \boldsymbol{\Psi}\boldsymbol{\Phi} c = \widetilde{\boldsymbol{\Psi}} c \tag{3.6-2}$$

后,可利用 y 对 x 进行稀疏重建。

从式(3.6-2)可见,y 可看成是稀疏向量 c 关于测量矩阵 $\widetilde{\boldsymbol{\Psi}}$ 的观测值,因而可通过对稀疏

向量 c 的最佳估计 $\hat{c}$ 来重建信号向量 x，即得到 x 的最佳估计

$$\hat{x} = \boldsymbol{\Phi}\hat{c} \tag{3.6-3}$$

该重建过程等效为求解以下优化问题

$$\min_x \|x\|_0 \quad \text{s.t.} \quad y = \boldsymbol{\Psi}x \tag{3.6-4}$$

其中 $\|\cdot\|_0$ 表示 l_0 范数。

式(3.6-4)的求解需要考虑所有 $\binom{n}{K}$ 种组合，具有 NP Hard 复杂度，可进一步松弛为 l_1 范数最小化问题[Candes, 2006]

$$\min_x \|x\|_1 \quad \text{s.t.} \quad y = \boldsymbol{\Psi}x \tag{3.6-5}$$

其中 $\|\cdot\|_1$ 表示 l_1 范数。

目前，压缩感知的理论研究内容大体可分为感知矩阵和重建算法两个方面，具体又可细分为分布式压缩感知(Distributed CS)[Baron, 2006]、贝叶斯压缩感知(Bayesian CS)[Ji, 2006]和单比特压缩感知(1-Bit CS)[Boufounos, 2006]等若干子方向。

3.6.2 感知矩阵

由式(3.6-2)和式(3.6-4)可知，感知矩阵 $\boldsymbol{\Psi}$ 的选择和构建对于 x 的精确重建至关重要，但也是 CS 技术的难点之一。Candes 和 Tao 的研究表明，若感知矩阵满足有限等距性质(RIP：Restricted Isometry Property)，就能以很高的概率精确重建原信号；同时他们给出了符合 RIP 条件的一些例子，包括伯努利矩阵、高斯矩阵、傅里叶矩阵及其子矩阵等。针对实际中常见的 Toeplitz 矩阵和循环矩阵，一些研究者证明了矩阵元素服从有界分布或高斯分布的 Toeplitz 矩阵满足 RIP[Bajwa, 2007]，并基于这两种特殊结构的感知矩阵及其子矩阵，讨论了快速重建算法[Rauhut, 2009]；另一些研究者进一步提炼了 RIP 常数及其选择问题[Blanchard, 2009]。尽管如此，我们无法使用 RIP 来指导构建感知矩阵，也无法判断任意一个矩阵是否满足 RIP；我们只能从统计意义上给出保证原信号精确重建的必要条件——感知矩阵的行数至少为原信号稀疏度的两倍[Rudelson, 2007]，当稀疏度未知时，行数要有一定的富余量。因此，感知矩阵的设计仍是一个十分具有挑战性的开放课题。

3.6.3 重建算法

压缩感知的重建算法大致可分为凸优化算法和启发式算法两大类。前者针对式(3.6-5)的 l_1 范数最小化问题，采用对数障碍内点法[Chen, 2001]等优化算法求解，或者将其转化为一个标准的二次规划(QP：Quadratic Programming)或二阶锥规划(SOCP：Second Order Cone Programming)问题[Boyd, 2004]，通常具有较高的重建精度。而启发式算法采用序贯(sequential)寻找局部最优值来逼近全局最优值的思路，是精度和复杂度的有效折中，通常适于能量受限、要求实时计算的场合。主要包括匹配追踪(MP：Matching Pursuit)[Mallat, 1993][Liu, 2004]、正交匹配追踪(OMP：Orthogonal Matching Pursuit)[Tropp, 2007]、子空间追踪(Subspace Pursuit, SP)[Wei, 2009]、压缩采样匹配追踪(CoSaMP：Compressive Sampling Matching Pursuit)[Needell, 2008]、最小角度回归(LARS：Least Angle Regression)[Efron, 2004]及一些改进算法等[Donoho, 2006][Neira, 2002][Andrle, 2004]。对于稀疏度先验的情况，子空间追踪和压缩采样匹配追踪算法能以极低的复杂度获取全局最优解，从而精确重建原信号；而对于稀疏度未知的情况，匹配追踪、正交匹配追踪和最小角度回

归算法通过设定合适的终止门限,迭代搜索感知矩阵列向量的最佳线性组合,通常也能获得全局最优解[Tropp, 2003, 2007]。继续探索和开发新的重建算法,并进一步考虑包含噪声和干扰的重建,综合分析和优化信噪比、复杂度和鲁棒性等指标,值得深入研究。

3.6.4 基本途径之九——利用压缩感知

利用压缩感知技术已研制出单像素相机[Duarte, 2008],它并非先采集足够多的图像像素后再压缩处理,而是直接使用数字微镜(DMD:Digital Micromirror Device)计算图像与一系列测试函数的内积。利用一个单独的光子检测单元,只需比原图像像素少得多的采样点就能实现精确重建,并具有传统成像器件所不具备的图像波长范围。另一些研究表明,利用压缩感知原理,也可以进一步增强传统数码相机的分辨率和性能[Fergus, 2006]。至此我们又可以总结出:

【数据压缩的基本途径之九】 对于可稀疏表示的信源:①理论上,采样与压缩可同时进行;②实践中,**需要找到信号的稀疏表示空间,构造感知矩阵,优选重建算法**。

除了用于数据压缩,压缩感知在核磁共振成像[Trzasko, 2009]、地质勘探[Herrmann, 2007]、遥感遥测[Ma, 2009]、无线通信[Qi, 2011, 2012]、模式识别[Wright, 2009]和雷达[Varshney, 2008]等领域也颇受关注。

习题与思考题

3-1 证明:当 X 和 Y 相互独立且同分布时,有 $H(X,Y)=2H(X)$ 和 $H(Y|X)=H(Y)$。

3-2 证明:当 $I(X;Y)=0$,X 和 Y 相互独立。

3-3 证明:$I(X;Y)=H(X)-H(X|Y)$。

3-4 证明:$H(X|Y)=H(X,Y)-H(Y)$。

3-5 证明:$I(a_j)-I(a_j|b_k)=I(b_k)-I(b_k|a_j)$。

3-6 证明:$H(Y|X) \leqslant H(Y)$。

3-7 证明:满足 $R(D)=0$ 的率失真函数值可表示为 $D_{max} = \min_{b_k} \sum_{j=1}^{m} P(a_j)d(a_j,b_k)$。

3-8 证明:熵函数具有非负性,即:$H(p) \geqslant 0$。

3-9 没有冗余度的信源还能不能压缩?为什么?

3-10 不相关的信源还能不能压缩?为什么?

3-11 你怎样理解率失真函数 $R(D)$ 对于信源编码的指导意义?

3-12 等概率分布的信源还能不能压缩?为什么?你能举例说明吗?

3-13 在图 3.5 中,当 $D \geqslant D_{max}$ 后有 $R(D)=0$,这意味着什么?你能加以解释吗?

3-14 科技文献中的逻辑冗余:TCP/IP 是传输控制协议/因特网协议(Transmission Control Protocol/Internet Protocol)的英文缩写,但书刊上经常可以见到"TCP/IP 协议"、"IP 协议"之类的写法;即使对于本学科:DCT 是离散余弦变换(Discrete Cosine Transform)的英文缩写,但学术论文中也经常出现"DCT 变换"一说。请计算一下以上用词中的冗余度。

3-15 有人认为:"图像的负片(黑白颠倒)比正片更容易压缩"。你同意他的观点吗?为什么?

3-16 有人认为:"相关的信源是非等概率分布的"。你同意他的观点吗?为什么?

第4章 统 计 编 码

各种媒体的数据,如文本、数值、图片、声音、影像等都可以保存在计算机的存储介质,如磁带、磁盘、光盘或U盘中,可以将这些信息统称为计算机文件。尽管计算机的存储能力越来越大,但我们仍然常常感到存储空间不够用。因为在信息时代,人们希望让"电脑"替自己记住尽可能多的信息,节省每一比特都有实际意义。

在1.3节中曾指出:数据压缩可以分为可逆的无失真(lossless)编码和不可逆的有失真(lossy)编码两大类基本方法,本章先讨论对各种信源都通用的可逆压缩方法,因为大多数计算机文件都不允许在压缩过程中丢失信息。这类方法主要利用消息或消息序列出现概率的分布特性,注重寻找概率与码字长度间的最优匹配,叫做统计编码或概率匹配编码,统称熵编码。而对于语音、图像及其他物理过程的量化采样值,有时倒允许以一定的恢复失真来换取更高的数据压缩比,本书将在第5章、第6章和第7章介绍这些不可逆的压缩方法。但正如图1.2所示,各种熵压缩方法的最后步骤,常常又归结到采用统计编码技术。

4.1 基本原理

计算机文件表现为字符集合(如文本)或二进制符号(一般为0和1)集合(如数据)。当然,两者的最终存储形式都是"0"、"1"代码,只是前者一般用ASCII码(美国标准信息交换码)编码表示。文本文件包括电报报文、程序指令、人事资料、原料清单、财政账目、格式化数据等,一般由十进制数字0~9、英文字母及 \$、*、& 等特殊符号组成。对其压缩必须"透明",即恢复文件不许有任何失真。一个符号错误就可能产生灾难性的后果,例如数据库中包含有金融交易,或者控制系统的可执行程序。

对于文本文件,有一类逻辑压缩(logical compression)方法,就是从分析数据入手,看哪些数据可以省去,又如何以最少的符号来代替必不可少的数据。这实际上只是一种由数据自身特点及设计者技巧来决定的"压缩表示法",它利用了如下事实:在某个指定区域内,并非n位码字所能表示的2^n个可能组合都有意义。这种技巧在数据库的数据结构设计中特别有效。本节只讨论所谓物理压缩(physical compression)方法,即减少计算机文件内部冗余度的统计编码方法。这就首先需要了解这种信源中的冗余度有哪些表现形式。

4.1.1 文件的冗余度类型

本节所谓的冗余度,专指对数据解释一无所知时由数据流中即可观察到的,与具体应用背景无关。在诸如课文和存货清单这类计算机文件中,存在着如图4.1所示的4类冗余度。

1. 字符分布(character distribution)

在典型的字符串中,某些符号要比其他符号出现得更频繁。例如,在ASCII-8码中,256个可能的符号组合里只有95个用于表示非控制符号,其压缩的可能性显而易见。然而,即使是这95个非控制符号,在一份具体文件中也不会以同等概率出现。例如,在英文课文中,字母"e"和"空格"最常见;在报表记录中,少不了二进制数字或紧缩的十进制数字。它们会改变字符的统计特性,而且在字段定义上的限制将使字符分布明显因文件而异。例如,在有关商品库存的统计报表中,到底是用字母还是用编号来标识仓库地点,都会影响报表文件中字符的分布。同理,描述性文字在报表记录中出现的多少,也将影响到每字符所需的平均位数。

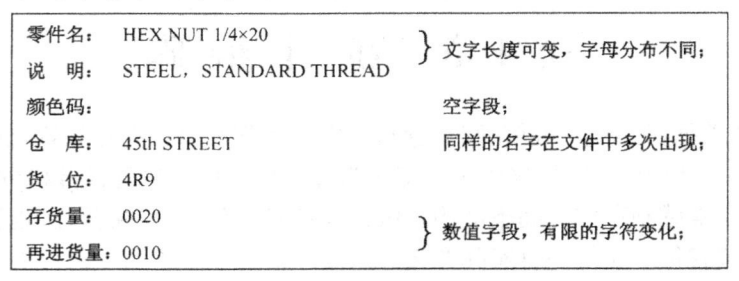

```
零件名：    HEX NUT 1/4×20          ⎫ 文字长度可变,字母分布不同；
说  明：    STEEL，STANDARD THREAD  ⎭
颜色码：                            空字段；
仓  库：    45th STREET             同样的名字在文件中多次出现
货  位：    4R9
存货量：    0020                    ⎫ 数值字段,有限的字符变化。
再进货量：  0010                    ⎭
```

图 4.1　一份零件报表中的冗余度类型

2. 字符重复(character repetition)

对于重复字符所形成的符号串常常有更紧凑的编码方式。在课文中,除了图表或行末的空格,这种情形并不多见。但在格式化的业务文件中,未用完的空白则很常见。例如,一份报表记录,在未填满的字符字段中常含有空格串,在数值字段的高位常含有零串,也许在未使用字段中还含有零符号串。图形图像,特别是业务图表中的线图,多半包含有成片的空白,已越来越多地与文字混排,向数据压缩技术提出挑战。

3. 高使用率模式(high-usage patterns)

某些符号序列会以较高的频率反复出现,因而可用相对较少的位数表示,从而得到时间或空间的净节约。例如,在英文中,一个句号后跟两个空格要比大多数其他 3 字符组合更常见,因此可用较少的位数编码；许多字母成对出现(例如 ZE)的概率要比孤立出现的概率更高,对其联合编码可比对两个字母单独编码更节约；而不大可能出现的字母对如 GC,则可采用更长的编码位表示。对于一些特定的课文,某些关键字的复现率极高,例如,在本书中"压缩"、"编码"、"bit"等经常用到,若将书稿作为计算机文件存盘,就可对这些词组赋以短码。在库存报表记录中,"仓库名"一类的标识符会反复用到,而数值字段则除了数字串外不会再混合出现字母或其他特殊符号,这样每位数字的编码可少于 4 位,而不是像通常英文课文那样需 5～8 位。

4. 位置冗余(positional redundancy)

若某些字符总是在各数据块中可预见的位置上出现,那么这些字符至少是部分冗余的。例如,一幅光栅扫描图像中若含有竖线,那么在每一行的同一位置上就会有一个标记,就可以更紧凑地编码；在报表文件中,某些字段的记录几乎总是相同(比如对"特殊装卸要求"这一栏几乎总是填写"无")。而另一方面,在课文中实际上却不存在位置冗余。

了解文件的冗余度,意在考虑有针对性的编码方法。但这 4 类冗余度之间有一定重叠。

4.1.2　编码器的数学描述

为了描述对实际信源的编码(不一定是压缩编码)过程,可将其抽象成一个如图 4.2 所示的"编码器"。其中消息集 X 的元素 x 叫做信号单元或消息(message)；输出集 W 叫做代码(code)、码组或码书,其元素 w 叫做码字(codeword)；A 是构成码字的符号集,其元素 a 叫做码元、符号(symbol)或

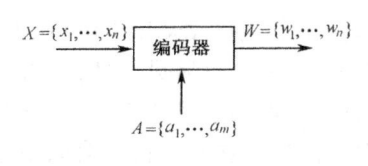

图 4.2　编码器的描述

者字符(character)。所谓编码器是这样一个部件：

如果在它的输入端送进一个 x_i，则其输出端将输出一个被指定与 x_i 对应的 w_i，且所有 w 都是按规定的编码方法用 a 来构成。其作用归纳起来就是两点：

① 以符号 A 构成代码 W；
② 建立 $X \sim W$ 对应关系。

【例 4-1】 令图 4.2 中

$$X = \{x_1, x_2, x_3\}, A = \{0, 1\}, W = \{w_1, w_2, w_3\}$$

假设用

$$A_2 = \{00, \quad 01, \quad 10, \quad 11\}$$

构成代码 W，再给出一个 W 到 A_2 的关系，比如

$$R_1 = \{(w_1, 01), (w_2, 10), (w_3, 11)\}$$

这就完成了编码器的作用①(以符号构成代码)。至于作用②，建立 X 与 W 间的对应关系，最简单的就是建立顺序的一一对应关系：

$$R_2 = \{(x_1, w_1), (x_2, w_2), (x_3, w_3)\}$$

值得注意的是：若

$$X_i \in (d_k, d_{k+1}], 1 \leqslant i \leqslant n, 0 \leqslant k \leqslant J-1$$

为一模拟信号，则该编码器实际就是一个量化器(如 A/D)。

由此可见，所谓编码，就是将不同的消息用不同的码字来代表，或称为从消息集到码字集的一种映射。这就是分组编码或块码的概念。

我们称组成码字的符号个数为码长 L_i。对于例 4-1，显然 $L_i = 2, 1 \leqslant i \leqslant 3$。

对于一个消息集合中的不同消息，若采用相同长度的不同码字去代表(即 W 中任一个码字都由同样多个码元构成)，就叫做等长(或定长)编码。例 4-1 所示即为等长编码。

用做码字的符号可以任意选定，个数也可以按需要而定。若取 M 个不同字符来组成码字，则称做 M 元编码或叫做 M 进制。最常见的是取两个字符"0"与"1"来组成码字，称做二元编码或二进制编码(与数字计算机的二进制数据相对应)。此时，每一个符号代表 1bit 信息量①，因此，5 单位二进制编码，有时就说成是 5 位编码。

4.1.3 变长码的基本分析

与等长编码相对应，对一个消息集合中的不同消息，也可以用不同长度的码字来表示，这就叫做不等长(或变长)编码。采用变长码可以提高编码效率，即对相同信息量所需的平均编码长度可以短一些。由 3.1.2 节平均码长 $l = \sum_{j=1}^{n} P(a_j) L_j$ 的定义可以想到，如果编码：对 $P(a_j)$ 大的 a_j 用短码；对 $P(a_j)$ 小的 a_j 用长码，则当这些信息符号互不相关时，平均码长就会比等长编码所需的码字长度短(读者从例 3-1 中已有初步感受)。1843 年莫尔斯电码的发明正是基于这种认识。

莫尔斯的同事埃·维尔对当地报馆里铅字盘中的铅字进行了大量统计，估计出了每个英文字母出现的频度，见表 4.1。莫尔斯用点("·")和划("-")的组合来表示 26 个英文字母，并巧妙地安排字母与编码的对应关系：英文中最常出现的字母是 E，仅用一个点来表示，其次是

---

① 严格地讲，根据我们所学到的有关 $H(X)$ 的知识，每个符号具有最多代表 1bit 信息量的能力。

字母 T,也只用 1 划表示;而对于最不常出现的字母如 Z,则用较长的码"--··"来表示。当用这样的码来组成文字时,最常出现的码最短,整个电文的平均长度也就缩短了。莫尔斯码至今仍广为应用,说明其方案的有效性(见习题与思考题 4-3)。

表 4.1 莫尔斯码

字 母	莫尔斯码	铅 字 数	字 母	莫尔斯码	铅 字 数
E	·	12000	M	--	3000
T	-	9000	F	··-·	2500
A	·-	8000	W	·--	2000
I	··	8000	Y	-·-·	2000
N	-·	8000	G	--·	1700
O	---	8000	P	·--·	1700
S	···	8000	B	-···	1600
H	····	6400	V	···-	1200
R	·-·	6200	K	-·-	800
D	-··	4400	Q	--·-	500
L	·-··	4000	J	·---	400
U	··-	3400	X	-··-	400
C	-·-·	3000	Z	--··	200

莫尔斯码的形成可归纳为两条:首先找到各消息符号的统计特性,再根据各符号出现的概率分配不同长度的码字。这样一来,就形成了关于统计编码这个概念,其宗旨就在于,在消息与码字之间,企图找到明确的一一对应关系在收端准确再现。以能将平均码长压缩到最短为目的。

但是,变长码在编码时要预知各种消息符号出现的概率,而解码也远比等长码复杂:对于等长码只要使不同的消息对应不同的码字,而收端只要能正确识别出一个码字的起始位置就能正确译码;但对变长码要正确识别码字起点就不那么容易,并且还存在唯一可译性、译码实时性及与匀速输入输出匹配的缓存问题。

【定义 4.1】若 W 中任一有限长的码字序列(即有限长的一串 w),可被唯一分割成一个一个码字,就称做是单义可译或唯一可译的,W 也叫做单义代码。

【例 4-2】考虑以下几种变长码:

信源字母	概率	码 A	码 B	码 C	码 D	码 E	码 F
a_1	1/2	0	0	0	0	0	0
a_2	1/4	0	1	10	01	01	10
a_3	1/8	1	11	110	011	011	101
a_4	1/8	10	111	111	0111	111	111

① 码 A 不是一一对应的(码字 0 同时对应 a_1 与 a_2),故不是唯一可译的(虽然它具有最小的码长 l);

② 码 B 是一一对应的,但由它所构成的序列不能唯一分割。比如码字序列 01110,可以

分割成 0,1,1,1,0；也可以分割成 0,1,11,0；0,11,1,0；或 0,111,0 等，因而也不是唯一可译的。但它与码 A 还有不同：只要在码字之间留有空隙（如像莫尔斯电报那样）或者加个"逗号"，就可以正确译码（见码 D）；

③ 码 C 唯一可译，因为任一串有限长的码字 w，如

$$1 0 0 1 1 1 0 1 1 0 1 0$$

只能被分割成

$$10,0,111,0,110,10$$

任何其他分割方法都会产生一些不属于代码 W 的码字（如 1,001,11,011,010）；

④ 码 D 正是在码 B 各码字（除了 w_1）之前加了起一个逗号作用的码元"0"，从而成为唯一可译的，但这就使平均码长 l 增加了 0.5bit；

⑤ 比较微妙的是码 E：收到"0"时仍不能及时判决为 a_1，必须等到第 2 个码元来时，也许才可做出判断。例如，当第 2 个码元为"0"时，就可判断前一个"0"对应于 a_1；但若第 2 个码元仍为"1"，则还无法判断，因为是 a_2 或 a_3 的可能性都还存在。所以它的译码就要等待一段时间。特别是若遇到如下的码字序列：

$$0 1 1 1 1 1 1 1 1 \cdots 1 1 1 1 1$$

其中只有第 1 个码元为"0"，其余均为"1"，收端在开始几步就无法判决。因为将开头几个码元"01111"判决成"$a_1$1111"固然可以，但判决成"$a_2$111"或"$a_3$11"也未尝不行。因而最好是待收到全部序列（如无第 2 个"0"出现）后，再从尾开始进行判决，才能正确地决定第 1 个消息是什么。这样一来，就产生了时间上的延迟和存储容量的增加。甚至可以说，也许要有无限大的存储容量才够用；

⑥ 对于码 F，即使从尾开始判断，也不是唯一可译的，如对码序列

$$1 0 1 1 1 1 0 1 0$$

既可译成"a_2,a_4,a_2,a_2"，也不妨判决为"a_3,a_4,a_1,a_2"。

这就提出了一个问题：究竟什么样的码才是唯一可译的？ 遗憾的是目前还没有一个明确的判断准则，只有一个判断不是唯一可译码的准则。

4.1.4 唯一可译码的存在

【**定理 4.1（Kraft 不等式**①）】长度为 $L_1, L_2, \cdots, L_n$ 的 m 进制唯一可译码存在的充分必要条件是

$$\sum_{i=1}^{n} m^{-L_i} \leqslant 1 \qquad (4.1.1)$$

可以定性地认识一下该不等式的含义。显然，为保证式(4.1.1)成立，就一定要求 L_i 比较大，即各码长不能过短。这意味着码字可能形成的组合数多，才能避免重复，而不为别的码字的字首（具体参见 4.1.5 节）。

应该强调的是，Kraft 不等式只涉及唯一可译码的存在问题而并不涉及具体的码。因此，它可用来**判定**某一组码**不是**唯一可译的，但**不能判定是**唯一可译的。也就是说，不满足 Kraft 不等式的码肯定不是唯一可译的，而满足的也未必就唯一可译，但可以肯定若按这样的 L_i 分配码组，则必存在有一个唯一可译码（也可能不止一个）对应于信源符号。

【**例 4-3**】对于例 4-2，可以验证以下结果：

---

① 也称 Kraft—MacMilan 不等式。

	码 A	码 B	码 C	码 D	码 E	码 F
$\sum_{i=1}^{4} 2^{-L_i}$ 的值	7/4	11/4	1	15/16	1	1
是否满足 Kraft 不等式?	×	×	√	√	√	√
是否唯一可译?	×	×	√	√	√	×

现在很自然地会产生两个问题：如何来确定码字长度 $L_1,L_2,L_3,\cdots$；又如何在确定了 L_i 以后找出唯一可译码呢？信息论以定理形式回答了第一个问题。

【定理 4.2(按符号)变长编码定理】 对于符号熵为 $H(X)$ 的离散无记忆信源进行 m 进制不等长编码，一定存在一种无失真编码方法，其码字平均长度 l 满足

$$\frac{H(X)}{\log m} + 1 > l \geqslant \frac{H(X)}{\log m} \tag{4.1.2}$$

定理中的 $H(X)/\log m$ 称为下限，下限加 1 称为上限。定理不是说单义代码的平均码长 l 不能突破上限，只是说小于上限的单义代码总是存在的。特别当 $m=2$ 时，有(二进制编码定理)

$$H(X) + 1 > l \geqslant H(X) \quad (\text{bit}) \tag{4.1.3}$$

此时的 l 叫编码速率，有时又叫比特率。对于 m 进制的不等长编码的编码速率定义为

$$R = l \cdot \log m \tag{4.1.4}$$

所以定理 4.2 又可以改述为：

若 $H(X) < R < H(X) + \varepsilon$，就存在唯一可译的变长码；若 $R < H(X)$，则不存在唯一可译的变长码。其中 ε 为任意正数。

有了平均码长，就可以进行码字设计。

【例 4-4】 由例 3-1 知，例 4-2 信源的熵为 1.75bit/字符，可知为使编码唯一可译，就要求平均码长 $l \geqslant 1.75$，故码长的一种设计为：$L_1=1, L_2=1, L_3=L_4=3$，由例 4-2 的码 C、E、F 知，它们满足 Kraft 不等式。但如何做出具体编码则是变长码的构造问题。

4.1.5 唯一可译码的构造

唯一可译码的基本要求是对码字序列能做出唯一正确的分割，基于这个要求就可以设计出各种码型。而码字非续长就是满足上述要求的充分条件。

【定义 4.2】 若 W 中任一码字都不是另一个码字的字头；或换句话说，任何一个码字都不是由另一个码字加上若干码元所构成，则 W 就叫做非续长码、异字头码或前缀码(prefix condition code)。

例如，例 4-2 的码 A、码 B、码 D、码 E 和码 F 都含有续长码，或同字头码，比如"011"是在"01"后面加上 1 个"1"构成的，或"01"是"011"的字头。码 C 是异字头码，由上述定义可知，在接收过程中，只要传输没错，就可从收到的第 1 个码元开始考察，若有一段数据符合某一码字，就"立即"做出译码判决，然后继续往下考察直到译出全部码字。显然，异字头条件保证了这样译出的码字是唯一且具有"即时性"，减少了译码迟延。当然不是异字头码也并非一定不是唯一可译，码 D 和码 E 就是例子，它们可用其他方法分离。例如码 D 中各码组靠"逗号"(码元 0)分开；而码 E 实为码 C 的"镜像"，因而具有"异尾"性，从后向前即具有唯一可译性。因此，异字头性质只是码字可分离的充分条件，而非续长码也只是单义可译代码集合的一个子集，其关系如图 4.3 所示。

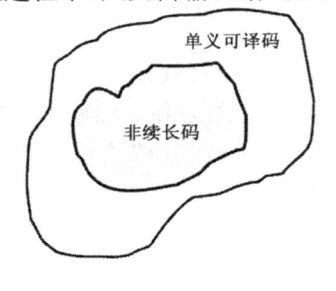

图 4.3 单义可译码与非续长码

我们主要讨论 2 进制编码,通常可用图 4.4 那样的 2 进码树来表示各码字的构成。A 点是根,分成 2 枝分支,枝的端点叫节点,再分成 2 枝,如此下去就成为码树。串接的最大枝数称为树的节数,图 4.4 的树是 3 节。在一个节点分出的各枝分别标以"0"和"1"。这样一来,任何一个二进码字均可用码树中一个连枝(从根起的几个串接的枝组)来表示,例如码字"110"可用图 4.4 中的"ABCD"这一连枝来表示。

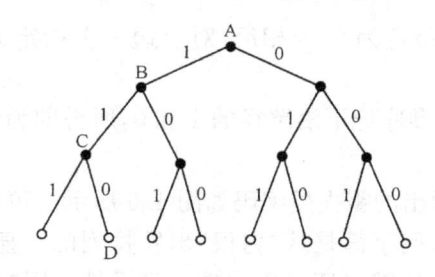

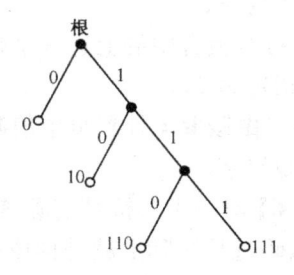

图 4.4 二进码树图   图 4.5 码 C 的树结构

若用码树来表述任何一个代码 W,上述异字头条件就成为:W 中所有码字 w_i 均只对应配置在终端节点上。当二进 r 节(r 级)码树的所有枝都用上,共有 2^r 个码字。如果每个码字长度都是 r,就是定长码,这种码肯定是唯一可译的(满足定理 4.2 的二进制定长码一定满足 Kraft 不等式,见习题与思考题 4-14)。分割方法是等 r 个二进码元均出现后即判定为一个码字,这种树称为满树,如图 4.4 所示;如果有些枝没用上,如图 4.5 所示,则称为非满树,此时码字不再等长。

由此可知,当我们按 Kraft 不等式的要求,对 n 个消息$\{x_1,x_2,\cdots,x_n\}$分配了编码长度 L_1, $L_2,\cdots,L_n$ 后,即可用二进码树来生成异字头码。生成规律是:

① 从根出发开始生出 2 枝;
② 每枝用 1 个码元 $a_j \in A=\{0,1\}$ 来表示;
③ 枝尽节来,节上生枝。继续生枝的叫中间节点,不再生枝的叫(终)端节点;
④ 在第 L_i 级端节点(L_i 级节点共有 2^{L_i} 个)上,配置信号单元 $x_i,i=1,2,\cdots,n$;
⑤ **从根开始**直奔对应的端节点,沿途(连枝)所遇到的码元 a_j 所构成的符号,即为对应于该信号单元 x_i 的码字 w_i。

【例 4-5】例 4-2 的码 C,可用图 4.5 的码树表示,即 $W=\{0,10,110,111\}$。

异字头码不仅无译码延迟,构造简单,而且可以证明长度为 $L_1,L_2,\cdots,L_n$ 的 m 进制异字头码存在的充分必要条件,也是 Kraft 不等式(4.1.1)成立。于是可得结论:任一唯一可译码,总可用与各相应码字长一样的异字头码代替。也就是说,异字头码虽然只是唯一可译码的一种,但它具有代表性与普遍意义,在信息保持编码中广泛应用。

4.2 霍夫曼编码

霍夫曼(D. A. Huffman)于 1952 年提出一种编码方法,它完全依据字符出现概率来构造平均长度最短的异字头码字,有时称之为最佳编码,一般就叫做霍夫曼编码。

4.2.1 霍夫曼码的构造

霍夫曼编码的理论是基于如下的定理,其证明见习题与思考题 4-1。

【定理 4.3】在变长编码中,若各码字长度严格按照所对应符号出现概率的大小逆序排列,则其平均长度最小。

实现上述定理的编码步骤如下：

① 将信源符号按出现概率减小的顺序排列；

② 将两个最小的概率组合相加，并继续这一步骤，始终将较高的概率分支放在上部，直到概率达到 1 为止；

③ 对每对组合中的上边一个指定为 1，下边一个指定为 0（或相反：对上边一个指定为 0，下边一个指定为 1）；

④ 画出**由概率 1** 处到每个信源符号概率的路径，顺序记下沿路径的 1 和 0，所得即为该符号的霍夫曼码字。

【例 4-6】对一个 7 符号信源 $A=\{a_1,a_2,\cdots,a_7\}$ 做出的霍夫曼编码如图 4.6 所示。可以看出，这个编码过程实际上就是构成一棵二叉树的过程，码字都是从"树根"出发排列的。显然，编出来的码字都是异字头码，根据 4.1.5 节讨论可知，这就保证了码的唯一可译性。同时，每一个信源集合都严格按概率大小排列，由定理 4.4 可知编码是最佳的。事实上，可以算出

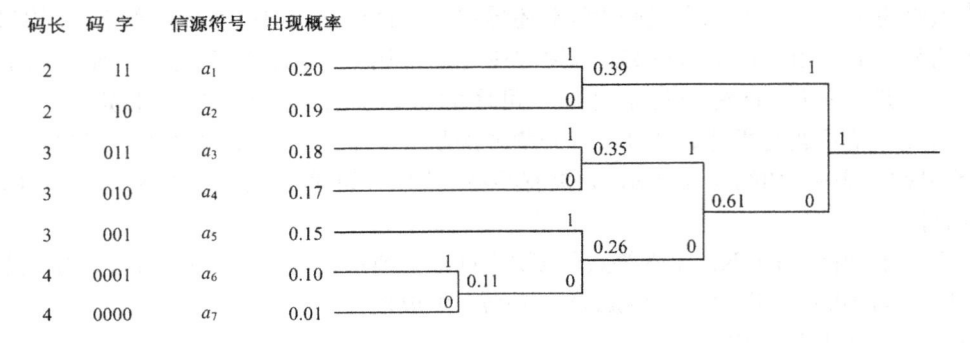

码长	码字	信源符号	出现概率
2	11	a_1	0.20
2	10	a_2	0.19
3	011	a_3	0.18
3	010	a_4	0.17
3	001	a_5	0.15
4	0001	a_6	0.10
4	0000	a_7	0.01

图 4.6　霍夫曼编码示例

本例的信源熵为 2.61bit，而编成码的平均字长为 2.72bit，其编码效率为

$$\eta = \frac{H(X)}{l} = \frac{2.61}{2.72} \times 100\% = 96\%$$

应该指出的是，如果概率最小的信源符号或者概率最小的中间合并结果超过两个，则继续组合相加的次序可有多种选择，故由上述过程编出的最佳码不唯一，但其平均码长相等，故不影响编码效率与数据压缩性能。另外，由于"0"与"1"的指定也是任意的，因此，同等长度的码字也不唯一（可见习题与思考题 4-15）。

实用时，由于各符号的码长不等，霍夫曼 codec 需设置一定容量的缓冲寄存器（简称缓存），以便在输入速率和输出速率之间适配。随着微电子与计算技术的发展，霍夫曼编码已集成到许多单片的 codec 芯片中，并成为许多国际标准中的主要技术内核之一。实现了用较低的处理代价，来换取昂贵的通信开销。

4.2.2　信源编码基本定理

霍夫曼编码是将定长的数据段映射成变长的代码，由于只能分配不小于 $-\log_2 p_j$ 的整数长码字，所以只有当信源符号的出现概率 $p_j=2^{-k}$ 时，霍夫曼编码的效率才能达到 100%；而对于 2 元信源，则不能直接使用。

【例 4-7】只有两种灰度的文件传真机，其输出信号非"白"即"黑"，故可令

$$X = \{x_1, x_2\} = \{白, 黑\}$$

至于它们的概率 $P(x_1)$ 和 $P(x_2)$ 则视所传内容而定。假设对于某页文件,有

$$P(x_1) = 0.9, \quad P(x_2) = 0.1$$

则当不考虑信号间的关联时,可求出该信源的一阶熵即编码下限为。

$$H(X) = -0.9 \times \log 0.9 - 0.1 \times \log 0.1 = 0.469 \text{ (bit/pel)}$$

此时 $W=\{0,1\}$,无论采用定长编码还是最佳编码,平均码长 l_1 至少要用 1 位,根本起不到压缩作用。编码效率只有

$$\eta_1 = H(X)/l_1 = 46.9\%$$

欲使霍夫曼编码有效,可设法合并信源符号,此时定理 4.2 有一个更好的上限。

【定理 4.4(信源编码的基本定理)】 设:

$A = \{a_1, a_2, \cdots, a_m\}$;

X^K——$X = \{x_1, x_2, \cdots, x_n\}$ 的延长;

W^K——$W = \{w_1, w_2, \cdots, w_n\}$ 的延长,其平均长度为 l_K;

$P(w_i) = P(x_i), P(W) = \Pi P(w_i), i = 1, 2, \cdots, n$;

如果要求 W^K 为单一代码,则

$$\frac{H(X)}{\log m} + \frac{1}{K} > \frac{l}{K} \geq \frac{H(X)}{\log m} \tag{4.2.1}$$

式(4.2.1)也叫做**无失真编码**的**基本定理**,它说明:如果我们把消息单元 X 延长为 K 个,再对 K 元组进行编码,那么不必利用 X 的前后关联,只要 K 足够大,则代表每消息单元 X 的平均符号个数 l/K 就可以任意趋于下限。

【例 4-8】 利用最佳编码方法,以例 4-7 来说明 l/K 趋于下限的情况。

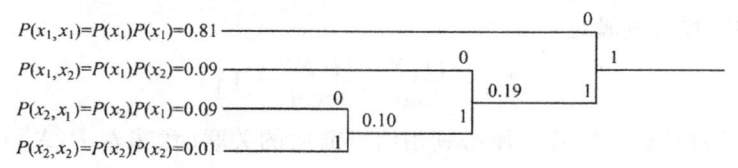

图 4.7 2 单元延长信号的最佳编码

首先把 X 延长到 X^2,不利用信号前后的关联(或假定是离散无记忆信源),则由图 4.7 所示 X^2 的最佳编码,知 $W^2 = \{0, 10, 110, 111\}$,$W^2$ 的平均长度

$$l_2 = 0.81 + 0.09 \times 2 + 0.09 \times 3 + 0.01 \times 3 = 1.29 \text{ (bit/pel)}$$

W^2 的每个元素代表两个消息单元,所以平均每一消息单元的编码长度是

$$l_2/2 = 0.645 \text{ (bit/pel)}$$

显然已经比较靠近下限(0.469),编码效率则提高到

$$\eta_2 = \frac{H(X)}{l_2/2} = \frac{0.469}{0.645} = 72.7\%$$

如果把 X 延至 X^3,则有图 4.8 所示的延长信号最佳编码,即

$$W^3 = \{0, 100, 101, 110, 11100, 11101, 11110, 11111\}$$

及

$$l_3 = 0.729 + 3 \times 3 \times 0.081 + 5 \times (3 \times 0.009 + 0.001) = 1.598 \text{ (bit/pel)}$$

所以

$$l_3/3 = 0.5327 \text{ (bit/pel)}$$

$$\eta_3 = \frac{H(X)}{l_3/3} = \frac{0.469}{0.5327} = 88.0\%$$

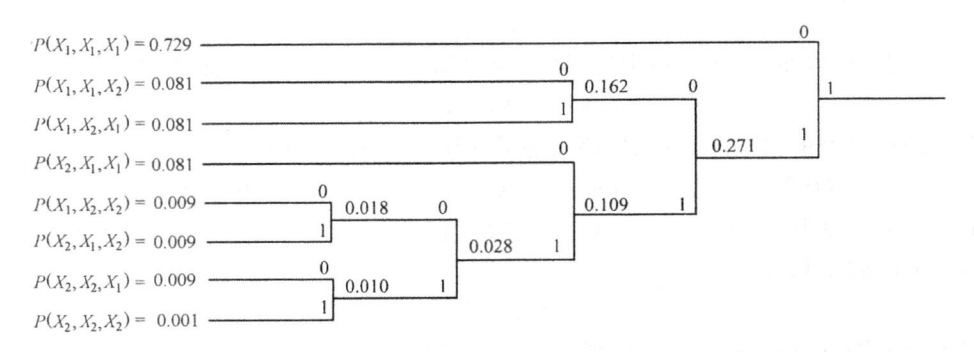

```
P(X₁,X₁,X₁) = 0.729 ─────────────────────────────────────── 0
P(X₁,X₁,X₂) = 0.081 ──────────────────── 0.162 ── 0 ─────── 1
P(X₁,X₂,X₁) = 0.081 ──────────────────1        0.271
P(X₂,X₁,X₁) = 0.081 ──────────────────── 0  ── 1
P(X₁,X₂,X₂) = 0.009 ─ 0 ── 0.018 ─ 0        0.109
P(X₂,X₁,X₂) = 0.009 ─ 1            0.028 ─ 1
P(X₂,X₂,X₁) = 0.009 ─ 0 ── 0.010 ─ 1
P(X₂,X₂,X₂) = 0.001 ─ 1
```

图 4.8 3 单元延长信号的最佳编码

继续下去，就可使 $l_K/K \rightarrow 0.469 = H(X) = H(0.9, 0.1)$，或 $\eta_K \rightarrow 100\%$。

如果还要进一步减小 l/K，我们只有利用信号的前后关联。即利用式(3.2.13)

$$H(X, Y) \leqslant H(X) + H(Y)$$

或者式(3.2.11b)

$$H(X|Y) \leqslant H(X)$$

都可以使下限降低，从而减小 l/K。不过应该注意，不论采用式(3.2.13)还是式(3.2.11b)，只给出 X 的概率是不够的，必须知道 $P(X,Y)$ 或者 $P(X|Y)$ 才能进行最佳编码。而例 4-7 的无关联延长取 $P(X,Y) = P(X)P(Y)$ 只能使以上两式中的等号成立，而并未能使下限减小。毫无疑问，如果信号继续有关联可供利用的话，继续延长，会使下限变得更低。

至此，信源编码在理论上已经相当完满地告诉我们：

① 如果给定消息单元集合 X、符号集合 A 和 X 的概率分布 $P(X)$，我们可以采用最佳编码，使代码 W 的平均长度满足

$$l \in \left[\frac{H(X)}{\log m}, \frac{H(X)}{\log m} + 1\right)$$

② 如果把 X 延长至 X^K，那么不必利用信号前后的关联〔意味着 $P(X^K)$ 能直接从 $P(X)$ 得到〕，就可以使代表一个消息单元的符号个数 l/K 任意接近下限 $H(X)/\log m$；

③ 如果利用延长信号 X^K 的前后关联[①]，更可使下限减小。

当然在具体实现时，如果将信号延长得过长，会使实际设备复杂到不合理的程度。

4.2.3 截断霍夫曼编码

霍夫曼编码不仅适用于压缩文本文件，经过符号合并后也可用于二进制文件。但在实用中，霍夫曼编码的输入符号数常受限于可实现的码表大小：

如果每个输入符号占 1 字节，则码表最多需要 $2^8 = 256$ 个输入端，虽不难实现却限制了可能取得的数据压缩比——单字符编码只能对付字符分布上的冗余度，而非其他类型的冗余度。由 4.2.2 节已知，延长信源符号编码可提高压缩比，例如将两个符号作为一个双字节新符号考虑，则码表就要有 $2^{16} = 64K$ 个输入端，其代价难以承受。而若不以字节为单位延长输入数据，例如以 12 位作为一个新符号，则不但不可能改善压缩效果，反而会使系统设计复杂化。

但是，大动态范围的数据还是很常见的。例如，用于压缩连续色调静止图像的 JPEG 标

[①] 必须给出 X^K 的概率分布 $P(X^K)$。

准,其直流系数(详见第 6 章)ZZ(0)的动态范围在 $-1024\sim +1023$,而差分值 DIFF 的动态范围可达 $-2047\sim +2047$,若每个值赋予一个码字则码表需要 $2^{12}-1=4095$ 项。为此,JPEG 采用将码字截断为"前缀码(SSSS)+尾码"的方法,对码表进行了简化:

前缀码用来指明尾码的有效位数(设为 B 位),用标准的霍夫曼编码;尾码则直接采用 B 位自然 2 进码(对于给定的前缀码它为定长码,高位在前)。对于 8 位量化的图像,SSSS 值的范围为 $0\sim 11$,故其码表只有 12 项,如表 4.2 所示。根据 DIFF 的幅度范围由表 4.2 查出其前缀码字和尾码的位数后,则可按以下规则直接写出尾码的码字,即

$$\text{尾码为 DIFF 的 } B \text{ 位} \begin{cases} \text{原码,若 DIFF} \geq 0 \\ \text{反码,若 DIFF} < 0 \end{cases} \tag{4.2.2}$$

表 4.2 原始图像分量为 8 位精度的 DC 系数差值的典型霍夫曼编码表(JPEG 基本系统)

SSSS	DIFF 的值	亮度码长	亮度码字	色度码长	色度码字
0	0	2	00	2	00
1	$-1,1$	3	010	2	01
2	$-3,-2,2,3$	3	011	2	10
3	$-7,\cdots,-4,4,\cdots,7$	3	100	3	110
4	$-15,\cdots,-8,8,\cdots,15$	3	101	4	1110
5	$-31,\cdots,-16,16,\cdots,31$	3	110	5	11110
6	$-63,\cdots,-32,32,\cdots,63$	4	1110	6	111110
7	$-127,\cdots,-64,64,\cdots,127$	5	11110	7	1111110
8	$-255,\cdots,-128,128,\cdots,255$	6	111110	8	11111110
9	$-511,\cdots,-256,256,\cdots,511$	7	1111110	9	111111110
10	$-1023,\cdots,-512,512,\cdots,1023$	8	11111110	10	1111111110
11	$-2047,\cdots,-1024,1024,\cdots,2047$	9	111111110	11	11111111110

按此规则,当 DIFF≥ 0 时,尾码的最高位是"1";而当 DIFF<0 时则为"0"。解码时可借此来判断 DIFF 的正负。当然,如果不在乎存储空间,也完全可将此编码规则用查表法实现。

【例 4-9】 设对于亮度编码,DIFF=12。因 12 落入($-15,\cdots,-8,8,\cdots,15$)范围,查表 4.2 得 SSSS=4,其前缀码字为"101";4 位尾码即为 12 的 2 进制原码"1100",从而 DIFF=12 的编码为"1011100"。如果 DIFF=-12,4 位尾码则为 12 的 2 进制反码"0011",从而 DIFF=-12 的编码为"1010011"。解码时,由前缀码"101"知尾码有 4 位:若码字是"1100",因其最高位为"1",立即可得 DIFF=12;若码字是"0011",则因其最高位为"0"知 DIFF 应为负数,尾码是个反码,取反后可得实际值 DIFF=-12。

4.2.4 自适应霍夫曼编码

霍夫曼编码器需要预知输入符号集的概率分布,但实用中符号的出现频率绝少能够预知。虽然有可能多准备几张码表以适应不同的文件,但需要付出较高的代价来保证解码器与编码器采用的是同一张码表[①]。

一个解决办法是单独统计每个数据块并制定相应的码表,这需要对数据块扫描两次:第一次只是统计各符号的出现频率,第二次才压缩数据。在两次扫描之间,编码器才构造码表。该

[①] 一种特殊的霍夫曼编码方法——Rice 编码器无须码表,却相当于使用了多个霍夫曼码表[赵德斌,1997]。

码表必须随压缩数据一起传送,这就降低了编码效率(或者限制了码表尺寸不能大),只有对传输速率要求不高且被压缩数据块比码表大得多时才可取。这种方法称为**半自适应**的,通常慢得无法实用。

实用的是**自适应**(或**动态**)霍夫曼编码,其主要思想是编码器和解码器都从一棵空的霍夫曼树开始,随着符号的读入和处理①而**按相同的方式修改码树**。所以在处理过程的任何一步,编码器和解码器都必须使用相同的码字,尽管这些码字每一步都在变化。我们称编码器和解码器是以锁定(lockstep)或镜像(mirroring)方式工作的,其操作一一对应。

编码器从一棵空的霍夫曼树开始工作,对任何符号都没有分配码字。它把输入的第1个符号不经压缩地直接写进输出流,然后把它添加进树中,赋予码字。下次再见到这个符号时,就把它的当前码字写入数据流,并将其出现频率加1。由于这样做修改了树,那么就要检查该树是否还是霍夫曼树(即最佳码字)。如果不是,就要重新安排,改变码字。

解码器镜像对应着编码器的相同步骤。当它读入一个未压缩符号,就把它加进树中,并赋予一个码字;而当它读入一个压缩了的(变长的)码字,就利用当前的霍夫曼树来确定它属于哪个符号,并且用与压缩器同样的方式,对霍夫曼树进行更新。

唯一微妙的是,解码器需要知道正输入的究竟是一个未压缩字符(如1个8位ASCII码),还是一个变长码字。为了消除任何歧义,每个未压缩符号都用一个特殊的变长出口码字(escape code)打头。一旦解码器读到这个出口码,就知道后续8位是一个第一次出现在压缩流中的字符(或它的ASCII码)。麻烦在于出口码字不能是**已用于**各符号的任何变长码字。

既然每次重组码树都要修改这些码字,那么出口码字也应该修改。一个很自然的解决办法是在树中加入空枝,其出现频率为0,它就能分到一个变长码字,此即为每个未压缩符号前的出口码字。当码树重组后,空枝的位置及其码字都将改变,但是该出口码字总是用于识别压缩流中的未压缩字符。

UNIX操作系统对程序的紧缩,就采用了基于单词自适应的霍夫曼编码。

4.3 哥伦布编码与通用变长码

数据压缩在减少数据冗余度的同时,也降低了传输的可靠性,使数据更容易出错。变长码最明显的缺点就是对差错的敏感性。码字的前缀性会导致1位出错就可能使解码器失去同步,甚至还能使解码器"自以为是"地继续读入、解码和解释剩下的压缩流,全然不知数据早已面目全非。4.2.4节的自适应霍夫曼编码试图使码字能够与信源符号的实际出现频率动态匹配,虽然以编码器和解码器的复杂化为代价,但却使解码器更加脆弱,因为误码还可能威胁到其霍夫曼码表自动建立的正确性。如果不坚持对于各种信源符号出现频率都能"最佳匹配"的要求,就可能基于某个预先假定的概率模型设计出最佳变长码,使之在与信源符号真实概率模型失配不多的前提下,简化最佳变长编码器的设计,提高解码器的可靠性。

哥伦布(Golomb)编码就是具有这种潜力的一类唯一可译码,已为若干图像/视频编码的新标准如JPEG—LS(第5章)、MPEG—4/H.264和AVS(第8章)等所采用。

4.3.1 一元码

为了理解哥伦布编码,本节先介绍一元码(unary code)。

---

① 对于编码器,"处理"就是压缩;而对于解码器,"处理"则为解压缩。

【定义 4.3】 非负整数 n 的一元码为 $n-1$ 个 1 后跟 1 个 0；或 $n-1$ 个 0 后跟 1 个 1。按此定义，整数 n 的一元码长度是 n 位，如表 4.3 所示。

表 4.3　8 位以下的一元码字

n	一种码字	另一种码字
1	0	1
2	10	01
3	110	001
4	1110	0001
5	11110	00001
6	111110	000001
7	1111110	0000001
8	11111110	00000001

不难看出，一元码满足唯一可译性。事实上，4.2.2 节已提到：只有当信源符号 x_j 的出现概率为 $p_j = 2^{-k}$ 时，霍夫曼编码的效率才能达到 100%。而此时 n 个符号的霍夫曼码字，等于所有 $j \leqslant n$ 的一元码码字，再加上那个 n 个"1"（或 n 个"0"）的码字（习题与思考题 4-16）。因此，一元码也是一种特殊的霍夫曼码。

对于编码器来说，一元码规则简单，生成方便；而在解码器看来，一元码字便于搜索（以表 4.3 最右边一列为例：解码器只需查找第 1 个非 0 码元，并计数其间的 0 码元），也有利于消除误码后同步的恢复。

4.3.2　哥伦布编码

S. W. Golomb 在 1966 年提出一种编码方法，可使服从几何分布的正整数数据流的平均码长最短，而且无须使用霍夫曼算法，即可直接给出最佳变长码[Golomb,1966]。但需要给出满足

$$(1-p)^b + (1-p)^{b+1} \leqslant 1 < (1-p)^{b-1} + (1-p)^b, 0 \leqslant p \leqslant 1 \quad (4.3.1)$$

的 b 值（一定存在）。数据流中整数 n 出现的概率为

$$P(n) = (1-p)^{n-1} p, \quad 0 \leqslant p \leqslant 1 \quad (4.3.2)$$

n 的哥伦布码也由"前缀码+尾码"组成：

① 前缀码是 $q+1$ 位的一元码字，而

$$q = \text{INT}\left(\frac{n-1}{b}\right) \quad (4.3.3)$$

是 $(n-1)/b$ 的整数部分；

② 尾码是对 $(n-1)/b$ 的余数

$$r = n - 1 - qb \quad (4.3.4)$$

的二进制编码，位数为 $\text{INT}[\log_2 b + 0.5]$，其中 $\text{INT}[\cdot]$ 表示取整。

【例 4-10】 如果取 $b=3$，则有 3 个可能的余数 0,1,2，尾码的编码位数只能为 1 或 2，码字仍保留"前缀性"则分别为 0（1 位）和 10,11（2 位）；而前缀码根据规则"①"算出，对于 $n=1,2,\cdots$，分别有 1,1,1,2,2,2,3,3,3,4,4,4,$\cdots$位，若取表 4.3 最右边一列的一元码字，则为 1,1,1,01,01,01,001,001,001,0001,0001,0001,$\cdots$。同理，若选择 $b=5$，则有 0,1,2,3,4 这 5 个余数，编码位数只能为 2 或 3，对应的编码是 00,01,10（2 位）和 110,111（3 位）；前缀码分别有 1，

1,1,1,1,2,2,2,2,2,…位。表4.4给出了$b=3,4,5$和$n\leq10$的哥伦布码字。

表4.4 $b=3,4,5$时的一些哥伦布码字

n	1	2	3	4	5	6	7	8	9	10
$b=3$	1⫶0	1⫶10	1⫶11	01⫶0	01⫶10	01⫶11	001⫶0	001⫶10	001⫶11	0001⫶0
$b=4$	1⫶01	1⫶10	1⫶11	01⫶00	01⫶01	01⫶10	01⫶11	001⫶00	001⫶01	001⫶10
$b=5$	1⫶00	1⫶01	1⫶10	1⫶110	1⫶111	01⫶00	01⫶01	01⫶10	01⫶110	01⫶111

如果取$b=2^k$，则可使哥伦布码的编/解码简化，此时n的码字构成为：尾码可直接用n的**二进制表示**的最低k位；而前缀码则是n的其余高位（同样用二进制表示）的值加1的一元码字。这类特殊的哥伦布码记做$G(k)$。表4.4中$b=4$那一行，即为$G(2)$码字。作为验证，我们来看$n=9=1001_2$：因为$k=2$，所以尾码即为n的最低2位"01"；$n-1=8$，8的其余高位"10"其值为2，2加1为3，而3的一元码是001，因此$n=9$的$G(2)$码字是00101。$G(k)$码可以使用长度无限的码字集，设计结构非常有规则，用相同的码表可以编码不同的对象。这种方法很容易产生一个码字，而解码器也很容易识别码字的前缀。

如果令$k=0$，则$b=1$，没有尾码，此时的$G(0)$是一元码。因此可以看出：**一元码是哥伦布码的特例，而特殊的哥伦布码$G(k)$，又是用一元码作为前缀码的截断霍夫曼码**。

4.3.3 指数哥伦布码

相同前缀哥伦布码的信息表达能力主要在于尾码，可是从表4.4可见，其尾码长度随n增长缓慢，因为它要遵从式(4.3.4)，进行"模b"运算。

而所谓指数哥伦布码（EGC：Exponential Golomb Code）[Teuhola,1978]，可以让同一前缀下的哥伦布码字数呈指数级增长，因为只要尾码增加1位，码字数就可翻上一番。因此，直观理解，EGC就是$G(0)$码再加上$q+m$位尾码（或称后缀）。根据4.3.2节，q就是一元码中"0"的个数（均取"0…01"形式的一元码），而$m\geq0$则为EGC的阶数。

EGC已经体现在国家标准《信息技术　先进音视频编码》（简称AVS，详见第8章）中。表4.5是AVS视频中所用的m阶EGC码表示意。其中的$x_i\in\{0,1\}$代表信息码字的一位。

指数哥伦布码的优势在于硬件复杂度较低，可以根据闭合公式解析码字，无须查表；还可根据n的分布灵活地选取（习题与思考题4-18）或自适应地改变阶数m，以求达到最好的压缩效果。

4.3.4 通用变长码

由于0阶EGC的前缀码始终比其尾码多1位，因此，可以把q位信息尾码交错嵌入到$q+1$位前缀码中，这就是ITU H.26L（H.264建议的前身，详见第8章）甚低码率视频压缩算法所采用的通用变长编码（UVLC：Universal Variable Length Coding），如表4.6所示。

UVLC实际上就是一种**前后缀交织的**0阶EGC。观察表4.6中的UVLC码字不难发现：同等码长的UVLC不仅"异字头"，而且也"异字尾"的（类似于例4-2中的码E）。因此，只要码长已知，如果正向译码（从左至右）出错，则UVLC码字还可反向译码（从右向左）来辅助判断，这样就有助于在发生误码时能快速获得差错定位与隔离，防止误码扩散，并实现快速重新同步。

表 4.5 　m 阶指数哥伦布码表

阶数 m	码字结构	码值范围
0	1	0
	01 x_0	1～2
	001 $x_1 x_0$	3～6
	0001 $x_2 x_1 x_0$	7～14
	…	…
1	1 x_0	0～1
	01 $x_1 x_0$	2～5
	001 $x_2 x_1 x_0$	6～13
	0001 $x_3 x_2 x_1 x_0$	14～29
	…	…
2	1 $x_1 x_0$	0～3
	01 $x_2 x_1 x_0$	4～11
	001 $x_3 x_2 x_1 x_0$	12～27
	0001 $x_4 x_3 x_2 x_1 x_0$	28～59
	…	…
3	1 $x_2 x_1 x_0$	0～7
	01 $x_3 x_2 x_1 x_0$	8～23
	001 $x_4 x_3 x_2 x_1 x_0$	24～55
	0001 $x_5 x_4 x_3 x_2 x_1 x_0$	56～119
	…	…

表 4.6 　通用变长码的结构

码字形式	码字
1	1
0$x_0$1	001 011
0$x_1$0$x_0$1	00001 00011 01001 01011
0$x_2$0$x_1$0$x_0$1	0000001 0000011 0001001 0001011 0100001 0100011 0101001 0101011
0$x_3$0$x_2$0$x_1$0$x_0$1	…
0$x_4$0$x_3$0$x_2$0$x_1$0$x_0$1	…
…	…

4.4 游程编码

游程长度(RL：Run Length，简称游程或游长)是指由字符(或信号采样值)构成的数据流中各字符重复出现而形成字符串的长度。如果给出了形成串的数据字符 X、串的长度 RL 及串的位置，就能恢复原来的数据流。游程长度编码(RLC：Run Length Coding 或 RLE：Run Length Encoding)就是用二进制码字给出上述信息的一类方法。

基本的 RLC 方法最初需要加一个"异字头"前缀，因而低效且不实用。但是，对于二值图像和连续色调图像，该前缀可以省去。因此，改进的 RLC 在图像编码中得到了广泛的应用。

4.4.1 二值图像的游程编码

二值图像是指仅有黑(国际建议规定用"1"代表)、白(用"0"代表)两个亮度值的图像，例如，经扫描得到的气象图、工程图、地图、线路图及由文字组成的文件图像等。灰度图像经位平面分解[①]或抖动(dither)处理后也成为二值图像，二值图像只是灰度图像的一个特例，可借助各种图像通信方式传输，但最经典的通信方式是传真。因此，二值图像压缩也往往指对数字传

---

① 例如一幅 256 级的灰度图像按位平面可以分解为 8 幅二值图像。

真机扫描文件的编码。此外，二值图像压缩还大量用于图文的光盘存储,而且传真本身也已从图形、文字等二值图像发展到了连续色调图片(photograph)的传输。

二值图像的每一扫描行均由交替出现的白像素游程(称做白长)和黑像素游程(称做黑长)组成,对不同长度的白长和黑长按其出现概率的不同分别配以不同长度的码字,就是二值图像的 RLC。由于 RLC 实际上利用了多个像素之间的相关性,故可得到较低的码率下限,已成为数字传真机压缩编码标准的一个重要组成。

二值图像的 RLC 有两种方式：一种是不分白长黑长，只按长度编码，但效率不高，因为实际图像的白长与黑长分布各异；另一种是前 CCITT 建议的对白长黑长分别编码，其最低比特率 $\bar{n}_{WB}$ 满足（习题与思考题 4-4）：

$$h_{WB} \leqslant \bar{n}_{WB} < h_{WB} + \frac{P_W}{l_W} + \frac{P_B}{l_B} \quad \text{bit/pel} \tag{4.4.1}$$

其中 P_W 和 P_B 分别为白、黑像素出现的概率；l_W 和 l_B 分别为白长和黑长的平均像素数(平均长度)；h_{WB} 则为每个像素的熵值。

在理想情况下,先分别统计出图像白长为 i 的概率 P_{iW} 和黑长为 i 的概率 P_{iB}，然后根据霍夫曼编码原则按 RL 出现概率来分配码字，即可使 $\bar{n}_{WB}$ 逼近 h_{WB}，因此二值图像的 RLC 实为霍夫曼码的一种具体应用。但困难的是各种 RL 的出现概率在行间、页间都不相同，且为求得该概率，需要存储数据并做统计计算，难以实时编码。为此，CCITT 的 T.4 建议推荐以 8 幅标准传真样张为统计依据，根据各种 RL 的出现概率编出霍夫曼码表，称之为改进型霍夫曼编码(MHC)，作为文件传真三类机(G3)一维编码的国际标准。实际编码过程只是查表，可以实时处理。MH 码的平均编码效率可达 86.9%,差错灵敏度低,容易扩展且基本上适合中文文件传真的样张。

为保证传真文件具有足够的清晰度,CCITT 规定 ISO 的 A4 幅面(210mm×297mm)为可接受的输入文件最小尺寸,对它的扫描分辨率(即单位面积上所含的像素数)应该达到 1188 或 2376 条扫描线(相当于 4 或 8 线/mm)，每条线标准取样 1728 点(相当于 8 pel/mm，或 200 点/英寸即 200dpi)。根据统计,实际上 RL 多在 0~63，故 MH 码表分为表 4.7(1) 的结尾码与表 4.7(2) 的组合基干码两种。

表 4.7 MH 码表

(1)结尾码					
RL 长度	白游程码字	黑游程码字	RL 长度	白游程码字	黑游程码字
0	00110101	0000110111	32	00011011	000001101010
1	000111	010	33	00010010	000001101011
2	0111	11	34	00010011	000011010010
3	1000	10	35	00010100	000011010011
4	1011	011	36	00010101	000011010100
5	1100	0011	37	00010110	000011010101
6	1110	0010	38	00010111	000011010110
7	1111	00011	39	00101000	000011010111
8	10011	000101	40	00101001	000001101100
9	10100	000100	41	00101010	000001101101

(续表)

	(1)结尾码
10	00111	0000100	42	00101011	000011011010
11	01000	0000101	43	00101100	000011011011
12	001000	0000111	44	00101101	000001010100
13	000011	00000100	45	00000100	000001010101
14	110100	00000111	46	00000101	000001010110
15	110101	000011000	47	00001010	000001010111
16	101010	0000010111	48	00001011	000001100100
17	101011	0000011000	49	01010010	000001100101
18	0100111	0000001000	50	01010011	000001010010
19	0001100	00001100111	51	01010100	000001010011
20	0001000	00001101000	52	01010101	000000100100
21	0010111	00001101100	53	00100100	000000110111
22	0000011	00000110111	54	00100101	000000111000
23	0000100	00000101000	55	01011000	000000100111
24	0101000	00000010111	56	01011001	000000101000
25	0101011	00000011000	57	01011010	000001011000
26	0010011	000011001010	58	01011011	000001011001
27	0100100	000011001011	59	01001010	000000101011
28	0011000	000011001100	60	01001011	000000101100
29	00000010	000011001101	61	00110010	000001011010
30	00000011	000001101000	62	00110011	000001100110
31	00011010	000001101001	63	00110100	000001100111
64	11011	0000001111	960	011010100	0000001110011
128	10010	000011001000	1024	011010101	0000001110100
192	010111	000011001001	1088	011010110	0000001110101
256	0110111	000001011011	1152	011010111	0000001110110
320	00110110	000000110011	1216	011011000	0000001110111
384	00110111	000000110100	1280	011011001	0000001010010
	(2)组合基干码
RL 长度	白游程码字	黑游程码字	RL 长度	白游程码字	黑游程码字
448	01100100	000000110101	1344	011011010	0000001010011
512	01100101	0000001101100	1408	011011011	0000001010100
576	01101000	0000001101101	1472	010011000	0000001010101
640	01100111	0000001001010	1536	010011001	0000001011010
704	011001100	0000001001011	1600	010011010	0000001011011
768	011001101	0000001001100	1664	011000	0000001100100
832	011010010	0000001001101	1728	010011011	0000001100101
896	011010011	0000001110010	EOL	000000000001	000000000001

编码规则如下：
① $RL=0\sim63$，用一个相应的结尾码表示；
② $RL=64\sim1728$，用一个组合基干码加一个补充结尾码。例如 $RL(白)=128$，编码为
$$10010 \vdots 00110101$$
补充结尾码为 0(白)；若 $RL(白)=129$，则其编码为
$$10010 \vdots 000111$$
补充结尾码为 $129-128=1$(白)；

③ 规定每行都从白游程开始，若实际扫描行由黑开始，则需在行首加零长度白游程；每行结束要加行同步码 EOL〔表 4.7(2)〕。

此外，还规定了传输方面的一些考虑，以及适用于加宽纸型(将行像素扩大至 2623 个)的宽行组合基干码(1792~2560，黑、白游程相同)。一个 MH 编码实例见习题与思考题 4-2。

上述方法的编码过程在每一扫描行内进行，又称一维 MH 编码。而为了充分利用二值图像数据在主、副两个扫描方向上的相关性以进一步提高压缩比，还发展了二维编码方案。

4.4.2 连续色调图像的二维编码

对于多值或连续色调图像，黑、白游程已不适用。JPEG 标准的基本系统利用 Z 形扫描，将二维量化系数矩阵中的"二维地址/阈值选择系数"转换成了一维数组 $ZZ(k)$ 中的"零游程/非零值"。数组的第 1 个元素 $ZZ(0)$ 为直流系数(DC)，对它的编码已在 4.2.3 节讨论过了；而其他 $ZZ(1)\sim ZZ(63)$ 共 63 个元素则为交流系数(AC)，JPEG 将其联合编码表示为"NNNNSSSS+尾码"，其中：4 位"NNNN"为当前的非零值相对于前一个非零 AC 系数的零游程计数(也称"run")，表示 $ZRL=0\sim15$；而 4 位"SSSS"及"尾码"则用于编码当前的非零值(也称"level")，其含义与 DC 系数类似，但这里是将"NNNN/SSSS"组合为一个新的前缀码，用二维霍夫曼编码。若最后一个"零游程/非零值"中只有零游程(ZRL)，则直接发送块结束码字"EOB"(End Of Block)结束本块，否则无须加 EOB 码。

如果 $ZRL>15$，则用"NNNN/SSSS"="1111/0000"表示 $ZRL=16$，再对 $ZRL=ZRL-16$ 继续编码①。虽然 SSSS 可将 AC 系数表示到 15 位精度，但对于基本系统，SSSS 将不超过 10 (表 4.8)。因此前缀码的二维霍夫曼码表的大小为 NNNN×SSSS+2=162，亮度和色差各有自己的码表，分别见表 4.9 和表 4.10。

表 4.8 AC 系数的尾码位数赋值表

SSSS	AC 系数的幅度值
1	$-1,1$
2	$-3,-2,2,3$
3	$-7,\cdots,-4,4,\cdots,7$
4	$-15,\cdots,-8,8,\cdots,15$
5	$-31,\cdots,-16,16,\cdots,31$
6	$-63,\cdots,-32,32,\cdots,63$
7	$-127,\cdots,-64,64,\cdots,127$
8	$-255,\cdots,-128,128,\cdots,255$
9	$-511,\cdots,-256,256,\cdots,511$
10	$-1023,\cdots,-512,512,\cdots,1023$

---

① 在正常情况下，尾码至少有 1 位，故解码器能唯一译码。

表 4.9 亮度 AC 系数码表

游程/尺寸	码长	码 字	游程/尺寸	码长	码 字	游程/尺寸	码长	码 字
0/0(EOB)	4	1010	5/4	16	1111111110011111	A/8	16	1111111111001101
0/1	2	00	5/5	16	1111111110100000	A/9	16	1111111111001110
0/2	2	01	5/6	16	1111111110100001	A/A	16	1111111111001111
0/3	3	100	5/7	16	1111111110100010	B/1	10	1111111001
0/4	4	1011	5/8	16	1111111110100011	B/2	16	1111111111010000
0/5	5	11010	5/9	16	1111111110100100	B/3	16	1111111111010001
0/6	7	1111000	5/A	16	1111111110100101	B/4	16	1111111111010010
0/7	8	11111000	6/1	7	1111011	B/5	16	1111111111010011
0/8	10	1111110110	6/2	12	111111110110	B/6	16	1111111111010100
0/9	16	1111111110000010	6/3	16	1111111110100110	B/7	16	1111111111010101
0/A	16	1111111110000011	6/4	16	1111111110100111	B/8	16	1111111111010110
1/1	4	1100	6/5	16	1111111110101000	B/9	16	1111111111010111
1/2	5	11011	6/6	16	1111111110101001	B/A	16	1111111111011000
1/3	7	1111001	6/7	16	1111111110101010	C/1	10	1111111010
1/4	9	111110110	6/8	16	1111111110101011	C/2	16	1111111111011001
1/5	11	11111110110	6/9	16	1111111110101100	C/3	16	1111111111011010
1/6	16	1111111110000100	6/A	16	1111111110101101	C/4	16	1111111111011011
1/7	16	1111111110000101	7/1	8	11111010	C/5	16	1111111111011100
1/8	16	1111111110000110	7/2	12	111111110111	C/6	16	1111111111011101
1/9	16	1111111110000111	7/3	16	1111111110101110	C/7	16	1111111111011110
1/A	16	1111111110001000	7/4	16	1111111110101111	C/8	16	1111111111011111
2/1	5	11100	7/5	16	1111111110110000	C/9	16	1111111111100000
2/2	8	11111001	7/6	16	1111111110110001	C/A	16	1111111111100001
2/3	10	1111110111	7/7	16	1111111110110010	D/1	11	11111111000
2/4	12	111111110100	7/8	16	1111111110110011	D/2	16	1111111111100010
2/5	16	1111111110001001	7/9	16	1111111110110100	D/3	16	1111111111100011
2/6	16	1111111110001010	7/A	16	1111111110110101	D/4	16	1111111111100100
2/7	16	1111111110001011	8/1	9	111111000	D/5	16	1111111111100101
2/8	16	1111111110001100	8/2	15	111111111000000	D/6	16	1111111111100110
2/9	16	1111111110001101	8/3	16	1111111110110110	D/7	16	1111111111100111
2/A	16	1111111110001110	8/4	16	1111111110110111	D/8	16	1111111111101000
3/1	6	111010	8/5	16	1111111110111000	D/9	16	1111111111101001
3/2	9	111110111	8/6	16	1111111110111001	D/A	16	1111111111101010
3/3	10	111111110101	8/7	16	1111111110111010	E/1	16	1111111111101011
3/4	16	1111111110001111	8/8	16	1111111110111011	E/2	16	1111111111101100
3/5	16	1111111110010000	8/9	16	1111111110111100	E/3	16	1111111111101101
3/6	16	1111111110010001	8/A	16	1111111110111101	E/4	16	1111111111101110
3/7	16	1111111110010010	9/1	9	111111001	E/5	16	1111111111101111
3/8	16	1111111110010011	9/2	16	1111111110111110	E/6	16	1111111111110000
3/9	16	1111111110010100	9/3	16	1111111110111111	E/7	16	1111111111110001
3/A	16	1111111110010101	9/4	16	1111111111000000	E/8	16	1111111111110010
4/1	6	111011	9/5	16	1111111111000001	E/9	16	1111111111110011
4/2	10	1111111000	9/6	16	1111111111000010	E/A	16	1111111111110100
4/3	16	1111111110010110	9/7	16	1111111111000011	F/0(ZRL)	11	11111111001
4/4	16	1111111110010111	9/8	16	1111111111000100	F/1	16	1111111111110101
4/5	16	1111111110011000	9/9	16	1111111111000101	F/2	16	1111111111110110
4/6	16	1111111110011001	9/A	16	1111111111000110	F/3	16	1111111111110111
4/7	16	1111111110011010	A/1	9	111111010	F/4	16	1111111111111000
4/8	16	1111111110011011	A/2	16	1111111111000111	F/5	16	1111111111111001
4/9	16	1111111110011100	A/3	16	1111111111001000	F/6	16	1111111111111010
4/A	16	1111111110011101	A/4	16	1111111111001001	F/7	16	1111111111111011
5/1	7	1111010	A/5	16	1111111111001010	F/8	16	1111111111111100
5/2	11	11111110111	A/6	16	1111111111001011	F/9	16	1111111111111101
5/3	16	1111111110011110	A/7	16	1111111111001100	F/A	16	1111111111111110

表 4.10　色差 AC 系数码表

游程/尺寸	码长	码　字	游程/尺寸	码长	码　字	游程/尺寸	码长	码　字
0/0(EOB)	2	00	5/4	16	1111111110100000	A/8	16	1111111111001111
0/1	2	01	5/5	16	1111111110100001	A/9	16	1111111111010000
0/2	3	100	5/6	16	1111111110100010	A/A	16	1111111111010001
0/3	4	1010	5/7	16	1111111110100011	B/1	9	111111001
0/4	5	11000	5/8	16	1111111110100100	B/2	16	1111111111010010
0/5	5	11001	5/9	16	1111111110100101	B/3	16	1111111111010011
0/6	6	111000	5/A	16	1111111110100110	B/4	16	1111111111010100
0/7	7	1111000	6/1	7	1111001	B/5	16	1111111111010101
0/8	9	111110100	6/2	11	11111110111	B/6	16	1111111111010110
0/9	10	1111110110	6/3	16	1111111110100111	B/7	16	1111111111010111
0/A	12	111111110100	6/4	16	1111111110101000	B/8	16	1111111111011000
1/1	4	1011	6/5	16	1111111110101001	B/9	16	1111111111011001
1/2	6	111001	6/6	16	1111111110101010	B/A	16	1111111111011010
1/3	8	11110110	6/7	16	1111111110101011	C/1	9	111111010
1/4	9	111110101	6/8	16	1111111110101100	C/2	16	1111111111011011
1/5	11	11111110110	6/9	16	1111111110101101	C/3	16	1111111111011100
1/6	12	111111110101	6/A	16	1111111110101110	C/4	16	1111111111011101
1/7	16	1111111110001000	7/1	7	1111010	C/5	16	1111111111011110
1/8	16	1111111110001001	7/2	11	11111111000	C/6	16	1111111111011111
1/9	16	1111111110001010	7/3	16	1111111110101111	C/7	16	1111111111100000
1/A	16	1111111110001011	7/4	16	1111111110110000	C/8	16	1111111111100001
2/1	5	11010	7/5	16	1111111110110001	C/9	16	1111111111100010
2/2	8	11110111	7/6	16	1111111110110010	C/A	16	1111111111100011
2/3	10	1111110111	7/7	16	1111111110110011	D/1	11	11111111001
2/4	12	111111110110	7/8	16	1111111110110100	D/2	16	1111111111100100
2/5	15	111111111000010	7/9	16	1111111110110101	D/3	16	1111111111100101
2/6	16	1111111110001100	7/A	16	1111111110110110	D/4	16	1111111111100110
2/7	16	1111111110001101	8/1	8	11111001	D/5	16	1111111111100111
2/8	16	1111111110001110	8/2	16	1111111110110111	D/6	16	1111111111101000
2/9	16	1111111110001111	8/3	16	1111111110111000	D/7	16	1111111111101001
2/A	16	1111111110010000	8/4	16	1111111110111001	D/8	16	1111111111101010
3/1	5	11011	8/5	16	1111111110111010	D/9	16	1111111111101011
3/2	8	11111000	8/6	16	1111111110111011	D/A	16	1111111111101100
3/3	10	1111111000	8/7	16	1111111110111100	E/1	14	11111111100000
3/4	12	111111110111	8/8	16	1111111110111101	E/2	16	1111111111101101
3/5	16	1111111110010001	8/9	16	1111111110111110	E/3	16	1111111111101110
3/6	16	1111111110010010	8/A	16	1111111110111111	E/4	16	1111111111101111
3/7	16	1111111110010011	9/1	9	111110111	E/5	16	1111111111110000
3/8	16	1111111110010100	9/2	16	1111111111000000	E/6	16	1111111111110001
3/9	16	1111111110010101	9/3	16	1111111111000001	E/7	16	1111111111110010
3/A	16	1111111110010110	9/4	16	1111111111000010	E/8	16	1111111111110011
4/1	6	111010	9/5	16	1111111111000011	E/9	16	1111111111110100
4/2	9	111110110	9/6	16	1111111111000100	E/A	16	1111111111110101
4/3	16	1111111110010111	9/7	16	1111111111000101	F/0(ZRL)	10	1111111010
4/4	16	1111111110011000	9/8	16	1111111111000110	F/1	15	111111111000011
4/5	16	1111111110011001	9/9	16	1111111111000111	F/2	16	1111111111110110
4/6	16	1111111110011010	9/A	16	1111111111001000	F/3	16	1111111111110111
4/7	16	1111111110011011	A/1	9	111111000	F/4	16	1111111111111000
4/8	16	1111111110011100	A/2	16	1111111111001001	F/5	16	1111111111111001
4/9	16	1111111110011101	A/3	16	1111111111001010	F/6	16	1111111111111010
4/A	16	1111111110011110	A/4	16	1111111111001011	F/7	16	1111111111111011
5/1	6	111011	A/5	16	1111111111001100	F/8	16	1111111111111100
5/2	10	1111111001	A/6	16	1111111111001101	F/9	16	1111111111111101
5/3	16	1111111110011111	A/7	16	1111111111001110	F/A	16	1111111111111110

若 ZZ(k) 为待编码的非零 AC 系数，则其编码步骤与 DC 系数的类似：

① 根据 ZZ(k) 的幅度范围由表 4.8 查出尾码的位数 SSSS=B；

② 由 ZRL 计数值 NNNN 及 SSSS 从表 4.9/4.10 中查出前缀码字；

③ 按以下规则直接写出尾码的码字，即

$$\text{尾码} = ZZ(k) \text{的} B \text{位} \begin{cases} \text{原码,若 } ZZ(k) \geq 0 \\ \text{反码,若 } ZZ(k) < 0 \end{cases} \quad (4.4.2)$$

【例 4-11】 设某亮度图像块的量化系数矩阵按 Z 形扫描得到：

```
k:     0  1  2  3 4 5 6 7 8 9~30 31  32~63
ZZ(k): 12 5 -2 0 2 0 0 0 1  0   -1    0
```

而其前一亮度块的量化 DC 系数也为 12。则编码过程如下：

(1) DC 系数编码

因为 DIFF=ZZ(0)−PRED=12−12=0，由表 4.2 直接查得其码字即为其前缀码"00"。

(2) AC 系数编码

第 1 个非零值 ZZ(1)=5：它与 ZZ(0)之间无零系数，故 NNNN=0，因"5"落入表 4.8 第 3 组，故 SSSS=3，而 NNNN/SSSS=0/3 的霍夫曼码字可由表 4.9 查得为"100"，从而 ZZ(1)=5 的编码为"100101"；

第 2 个非零值 ZZ(2)=−2：NNNN/SSSS=0/2，查表 4.9 得码字"01"；而−2 的反码为 01，所以 ZZ(2)=−2 的编码为"0101"；

第 3 个非零值 ZZ(4)=2：NNNN/SSSS=1/2，查表 4.9 得码字"11011"，而 2 的原码为 10，所以 ZZ(3)~ZZ(4)的编码为"1101110"；

第 4 个非零值 ZZ(8)=1：NNNN/SSSS=3/1，码字为"111010"，故 ZZ(5)~ZZ(8)的编码为"1110101"；

第 5 个非零值 ZZ(31)=−1：由于 NNNN=30−9+1=22>15，故先编码 ZRL=16，由表 4.9 查得 F/0(16 进制表示)的码字为"11111111001"；此后有 NNNN=22−16=6<15，故再编码 NNNN/SSSS=6/1，查出其码字为"1111011"，而−1 的反码为 0，从而 ZZ(9)~ZZ(31)的编码为"11111111001+1111011+0"；

此后无非零值，直接用一个"EOB(0/0)"结束本块，查表 4.9 得其码字为"1010"。

综合(1)和(2)，可知该图像块的编码位流为

"00 100101 0101 1101110 1110101 11111111001 11110110 1010"

共用了 49 位，而原始图像块要用 $8 \times 8 \times 8 = 512$ 位表示，故压缩比为

$$512 : 49 = 10.45 : 1$$

类似于本节对变换系数的(run, level)二维混合(游程＋霍夫曼)变长编码(简记为 2D-VLC)也已用于 H.261、MPEG-1 和 MPEG-2 等视频编码标准中。而在 H.263 和 MPEG-4 视频编码标准中，则采用了对于(run, level, last)联合编码的 3D-VLC，其中"last"相当于上述标识本块是否编码结束的"EOB"，因为这 3 者间也有一定的关联。但这些 2D-VLC 和 3D-VLC 采用的仍为固定码表，而新一代的视频编码标准 H.264 和 AVS 则采用了基于上下文的(context-based)自适应 VLC，即以已编码信息作为上下文，根据不同的上下文来设计不同的 VLC 码表以增强对于信源统计特性变化的适应性，从而提高编码效率。

4.5 算术编码

与霍夫曼编码、哥伦布编码和游程编码不同，算术编码(arithmetic coding)跳出了分组编码的范畴：从全序列出发，采用递推形式的连续编码。它不是将单个的信源符号映射成一个码字，而是将整个输入符号序列映射为实轴上[0,1)内的一个小区间，其长度等于该序列的概率；再在该小区间内选择一个代表性的二进制小数作为编码输出，从而达到了高效编码的目的。

不论是否二元信源,也不论数据的概率分布如何,其平均码长均能逼近信源的熵。

早在 1948 年,香农就提出将信源符号依其概率降序排序,用符号序列累积概率的二进制表示作为对信源的编码,并从理论上论证了它的优越性;1960 年后,P. Elias 发现无须排序,只要编、解码端使用相同的符号顺序即可。但当时人们仍认为算术编码需要无限精度的浮点运算,或随着符号的输入,所需的计算精度和时间也相应增加。1976 年,R. Pasco 和 J. Rissanen 分别用定长的寄存器实现了有限精度的算术编码,但仍无法实用,因为后者的方法是"后入先出"(LIFO)的,而前者的方法虽然是"先入先出"(FIFO)的,但却没有解决有限精度计算所固有的进位问题。1979 年 Rissanen 和 G. G. Langdon 一起将算术编码系统化,并于 1981 年实现了二进制编码。1987 年 Witten 等人公布了一种多元算术编码源代码,即 CACM87(后用于 ITU—T 的 H. 263 视频压缩标准);同期 IBM 公司发表了著名的 Q—编码器(后用于 JPEG、JPEG2000 和 JBIG 图像压缩标准),从此算术编码迅速得到了广泛的注意,并被陆续应用于 JPEG2000、JBIG -1、JBIG -2、H. 263、H. 264 和 AVS 等图像/视频编码标准中。值得指出的是,实际上并不存在某种唯一的"算术码",而是有一大类算术编码方法。

4.5.1 多元符号编码原理

设输入符号串 s 取自符号集 $S = \begin{Bmatrix} a_1, a_2, \cdots, a_m \\ p_1, p_2, \cdots, p_m \end{Bmatrix}$,$s$ 后跟符号 $a_i(a_i \in S)$ 扩展成符号串 sa_i,空串记做 ϕ,只有一个符号 a_i 的序列就是 ϕa_i。算术编码的迭代关系可表示为:

① 码字刷新

$$C(sa_i) = C(s) + P(a_i)A(s) \tag{4.5.1a}$$

② 区间刷新

$$A(sa_i) = p(a_i)A(s) \tag{4.5.2a}$$

其中

$$P(a_i) = \sum_{k=1}^{i-1} p(a_k) \tag{4.5.3}$$

是符号的累积概率。初始条件为 $C(\phi)=0, A(\phi)=1$ 和 $P(\phi)=0, p(\phi)=1$。

可见,算术编码在传输任何符号 a_i 之前,信息的完整范围是 $[C(\phi), C(\phi)+A(\phi))=[0,1)$,表示 $0 \leqslant p(a_i) < 1$。当处理 a_i 时,这一区间的宽度 $A(s)$ 就依据 a_i 的出现概率 $p(a_i)$ 而变窄。符号序列越长,相应的子区间就越窄,编码表示该子区间所需的位数也越多。而大概率符号比小概率符号使区间缩窄的范围要小,所增加的编码位数也少。另外从上述迭代公式可知,符号串每一步新扩展的码字 $C(sa_i)$ 都是由原符号串的码字 $C(s)$ 与新区间宽度 $A(sa_i)$ 的算术相加而得,"算术码"一词便由此而来。

【例 4-12】设某信源取自符号集 $S=\{a,b,c,d,e,!\}$,其中前 5 个符号为实际英文字母,而最后一个符号"!"则用来表示编码结束,各符号概率和初始子区间范围 $[P(a_{i-1}, a_i))$ 如表 4.11 所示。设待编码的字符串为单词"dead",编码器和解码器都知道区间初值为 $[0,1)$。

在编码第 1 个字母"d"时:

$P(d) = 0.2 + 0.1 + 0.1 = 0.4$,

$C(sd) = C(\phi d) = C(d) = C(\phi) + P(d)A(\phi) = 0 + 0.4 \times 1 = 0.4$,

$A(sd) = A(\phi d) = A(d) = p(d) \times A(s) = p(d) \times A(\phi) = 0.3 \times 1 = 0.3$,

"d"的编码完成后,区间范围由 $[0,1)$ 变为 $[C(sd), C(sd)+A(sd))=[0.4, 0.7)$;

在编码第 2 个字符"e"时:

$$P(e) = 0.2 + 0.1 + 0.1 + 0.3 = 0.7$$
$$C(se) = C(d) + P(e)A(d) = 0.4 + 0.7 \times 0.3 = 0.61$$
$$A(se) = p(e) \times A(s) = p(e) \times A(d) = 0.2 \times 0.3 = 0.06$$

此后,区间变为$[C(se), C(se)+A(se)) = [0.61, 0.67)$;

以此类推,可将这一过程表示成表 4.12。

如果解码器也知道这一最后的区间范围$[0.61804, 0.6184)$,则它立即就可解得第 1 个字符为 d,因为在表 4.12 中,只有 d 的区间范围能包含$[0.61804, 0.6184)$。此后,解码区间由初始值$[0,1)$变为$[0.4, 0.7)$。而得到这一范围后再对所有字符按式(4.5.1)和式(4.5.2)计算,并与最终的区间范围$[0.61804, 0.6184)$相比较,又不难解出第 2 个字符为 e。以此类推,解码器就将唯一地解出字符串"dead!"。这就是算术编码和解码的基本原理。

表 4.11 固定模式举例

字符	概率	累积概率	区间范围
a	0.2	0	[0, 0.2)
b	0.1	0.2	[0.2, 0.3)
c	0.1	0.3	[0.3, 0.4)
d	0.3	0.4	[0.4, 0.7)
e	0.2	0.7	[0.7, 0.9)
!	0.1	0.9	[0.9, 1.0)

表 4.12 6 元信源的算术编码过程

	$[C(sa_i), C(sa_i)+A(sa_i))$	$A(sa_i)$
初始值	[0, 1)	1.0
编完 d 后	[0.4, 0.7)	0.3
编完 e 后	[0.61, 0.67)	0.06
编完 a 后	[0.61, 0.622)	0.012
编完 d 后	[0.6148, 0.6184)	0.0036
编完 ! 后	[0.61804, 0.6184)	0.00036

由例 4-12 我们知道:算术编码就是将每个字符串 s 都与一个子区间$[C(s), C(s)+A(s)]$相对应,其中子区间宽度 $A(s) \leqslant 1$ 是有效的编码空间,而整个算术编码过程,实际上就是依据字符的发生概率对码区间的分割过程(即子区间宽度与正编码字符发生概率相乘的过程)。

实际上解码器无须完全知道最终编码区间$[0.61804, 0.6184)$的两个端点值,知道其间的某个值已足够了,例如,0.6181,0.6182,0.6183,甚至 0.6180401 均可。但对本例若不设置一个专门的结束码"!"(或采取其他措施,如预知字符串 s 的长度),则如果只传输一个值 0.0,解码器将无法判断被编码的究竟是字符"a",还是字符串"aa","aaa",……

在固定编码模式中,概率统计与区间分配将直接影响编码效率。对于字符串"dead!"而言,概率分配"d(0.4)、e(0.2)、a(0.2)、(0.2)"为最好。而在算术编码的自适应模式中,各符号的概率初始值都相同,但依据实际出现的符号而相应地改变。只要编、解码器使用相同的初始值和相同的修改方法,则其概率模型将保持一致:编码器对下一个字符完成编码后再改变概率模型;解码器则根据当前模式完成解码后再修改自己的概率模型。

4.5.2 二进制编码

通过例 4-12 可以看出,算术编码每次递推都要做乘法,而且必须在一个信源符号周期内完成,有时就难以实时,为此采用了查表等许多近似计算来代替乘法。但若编码对象本身就是二元序列[1],且其符号概率较小者为 $p(L)=2^{-Q}$ 形式,其中 Q 是正整数,称做不对称数(skew number),则乘以 2^{-Q} 可代之以右移 Q 位,而乘以符号概率较大者 $p(H)=1-2^{-Q}$ 可代之以移位和相减,这样就完全避免了乘法。因此算术编码很适合二元序列,而 $p(L)$ 常用 2^{-Q} 来近似。

---

[1] 可以证明:对于 $M>2$ 元的符号串采用 M 进制算术编码与对其相应的二元符号串采用二进制算术编码,码长相同【王建鹏,2010】。

另外,随着输入序列 s 长度的增加,编成码字 $C(s)$ 的长度也随之不断增加,而实际只能用有限长的寄存器 C,这就要求将 C 中已编码的高位码字及时输出。但又不能输出过早,以免后续运算还需调整已输出的码位。不难想像,当 C 中未输出部分各高位均为"1"时,则低位运算略有增量,就可能进位到已输出部分,特别是当这种连"1"很长时。这就是有限精度算术编码所固有的进位问题。Rissanen 和 Langdon 利用插入 1 个额外的"0"(即所谓"填充位")来隔断进位的扩展,对编码效率会略有影响①。类似地,对子区间宽度 $A(s)$,也只能基于有限位数的寄存器 A 来实现。从而算术编码迭代公式在具体实现时的计算格式如下。

① 码字刷新
$$C = C + P(a_i)A \tag{4.5.1b}$$

② 区间刷新
$$A = p(a_i)A \tag{4.5.2b}$$

这样表示不应该引起混淆。

令 $S=\{H,L\}$,并设 $p(L)=2^{-Q}, p(H)=1-2^{-Q}$;则 $P(H)=0, P(L)=1-2^{-Q}$,从而有限精度、不做乘法且假设 $Q(s)$ 已经估计出的二进制算术编码的具体步骤如下:

① 初始化: $C=0.\underbrace{00\cdots 0}_{q\uparrow 1}, A=0.\underbrace{11\cdots 1}_{q\uparrow 1}$;

② 对子区间宽度 $A(s)$ 做迭代运算:
$$A(sL) = A(s) \times 2^{-Q(s)} \quad (右移 Q 位) \tag{4.5.4a}$$
$$A(sH) = \langle A(s) - A(sL) \rangle \quad (\langle X \rangle 表示 X 的小数点后取 q 位) \tag{4.5.4b}$$

③ 对码字 $C(s)$ 做迭代运算:
$$C(sH) = C(s) \tag{4.5.5a}$$
$$C(sL) = C(s) + A(sH) \tag{4.5.5b}$$

④ 如果 $A(sx)$②$<0.10\cdots 0$,则 A、C 重复左移,直到 $A \geq 0.10\cdots 0$ 为止(即保持 $A(s)$ 的小数点后的第 1 位总是"1")③;

⑤ 如果紧靠 C 的小数点前有连续 v 个"1",则紧靠小数点前插入 1 个"0"(填充位);

⑥ 按上述步骤对字符串中所有字符进行迭代运算,直到最后一个字符输出 $C(s)$ 代码。

参数 q 与 Q 的选择直接关系到编码器精度:q 值一般根据 $p(L)$ 而定,比如对黑、白二值图像,字符 L 往往是"1"(黑像素),常取 $q=16$,这就意味着允许 $p(L)$ 的最小值为 2^{-15},允许 $Q(s)$ 的值为 $1,2,\cdots,15$。关于 $Q(s)$ 的具体确定,将在 4.5.4 节讨论。

【例 4-13】对字符串"01000101"来说,H 符号是"0",L 符号是"1";取 $q=4, v=3$ 和 $Q_{\max}=3$,并假定由某个编码模型提供的 $Q(s)$ 值为 $(2,1,2,2,3,1,1,2)$,对其进行算术编码。

对第 1 个符号"0":

由式(4.5.4a)将 $A(s)=A(\phi)=0.1111$ 右移 $Q=2$ 位截断后,得到 $A(s1)=0.0011$,从而由式(4.5.4b)得,$A(s0)=\langle A(s)-A(s1) \rangle = \langle 0.1111-0.0011 \rangle = 0.1100$。由式(4.5.5a)可知此时编码为 $C(s0)=C(\phi)=0.0000$;

对第 2 个符号"1":

将 $A(s)=A(0)=0.1100$ 右移 1 位,得 $A(s1)=0.0110$,从而 $A(s0)=\langle 0.1100-0.0110 \rangle$

---

① 利用"进位陷阱"技术,码流中可不再插入填充位[薛晓辉,1998]。
② $x=L$ 或 H,要看 $A(sL)$ 或 $A(sH)$ 中哪一个将作为下一次的 $A(s)$。
③ 实际是将 A 中的有限长数据采用浮点来表示。而 $C(s)$ 左移同样的位数则是为了弥补 A 左移的影响。

$=0.0110$,由式(4.5.5b)可知此时编码为 $C(s1)=C(01)=C(s)+A(s0)=0.0000+0.0110+0.0110$;但由于 $A(s1)<0.1000$,所以根据编码步骤④:将 $A(s1)$ 左移 1 位的值 0.1100 作为下一步的 $A(s)$,将 $C(s1)$ 左移 1 位的值 0.1100 作为下一步的 $C(s)$ 即新的 $C(01)$ 的值;

对第 3 个符号"0":

将 $A(s)=A(01)$ 右移 2 位,得 $A(s1)=0.0011, A(s0)=\langle 0.1100-0.0011\rangle=0.1001$;由式(4.5.5a)做出 $C(s0)=C(010)=C(01)=0.1100$;

以此类推,直至编完最后一个符号"0"并得到码字 $C(01000101)=111101.0100$。整个编码过程列于表 4.13,其中凡标有"左移"的行中的 $C(s)$,都是对上一行 $C(sx)$ 左移的结果。注意在编完第 7 个符号"0"后,得到码字 $C(s)=111.1100$,此时紧靠 C 的小数点前有连续 $v=3$ 个"1",故执行编码步骤⑤:插入"填充位"来"阻塞"连续进位,使 $C(s)$ 变为 1110.1100,然后再对第 8 个符号"1"编码。

至于最终码长,我们先按表 4.13 算出 $C(s)+A(s)=111101.0100+0.1100=111110.0000$,从而考虑到小数点的实际位置后,字符串 $s=$"01000101"可由子区间 $[0.11110101, 0.11111)$ 来表示。如果解码器知道 s 的长度,则与该子区间内的数值相对应的 s 的任何码字均可正确解码,故我们只需取满足此要求的最短码。不难看出,数值 0.1111011 满足所需,故传送码字"1111011",最终码长则为 7 位。

表 4.13 字符串"01000101"的编码过程

已编码的字符串 s	编码符号 x	有限精度附加操作	$Q(s)$	$A(s)$	$C(s)$	$A(s1)$	$A(s0)$	$C(sx)$
空	0		2	0.1111	0.0000	0.0011	0.1100	0.00000
0	1		1	0.1100	0.0000	0.0110	0.0110	0.0110
01		左移1位		0.1100	0.1100			
01	0		2	0.1100	0.1100	0.0011	0.1001	0.1100
010	0		2	0.1001	0.1100	0.0010	0.0111	0.1100
0100		左移1位		0.1110	1.1100			
0100	0		3	0.1110	1.1000	0.0001	0.1101	1.1000
01000	1		1	0.1101	1.1000	0.0110	0.0111	1.1111
010001		左移1位			11.1110			
010001	0		1	0.1100	11.1110	0.0110	0.0110	11.1110
0100010		左移1位		0.1100	111.1100			
0100010		填充进位			1110.1100			
0100010	1		2	0.1100	1110.1100	0.0011	0.1001	1111.0101
01000101		左移2位		0.1100	111101.0100			

4.5.3 二进制解码

因为不是分组码,算术码解码也只能逐字符译出。若以 s' 代表被解码字符 x 前面已译出的字符串(当 x 为第一个被译字符时,$s'=\phi$),则 $x=$"0"的判决条件为(习题与思考题 4-7)

$$C(s)<A(s'0) \tag{4.5.6}$$

从这个基本关系出发,在正确接收到码字 $C(s)$ 以后,即可根据由信号模型确定的 Q 值及 L 符

号(设为"1"),按如下步骤解码:

① 置初值:$A(s')=0.11\cdots1$;

② 检测移入 C 的 v 位码字:

如果发现"全1",则检测第 $v+1$ 位即填充位的值:

若该值为0,说明无进位,则去掉该位"0"后正常解码;

若该值为1,则删去这个填充的"1"、在 v 位码字最后一位上加1做进位后再解码;

③ 子区间宽度 $A(s)$ 迭代(符号〈·〉的含义与编码时相同):

$$A(s'1) = A(s') \times 2^{-Q(s)} \tag{4.5.7a}$$

$$A(s'0) = \langle A(s') - A(s'1) \rangle \tag{4.5.7b}$$

④ 字符判决:

$$\begin{cases} \text{若 } C(s) < A(s'0): \text{则 } x = 0, \text{置 } A(s') = A(s'0); \\ \text{若 } C(s) \geqslant A(s'0): \text{则 } x = 1, \text{置 } C(s) = C(s) - A(s'0), A(s') = A(s'1) \end{cases} \tag{4.5.8}$$

⑤ 如果 $A(sx)<0.10\cdots0$,则 A、C 重复左移,直到 $A\geqslant0.10\cdots0$;

⑥ 回到步骤②,直到解出 x 后面的所有字符。

【例 4-14】 对例 4-13 题的算术编码结果进行解码。

因为 $v=3$,而码串 $s=$"1111011"的前3位和第4位均为1,故删去第4位、将1加至前面的第3位,得到码字"1000011",从而设定初值:$C(s)=0.1000011,A(s')=0.1111$;

解码 x_1:表 4.13 中 $Q=2$,按式(4.5.7a)将 $A(s')$ 右移2位得 $A(s'1)=0.0011$,由式(4.5.7b)得 $A(s'0)=0.1100$;由 $C(s)<A(s'0)$ 判 $x_1=0$,并按式(4.5.8)置 $A(s'0)$ 为新的 $A(s')$ 值;

解码 x_2:表 4.13 中 $Q=1$,算出 $A(s'0)=A(s'1)=0.0110$;因为 $C(s)=0.100001\geqslant A(s'0)$,故判 $x_2=1$,并按式(4.5.8)算出 $C(s)$ 和 $A(s')$ 后同时左移1位,得 $C(s)=0.010011, A(s')=0.1100$;

解码 x_3:表 4.13 中 $Q=2$,算出 $A(s'1)=0.0011, A(s'0)=0.1001$;因为 $C(s)<A(s'0)$,所以判 $x_3=0$,并置 $A(s')=0.1001$;至此已译得 $s'=$"010";

继续下去,即可译出原始的全部8位码字 $s'=$"01000101"。

4.5.4 $Q(s)$ 的确定与编码效率

从算术码的编、解码过程已看到不对称数 $Q(s)$ 是一个重要参数,当时假定它是根据信源概率模型已事先确定的一个量。要从一个二进制序列 s 来确定 Q 值,有待于根据该序列的统计特性,选择合适的概率模型,譬如根据符号串 s 后面出现字符 l 的条件概率

$$p(L \mid s) \approx 2^{-Q} \tag{4.5.9}$$

来确定 Q 值。将该条件概率简记为 p。由于 Q 只取正整数,而 $p \in [0,1)$,式(4.5.9)的近似关系意味着每个 Q 值要对应一个概率区间。按 2^{-Q} 来编码,每个"L"符号要 Q 位,"H"符号要 $-\log(1-2^{-Q})$ 位,从而每个符号的平均码长为

$$l(p) = pQ - (1-p)\log(1-2^{-Q}) \tag{4.5.10}$$

而信源符号的熵则为

$$H(p) = -p\log p - (1-p)\log(1-p) \tag{4.5.11}$$

直线 $l(p)$ 和曲线 $H(p)$ 在 $p=2^{-Q}(Q=1,2,\cdots)$ 处相切(习题与思考题 4-8),图 4.9 画出了 $Q=2$ 和 $Q=3$ 时的两个切点。解联立方程可得对应于 Q 和 $Q+1$ 的两条直线交点的横坐标

值为

$$p(Q,Q+1) = \frac{\log\dfrac{1-2^{-(Q+1)}}{1-2^{-Q}}}{1+\log\dfrac{1-2^{-(Q+1)}}{1-2^{-Q}}} \tag{4.5.12}$$

在这交点上 $l(p)$ 和 $H(p)$ 相差最大，因为后者是上凸函数，即此时编码效率最低。所以当 p 值小于式(4.5.12)时应选 $2^{-(Q+1)}$ 来近似；大于式(4.5.12)时则应选 2^{-Q} 来近似。由此就可算出最坏情况下的编码效率

$$\eta = \frac{H(p)}{l(Q,p)} \tag{4.5.13}$$

如表 4.14 可见，用 2^{-Q} 来近似所造成的损失最大只有 5%，而近似后的计算量却可减小很多。尤其是符号的小概率很小时，损失更小；甚至对接近于零的小概率都用 $Q=6$ 来近似，由式（4.5.10）可知 $l(0)$ 也只是 0.02272，这相当于 45 个符号才多用了 1 位。

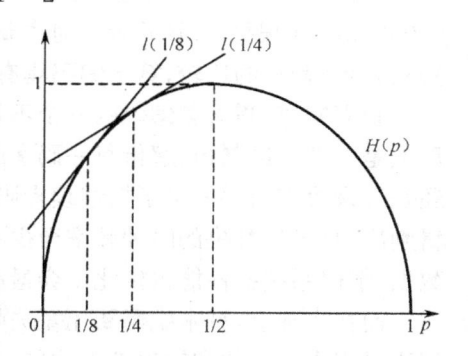

图 4.9 按 2^{-Q} 近似时的效率损失

表 4.14 小概率用 2^{-Q} 来近似时最坏情况下的编码效率

p	0.369	0.182	0.0905	0.0452	0.0226	0.0113
Q	1 或 2	2 或 3	3 或 4	4 或 5	5 或 6	6 或 7
$H(p)$	0.950	0.684	0.438	0.266	0.156	0.089
$l(Q,p)$	1	0.704	0.447	0.270	0.158	0.090
$\eta(\%)$	95.0	97.2	98.0	98.5	98.7	98.9

效率高是算术编码最鲜明的特点，对于大部分黑白文件传真数据而言，平均编码效率约为 98.5%。至于对某一具体序列而言，要看其概率分布是否集中在 2^{-Q} 附近，因为对算术编码算法来说，在 $p=2^{-Q}$ 处，编码效率为 100%。为使这两者匹配得好，关键的问题就是要选择合适的概率模型，使大部分条件概率接近于 2^{-Q}。

4.5.5 算术码评述

上述讨论都假定 L 符号恒为"1"，而实际上"0"和"1"都有可能成为 H 或 L，应该随着它们在被编码符号串中出现的概率而自适应地改变。算术编码器在每一步都需要知道用于下一个待编码符号的 $Q(s)$ 值，以及指出哪个符号是 L 符号。通常串中字符发生的概率与序列的概率模型有关，因此算术编码应用的另一个问题，就是快速而自适应地估计条件概率 $p(L|s)$，从信源的统计特性出发，建立数据的概率模型①。而算术编码的最大优点之一，就是具有自适应功能：设二进制信源的字母表为{0,1}，算术编码在初始化阶段预置一个大概率 P_e 和一个小概率 Q_e，随着输入符号概率的变化，自动修改 Q_e 或 P_e 值。一般假定初始值 $Q_e\approx 0.5$，当后继输入连续为 H 符号时，Q_e 值渐渐减小；若连续出现 L 符号时，Q_e 值增加。增加到超过 0.5 时，Q_e 和 P_e 对应的符号相互交换。因此，使用算术编码不必预先定义信源的概率模型，尤其适用于不可能进行概率统计的场合。

---

① 譬如 m 阶 Markov 链（字符发生概率只与前面 m 个字符有关），及其推广而来的有限状态机（FSM）模型。

当信源符号概率比较接近时,建议使用算术编码,因为此时霍夫曼编码的结果趋于定长码,效率不高。事实上,JPEG成员测试过,对于许多实际图像,算术编码的压缩效果优于霍夫曼编码5%~10%。在JPEG的扩展系统中,已经用算术编码取代了霍夫曼编码。H. Printz等人采用多次查表操作实现了一个简单有效的多元快速算术编码器,冗余码长只有0.0634bit;而根据T. Bell等人对主要统计编码方法(包括各种霍夫曼编码、LZ家族的主要算法和算术编码)的比较,算术编码具有最高的压缩效率。

我们知道,霍夫曼编码的一个不足是译码复杂度高。由于事先不知道码长,霍夫曼码表实质上是一棵二进制树,解析每一码字的基本方法就是从树根开始,依次根据面临的每一位是0还是1来决定沿哪一半子树继续译码,直到端节点,这样在运算时就要对码字的每一位做出逻辑判决,且硬件判决的时钟频率至少不能低于码速率。因此,通常对于用变长码压缩的大容量数据,解码系统的性能价格比不会最高。

而在实现上,算术编码要比霍夫曼编码更复杂,特别是硬件实现时。算术码也是变长码,编码过程中的移位和输出都不均匀,也需要缓存;在误差扩散方面,也比分组码更严重:在分组码中,由于误码而破坏分组,过一会儿常能自动恢复;但在算术码中却往往会一直延续下去,因为它是从全序列出发来编码的。因而算术码流的传输也要求高质量的信道,或采用检错反馈重发的方式。

值得指出的是,实际上并不存在某种唯一的"算术码",而是有一大类算术编码方法。例如,仅IBM公司便拥有数十项关于算术编码的专利。

4.6　基于字典的编码

在2.3节讨论矢量量化时曾将码书比拟为字典,将码字索引看做其页号,若该字典的总页数远小于其收入的总汉字数,就可得到VQ的高压缩比。我们在日常生活和工作中用索引来检索数据库中的大量数据,用电话号码、邮政编码和图书分类号码等将较长的正文符号串编码,实质上也是一种基于字典的压缩编码原理。只是VQ的码书是"静态"的和"熵压缩"的,而本节将讨论的基于字典的压缩方法则设法将长度不同的符号串(短语)编码成一个个新单词,用其形成一本短语词典的索引。若单词的码长短于它所替代的短语,就实现了数据的无损压缩,而且该短语词典在收发双方都是自适应①生成的。

4.6.1　LZ码基本概念

1970年代末,J. Ziv和A. Lempel提出了两种不同但又有联系的编码技术[Ziv,1977,1978],习惯上简称为LZ码,并可按论文的发表年代而分别细分为LZ77和LZ78两种算法,开创了信息论中现代的基于字典编码的新分支。与霍夫曼码正好形成鲜明对照的是:LZ码以及后来的一些改进算法将变长的输入符号串映射成定长(或长度可预测)的码字。LZ码按照几乎相等的出现概率安排输入符号串,从而使频繁出现符号的串将比不常出现符号的串包含更多的符号。例如,在一张将英文字母和符号串编成12位码字的压缩字符串表(表4.15)中:不常用字母如Z,独占1个12位码字;而常用符号如空格(表4.15中用"空"表示)和零,则以长串出现(实用

---

① 一般来说信源的解码端可通过不同途径得到编码表(或"字典"):类似VQ那样的"事先约定",是"静态"技术;如果先"扫描"信源得到码表(如霍夫曼码表)传给收端后再开始编码,可称之为"半自适应"技术;如果收发双方均能逐步而自动地生成同样的码表,则是"自适应"技术。

中字符串长度可大于30)。如果输入一个长串,就会被替换成一个12位码字,此时压缩比自然很高。由此可见,LZ码实际上正是一个基于字典的压缩算法。

LZ码能有效地利用字符出现频率冗余度、字符重复性和高使用率模式冗余度,但通常不能有效地利用位置冗余度。LZ码从一个空的符号串表开始工作,然后在编、解码过程中逐步生成表中的内容。从这个意义上,算法是自适应的,因此又称为自适应压缩。LZ编码只需扫描一次数据,无须有关数据统计量的先验信息,而运算时间则正比于消息的长度。但由于码表是由空到满逐步自适应地建立,对每一消息起始段的压缩效果很差,因此消息必须足够长,以便算法能积累足够的有关符号出现频率的知识,从而对整段消息压缩得更好。而另一方面,当处理完一定数量的消息后,自适应算法的大多数有限实现将失去自适应能力,如果信源非均匀且冗余度特性随消息而变动,若消息长度远大于算法的自适应范围,压缩效率就会降低。

表 4.15 LZ 编码一例

符　号　串	码　　字
A	1
AB	2
AN	3
AND	4
AD	5
Z	6
D	7
D0	8
D0空	9
空	10
空空	11
空空空	12
空空空空	13
空空空空空	14
空空空空空空	15
0	16
00	17
000	18
0000	19
00001	20
⋮	⋮
$ $ $	4095

4.6.2 LZW 算法

LZ码引发了基于字典压缩算法研究和程序开发的洪流,但其巨大影响则在1980年代中期才得以体现。1984年 T. A. Welch 以 LZW 算法为名给出了 LZ78 算法的实用修正形式[Welch,1984],并立即成为 UNIX 等操作系统中的标准文件压缩命令。LZW 算法保留了 LZ 码的自适应性能,压缩比也大致相同,其显著特点是逻辑简单(典型的 LZW 算法处理1个字符不超过3个时钟周期)、硬件实现价廉、运算速度快,在消息长度为1万字符的数量级时可得到令人满意的压缩效果。

LZW算法基于表 4.15 那样的转换表[1],将输入字符串映射成定长(通常为 12 位)码字。LZW 串表具有所谓"前缀性":表中任何一个字符串的前缀字符串也在表中。这就是说,若由某个字符串 ω 和某个单字符 K 所组成的字符串 ωK 在表中,则 ω 也在表中[2]。K 叫做前缀串 ω 的扩展字符。

对串表做出这样的说明后,编码前可将其初始化以包含所有的单字符串。而在压缩过程中,串表里放着编码器在正压缩的消息中已经遇到过的字符串,它由消息中串的流动采样所组成,所以反映了消息的统计特性。LZW 使用"贪婪的"解析算法:在一次通过中依次检查各字符,每次只有能识别出来的(即字串表中已有的)最长的那个输入字符串,才能通过语法分析。要添加到字串表中去的串也由这次语法分析决定,但要先用它的下一个输入字符扩展成一个新串,再赋予一个唯一的标识符即它的码值。LZW 编码的算法描述如图 4.10 所示。

---

① Welch 称之为串表(string table)。
② 注意不要与"异字头"代码的前缀性相混淆。LZW 码表的"前缀性"恰恰相当于不能保证 VLC 单义性的"同字头"特性!

【例 4-15】 试对一个最简单的 3 字母字符串"ababcbababaaaaaaa"做出 LZW 编码。

我们首先初始化字符串表:将字母 a、b、c 放入表中,分别赋予 3 个码值(表 4.16 的前 3 行)。然后从第一个字符"a"开始,由左至右逐个读入串中的字符进行分析。由于表 4.16 中没有比 a 更长的匹配字串,所以输出码字 1 代表字串 a,并将它的扩充字串 ab 加入表中,以码值 4 表示(码值按顺序赋给新字串)。接下来用 b 来起始下一个字串。由于 b 的扩充串 ba 不在表中,所以将 ba 加入表 4.16 中码值 5 那一栏,输出 b 的码值 2 并以 a 来起始下一个字串。整个编码过程可用图 4.11 来表示。

表 4.16 例 4-15 的编码字串表

字串表		另一种形式	
a	1	a	1
b	2	b	2
c	3	c	3
ab	4	1b	4
ba	5	2a	5
abc	6	4c	6
cb	7	3b	7
bab	8	5b	8
baba	9	8a	9
aa	10	1a	10
aaa	11	10a	11
aaaa	12	11a	12

初始化:将所有的单字符串放入串表
读第一个输入字符 → 前缀串 ω
Step:读下一个输入字符 K
  If 没有这样的 K(输入已穷尽):
    码字(ω) → 输出;结束。
  if ωK 已存在于串表中:
    ωK → ω;repeat Step
  else ωK 不在串表中:
    码字(ω) → 输出
    ωK → 串表;
    K → ω;repeat Step

图 4.10 LZW 编码算法流程

LZW 算法并未涉及字符串表中串的优化选择,或输入数据的最佳解析,而是追求简单、有效、快速的实现,此时一个主要问题是串表的存储。为便于实现,将串表中的字符串用其前缀串标识符加扩充字符表示,从而表中每一项的串长度相等了(见表 4.16 右边"另一种形式"一栏的对应表示)。

从上述编码器对字串表的建立过程很自然会想到,同一张字串表也可用于解码并由解码器以完全类似的方法在对消息的解释过程中逐步生成。因此,对解码算法就不再介绍了。

LZW 算法不但速度快,而且对各种计算机文件都有较好的压缩效果。表 4.17 是 Welch 的实验结果,可见除了类似于白噪声的浮点数组,对其他文件均有压缩。除了用于某些操作系统外,LZW 算法还在带有标识符的 TIFF 图形图像文件格式中作为标准的文件压缩命令;在 BMP、GIF 等图形图像格式中也使用了 LZW 的变型算法来压缩数据中的重复序列;ITU-T V.42bis 建议中也以其为核心形成了数据通信的国际标准,用于不同厂家 modem 的互通。

输入符号 a b a b c b a b a b a a a a a a a
输出码字 1 2 4 3 5   8 1 10 11 1
加进表中
的新字串 5 7 9 11
          4 6 8 10 12

图 4.11 例 4-15 的编码过程

表 4.17 LZW 对不同数据类型的压缩结果

数据类型	压缩比
英语课文	1.8
Cobol 文件(8 位 ASCII 码)	2~6
浮点数组	1.0
格式化的科学数据	2.1
系统登录数据	2.6
程序源代码	2.3
目标代码	1.5

4.6.3 通用编码评述

我们记得,采用霍夫曼码逼近信源的熵,必须知道全部信源符号的出现概率。但随着信源编码理论的发展,人们发现:即使没有任何信源统计特性的知识,也有可能设计出最佳的编码,即当码组长度趋于无穷时其性能收敛于依赖信源统计特性而设计的编码器性能。1973 年 L.D.Davisson 把这种不需要知道信源统计特性的最佳信源编码理论,称之为通用编码(Universal Coding)理论。更广义地理解,一般认为除了确知概率特性的编码方法以外的其他编码方法,都可作为通用编码的一种。从这个意义上看,自适应算术编码也属于通用编码范畴。不依赖信源统计特性而得到的最佳码称为普适码或泛码(Universal Code)。作为语法解析码的 LZ 码就是一类泛码。寻找更好更简便的泛码,对于信源编码仍然很有价值。因为在现有的大多数已压缩文件中仍含有残留的冗余度,仍可进一步压缩[Wang,2010]。

至于现代的基于字典的编码技术本身,已经从最初的 LZ 算法变形、发展成了一个"大家族"。早期 LZ77 算法能够"记忆"的"词汇量"有限,因为它的字典只是一个相对固定的沿文本"滑动的窗口";LZ78 算法在某些方面是对 LZ77 算法的改进,其字典可以很大;而 LZW 算法则又是从 LZ78 算法发展起来的。随着多年来人们的不断优化,LZ 编码已经派生、精炼出了像 PKZIP、LHARC、ARJ、Stacker、ARC 和 PKARC 等许多优秀的算法和软件,成为通用数据压缩算法的主流而广泛地用于文本和程序的数据压缩中,而大多数计算机系统也都采用 LZ 方法作为标准的压缩功能。

随着 CPU 性能的飞速提高,工程界已越来越深刻地认识到:如果 CPU 的性能比 I/O 器件的高很多,则采用数据压缩降低 I/O 器件的存取频率会有助于增强整个系统的性能。而对于通过硬盘、光盘或网络进行海量数据存取的应用场合,如何最有效地利用数据压缩技术正成为应用开发人员的一门重要技能。而读者通过本章的学习,对于作为经典信源编码理论和当代数据压缩技术基础的统计编码方法已建立了较为深刻的理解,其主要内容,将直接用于后面几章的编码方法中。

习题与思考题

4-1 证明定理 4.3,即:在变字长编码中,如果码字长度严格按照所对应符号出现概率的大小逆序排列,则平均码长最短。

4-2 设有一页传真文件其中某一扫描线上的像素点如图 P4-1 所示。求

主扫描线				
扫描行像素	75 个白	5 个黑	9 个白	18 个黑	1621 个白

图 P4-1 特编码的传真文件扫描行示意

① 该扫描行的 MH 编码;
② 编码后的比特总数;
③ 本编码行的数据压缩比。

4-3 对表 4.1 所给出的英文字母统计数字
① 编程计算该信源的熵 $H(X)$ 和莫尔斯编码的平均码长;
② 做出霍夫曼编码;
③ 比较霍夫曼编码与莫尔斯编码的编码效率。

4-4 试证明:对二值图像的白长和黑长分别编码,其最低比特率 $\bar{n}$ 满足式(4.4.1)。

4-5 试证明:若将二值图像序列看做一阶马尔可夫链,则只需要两个条件概率就可以完全表示出该图像的统计特性。

4-6 设符号串 s 取自 $S=\{a_1,a_2,\cdots,a_m\}, a_i \in S$,试证明算术编码满足所谓的区间套性质,即:$0 \leqslant C(s) \leqslant C(sa_i) < C(sa_i)+A(sa_i) \leqslant C(s)+A(s) \leqslant A(\phi)$。

4-7 设 s' 代表被解码字符 x 前面已译出的字符串,试证明:算术编码在解码时可依据条件 $C(s) < A(s'0)$ 来判决 $x=$ "0"。

4-8 证明式(4.5.10)的平均码长 $l(p)$ 和式(4.5.11)的熵 $H(p)$ 在 $p=2^{-Q}$ 处相切。

4-9 如果信源的消息集 $X=\{x_1,x_2,\cdots,x_n\}$ 为等概率分布,不利用数据前后关联的延长编码还会不会有效?

4-10 假设接收到如下一段二进制码流:

$$0011010101011010101111011000111001100000000001$$

① 如果它是一行按 MH 方法压缩编码的传真信号,请你设法把这行原始数据恢复出来(不考虑行同步码和填充码);

② 如果该码流中有 1 位误码,还能正确恢复原始数据吗?为什么?

4-11 某飞行器上有一个随机切换的控制开关。为了监视开关状态,以不超过其接通或断开的最小持续时间的一半的采样间隔均匀采样,得到如图 P4-2 所示的遥测序列。

① 能否对这种离散信源进行无失真压缩编码?

② 如果不能,请说明你的理由;如果能,请简述你认为是可行的压缩编码方法。

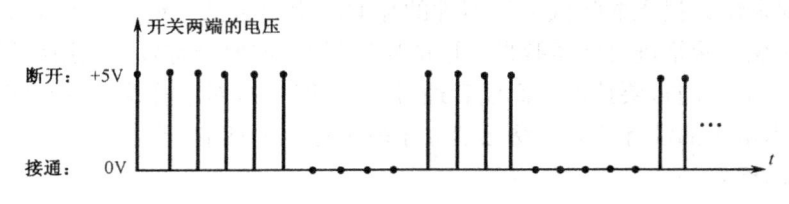

图 P4-2 飞行器开关状态取样值序列示意图

4-12 试解释算术编码压缩数据的原理。

4-13 试对比霍夫曼编码和字典编码压缩数据基本原理的异同。

4-14 证明:满足定理 4.2 的二进制定长码,一定满足 Kraft 不等式。

4-15 已知某个 6 符号离散信源的出现概率为

$$\left\{\begin{array}{cccccc} a_1 & a_2 & a_3 & a_4 & a_5 & a_6 \\ 0.25 & 0.25 & 0.1875 & 0.125 & 0.125 & 0.0625 \end{array}\right\}$$

试给出它的霍夫曼编码的码字和平均码长。

4-16 已知某个 6 符号离散信源的出现概率为

$$\left\{\begin{array}{cccccc} a_1 & a_2 & a_3 & a_4 & a_5 & a_6 \\ \dfrac{1}{2} & \dfrac{1}{4} & \dfrac{1}{8} & \dfrac{1}{16} & \dfrac{1}{32} & \dfrac{1}{32} \end{array}\right\}$$

试给出它的霍夫曼编码的码字和编码效率,并与表 4.3 一元码的码字相比较。

4-17 如果 $n \leqslant 0$,还能应用指数 Golomb 码吗?该如何处理?

4-18 试以表 4.5 中的码值(即 n 值)范围为横坐标,码长 L_n 的倒数为纵坐标,分别对不同阶的指数Golomb码,绘出$n\sim 1/L_n$曲线。由此你能看出根据n的分布而选取或改变指数Golomb码的阶数m的原则吗?

4-19 设有64位(64bit)任意数据组成如下一个序列

$$0\ 1\ 000\ 11\ \underbrace{00000000}_{8个0}\ 1\ \underbrace{00\cdots00}_{48个0}$$

① 试用JPEG方法按亮度码表对其进行编码(设首位为"DC系数"),并计算相对于原始64位数据的压缩比;

② 试按MH方法对其编码("1"代表"黑像素",不考虑行同步码),并计算相对于原始64位数据的压缩比;

③ 若把每8位数据合并为一组并按其数值来表示,可得新序列

$$70,1,0,0,0,0,0,0$$

将该序列看成一个3字母的字符串"abccccccc"("a"代表"70","b"代表"1","c"代表"0"),试用LZW方法对其编码,并计算相对于原始64位数据的压缩比。

4-20 证明:对于满足定理4.2的二进制定长码,如果我们试图压缩其中一个符号的码长,就不得不扩展另一个符号的码长,而且扩展因子b大于压缩因子a。

第 5 章 预 测 编 码

我们在 1.3.1 节描绘数据压缩的一般方法时,通过图 1.2 抽象出了建模表达、二次量化和熵编码这数据压缩的"三步曲"。2.2 节和 2.3 两节完成了对于量化的讨论,其原理和方法当然也适用于再次量化经模型处理后的数据;而第 4 章则系统地介绍了各类主要的熵编码方法及其具体应用。至此,我们已经掌握了数据压缩"三步曲"的最后两步,完全可以用它来压缩各种数据,无论是有损压缩还是可逆压缩。只是单纯凭借本书前 4 章所讨论的方法,直接压缩许多数据类型其效率不佳,特别是对于声音、图像和电视信号。原因就在于没用一个合适的数学模型来有效地表达规律性不强的原始数据,不便于熵编码优势的发挥;或是所建模型过于简单(如游程模型),未能利用我们对于数据的先验知识。

为此,本书第 5 章至第 7 章将结合具体的信源和第 3 章所归纳的数据压缩基本途径,引出不同类型的建模表达方法,以便能更紧凑有效地表达数据,提升压缩性能。

本章主要阐述预测编码(predictive coding)的理论和应用,它对相关信源的建模表达方法可以纳入统计学和控制论运用"时间序列分析"来解决动态系统输出状态的理论框架。

5.1 DPCM 的基本原理

我们已经知道,对于具有 M 种取值的符号序列 $\{x_k\}$,其第 L 个符号的熵满足下式

$$\log_2 M \geqslant H(x_L) \geqslant H(x_L|x_{L-1}) \geqslant H(x_L|x_{L-1},x_{L-2}) \geqslant \cdots \geqslant H(x_L|x_{L-1},x_{L-2},\cdots,x_1) > H_\infty \tag{5.1.1}$$

它告诉我们:如果知道了前面一些符号 $x_k(k<L)$,再猜后续符号 x_L,则知道得越多,越容易猜中。容易猜中就意味着该信源的不确定度减小了,数码率自然可以降低。不过,若真能"猜中"(或精确预测出)下一个数据符号(或时间取样值),那就不存在关于数据的不确定性,因而也就无须传输信息(除了第一个符号 x_1 可能要传输外)。换句话说,我们就有了一个熵为零的信源。若数据源可用一个数学模型完全表示,并且源的输出始终与该模型的输出相匹配,我们就能精确预测或产生这些数据。然而,几乎没有一个实际系统符合这两个条件。我们可以争取的最好的预测器,只可能是以某种最小化的误差对下一个取样值进行预测。

1952 年 Bell 实验室的 B. M. Oliver 等人开始了线性预测编码理论研究,同年该室的 C. C. Cutler 取得了差值(或差分)脉冲编码调制(DPCM:Diffrential Pulse Code Modulation)系统的专利,奠定了真正实用的预测编码系统的基础。其组成如图 5.1 所示,其中编、解码器分别完成对预测误差量化值的熵编码和解码[1]。而为了能正确恢复被压缩信号,收端不仅要有与发端完全相同的预测器(一个具体实现见图 5.8),而且其输入信号也要相同(都是 x'_k,而非 x_k)。

DPCM 系统工作时,发端先发送一个起始值 x_0,接着就只发送预测误差值 $e_k = x_k - \hat{x}_k$,而由图 5.1 预测值可记为

$$\hat{x}_k = f(x'_1, x'_2, \cdots, x'_N, k), k > N \tag{5.1.2}$$

式中 $k > N$ 表示 $x'_1, x'_2, \cdots, x'_N$ 的时序在 x_k 之前,为因果性(Causal)预测,否则为非因果性预

---

[1] 假设图中的信道部分可以保证无误码地传输/存储数据。

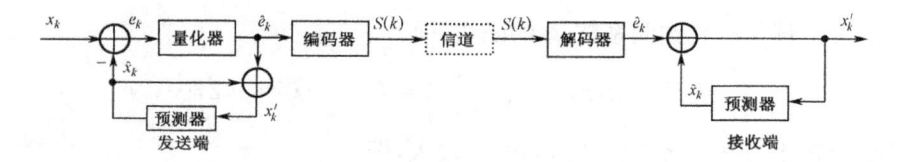

图 5.1 DPCM 系统原理框图

测。收端把接收到的量化后的预测误差 $\hat{e}_k$ 与本地算出的预测值 $\hat{x}_k$ 相加，即得恢复信号 x'_k。如果没有传输误码，则收端重建信号 x'_k 与发端原始信号 x_k 之间的误差为

$$x_k - x'_k = x_k - (\hat{x}_k + \hat{e}_k) = (x_k - \hat{x}_k) - \hat{e}_k = e_k - \hat{e}_k = q_k \tag{5.1.3}$$

这正是发端量化器造成的量化误差，即整个预测编码系统的失真完全来自量化器。因此，当 x_k 已经是数字信号时，如果去掉量化器，使 $\hat{e}_k = e_k$，则 $q_k = 0$，即 $x'_k = x_k$。表明这类不带量化器的 DPCM 系统也可用于"信息保持型"(Lossless)编码。但如果量化误差 $q_k \neq 0$，则 $x'_k \neq x_k$，为"非信息保持型"(Lossy)系统[①]。

常用的线性预测[②]是指预测方程式(5.1.2)的右方是各个 x'_i 的线性函数，即

$$\hat{x}_k = \sum_{i=1}^{N} a_i(k) x'_i, \quad k > N \tag{5.1.4}$$

5.2 最佳线性预测

含有量化器的 DPCM 系统是一个带反馈的非线性系统，难以对预测器和量化器进行严格的全局优化设计。常用的简化分析方法是分别讨论，得到的只是局部最优解。关于量化器已经在第 2 章介绍，这里主要讨论预测器的设计，它是 DPCM 系统的核心问题，因为预测器越好，差值就越集中分布在零附近，码率就能压缩得越多。

最简单的时不变线性预测就是令式(5.1.4)中各预测系数 $a_i(k) = a_i$ 与 k 无关[③]；同时为了分析简单，用原始的信号取样值 x_k 来代替图 5.1 所示的量化恢复值 x'_k 作为预测器输入，则 k 时刻信号取样的线性预测值可表示为[④]

$$\hat{x}_k = \sum_{i=1}^{N} a_i x_{k-i} \tag{5.2.1}$$

实际的 x_k 值与其预测值 $\hat{x}_k$ 之间有一个差值信号 e_k，所以

$$e_k = x_k - \hat{x}_k = x_k - \sum_{i=1}^{N} a_i x_{k-i} \tag{5.2.2}$$

为了使预测误差在某种测度下最小，就要按照一定的准则，对线性预测系数进行优化。

5.2.1 MMSE 线性预测

最经典的是采用最小均方误差准则(MMSE)来讨论，这也称为均方误差(MSE)意义下的最佳设计。即我们希望使式(5.2.2)预测误差的均方值 $\sigma_e^2 = E\{(x_k - \hat{x}_k)^2\}$ 为最小。显然，当

[①] 又可分为"无主观失真"与"有主观失真"两类。"无主观失真"的一个例子是：按广播级电视的质量要求，如果 x_k 用 8 位量化，则当 $|e_k|$ 有 ±2 的误差时，专家一般也看不出来。
[②] 其中 $a_i(k)$ 只是 i 与 K 的函数，而与 $x'_j (1 \leq j \leq N)$ 无关。
[③] 许多文献对此不再区分，把凡是预测系数不为常数 a_i 的预测方法均称为"非线性预测"。
[④] 当量化器位数大于 2 时，这样的模型误差可以忽略。

N 给定后，σ_e^2 是依赖于所有预测系数 a_i 的函数，而

$$\frac{\partial \sigma_e^2}{\partial a_i} = E\left\{-2(x_k - \hat{x}_k)\frac{\partial \hat{x}_k}{\partial a_i}\right\} = 0, \quad i = 1, 2, \cdots, N$$

是 MSE 最小的必要条件。将式(5.2.1)之 $\hat{x}_k$ 代入，即

$$E\{(x_k - \hat{x}_k)x_{k-i}\} = 0 \quad i = 1, 2, \cdots, N \tag{5.2.3}$$

因此，最小误差 $(x_k - \hat{x}_k)_{\min}$ 必须与预测采用的所有数据正交，这就是正交性原理或希尔伯特(Hilbert)空间映射定理。将式(5.2.3)展开，并定义数据的自相关函数

$$R(i, j) = E\{x_i x_j\} \tag{5.2.4}$$

得到

$$R(k, k-i) = \sum_{j=1}^{N} a_j R(k-j, k-i), \quad i = 1, 2, \cdots, N \tag{5.2.5}$$

由于自相关函数满足

$$R(k-i, k-j) = R(k-j, k-i) \tag{5.2.6}$$

当 $\{x_k\}$ 广义平稳时又有

$$R(k-i, k-j) = R(j-i) = R(i-j) = R(|i-j|) \tag{5.2.7}$$

将式(5.2.6)和式(5.2.7)代入式(5.2.5)，并用矩阵表示，即

$$\begin{bmatrix} R(0) & R(1) & \cdots & R(N-1) \\ R(1) & R(0) & \cdots & R(N-2) \\ \vdots & \vdots & \ddots & \vdots \\ R(N-1) & R(N-2) & \cdots & R(0) \end{bmatrix} \begin{bmatrix} a_1 \\ a_2 \\ \vdots \\ a_N \end{bmatrix} = \begin{bmatrix} R(1) \\ R(2) \\ \vdots \\ R(N) \end{bmatrix} \tag{5.2.8}$$

上式左边的矩阵是 x_k 的自相关矩阵，其主对角线上诸元素相等，同时与主对角线平行的任一斜线上的元素也相等，是个实对称的 Toeplitz 矩阵，因其正定，故可逆。只要知道 $\{x_k\}$ 的 $N+1$ 个相关函数值 $R(0), R(1), \cdots, R(N)$，即可解出 N 个预测系数使均方误差最小。事实上，若利用 Toeplitz 矩阵的特点，则可避免矩阵求逆而直接借助于 Levinson-Durbin 算法递推求解出 $a_i(i=1,2,\cdots,N)$。

如果 $\{x_k\}$ 是各态历经的且 N 足够大，则 $R(k)$ 可用下式估计，即

$$R(k) \approx \frac{1}{N}\sum_{i=1}^{N} x_i x_{i-k} \tag{5.2.9}$$

如果 $\{x_k\}$ 为零均值，则式(5.2.7)中的自相关矩阵成为协方差矩阵，用 $R(0) = \sigma^2$ 归一化后，可得到自相关系数矩阵。

采用按上述方法求出的最佳预测系数 a_i，得到的最小均方误差为(习题与思考题 5-1)

$$\sigma_{e\min}^2 = R(0) - \sum_{i=1}^{N} a_i R(i) \tag{5.2.10}$$

这是从 MMSE 准则出发得到的结果，因而在最佳预测条件下必然有 e_k 的方差 σ_e^2 小于 $R(0)$，甚至可能有 $\sigma_e^2 \ll R(0)$。这意味着误差序列 $\{e_k\}$ 的相关性弱于原始信号序列 $\{x_k\}$ 的相关性，甚至可能弱很多。所以按照 3.3.2 节数据压缩的基本途径之三，利用条件概率进行预测，传送已去除了大部分相关性的误差序列 $\{e_k\}$，有利于压缩数据。$R(i)$ 越大即 $\{x_k\}$ 的相关性越强，σ_e^2 就越小，所能达到的压缩比也越高。反之，若 x_k 各邻点互不相关即 $R(i) = 0 (i > 0)$ 时，$\sigma_{e\min}^2 = R(0)\sigma^2$，则此时利用预测并不能提高压缩比。

【例 5-1】考虑最简单的情形：令式(5.2.1)中 $N=1$、$a_1=1$，即直接以信号的前一个取样值 x_{k-1} 作为当前取样值 x_k 的预测值(前值预测或差分预测)，则

$$\sigma_e^2 = E\{(x_k - \hat{x}_k)^2\} = E\{x_k^2 - 2x_k x_{k-1} + x_{k-1}^2\}$$
$$= 2\left[1 - \frac{R(1)}{R(0)}\right]R(0) = 2(1-\rho)R(0) \tag{5.2.11}$$

其中 $\rho = R(1)/R(0)$ 为信号的自相关系数。显然，只要 $0.5 < \rho \leq 1$，即可使 $\sigma_e^2 < R(0)$。而对于通常的电视图像，$\rho = 0.95 \sim 0.98$，此时 σ_e^2 为 $R(0)$ 的 $1/10 \sim 1/25$，这意味着误差信号的功率比原始信号降低了 $10 \sim 14 \text{dB}$，对它的平均编码位数自然可以减少了。

5.2.2 预测阶数的选择

直观上，增大预测阶数 N 可提高预测准确度，但实际情况并非如此。但当 N 已足够大后效果就不明显了。

一般情况下，若 $\{x_k\}$ 为 N 阶马尔可夫过程，则用 N 阶预测。可以证明：当 N 足够大使预测误差不相关即 $E\{e_k e_{k+j}\} = 0 (j \neq 0)$ 时，再增大 N 值将不会使 σ_e^2 再减小。仅举一个实例来说明这一结论。

【例 5-2】 设 $\{x_k\}$ 为一阶马尔可夫序列，其相关系数为
$$r(k) = \frac{R(k)}{R(0)} = \rho^{|k|}, 0 < \rho < 1$$

则求解 a_i 的式(5.2.8)成为

$$\begin{bmatrix} 1 & \rho & \rho^2 & \cdots & \rho^{N-1} \\ \rho & 1 & \rho & \cdots & \rho^{N-2} \\ \vdots & \vdots & \vdots & & \vdots \\ \rho^{N-1} & \rho^{N-2} & \rho^{N-3} & \cdots & 1 \end{bmatrix} \begin{bmatrix} a_1 \\ a_2 \\ \vdots \\ a_N \end{bmatrix} = \begin{bmatrix} \rho \\ \rho^2 \\ \vdots \\ \rho^N \end{bmatrix} \tag{5.2.12}$$

若 $N=1$，式(5.2.12)只有一行，$a_1 = \rho$，则 $\hat{x}_k = \rho x_{k-1}$；由式(5.2.10)有

$$\sigma_{e\min}^2 = R(0) - a_1 R(1) = \left[1 - a_1 \frac{R(1)}{R(0)}\right]R(0) = (1-\rho^2)R(0) < R(0)① \tag{5.2.13}$$

这时
$$E\{e_k e_{k+j}\} = E\{[x_k - \rho x_{k-1}][x_{k+j} - \rho x_{k+j-1}]\}$$
$$= R(j) - \rho R(j+1) - \rho R(j-1) + \rho^2 R(j)$$
$$= R(0)[\rho_j - \rho \times \rho_{j+1} - \rho \times \rho_{j-1} + \rho^2 \times \rho_j] = 0$$

由上述的选 N 法则，取 $N=1$ 已能使 $E\{e_k e_{k+j}\} = 0$，再加大 N 也不会使 σ_e^2 再变小了。现在试着加大到 $N=2$，即令：$\hat{x}_k = a_1 x_{k-1} + a_2 x_{k-2}$，则式(5.2.12)成为

$$\begin{bmatrix} 1 & \rho \\ \rho & 1 \end{bmatrix} \begin{bmatrix} a_1 \\ a_2 \end{bmatrix} = \begin{bmatrix} \rho \\ \rho^2 \end{bmatrix}$$

解得最佳线性预测系数为

$$\begin{bmatrix} a_1 \\ a_2 \end{bmatrix} = \frac{1}{1-\rho^2} \begin{bmatrix} 1 & -\rho \\ -\rho & 1 \end{bmatrix} \begin{bmatrix} \rho \\ \rho^2 \end{bmatrix} = \begin{bmatrix} \rho \\ 0 \end{bmatrix}$$

可见取 $N=2$ 解得的 $\hat{x}_k = \rho x_{k-1}$ 与取 $N=1$ 时的预测表达式完全相同。

通过例 5-2 可以看出对一阶马尔可夫过程，取 $N=1$ 已经足够了，再加大 N 其结果一样。一般说来，若 $\{x_k\}$ 为平稳的 m 阶马尔可夫过程，则 $N=m$ 阶最佳线性预测器就是在 MMSE 意

---

① 当信号为零均值时，$R(0) = \sigma^2$，式(5.2.13)表示误差信号的方差比原始信号的方差小。但事实上，由于假定信号平稳，故均值为常数，可预先减去而不影响我们的讨论。

义上最好的预测器,而且这样得到的误差序列$\{e_k\}$将是不相关的。

必须强调指出的是,本节所谓的"最佳"仅仅是在 MMSE 意义下的。但在 2.4.1 节我们已知道,当考虑到人的主观感知效果特别是用于图像信号时,MMSE 并不是一个好的准则。因此,在电视编码中往往采用主观准则(例如使"大误差"出现概率最小的准则)来设计视觉效果最佳的预测器。如果从 DPCM 系统的总体最佳要求来看,若分别按主观准则设计预测器和量化器,则二者间将不会有明显牵制。另外,对于"预测器+熵编码"的保持型 DPCM 系统而言,由于不存在量化器和"均方误差",用"误差熵最小"评价预测器性能更适宜。而对各种信源都能保持一定预测增益的预测系数不变性准则,常用于遥测信号等更为广泛的信源。

5.3 音频信号与听觉感知

声音是媒介中的物理扰动,以压力波的形式在媒介中传播。人耳可以听到的声音频率范围在 20Hz~20kHz,这就是音频信号或听觉感知的频率范围。我们每天都要讲话,都能听到音乐,因此,语音和音响是最常见的音频信号。为了能够更有效地压缩音频信号,本节先来了解一下声音信号自身的冗余度和人类的听觉感知机理,这是音频信号能够压缩的基本依据;5.4 节再具体介绍语音信号的预测编码,而对音响信号的压缩,则留待 7.2 节描述。

5.3.1 语音信号的时域冗余度

根据时间域的统计分析,语音信号中存在着多种冗余度:
(1) 幅度非均匀分布

2.2.4 节介绍压扩量化时已提及,语音中的小幅度样本出现的概率高。又由于通话中必然会有间隙,更出现了大量的低电平样本。而实际通话的信号功率电平一般也较低。

(2) 样本间的相关

语音波形取样数据的最大相关性存在于邻近样本之间:当取样频率为 8kHz 时,相邻样值间的相关系数大于 0.85;甚至在相距 10 个样本之间,还可有 0.3 左右的数量级。如果取样率提高,样本间的相关性将更强。因而可利用这种较强的一维相关性进行 N 阶预测编码。

(3) 周期之间的相关

虽然语音信号需要一个电话通路提供整个 300~3400Hz 的带宽,但在特定的瞬间,某一段声音却往往只是该频带内的少数频率分量在起作用。当声音中只存在少数几个基本频率时,就会像某些振荡波形一样,在周期与周期之间,存在着一定的相关性。

(4) 基音之间的相关

人的说话声音通常分为两种基本类型:

第一类为浊音或嗓音(又称"有声声音",voiced sound),由声带振动而产生,每次振动使一股空气从肺部流进声道。激励声道的各股空气之间的间隔称为音调间隔或基音周期(pitch period)。一般而言,浊音产生于发元音及发某些辅音的后面部分,其波形如图 5.2(a)所示。

第二类为清音或非嗓音(又称"无声声音",unvoiced sound),一般又分为摩擦音和破裂音两种情况。前者用空气通过声道的狭窄段而产生的湍流(Turbulent Flow)作为音源;后者声道在瞬间闭合,然后在气压激迫下迅速放开而产生了破裂音源。语音从这些音源产生,传过声道再从口鼻送出。清音的时间波形如图 5.2(b)所示,显然比浊音具有更大的随机性。

图 5.2(a)的浊音波形不仅显示出上述周期之间的信息冗余度,而且还展示了对应于音调间隔周期的长期重复图形。因此,对语音浊音段编码的最有效方法之一是对一个音调间隔波形来编码,并以其作为同样声音中其他基音段的模板。男、女声的基音周期分别为 5~20ms

和 2.5~10ms,而典型浊音约持续 100ms,一个单音中可能有 20~40 个音调间隔。

(5) 静止系数(语音间隙)

两个人之间打电话,平均每人讲话时间为通话总时间之半,另一半时间听对方讲。听的时候一般不讲话,而即使在讲的时候,也会出现字、词、句之间的停顿。通话分析表明,语音间隙使全双工话路的典型效率约为通话时间的 40%(或静止系数为 0.6)。显然,语音间隙本身就是一种冗余,若能正确检测(或预测)出该静止段,便可"插空"传输更多的信息。

(6) 长时自相关函数

上述样本间、周期间的一些相关性,都是在 20ms 时间间隔内进行统计的所谓短时自相关。如果在较长的时间间隔(如几十秒)进行统计,便得到长时(long-time)自相关函数。长时统计表明,8kHz 取样语音的相邻样本间,平均相关系数高达 0.9。

综上所述,由于具有多重相关的特点,语音信号的冗余度还是比较大的。

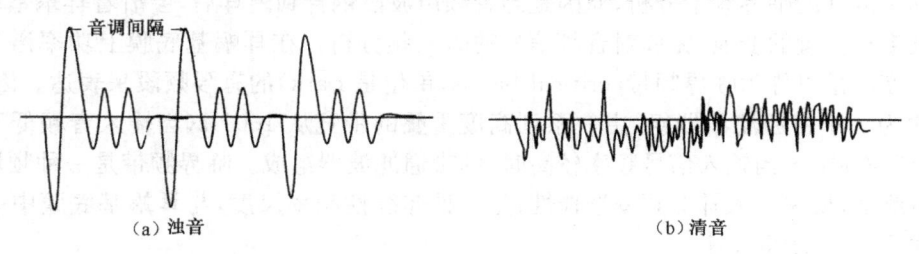

图 5.2 典型的语音波形图

5.3.2 语音信号的频域冗余度

如果从频率域考查语音信号的功率谱密度,可以发现:

(1) 非均匀的长时功率谱密度

在相当长的时段内统计平均,可得到长时功率谱密度函数,典型曲线示于图 5.3(a)。不难看出,其功率谱呈现强烈的非平坦性。从统计的观点来看,这意味着没有充分利用给定的频段,或者说有着固有的冗余度。特别如图 5.3(a)所示,功率谱的高频能量较低,这恰好对应于时域上相邻样本间的相关性。此外,直流分量的能量并非最大。

(2) 语音特有的短时功率谱密度

语音信号的短时功率谱,在某些频率上出现峰值,在另一些频率上出现谷值,如图 5.3(b)所示。而这些峰值频率,也就是能量较大的频率,通常称为共振峰(formant)频率。此频率不

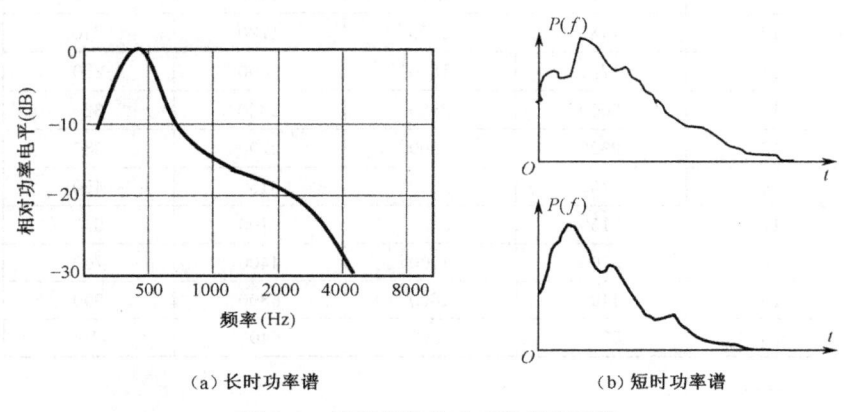

图 5.3 语音信号的功率谱密度函数

只一个,最主要的是第 1、2 个,决定了不同的语音特征。另外,整个谱也是随频率增加而递减。更重要的是,整个功率谱的细节以基音频率为基础,形成了高次谐波结构。

从频域,我们也同样看到了语音信号具有较大的冗余度。

最后,我们还可以指出:人的声道形状及其变化规律是有限的,它允许我们按一定的时间段(即按"帧")来计算声道滤波器的参数或语音谱的包络,再以较低的速率来传输。

5.3.3 单音的听觉感知

语音和音乐是给人听的。人类听觉系统(HAS:Human Auditory System)[①]可分为外围系统和中心系统。外围听觉系统由外耳、中耳、内耳以及与大脑相连的耳蜗神经束组成。外耳的作用是以机械形式接收空间的声波信号,通过耳骨耦合到中耳,最后进入内耳。人耳听觉感知的基础是内耳的临界频带分析,原因是当音频声波段耦合到内耳后,会沿着耳蜗基底膜产生一系列频率—位置的变换,完成对音频信号的时—频分析。在耳蜗基底膜上功率谱不再以线性频率尺度而是以称为临界频带(critical bands,单位是 Bark)的有限频段来表达。因而 HAS 可以表述为一个带通滤波器组,由一系列高度重叠的带宽从 100 Hz(当输入音频低于 500 Hz 时)递增到 5000 Hz(当输入信号频率较高时)的带通滤波器组成。临界频带是一种频域心理声学或音质测度,反映了人耳的频率选择性,是一种非线性频率尺度,与耳蜗基底膜中一段物理距离相联系,列于表 5.1 中。

表 5.1 临界频带的频率参数

临界频带(Bark)	下界频率(Hz)	中心频率(Hz)	上界频率(Hz)	频带宽度(Hz)
1	0	50	100	100
2	100	150	200	100
3	200	250	300	100
4	300	350	400	100
5	400	450	510	110
6	510	570	630	120
7	630	700	770	140
8	770	840	920	150
9	920	1000	1080	160
10	1080	1170	1270	190
11	1270	1370	1480	210
12	1480	1600	1720	240
13	1720	1850	2000	280
14	2000	2150	2320	320
15	2320	2500	2700	380
16	2700	2900	3150	450
17	3150	3400	3700	550
18	3700	4000	4400	700
19	4400	4800	5300	900
20	5300	5800	6400	1100

[①] 或 HHS:Human Hearing System。

续表

临界频带(Bark)	下界频率(Hz)	中心频率(Hz)	上界频率(Hz)	频带宽度(Hz)
21	6400	7000	7700	1300
22	7700	8500	9500	1800
23	9500	10500	12000	2500
24	12000	13500	15500	3500
25	15500	19500	—	—

人耳刚能听见的声压级称为"可闻阈"或"听觉阈",而使人耳有痛感的声压级则称为"疼痛阈",疼痛阈与可闻阈之差,即为人耳的听觉范围。而对一个纯音①的不同参数,HAS 的感知表现如下。

① 响度:1kHz 纯音的可闻阈为 10^{-16} W/cm² (定义为 0dB),疼痛阈约为 120dB。对于 1kHz/10dB 的声音和 200Hz/30dB 的声音,人耳听来具有相同的响度。

② 频率:"可闻阈~声音频率"关系曲线即听觉特性非平坦,大致是 2~4kHz 音频的可闻阈最低,而 40Hz 以下的低频和 16kHz 以上的高频可闻阈最高。

③ 相位:虽然人耳能做短时的频率分析,但对信号相位的感知却不敏感。

HAS 的这些表现,从带通滤波器组输出的角度不难理解。从数据压缩的角度看:凡是人耳听不到或感知极不灵敏的声音分量,都不妨视为冗余的。

5.3.4 多音的掩蔽效应

如果有两个声音,那么一个声音的存在会影响人耳对另一个声音的听觉能力,称为声音的掩蔽效应(masking effect)。掩蔽效应与两个声音的声强、频率、相对方向及延续时间有关,有同时掩蔽和瞬时掩蔽之分。利用掩蔽效应可用有用声音信号去掩蔽无用声音信号,即把不需要的声音在主观感觉上(由人的听觉生理—心理特性所决定)降低或消除。

(1) 同时掩蔽(simultaneous masking)

同时掩蔽是一种频域听觉现象,即一个能量较大的信号(掩蔽信号)可以使另一个同时出现的能量较低的信号(被掩蔽信号)变得不能为人耳所闻,只要两者的频率相差足够小。可进一步区分为由于自己影响自己而导致本临界频带掩蔽声级上升的带内掩蔽(inband masking)和相邻临界频带受到影响而致使掩蔽声级上升的带外掩蔽(outband masking)。带内掩蔽的作用较大,而带外掩蔽的作用迅速减小。表 5.1 的临界频带,就表达了可分辨被掩蔽音频信号的最小带宽。每个单音都有一条相关的听觉掩蔽阈(AMT)曲线,表明其声级越高,对其周围频率声音的掩蔽作用越强②。AMT 实际上是随声音频谱变化的动态曲线。

HAS 的同时掩蔽效应对于音频压缩的指导作用可以从两方面来理解:

① 正因为强度低于掩蔽声级的音频分量人耳都听不到,因此,可利用这一点来更经济合理地分配好有限的编码位数,以免做"即使保留了,人耳也听不见"的无用功;

② 既然可在受掩蔽的频带内给输入信号添加更大的噪声,若能将量化噪声的频谱幅度控制在 AMT 以下,则将改善数字音频信号的主观质量。

(2) 瞬时掩蔽(temporal masking,或时间掩蔽)

---

① 我们知道,一个正弦信号,可以用幅度、频率和初相这"三要素"唯一表征。
② 如果被掩蔽信号的频率低于掩蔽信号的频率,则几乎不产生掩蔽效应。

瞬时掩蔽是一种时域听觉现象,即不同时产生的声音之间的掩蔽现象,因而也称异时掩蔽。这又有两种情况:强声音掩蔽其前面发生的弱声音,称为前掩蔽(pre-masking)或正向掩蔽;而强声音掩蔽其后产生的弱声音,称为后掩蔽(post-masking)或反向掩蔽。一般来说,前掩蔽的作用时间约 3~20ms,后掩蔽的作用时间约 50~200ms。产生时域掩蔽的主要原因是人脑处理信息需要一定的时间,可用来掩蔽在逐帧编码算法中出现的扩散噪声和回声。

5.4 语音信号的预测编码

电话是最常用的通信工具,几个办公人员就可能使一部电话机忙上一天。随着移动通信和 IP 电话等现代数字通信手段的迅速普及,中、低码率的语音编码已走向实用。语音压缩需要在保持可懂度和音质、限制比特率及降低编码过程的计算代价三方面进行折中。

5.4.1 技术与标准的沿革

虽然电话带宽(话带)内的语音压缩一直与通信需求密切相关,但在研究方法上从一开始就沿着两条不同的思路:

(1) 波形编码(或称非参数编码)力求"看上去像"

尽量保持重建语音与原始语音连信号波形都基本相同。波形编码如同录音:编码数据代表音乐家的歌声传送至扬声器的波形,除了在录、放音过程中有些误差外,基本上跟录音话筒上的波形一样。使用最早且最简单的是 E. M. Delorain 于 1946 年取得的增量调制(ΔM 或 DM:Delta Modulation)的专利。波形编码在 16~64Kb/s 速率上能给出高质量。而当速率进一步降低时,其重建音质就会急剧下降。这类编码器通常将语音信号作为一般的波形信号来处理,所以适应能力强,除了本章的 DPCM 类的方法外,第 6 章的变换编码和第 7 章的子带编码,也多属于这类编码器。

(2) 参数编码(或称模型编码、语声编码、声码化编码)只需"听起来真"

要求重建信号听起来与输入语音一样,但其波形可以不同,实现这个过程的器件称为声码器(Vocoder:Voice+Coder)。参数编码的基本原理是提取信源信号的特征参数并以数字代码传输;接收端从数字代码中恢复特征参数,由特征参数重建语音信号。声码器往往会利用某种语声模型提取特征参数,在幅度谱上逼近原语音,以使重建语音有尽可能高的可懂性,即力图保持语音的语义,却不计较波形的拟合。因此,声码器好比是电子琴:即使演奏同一首钢琴曲,由电子琴所合成的"钢琴声",在波形上也很难与真正钢琴发声的录音完全一致。而早在 1939 年,美国贝尔实验室的 H. Dudley 就发明了世界上第一个声码器,它把语音谱划分为有限的频带,各带宽内传输其能量电平,压缩比大于 100 倍。这类技术通常可实现 4.8Kb/s 以下的低速编码,码率甚至可以低至 600b/s~2.4Kb/s,但合成音质较差,特别是自然度低,即使把码率提高到与波形编码相当,音质也不如波形编码。已发展出不同类型的声码器系统,例如通道声码器、相位声码器、共振峰声码器、同态声码器、线性预测声码器、模式匹配声码器等。

由于参数编码达不到语音通信中的"长话质量",因而早期质量要求高的中、高速[①]语音编码标准都采用基于预测的波形编码,主要是线性预测编码(LPC:Linear Predictive Coding)。其重要的技术提升大致经历了以下几个阶段:

(1) ΔM

---

① 所谓中速编码是指数码率为 4.8~16Kb/s 范围内的语音编码。

增量调制直接将差分预测误差 $e_k=x_k-\hat{x}_k=x_k-x_{k-1}$ 量化成 $\pm\Delta$。由于只利用了前一个样值,而且预测规则过于简单,为不使波形失真过大,要求有比奈奎斯特值高得多的取样率,所以压缩效果不好。虽因电路简单曾广泛应用,但却不敌采用 A/μ 律压扩量化的 PCM 方法。1972 年,ITU-T 的 G.711 建议成为了 64Kb/s 码率语音编码质量的参照标准。

(2) DPCM/ADPCM

把 ΔM 用于预测当前值的样值增加到前面 N 个,再对预测误差用 $M\geqslant1$ 位量化,就得到图 5.1 的 DPCM 系统。得益于预测性能的提高和量化失真的减少,其效果会优于 ΔM。如果在预测器或量化器中引入自适应调节的手段,就可望进一步提高 DPCM 的压缩性能。自适应量化可用于预测误差方差变化的情形:大误差时用大的 Δ,减小斜率过载失真;反之则用小的 Δ 以减小颗粒噪声,功能上类似于非均匀量化器。而自适应预测则见式(5.1.4),可以通过选用与 k 有关的不同预测系数以跟踪语音自相关函数的变化,适应不同的语音。这类自适应差分脉冲编码调制(ADPCM)方法,已成为 1986—1990 年间 ITU-T 所制定的 G.721/G.722/G.723/G.726/G.727 等一系列语音编码标准的技术基础(见表 5.2)。例如,G.721 建议将每个预测误差值量化为 4 位编码,码率 32Kb/s,可在 G.711 建议的 PCM 话路中同时传两路电话。

(3) LPC 声码器

DPCM/ADPCM 仍需传送预测误差,数码率还不能太低。为了进一步降低码率,可利用语音信号的特点,干脆将预测误差当作白噪声(清音)或周期脉冲(浊音),由收端自行产生合成而无须传送(见图 5.4 的二元激励模型)。这就由波形编码发展到了参数编码[1],得到了 LPC 声码器的基本思想(如图 5.5 所示),数码率当然会下降不少(如低于 2.4Kb/s),代价是音质较差,主要用于窄带通话。为了达到如此低的码率,声码器只能提取和传送那些携带最重要听觉信息的参数,同时还必须对其高效编码。LPC 声码器已被公认为目前参数编码中最有效的方法,能够在 2.4Kb/s 的低码率下获得清晰、可懂的合成音;它不但能极为精确地估计参数,而且计算速度较快,易于硬件实现。

(4) 混合编码

图 5.4 的二元激励模型简单直观,沿用多年。但人们也逐步认识到:LPC 合成语音虽然清晰度、可懂度很高,自然度却难以进一步提高。其原因不在于目前的声道模型,而在于对该模型激励信号的二元描述过于简单。基于这种认识,在 20 世纪 80 年代提出了兼有波形编码高质量潜力和参数编码高压缩效益的混合编码,使语音编码有了突破性进展。它既保留了参数编码的声道模型(利用语音生成模型提取语音参数),又像波形编码那样传送预测误差(供收端去优化声道模型的激励信号),在收端形成新的激励源去激励按预测参数构成的合成滤波器,使输出波形与原始语音的信号波形最大程度拟合,从而获得自然度较高的语声。同时还可利用感知加权 MMSE 准则使编码器成为闭环优化系统,从而在较低码率上获得较高音质。显然,混合编码技术实现低码率、高质量的关键是如何高效传送误差信息,为此依据对激励信息的不同处理,陆续提出了残差(余数)激励线性预测(RELP)编码、多脉冲线性预测编码(MP-LPC,1982 年提出)、规则脉冲激励线性预测编码(RPELPC)和码激励线性预测(CELP,1984 年)编码等算法。

---

[1] 这也表明这两类编码方法并无明显界限:现代波形编码系统速率越来越低,设计重点已由精确地恢复波形转向改善感知的音质;而通道声码器历史上虽然属于语声编码器,但它也派生出了许多现代波形编码器。

1992年,低时延的码激励线性预测(LD-CELP)编码成为ITU-T G.728建议,在16Kb/s码率上得到了高质量的合成语音。1996年,ITU-T发布了8Kb/s的G.729建议,采用共轭结构-代数码激励线性预测(CS-ACELP:Conjugate Structure Algebraic CELP),和6.3/5.27Kb/s双码率的G.723.1建议,其中6.3Kb/s采用多脉冲最大似然量化(MP-MLQ),而5.27Kb/s采用代数码激励线性预测(ACELP),都在多媒体通信中广泛应用。

另外,混合编码也可以在频域进行,如多带激励(MBE)声码器:根据基音检测的结果在基音频率及其谐波位置上进行清浊音判决,总的运算量低于CELP。

国际上,现有语音信号压缩编码标准的审议主要在ITU-T下设的第15研究组(SG15)进行,相应的标准化建议为G.7XX系列,多由ITU发表,总结于表5.2中。

能在4Kb/s码率上给出"长话质量"的语音编码标准也将完善。

表5.2 语音编码的主要国际标准

ITU 建议	制定时间	码率(Kb/s)	编码算法	说 明
G.711	1972	64(56)	PCM(μ/A)	3kHz语音带宽,8kHz取样
G.722	1984/1986	64/56/48	SBC(子带编码)-ADPCM	7kHz语音带宽,16kHz取样
G.722.1	1999	24/32	MLT	7kHz语音带宽,16kHz取样
G722.2	2002	6.6-23.85	AMR-WB	7kHz语音带宽,16kHz取样
G.723.1	1996	6.3/5.27	MP-MLQ/ACELP	算法复杂度:14.6/16MIPS
G.726	1990	40/32/24/16	ADPCM(CDME建议)	覆盖了原G.721和G.723
G.727	1990	32/24/16	ADPCM(EMB建议)	
G.728	1992	16	LD-CELP	低时延CELP
G.729	1996	8	CS-ACELP	算法复杂度:20MIPS
G.729A	1996	8		10.5MIPS,可用于DSVD
G.729B	1996	8	附加了静噪压缩方案	用于V.70终端,语音激活
G.722.1	1999	24/32	重叠调制变换(LMT)	多速率语音编码器
G.722.2	2002	16	自适应多速(AMR)	宽带语音
G.722.1 Annex C	2005	24/32/48	变换编码	G.722.1的超宽带扩展
G.729.1	2006	8-32	基本层为G.729	分层宽带语音音频编码器

5.4.2 LPC语音合成模型

5.4.1节曾提到语音合成器在经典参数编码和现代混合编码中的作用。因此,本节再专门阐述一下LPC语音合成模型,以便为分析LPC混合编码系统奠定基础。

5.3.1节曾指出,语音信号的相邻样本之间有很强的相关性,因此,可以用式(5.2.1)所表示的过去样本的线性组合来预测当前样本的值,预测误差则由式(5.2.2)给出。

式(5.2.2)可改写为

$$x_k = e_k + \sum_{i=1}^{N} a_i x_{k-i} \tag{5.4.1}$$

式(5.4.1)可以解释为用信号 e_k 激励全极点滤波器

$$H(Z) = \frac{1}{1 - \sum_{i=1}^{M} a_i Z^{-i}} \tag{5.4.2}$$

而得到语音信号 x_k，与人的发声过程正好吻合。因此可得如图 5.4 所示的 LPC 语音合成模型。

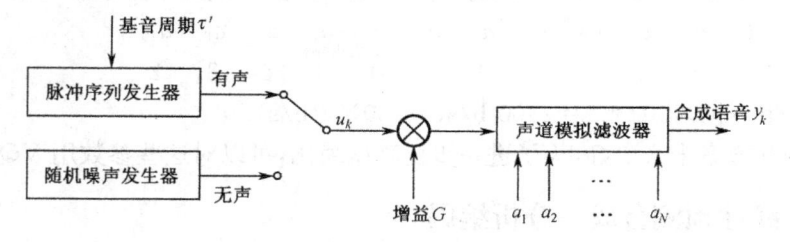

图 5.4　LPC 声码器语音合成框图（二元激励模型）

在此二元激励模型中，浊音采用重复周期为 τ'（即基音周期）的脉冲串作为激励源；清音则采用白噪声作为激励源。而声门、声道和唇辐射的作用均可简化为式(5.4.2)的全极点滤波器（即声道模拟器，其实就是图 5.1 DPCM 系统的接收部分）。只是由于这两种激励源的平均幅度都是固定的，不能反映语大小的相对变化，为此在图 5.4 中引入增益 G 来控制激励源的输出。如果用 $u_k(k=0,1,\cdots,N)$ 表示激励源的输出幅度，那么直接令 u_k 的平均能量等于预测误差 e_k 的平均能量，可以认为是合理的。因此 G 可由下式得到

$$G\sum_{k=0}^{N}u_k = \sum_{k=0}^{N}e_k \tag{5.4.3}$$

而 LPC 声码器输出的合成语音可表示为

$$y_k = \sum_{i=1}^{N}a_i y_{k-i} + G \cdot u_k \tag{5.4.4}$$

可见，为了配合图 5.4 的 LPC 语音合成器，发送端需要编码传输 G,τ' 和 $a_1,a_2,\cdots,a_N$ 这 $N+2$ 个参数。为此，发送端要区分清/浊音，并检测基音周期和进行声道参数的分析，由此可以得到整个 LPC 声码器的原理框图如图 5.5 所示。由于发音时声道是变化的，因此预测器参数（即声道参数）a_i 和增益 G 也都是时变的。如果仍按图 5.1 所示的基本 DPCM 系统对每个语音样值都进行分析和更新，不仅效率太低，而且没必要。实际上只需用多个样值组成一"帧"进行一次"批处理"即可。通常认为激励信号与滤波器系数之间约 5~40ms 就要更新一次，则帧长就在此间选取。显然，为了保证在计算一帧参数时仍能连续采集下一帧信号①，需要分别缓存前、后两帧的语音样本，且参数必须在一帧时间内算出。

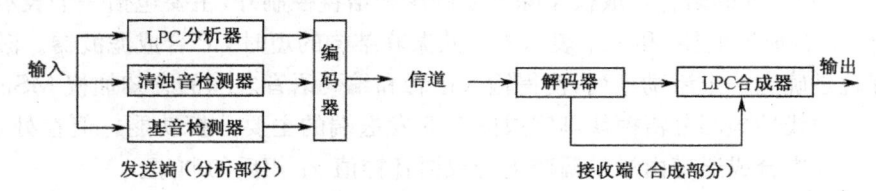

图 5.5　LPC 声码器方框图

LPC 声码器的输入语音虽然是数字化的，但计算出来的各种参数 $G,\tau',a_1,a_2,\cdots,a_N$ 却都是模拟量（τ' 除外），还必须先量化（即图 1.2 中的二次量化）再编码。各种参数的范围及影响

---

① 即保证语音以每秒 8000 个样本的速率输入，也以同样的速率输出，但其间延迟了一帧时间以便计算参数。

不尽相同,实用中还希望总码率尽量靠近 $150×2^n(n=0,1,2\cdots)$ b/s 的典型数传码率。

【例 5-3】 一个 10 阶 LPC 声码器,每帧用 48bit 量化,若按如下方案分配给各个参数:

参　　数	G	τ'	a_1	a_2	a_3	a_4	a_5	a_6	a_7	a_8	a_9	a_{10}
量化位数	5	5	5	4	4	4	4	4	4	4	3	2

则总码率为 48bit/帧×50 帧/s=2400 b/s($=150×2^4$ b/s)。

这样的分配方案未必最好,为了进一步提高压缩比,可以对这些参数用 VQ 联合量化。

5.4.3 线性预测合成—分析编码

对照图 5.1 所示的基本 DPCM 系统,立即可以注意到图 5.5 在发送端是一个开环结构。为了求出最佳模型参数,使合成语音与原始语音在某种准则下最接近,应该不断调节模型参数,使其更好地适应原始语音信号,这就要引入对模型误差的反馈控制,像图 5.1 那样将量化误差包含在 DPCM 环路中。这就是成为现代混合编码方法主流的基于合成—分析的线性预测编码(Linear Prediction Analysis-by-Synthesis Coding)的基本思路。

合成—分析法的基本原理可以概括为:假定对原始信号建立一个模型,该模型由一组参数来决定,随着这组参数的变化,模型所产生的合成信号也不一样,原始信号与合成信号之间的误差(又称残差)也随之变化。为了使模型参数能更好地适应原始信号,可以规定均方误差 MSE 越小,合成信号越接近原始信号。这样总能找到一组参数使 MSE 最小,由其决定的模型就可用来表示原始信号。但是,这时编码端要增加一个本地解码器来给出合成语音,以便计算原始语音与合成语音之间的 MSE。为了获得较好的音质,在误差分析时还常利用在 5.3 节所讲到的人耳听觉掩蔽效应,将该差值先通过一个感觉加权滤波器整形(使量化噪声能被高能量的共振峰掩盖),这样就可以得到图 5.6 所示的线性预测(LP)分析—合成编码方框图。

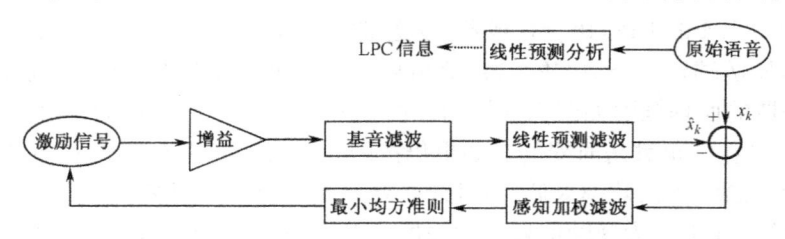

图 5.6 语音的线性预测合成—分析编码方框图

可以看出,图 5.6 的语音合成模型除了激励源和增益控制外,主要包括一个表示语音基音结构的长时 LP 合成滤波器,和一个表示语音共振峰结构的短时 LP 合成滤波器。激励源的闭环优化过程就是确定一个激励序列,使得输入语音和编码语音之间的感知加权 MSE 最小。

而图 5.6 中线性预测分析模块则完成图 5.5 发送端的主要分析功能。但在处理顺序上,则采用与图 5.6 中合成通道由激励源产生合成语音样值 $\hat{x}_k$ 相反的顺序。

① 先用线性预测的方法求出预测器的系数 a_i,构成线性预测逆滤波,语音样值通过该滤波器后就得到了去除短时相关性的语音信号。为什么说"逆滤波"呢?因为可从两方面来阐释式(5.4.1):"激励"信号 e_k 经过式(5.4.2)全极点滤波器 $H(Z)$ 的"整形",得到"合成"语音信号 x_k;反过来,也可以看成是用"原始"语音信号 x_k 通过滤波器 $H(Z)^{-1}$ 的去相关,得到线性预测的"误差"信号 e_k。这就是"逆"的含义。

【例 5-4】 ITU-T G.723.1 编码器对 8kHz 取样、16 位线性量化的 PCM 语音样值,取

30ms 帧长,每帧 240 个样值,经高通滤波去除直流分量后再分成 4 个子帧,每子帧 60 个样值。对每个子帧用 Levinson-Durbin 算法按式(5.4.2)求出一个 10 阶 LPC 滤波器,采用 180 点 Hamming 窗。而 G.729 编码器则取 10ms 帧长,每帧 80 个样值,将样值幅度减半以防定点溢出并去除直流分量后,对整帧计算 10 阶 LPC 滤波器。

② 再对去除短时相关性的语音信号建立基音逆滤波器,去除长时相关性,就得到最后的残差信号 r_k。残差是语音信号中完全随机、不可预测的部分。

【例 5-5】浊音有一定的周期性,带来语音的长时相关性。G.723.1 编码器每两个子帧(120 个样值)做一次开环基音周期估计,搜索范围是 18~142 个取样,对应于 56~444Hz 的基音频率范围。再以子帧为单位,通过开环估计的基音周期,构造一个谐波噪声整形滤波器(harmonic noise shaping filter),然后通过 LPC 合成滤波器、共振峰感知加权滤波器及谐波噪声整形滤波器得到冲激响应。最后,使用开环基音周期和冲激响应,通过一个 5 阶基音预测器,算出闭环基音周期,并以差分形式连同原开环基音周期一起量化编码。而 G.729 编码器则将 10ms 的数据帧再分成 2 个 5ms 子帧,分别进行开环基音估计和闭环基音分析。

③ 根据速率不同,可对残差信号采用不同的量化,从而得到不同的编码输出,即图 5.6 中的 LPC 信息。让量化残差作为激励信号依次通过基音滤波器与线性预测滤波器后,便得到合成语音信号。还要把 LPC 信息提供给合成环路参照,以便保持合成与分析的一致。

最后回到激励模型本身。常用的有 3 种,因而产生了 3 类线性预测混合编码系统:

① 多脉冲线性预测编码(MP-LPC):采用由多个非均匀间隔脉冲组成激励序列,并通过闭环优化来确定激励脉冲的幅度和位置。双速率 G.723.1 的高码率编码即采用多脉冲最大似然量化(MP-MLQ)算法,在求出最佳增益 G 后依次对最佳脉冲位置和符号进行搜索,按最大似然准则在 30 个位置中找出 M 个非零脉冲的位置及符号,最后得到 6.3Kb/s 的码速。

② 规则脉冲激励线性预测编码(RPELPC):采用间隔均匀的多脉冲组成激励序列,而闭环优化则只设长时预测器(LTP),将输入语音通过逆滤波变成预测残差,利用由加权 MSE 准则选出的规则脉冲序列来表示此残差。其典型系统就是已广为应用的全速率 GSM 泛欧数字移动通信标准的 RPE-LTP 语音编码器(13Kb/s)。

③ 码激励线性预测(CELP):利用矢量量化的码本,按闭环系统选择最佳码矢量来编码激励序列。常规的 CELP 编码器所传送的信息除激励码矢量外,还包括 LPC 参数、基音周期、基音预测器系数和激励增益等。是目前广为应用的语音编码方式。ITU-T G.728 语音编码器采用 LD-CELP 算法,在 16Kb/s 码率得到了高质量语音;ITU-T G.729 采用共轭结构-代数码激励线性预测(CS-ACELP:Conjugate Structure Algebraic CELP),在 8Kb/s 速率上得到了高质量语音。它所谓的代数码本也就是固定码本,其结构采用交织单脉冲置换(ISPP:Interleaved Single-Pulse Permutation)方式,每个码矢量有 4 个非零脉冲,其幅度只能为 ±1,并在固定位置出现。G.729 也是 ITU-T H.323 系列建议中的语音编码标准,在 IP 电话网关中广泛应用;G.723.1 的 5.27Kb/s 低速率编码也采用 ACELP 量化激励信号,用于低速率多媒体业务中语音信号的压缩。它主要配合低速率视频编码标准 H.263,是 ITU-T H.324系列建议中的语音编码标准,也用于 IP 电话和世界数字无线电组织(DRM)的短波段数字语音节目广播标准。

在提高压缩效率的同时,参数编码也在一定程度上降低了语音编码的可靠性,因为参数的差错将至少影响一个子帧长度的解码语音。我们通过人工引入误码,考察 G.273.1 和 G.729 编码参数中每一位在受到误码后对还原信号音质的影响;比较无误码信号和误码信号的信噪比，最后得出结论：对于 G.723.1 和 G.729，其编码参数的类型基本相同，对信道误码的敏感程度也基本一致。其中自适应码本增益对信道误码最为敏感，其次是自适应码本索引，然后是 LPC 谱参数，最后是固定码本索引[谭亮,2003]。

5.5 静止图像的预测编码

视觉是人类最重要的感觉，外部世界丰富多彩的信息至少有 70% 是通过视觉感知的。从表现形态上看，各种物理"图像"的数字表示有静止图像和活动图像两大类。活动图像又称运动图像或序列图像，以电视信号为典型载体，将在 5.7 节讨论；而静止图像可看成活动图像序列中某一帧画面的"定格"或"冻结"，按其描述方法的不同，又可分为矢量图像(简称图形：Graphics)和点阵图像(或位图图像，简称图像：Image)。图像用点阵表示比用矢量表示所需的数据量要大得多，更加需要本课程加以考虑。

5.5.1 帧内预测器的设计

一幅数字图像可看成一个平面点阵，而同一景物的几幅不同波段图像(如彩色图像和多波段遥感图像)则构成了一个空间点阵。对于常见的取样信号，数据间的相关性不仅存在于相邻的单个样本之间，也存在于相继的若干点之间，而且在相间隔的若干点，也可能存在着很强的相关性(如周期信号)。就图像信号而言，则不仅在水平方向是相关的，在垂直方向也相关。因此，为了使预测更准确，常要利用多个相邻像素进行预测，这就需要存储这些要用到的相邻取样值。5.2 节讨论最佳线性预测时，对用于预测 x_k 所采用的已知取样 $x_{k-1}, x_{k-2}, \cdots, x_{k-n}$[①]等并未作具体规定。当用于静止图像的预测编码时，根据这些已知样值与待测样值间的位置关系，相应地就有：

① 一维(1D)预测(行内预测)：用与 x_k 处于同一扫描行的因果性样值来预测。若只用 x_k 左边那个最邻近的样值来预测，即为前值预测；

② 二维(2D)预测(帧内预测)：不但用到同一扫描行上 x_k 的几个因果性样值，还要采用位于 x_k 以前几行中的取样值来预测；

③ 三维(3D)预测(帧间预测)：不但利用本行的因果性样值、前几行的相邻取样值，而且还要利用相邻几帧(或不同波段)上的取样值。

从根本上说，预测是从时序信号出发的，特别是在飞行器上对辐射计的扫描输出实时压缩时。但在一帧之内，与 x_k 相关性最强的是其最邻近的几个取样。此时从最佳预测系数的求解出发，对参与预测的这些取样值并不要求有时序特性，重要的是要确定其相关矩阵。因此，现在用图 5.7 之 S_0 和 $S_1, S_2, \cdots$，来分别表示当前像素和其邻近像素的亮度取样值，并且考虑到实用中硬件实现上的方便：预测器阶数不宜过高及尽量减少乘法运算。按图 5.7 邻近像素的排列关系，可采用 S_1, S_2, S_3, S_4 这 4 个最近邻像素进行预测，则

$$\hat{S}_0 = a_1 S_1 + a_2 S_2 + a_3 S_3 + a_4 S_4 \qquad (5.5.1)$$

按式(5.5.1)及图 5.7 所示排列的 4 像素(4 阶)预测器结构如图 5.8 所示，此即图 5.1 中预测器的一种具体实现。而 MMSE 意义下的最佳线性预测系数 a_1, a_2, a_3 和 a_4，可由式(5.2.8)求得。顺便指出一点，处于这些因果性位置的像素或其他信源样值，往往就是 4.4.2 节所称的上下文

---

① 我们一般只用因果性取样值 $x_{k-1}, x_{k-1}, \cdots, x_{k-n}$ 等进行"正向"(或"前向")预测；若同时也采用非因果性取样值 $x_{k+1}, x_{k+2}, \cdots, x_{k+n}$ 等进行"反向"或"双向"预测，则通常称为"内插"。

(参见 5.5.3 节)。

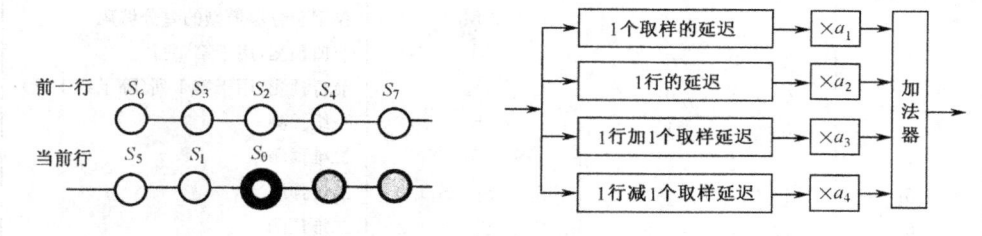

图 5.7　像素 S_0 的邻近像素

图 5.8　4 阶帧内预测器的实现结构

但是,不同图像的特点和相关系数也不同,从而对应不同的最佳预测系数,这早已为电视图像的帧内预测编码所证实。但实用中不便对不同图像逐一计算最佳预测系数,而是取其某种均值,并将恢复图像的实际效果(有损压缩)或误差信号的熵值(无损压缩)作为重要依据。从后者出发就得到了误差熵最小意义下的预测器最佳设计准则。

预测误差信号 e 的概率分布曲线可用拉普拉斯(Laplace)分布来近似,即

$$p(e)=\frac{1}{\sqrt{2}\sigma_e}\exp\left(-\frac{\sqrt{2}}{\sigma_e}|e|\right),\quad -\infty<e<+\infty \qquad (5.5.2)$$

式中 σ_e 为差值信号 e 的均方根值。σ_e 越小曲线越尖锐,熵也越低,编码率也越低(图像不同区域的 σ_e 一般也不相同);而预测越准确,σ_e 当然也就越小。从而根据 3.3.5 节数据压缩的基本途径之六,对于预测误差信号 e 进行编码更有利。

5.5.2　JPEG 的无损压缩模式

ISO 和前 CCITT 于 1986 年底成立"联合图片专家组"(JPEG:Joint Photographic Expert Group),研究静止图像压缩算法的标准化,至 1992 年正式完成了用于各种分辨率和格式的连续色调图像①的 ISO/IEC 10918 标准(ITU－T T.81 建议),简称 JPEG 标准。JPEG 标准的主体压缩技术采用变换编码是有损的(见 6.3 节);另外还有一个独立的无损压缩系统,采用空间域的无量化 DPCM(旨在去除相邻像素间的相关性),以及对预测误差进行霍夫曼编码或算术编码(以便利用误差图像在概率分布上的冗余度),可保证重建图像与原始数据完全相等。JPEG 无损压缩的预测器只考虑图 5.7 中 S_1,S_2 和 S_3 这 3 个邻域像素,其预测方程如式(5.5.1),而预测系数则可从表 5.3 的 8 种简单线性组合方案中进行选择②。它实际上是 5.5.1 节帧内预测编码的一种具体选择。而对预测误差的熵编码则是第 4 章部分内容的具体应用。

---

① 但对于通常只有黑、白两种颜色的二值图像这一特例,则另有专门的 JBIG－1(ITU－T T.82│ISO/IEC 1154)和 JBIG－2(ISO/IEC 14492)压缩编码标准。

② 根据对典型图像的实测,图 5.8 中邻域像素 S_3 对于一个 3 阶预测器预测效果的贡献一般不如 S_4,故徐孟侠报导了针对电视图像的一个更好的 2D 预测器方案,即

$$\hat{S}_0=\frac{1}{2}S_1+\frac{1}{4}S_2+\frac{1}{4}S_4=\frac{1}{2}\left(S_1+\frac{1}{2}(S_2+S_4)\right)$$

它比前值预测误差熵值可降低 0.5bit/pel。该预测器实际也只有 3 阶,且一次预测只用两次加法和移位即可实现,无须乘、除(乘以 1/2 或被 2 整除可代之以算术右移 1 位)。

表 5.3 JPEG 无失真编码所用的预测器

选择值	a_1	a_2	a_3	a_4	预测值	说明
0					非预测	仅用于分层模型的差分编码
1	1	0	0	0	S_1	前值预测,用于第1行
2	0	1	0	0	S_2	前行预测,用于第1列(除了第1行)
3	0	0	1	0	S_3	一维预测
4	1	1	−1	0	$S_1+S_2-S_3$	二维预测
5	1	1/2	−1/2	0	$S_1+(S_2-S_3)/2$	二维预测
6	1/2	1	−1/2	0	$S_2+(S_1-S_3)/2$	二维预测
7	1/2	1/2	0	0	$(S_1+S_2)/2$	二维预测

5.5.3 JPEG-LS 压缩标准

鉴于静止图像可具有比视频影像更高的空间分辨率,更丰富的色彩和灰度层次,更多的电磁波段,以及在很多重要的应用场合图像的获取代价很高或用途特殊(比如医学、遥感和存档等),其数据量仍呈"爆炸"态势在增长,而 5.5.2 节的 JPEG 无损压缩模式虽然简单快速,但压缩比却难以满足使用要求;再加上有 8 种预测模式,只有都尝试一遍才可能推断出哪种对当前图像更有效,对于大尺寸图像难以实时压缩;另外,也注意到不允许有任何失真的要求使可供选择的压缩方法和技术受到极大的限制。为此,JPEG 组织从 1994 年开始征集新的无损/近无损压缩(简称 JPEG-LS 标准)算法提案,并于 1998 年 2 月作为 ITU-T 建议 T.87(草案)|国际标准 ISO/IEC 14495-1 正式公布。

JPEG-LS 编码系统如图 5.9 所示。图中反映出的与 JPEG 无损压缩模式的最大不同,是引入了基于上下文的建模、游程编码模式及误差可控的近无损压缩。其主要实现步骤如下。

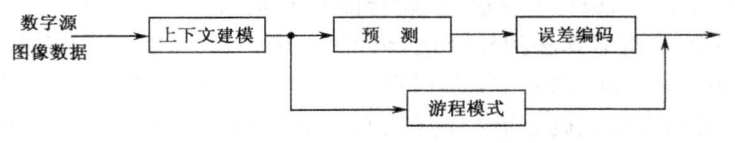

图 5.9 JPEG-LS 编码器简化框图

① 基于上下文的建模。

这是 JPEG-LS 编码的基础。它首先根据当前像素 S_0 的 4 个因果性相邻像素(图 5.7 中的 S_1,S_2,S_3 和 S_4)处的重建值($\hat{S}_1,\hat{S}_2,\hat{S}_3$ 和 $\hat{S}_4$,对于无损编码:$\hat{S}_i=S_i$),建立上下文模型,以决定对 S_0 的编码模式。上下文的建模是基于局部梯度的计算:

$$D_1 = \hat{S}_4 - \hat{S}_2; D_2 = \hat{S}_2 - \hat{S}_3; D_3 = \hat{S}_3 - \hat{S}_1 \qquad (5.5.3)$$

如果对 $i=1,2,3$,都有

$$\begin{cases} D_i = 0, & \text{对无损编码;} \\ |D_i| \leqslant \text{NEAR}, & \text{对近无损编码} \end{cases} \qquad (5.5.4)$$

编码器进入游程模式;否则,进入常规模式。而参数"NEAR"用于表示所允许的最大误差。

② 预测。

只有进入常规模式(非游程模式)才进行预测。考虑到一般局部图像边缘总会呈现出一些方向特征,因此预测器综合 $\hat{S}_1,\hat{S}_2,\hat{S}_3$ 的边缘检测结果进行自适应切换(非线性预测),即

$$\hat{S}_0 \begin{cases} \min(S_1', S_2'), 若 S_3' \geqslant \max(S_1', S_2'), \\ \max(S_1', S_2'), 若 S_3' \leqslant \min(S_1', S_2'), \\ S_1' + S_2' - S_3', 其他 \end{cases} \quad (5.5.5)$$

式中的预测器随图像局部特性而自动改变,这种自适应预测可望减少预测误差,从而进一步压缩数码率。其理论依据即在于设法得到 3.3.4 节所介绍的数值上较低的组合信源模型的熵。预测误差是实际值与预测值的差分。然后通过一个上下文有关项对预测误差进行修正,以补偿预测中的系统偏差。如果采用近无损编码,则还要对预测误差进行量化。

③ 常规模式的误差编码。

常规方式下对已修正的(包括近无损编码中量化后的)预测误差进行哥伦布编码:它相当于几何分布下的霍夫曼编码(可回顾 4.3.2 节),依赖与预测误差相同的上下文。

④ 游程编码模式。

直接跳过预测和误差编码,从 S_0 处开始统计游程长度,直到遇到一个具有与 S_1 不同值(或其值超出给定的误差限)的像素或到达行尾。对该游程长度进行哥伦布编码。

具体编码实例可见参考文献【胡栋,2003】。

5.5.4 H.264 和 AVS 的帧内预测模式

图像序列的"一帧"也是一幅静止图像,当然也可以对其进行帧内预测编码。特别是起始帧以及对于视频内容的随机访问都要涉及到帧内编码模式和帧内预测技术。只是以前的 H.261/H.263 和 MPEG-1/2/4 系列标准的帧内预测都只在变换域进行,得到 DCT 直流系数或交流系数的差分值 DIFF(第 6 章),再进行类似于 4.2.3 节的熵编码。而其后的 H.264/AVS 在编码帧内图像时均采用空间域预测,以直接捕捉图像纹理,提高预测的针对性和准确度。

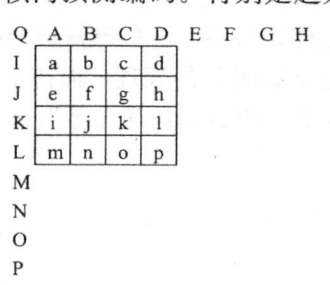

图 5.10 亮度信号的
帧内预测模式

例如 H.264 对于每个 4×4 块(除了边缘块特别处置外),每个像素都可用 17 个最接近的已编码像素的不同加权和(有的权值可为 0)来预测,即此像素所在块左上角的 17 个像素。如图 5.10 所示,4×4 块中 a、b、…、p 为 16 个待预测的像素点,而 A、B、…、P 是已编码的像素。如 m 点的值可以由(J+2K+L+2)/4 来预测,也可以由(A+B+C+D+I+J+K+L)/8 来预测,等等。按照所选预测参考的点不同,亮度共有 9 类不同的模式,但色度的帧内预测只有 1 类模式。而更新的 H.265 则会增加更大的预测分块。

对于不同帧内预测模式的描述可参见具体的标准,作为本教材的学习,应该注意其背后的共同思想:既然图像内容千变万化,预测器"以不变应万变"顾此失彼,而采用自适应预测又难以面面俱到,就不妨根据先验知识,量身定做一些虽然固定但却有统计代表性的"模板"(即帧内预测模式),遍历后选"最合身"(即预测误差最小)者。由此在效果上有助于利用更高阶的条件概率(基本途径之三),得到更低的预测残差方差(基本途径之六),但在原理的本质上,却是将图像块视为组合信源的思想(基本途径之五)。

5.6 视频信号与视觉感知

电视画面(包括广播电视、会议电视、可视电话、电视监控等)和各种动态医学影像是最常见的活动图像(序列图像),对活动图像或视频信号的数据压缩又称视频编码。视频信号一方面由于频率高、频带宽,数据量大,使得实时处理更困难;另一方面又因为其特有的画面组织格式而具有更大的自身冗余度和更高维的相关性,再考虑到人类的视觉感知机理,反而有可能得到比其他数据更大的压缩比。本节先来了解数字视频信号的格式、冗余度和人类的视觉感知机理,5.7节再具体介绍活动图像的预测编码。

5.6.1 电视信号概述

我国的电视信号是每秒传送25幅画面(帧),每帧625行,采用隔行扫描分成两场,每场有25行用于场消隐,故每场的有效信号是287.5行。前一场传奇数行,后一场传偶数行,奇偶行互相交织,成为一幅完整图像。因显示屏幕的宽度与高度之比为4:3,所以每行有(4/3)×625=832个光点(即像素),整个屏幕由 $P=625×832=520\ 000$ 个像素组成。最高分辨率相当于像素黑白相间的极端情况,故最高视频信号频率为 $25×520\ 000÷2=6\ 500\ 000\mathrm{Hz}=$ 6.5MHz。我国规定视频带宽为 $W=6\mathrm{MHz}$,建议传输用带宽也为6MHz。

按照色度学的基本原理,用三基色的各种线性组合可以构造出各种不同的彩色空间来表示景物的颜色,这在不同的应用中也许会比原始的RGB彩色空间更经济有效。例如我国彩色电视制式采用逐行倒相(Phase Alternation Line)的PAL-D制,为了能与黑白电视兼容[①],把 $R、G、B$ 信号按式(3.2.15)变换为亮度信号 Y 和两个色差[②]信号 $U、V$。此时不仅黑白电视机也能正常接收彩色电视信号(但只利用其中的亮度信号 Y 显示黑白图像),且当传输有干扰时也不影响 Y 的表现。而在1982年2月通过的CCIR 601(现为ITU-R BT.601)建议即"演播室数字电视的编码参数"(表5.4)中,则规定变换到下式所定义的 YC_BC_R 空间,即

$$\begin{bmatrix} Y \\ C_B-128 \\ C_R-128 \end{bmatrix} = \begin{bmatrix} \frac{77}{256} & \frac{150}{256} & \frac{29}{256} \\ \frac{-44}{256} & \frac{-87}{256} & \frac{131}{256} \\ \frac{131}{256} & \frac{-110}{256} & \frac{-21}{256} \end{bmatrix} \begin{bmatrix} R \\ G \\ B \end{bmatrix} \quad (5.6.1\mathrm{a})$$

式中各系数分母256是 $R、G、B$ 信号经8位量化后的电平等级数,而色差信号减128是把零电平上移到总电平的一半,因为色差常有正负。而 YC_BC_R 到 RGB 的变换则为

$$\begin{bmatrix} R \\ G \\ B \end{bmatrix} = \begin{bmatrix} 1 & 1.402 & 0 \\ 1 & 0 & 1.772 \\ 1 & -0.7141 & -0.3441 \end{bmatrix} \begin{bmatrix} Y \\ C_B-128 \\ C_R-128 \end{bmatrix} \quad (5.6.1\mathrm{b})$$

5.6.2 数字电视的编码参数

为了便于制式转换与兼容,CCIR 601规定对彩色电视信号的亮度和色差分别编码,称为分量编码或分离编码,如图5.11所示。此时彩色信号 $R、G、B$ 经矩阵转换电路,形成3个分量 $Y、C_B、C_R$,分别数字化后送入各自的编码器,最后按时分复用(TDM)合成为全电视信号的编

[①] 这里所说的"兼容"就是指黑白电视机能接收彩色电视广播,显示的是黑白图像;反之要"向后兼容"或"反向兼容",彩色电视机也能接收黑白电视广播,显示的也是黑白图像。

[②] 所谓色差,是指基色信号中的 $R、G、B$ 三个分量信号与亮度信号 Y 之差。之所以选择色差而不直接用三个基色信号,是因为要满足兼容性的要求,色度信号中应只有色度信息而不含亮度信号。

码输出。也可以先对整个全电视信号数字化后进行数字亮、色分离,再做其他处理。表 5.4 给出了 CCIR 601 推荐的参数。

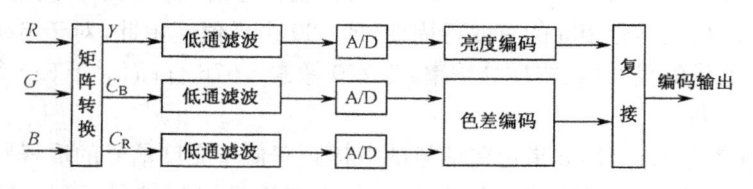

图 5.11 分量编码原理框图

按表 5.4 的取样及量化规定,一路 PCM 彩色电视图像信号的数码率为

$$r = r(Y) + r(C_r) + r(C_b) = [f_s(Y) + f_s(C_r) + f_s(C_b)] \times R \qquad (5.6.2)$$

4∶2∶2 取样时,r＝(13.5＋6.75＋6.75)MHz×8bit＝216Mb/s;4∶4∶4 取样时,r＝324Mb/s。

表 5.4 CCIR 601 建议规定的"演播室数字电视的编码参数"

参　　数	625 行/50 场(PAL 和 SECAM 制)	525 行/60 场(NTSC 制)
编码信号	经过 γ 校正的 Y、R－Y 和 B－Y	
亮度信号的取样频率 每个色差信号的取样频率	13.5MHz 6.75MHz	
编码方式与量化精度	亮度和色差信号每个样值 8bit 均匀量化① PCM(可 10bit)	
取样结构	4∶2∶2	
亮度信号每行取样数 每个色差信号每行取样数	13.5MHz×64μs＝864 6.75MHz×64μs＝432	13.5MHz×63.5555μs＝858 6.75MHz×63.5555μs＝429
亮度信号每场取样行数	288 行; 第 1 场 23～310 行;第 2 场 336～623 行	240 行
每一数字有效行的取样数	亮度信号:720 每个色差信号:360	
视频信号电平 与量化电平级数对应值 (为编码和滤波留有余地)	亮度信号共 220 量化级(0 和 255 这两级用于同步); 黑电平对应量化级 16,峰值白电平对应量化级 235; 色差信号共 224 量化级(0 和 255 这两级用于同步); 零电平对应 128 级,即在 0～255 量化级的中间	

选择 13.5MHz 作为亮度信号的取样频率是出于如下考虑:
① 为便于数字处理,样值结构最好正交,取样频率必须为行频的整数倍;
② 为与现有的 3 种国际电视制式统一,取样频率又必须是 525 行和 625 行制式行频的整数倍,即为这两种制式行频的最小公倍数 2.25MHz 的整数倍;

---

① 对于数字电视来说,只有在保持一定图像质量的前提下谈论压低码率才有实际意义。在用主观测试评价图像质量中,大多采用 ITU-R 制定的 5 级损伤标准,一般可取 4.5 级为广播电视信号可以接受的损伤级别。当用 PCM 编码电视信号时,实验表明,对每个像素的分量用 R＝8 位表示可符合广播的质量要求。

③ 必须满足奈奎斯特定理,即取样频率必须大于亮度信号带宽(6MHz)的两倍。

综合上述,取 2.25MHz×6＝13.5MHz 作为亮度信号的取样频率。同时还要选择不同的逆程长度,使两种制式具有相同的有效行周期,即 720 个样值。由此,对于 625 行/50 场制式,一幅 CCIR 601 图像的尺寸(或取样分辨率)为 720 像素×576 行;而对于 525 行/60 场制式,则为 720 像素×480 行。

对彩色电视图像取样时,如果色差信号的取样频率低于亮度信号的取样频率,就称为图像亚取样(sub-sampling)。对图像信号源及特殊的高质量视频信号,可以不亚取样,即采用 4:4:4 格式,在各扫描线上每 4 个连续取样点中,Y、C_B 和 C_R 样本都取 4 个,相当于每像素用 3 个样本表示,如图 5.12(a)所示。而常用的亚取样格式如下。

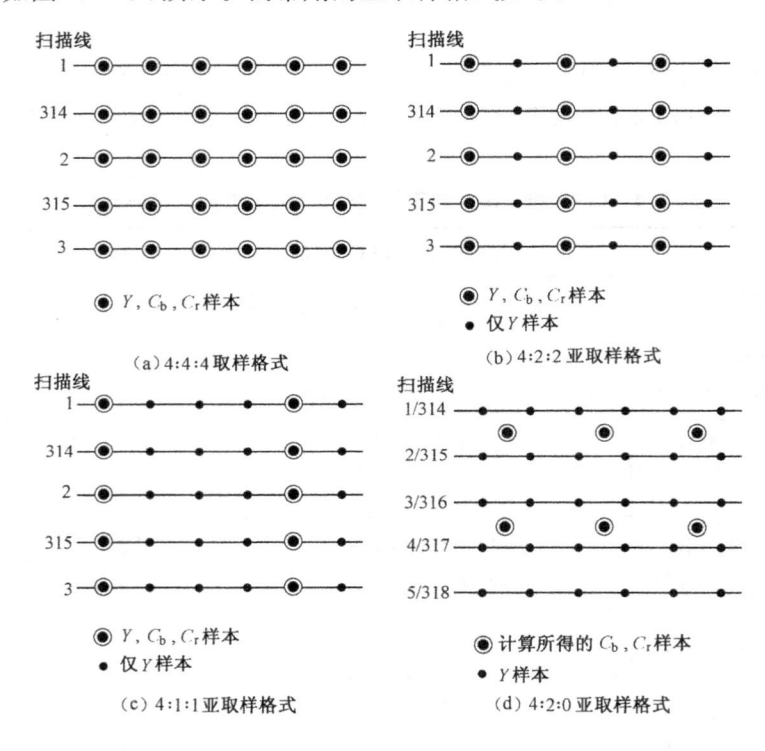

图 5.12 PAL 制彩色电视图像的取样格式

4:2:2 格式:在各扫描线上每 4 个连续的取样点取 4 个 Y 样本、两个 C_B 和两个 C_R 样本,平均每像素用两个样本表示,如图 5.12(b)所示。其 C_B 和 C_R 矩阵在水平方向的尺寸只有 Y 矩阵的一半,而在垂直方向的尺寸则与 Y 矩阵相同。4:2:2 被称为数字编码的主标准;

4:1:1 格式:在各扫描线上每 4 个连续的取样点取 4 个 Y 样本、一个 C_B 和一个 C_R 样本,平均每像素用 1.5 个样本(12bit)表示,如图 5.12(c)所示。其 C_B 和 C_R 矩阵在水平方向的尺寸只有 Y 矩阵的 1/4,而在垂直方向的尺寸则与 Y 矩阵相同。显示时,对于没有 C_B 和 C_R 的 Y 样本,用其前后相邻的 C_B、C_R 样本计算出所需的 C_B 和 C_R 样本。

4:2:0 格式:在水平和垂直方向上每两个连续的取样点取两个 Y 样本、一个 C_B 和一个 C_R 样本,平均每像素用 1.5 个样本表示,如图 5.12(d)所示。其 C_B 和 C_R 矩阵在水平和垂直方向的尺寸都只有 Y 矩阵的一半。

5.6.3 CIF格式与SIF格式

CCIR 601规定的是演播室级的数字电视格式,对于窄带传输,分辨率还可以再减。即对亮度信号和色差信号的取样频率分别为6.75MHz和3.375MHz,每行样点数比4:2:2格式减少一半,得到所谓2:1:1格式。此时对于PAL和SECAM制式,亮度信号为360像素×288行×25帧/秒,而对于NTSC制式,则为360像素×240行×30帧/秒(实为30000/1001≈29.97帧/秒)。为方便与这两种电视制式的相互转换,ITU-T H.261建议折中规定了所谓的"通用中间格式"(Common Intermediate Format)为360像素×288行×30帧/秒:由PAL/SECAM转CIF要做帧内插,而由NTSC变为CIF要做行内插。但由于要在16×16的搜索区内进行运动估计(见5.7节图5.18),而此时的360像素,却不能被16整除,所以CIF亮度信号最后确定为352像素×288行×30帧/秒(实际上每秒可取30,15,10或7.5帧)。各国都应将图像信号转换到该格式后再发送,以便不受各地区不同电视制式的影响。至于输入/输出电视信号的标准,例如是复合的或分量的、模拟的或数字的,以及完成中间编码格式与所需信号格式之间必须的转换方法,则不作规定。此时的画面宽高比为4:3,相当于本地标准视频输入信号的有效部分。类似地,亮度信号为176像素×144行分辨率的,为H.261的四分之一CIF格式(QCIF:Quarter CIF),当双方格式不同时,规定用速率较低者进行通信(且所有的codec都必须能处理QCIF格式,并要求有传送静止图像和图形的能力)。另外,ITU-T H.263建议更进一步扩展了相应的Sub-QCIF、4CIF和16CIF图像格式,参见表5.5。

表5.5 H.261和H.263输入图像格式一览表

		QCIF	CIF	Sub-QCIF	4CIF	16CIF
每秒帧数(fps)		30,15,10或7.5	30,15,10或7.5	不限	不限	不限
每帧行数	Y	144	288	96	576	1152
	C_R	72	144	48	288	576
	C_B	72	144	48	288	576
每行像素数	Y	176	352	128	704	1408
	C_R	88	176	64	352	704
	C_B	88	176	64	352	704

CIF格式是在PAL和NTSC之间的折中,每种电视制式变换到CIF格式所做的内插转换不仅增加了硬件成本,而且造成了图像降质。为了克服这一缺陷,MPEG-1的视频压缩标准中采用了所谓源输入格式(SIF:Source Input Format)的重要像素区域(significant pel area),有352×288×25或352×240×30两种选择,总数据量相同,无须内插。

5.6.4 电视图像信号的时间冗余度

电视信号本身的冗余度主要体现在空间相关性、时间相关性和色度空间表示上的相关性几方面。一帧电视信号就是一幅图像,它在空间上(帧内)具有较大的相关性,这与静止图像没有什么不同。而对于由每秒25帧组成的电视信号,其相继帧之间一般也具有较强的相关性。最特殊的例子是电视中的演讲人图像序列(可视电话、会议电视中最为常见),相邻帧之间可能只有由头、眼、嘴部的微小变动而引起的细小差别。这种序列图像相邻帧之间的相关性就称为帧间相关性,它与帧内相关性不同,是电视图像信号在时间上的相关性。当然,若将每帧电视图像的像素点按扫描顺序展开成一个时间序列,则空间相关性也以时间相关性的形式而体现[①]。但由于电视图像序列中的任一帧画面均可看成(或冻结为)一幅"静止图像",因而从静止图像编码的习惯上,仍可称为空间(帧内)相关性与时间(帧间)相关性。

利用图像帧内相关性的帧内编码,5.5节已介绍。而利用序列图像在时间轴方向的相关性进行的压缩编码,称为帧间编码[②]。帧间编码着重利用的是电视图像信号中典型景物(scene)的时间冗余度。例如电视播音员片段相邻帧之间的绝对帧差(FD:Frame Difference),就可能只有由演讲人的头、眼和嘴部的微小变动而引起的细微差别。

所谓绝对帧差是指在活动图像序列的某一固定像素位置(m,n)上,当前帧的图像亮度值$x_\tau(m,n)$与上一帧的亮度值$x_{\tau-1}(m,n)$之差的绝对值,即

$$d_\tau(m,n) = |x_\tau(m,n) - x_{\tau-1}(m,n)| \tag{5.6.3}$$

绝对帧差一般不大。人们分别对慢变图像序列(例如可视电话中的头肩像、摄像机水平缓慢移动所获得的景物图像等)和快变的彩色图像序列(例如木偶剧、穿花衣服女孩做快速动作等)进行了测量,在测量中仅当变化量超过某个给定阈值时才认为是绝对帧差有变化,否则忽略不计。在一帧的时间间隔内,人们测得:对于缓变的256级灰度图像序列,绝对帧差超过3的像素数不到4%;对于快变的彩色电视图像序列,绝对帧差超过6的像素数亮度信号(256级)平均只有7.5%,而色度信号平均只有7.5‰。

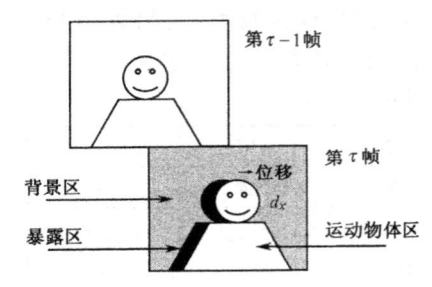

图5.13 可视电话的典型景物所示

这是从绝对帧差的统计特性,看电视图像信号的时间冗余度;下面再从典型景物的运动分析,看电视图像信号的时间冗余度。

可视电话图像序列中的景物最为单纯(图5.13):在一个不太复杂的背景前,一般有一个活动量不大的单人头肩像。由于人物的运动,可能造成图像第τ帧相对于第$\tau-1$帧有一个x方向的位移(位移量为d_x像素/帧)。于是整个画面可以大致划分为如下3个各有特点的区域。

① 背景区:指摄像机不动时所摄人物后面细节不太复杂的图像背景。它对人物起陪衬作用,一般是静止的;若灯光不变且噪声不大,那么第τ帧的背景区与第$\tau-1$帧的背景区,绝大部分数据将基本相同(超过绝对帧差阈值的像素数很少),表示两帧背景区间的相关性极强。

② 运动物体区:如果将运动物体(某人的头肩)之运动近似看成简单平移(图中只有x方向的位移量d_x),那么第τ帧内运动物体区中的数据与第$\tau-1$帧内运动物体区中的数据,也接近相同,只是在空间位置上沿x方向右移了d_x距离。如果能估算出这个位移量("运动估值")并加以修正("运动补偿"),那么这两帧运动物体区间的相关性也较强。

③ 暴露区:指物体运动后而显露出来的原来曾被该物体所遮盖的背景区域。如果有存储器暂时存放这些暴露区的数据,那么经过再次遮盖并再次暴露出来的数据,应该和原先的基本相同。这又显示出了极强的帧间相关性(但不一定是相邻帧)。

---

① 例如,同一扫描行上的左右相邻像素表现为以取样周期为间隔的相关性;同一场(帧)内上下相邻行中同一水平位置上的像素,则表现为以行(场)周期为间隔的相关性;而相邻帧中同一位置像素的相关性即帧间相关性自然也就以帧周期为间隔了。

② 相应地有利用相邻场画面之间相关性的场间编码,但习惯上统称帧间编码。

以上三类区域的帧间相关性,虽属最理想情况,但都可作为压缩编码的依据。当然,整个画面也可能从一类景物切换到另一类景物,在镜头切换瞬间谈不上利用帧间相关性。

会议电视的典型景物可以类比上述可视电话三类区域的划分。典型景物可以是活动量较大的单人半身像(如电视大学的老师在讲课);双人或三人半身像(如两个电视播音员或会议桌前的发言人、执行主席等);也可以是坐在几排座位上的多人开会现场。其重要特点是允许安装几部固定摄像机,仅仅允许在摄取的几组画面中切换。

广播电视画面则灵活多变,可看成是上述几类各有特点的序列图像的复杂组合,因而总有一定程度的帧间相关性可加以利用。

因此,无论是电视图像帧间差值的统计特性,还是电视图像景物的运动分析,都表现出了电视图像信号的时间冗余度,都是视频信号帧间压缩编码的基本依据。

5.6.5 人的视觉感知特性

我们知道,取样频率 f_s 表示每秒取样点数,对于电视信号,它可分解为电视帧频 f_z 与每帧的总像素数 P 的乘积,从而式(5.6.2)所表示的彩色电视信号数码率可改写为

$$r = P(Y) \times f_z \times R + P(C_R) f_z \times R + P(C_B) \times f_z \times R$$
$$= [P(Y) + P(C_R) + P(C_B)] \times f_z \times R \quad (5.6.4)$$

式中,$P(\cdot)$ 可以理解为图像的细节或空间(spatial)分辨率;R 可以理解为图像的灰度(gray-level)或色彩层次分辨率;f_z 可以理解为图像的运动或时间(temporal)分辨率。如果用这3个分辨率参数分别作为一个长方体的3条边长,则该长方体的体积即这3个分辨率的乘积就等于数字电视图像信号的传输码率。

但是,对视觉生理—心理学的深入研究表明,式(5.6.4)中的细节、运动及灰度3个分辨率参数实质上是相互依赖的。因为人类视觉系统(HVS:Human Visual System)具有如下特性:

① 亮度掩蔽特性——指在背景较亮或较暗时,人眼对亮度不敏感的特性;
② 空间掩蔽特性——指随着空间变化频率的提高,人眼对细节分辨能力下降的特性;
③ 时间掩蔽特性——指随着时间变化频率的提高,人眼对细节分辨能力下降的特性。

如果能充分利用 HVS 的生理特性,适当降低对某些参数的分辨率要求,就可望进一步降低数码率。因为电视图像最终是给人观看的,而 HVS 在某些条件下往往可容忍一些失真,有些失真人眼又根本辨别不出来,因此,超过视觉分辨能力的高保真度要求就没有必要。由于这样做并未涉及电视信号内在的相关性,故又称为非相关压缩或统称视觉生理—心理压缩。

非相关压缩可以从以下几方面采取措施:

(1) $P \sim R$ 转换(空间—灰度分辨率交换)

视觉生理—心理学实验表明,人眼仅在观察图像中的大面积像块时,才能分辨出全部 256 级灰度等级;而当观察小块区域或精微细节时,只能分辨出不多的灰度级。因为在急剧的黑白跳变处,人眼分辨不出灰度差别(空间掩蔽特性)。图像的空间细节分辨率和灰度分辨率之间的这种视觉生理—心理学关系,可用 P-R 平面上的双曲线表示。因此,对于图像中的平坦区域可以降低取样率,但要保持每一样本有较多的灰度等级;反之,对于图像中的边缘和细节,则应保持较高的取样率,但对每一样本只需分配较少的量化位数,这就是子带编码和某些利用视觉掩蔽效应(空间和亮度)的自适应量化器的设计依据。

(2) P-f_z 转换(空间—时间分辨率交换)

5.6.1 节中提到的每幅画面约需 $P=40$ 万个有效像素,仅仅是对观察静止物体而言,当物

体运动时,人眼就分辨不出这么多像素了。这时可以减少一些像素(时间掩蔽特性),但要保证足够的画面变换速度即较高的帧频(即运动分辨率要高些,否则就会出现跳动和模糊感)。静止图像不变换画面,每帧重复同一图像,运动分辨率可以最低。因此,细节分辨率 P 和帧频 f_z 之间也可以相互转换,其视觉生理—心理学关系,同样可用 P-f_z 平面上的双曲线表示。

(3) R-f_z 转换(灰度—时间分辨率交换)

同样,在灰度等级 R 和帧频 f_z 之间,也存在这样一种双曲线函数关系。因此,对于快速运动的图像(通常所说的人眼需要的最高运动分辨率 25Hz,即指快速运动物体而言),HVS 对灰度等级的分辨率降低,允许用较少的量化级数,但却要求较高的画面变换速度(时间掩蔽特性);反之,对于完全静止的画面,灰度等级要求最高。

(4) 利用视觉特性降低对色信号的带宽及取样率

早在 1947 年 H. Hartridge 就通过实验指出,人眼在图像细节处分辨不出色彩差别(早期彩色照片未出现时黑白照片的上色就是采用大面积涂色)。因此,对色信号的带宽和取样率可以降低(即亚取样),反映在式(5.6.4)中,即 $P(C)<P(Y)$。

总之,P、R 和 f_z 对应着一个长方体的三条边长。如果不利用 HVS 特性,该长方体的体积由最高分辨率确定为最大;而若考虑了非相关压缩,其体积就会受上述视觉生理—心理学关系约束而减小。因此,一个优秀的电视图像编码器,应能充分利用上述主观视觉约束,自适应地按图像的局部特性最佳地调整这 3 个分辨率参数到"够用,但不浪费"的程度。具体实现时一是需要运动检测,以便在图像运动时加快画面的转换速度,而静止时则重发前一帧内容;二是需要边缘检测,当变化较剧烈的轮廓部分到来时,增加取样率,减小量化位数,而在图像平坦区则降低取样率同时增加量化级数。另外,这 3 个分辨率参数之间的确切关系也有待于进一步深入研究,但若限于帧内编码,就只能利用 P-R 转换关系了。

5.7 活动图像的预测编码

利用电视图像的内在相关性和 HVS 的固有生理—心理约束,就可以减少视频信号的冗余度,实现数字电视图像信号的压缩传输和存储。预测法易于实现,故在电视编码中最为常用。

5.7.1 帧间预测编码的发展

起初 DPCM 方法并非专门针对图像信号,但因算法简单,易于硬件实现,因而在图像特别是电视信号的压缩编码中也得到了较多的研究和应用。1958 年 Graham 用计算机模拟了图像的 DPCM 编码;1966 年 J. B. O'Neal 分析和模拟了电视信号的预测编码传输;1969 年 Mounts 等人首先提出在电视图像编码中采用帧间预测的条件帧间修补法(CFR:Conditional Frame Replenishment),即根据帧间差值是否超过某一给定阈值而判决当前像素(或帧间差值)是否需要"更新"(或传输),用于黑白电视电话图像,得到了平均 1bit/像素(CR=8)的帧间编码实验结果;20 世纪 70 年代初,Haskell 重点考虑了采用 CFR 法的帧内/帧间复合预测模式。80 年代初开始研究做运动补偿(MC:Motion Compensation)预测所用的运动估计(ME:Motion Estimation)技术。1990 年正式通过的 ITU—T H.261 建议,是活动图像编码 40 年研究成果的结晶,标志着"简单帧间预测 + MC(或有条件地切换为帧内编码)+ DCT"的帧间编码主体技术框架迅速走向实用。1990 年代初相继提出的 MPEG-1、MPEG-2 和 H.263 等视频压缩标准,都是在 H.261 的帧间编码主体技术框架的基础上发展和改进的。甚至连 2000 年代出现的 H.264 标准和我国的 AVS 等标准,也仍然从 MPEG-4 又回到了这一主体技术框架,其理论合理性和技术适用性可见一斑。

运动补偿预测建立在对电视图像运动景物分析的基础上。图 5.14 所示的运动补偿帧间预测编码,就是 H.261/H.263 和 MPEG-1/2 等视频压缩国际标准的主体技术框架[①],是已经实用的高效混合编码方法。H.264/AVS 的更高效(往往也更复杂)的混合编码框架相对于图 5.14,则主要增加了帧内预测和环路滤波。图 5.14 中的变长编码(VLC)已在第 4 章介绍;离散余弦变换(DCT:Discrete Cosine Transform)及其逆变换(图 5.14 中用 DCT^{-1} 表示)的原理将在第 6 章中给出,在此只需将其作用理解为不过是把对预测误差的量化和恢复(分别用 Q 和 Q^{-1} 表示)由"空间域"变换到"频率域"进行;而运动参数估计(ME)、运动补偿(MC)和帧存的共同作用,则构成了帧间编码的预测器。因此,图 5.14 与图 5.1 基本 DPCM 系统的主环路完全类似,只是要将额外的运动矢量(MV:Motion Vector,即对运动物体的位移估值)也同时编码传给收端,而且收端预测器的动作也要与发端的预测器环路(即发端本地的反量化和解码部分)完全相同。

可见,运动补偿帧间预测的技术组成主要有以下部分。

① 图像分割:把图像划分为静止的和运动的两部分,这里假设运动物体仅作平移[②]。图像分割是运动补偿预测的基础,也是 MPEG-4 的关键技术之一;

② 运动估计:估计物体的位移值,得到运动矢量(若无上述假设,则应称为位移矢量);

③ 运动补偿:用运动矢量补偿(或抵消)物体的运动效果,再进行预测;

④ 预测信息编码:包括帧间预测误差和运动矢量。

运动补偿预测技术的有效性直观上不难理解。例如从图 5.13 上看,如果将当前预测值的位置沿物体平移的方向错开 d_x 个像素再进行预测,则可望显著提高运动区的帧间预测准确度;而接收端根据收到的运动矢量将过去帧 d_x 个像素(也就是对当前帧的估计),再加上接收到的预测误差值,就得到当前帧,故称为运动补偿预测。为了获得好的运动补偿,运动估计是必须解决的关键技术。

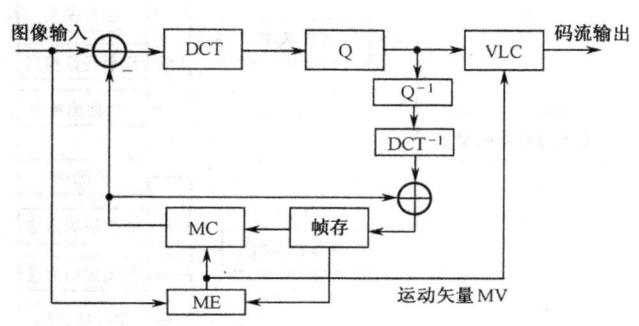

图 5.14 运动补偿帧间预测编码器框图

5.7.2 二维运动估计的基本概念及方法

活动图像,已经是三维时变场景在二维图像平面上的透视投影或正交投影,因此活动图像编码所关心的,只是由被摄物体与摄像机之间相对运动所造成物体的像的二维运动,和估计该

---

① 这里为了便于系统原理的理解,没有画出多参考帧,对此详见第 8 章。

② 物体的运动,可能既有平移又有转动。运动量不大时,相邻两帧间物体的位移不大,为了适应编码的实时处理,常把两帧间物体的复杂运动简化成一段段平移来近似,这样算法就能简化,容易实时处理。

二维运动(也称"投影运动")的有效方法。

二维位移矢量的概念如图 5.15(a)所示：P 点和 P' 点分别为时间 t 和 t' 时物体所处位置，在视平面上，相应投影分别为 p 和 p'；而图 5.15(b)则描绘了物体上一个点的三维运动在视平面上二维投影的平面视图。可以注意到，由于投影，使得末端位于虚线之上的所有三维运动矢量，在视平面上具有相同的二维位移矢量。

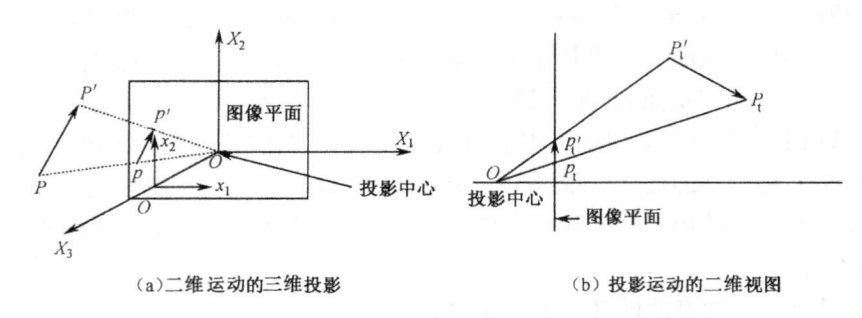

(a)二维运动的三维投影　　　　　　(b)投影运动的二维视图

图 5.15　三维运动和二维视图的投影关系

基于图像序列的二维运动估计，如果对运动特性不附加假设，则解的存在性、唯一性和连续性都有问题，因而是一个病态(ill-posed)问题[Wang和Clarke,1992]。因此，运动估计算法需对二维运动场的结构做附加假设，这就要确定物体的运动模型和二维运动场的运动表示形式。

二维运动场的模型可分为参数模型和非参数模型两种，如图 5.16 所示。其中参数模型对于刚体在投影平面上的运动描述较准确，而对于非刚体运动描述尚不能令人满意，这主要与该模型能否适配于图 5.17 相应的图像支撑有关；而非参数模型方法直接从图像序列求解二维运动场，不用考虑三维物体在成像平面上成像的几何特性，但必须施加非参数的光滑性约束。

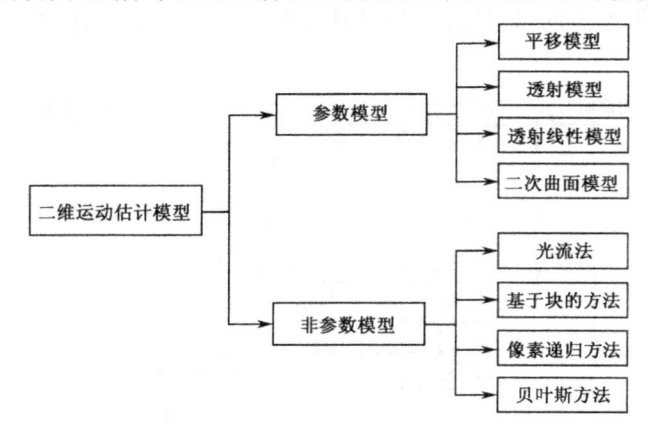

图 5.16　二维运动估计模型与方法

考虑图 5.17 图像支撑所对应的运动估计模型：

(1) 全局运动通常由摄像机运动造成，例如摄像机漫游或镜头拉伸。在视频压缩中不具有典型性；

(2) 密相运动可以建模到像素级，采用像素递归(pixel recursive)的密相运动估计在视频压缩中有较成功的应用[Fleet 和Langley,1995]，但是运算量太大，因为像素递归实际上是对当前帧上的每一点都"溯踪寻源"它在上一帧的对应点；

(3) 基于对象的运动估计模型较为理想，是 MPEG-4 的一个技术"亮点"，但要进行对象的分割。而要分割图像并使各区域有适当的运动模型,又必须事先了解整个场的运动特性。由于二者并非互相独立,所以解决的办法就是联合的运动估计和分割。即将二者交织起来,使得分割与运动估计交替进行,直到满足收敛条件。这显然不利于实时实现;

(4) 由于要把图像分割成不同运动的物体比较难,所以帧间编码考虑到实用性和实时性,通常采用基于块的运动估计模型和运动补偿措施,即把图像划分为 $M \times N$ 的矩形子块,子块分动和不动两种,估计出运动子块的位移,进行预测传输。由于物体的空间位移与其相位变化对应,因而运动估计也可转换成频率域的相移估计。常用的是在空间域进行的运动估计。

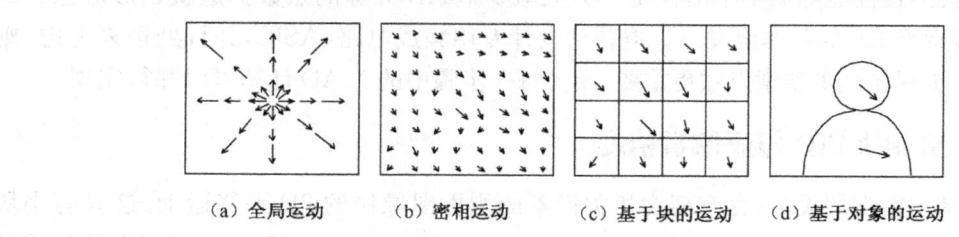

(a) 全局运动　　(b) 密相运动　　(c) 基于块的运动　　(d) 基于对象的运动

图 5.17　不同的图像支撑所对应的运动估计模型

5.7.3　块匹配运动估计

块匹配算法(BMA:Block Matching Algorithm)是最常用的一类运动估计方法,为 H.261/H.263/H.264 和 MPEG-1/2 等图像编码国际标准所采用,并发展出了各种快速搜索算法。

BMA 假设 $M \times N$ 图像子块内各像素只做相同的平移。对当前帧的每一个子块,在上一帧某一搜索范围内寻求最优匹配,并认为本子块就是从上一帧的最优匹配块处平移而来[①]。若最大可能的运动矢量为 $\boldsymbol{d}_{max} = (dx_{max}, dy_{max})^T$,则该搜索范围为 $(M+2dy_{max}) \times (N+2dx_{max})$,其几何位置关系如图 5.18 所示。衡量匹配效果的常用准则有归一化互相关函数(NCCF)、均方误差(MSE)和平均绝对差(MAD),所得的估计结果差别不大,但 MAD 准则无须乘法,便于计算和硬件实现,所以用得最多。MAD 定义为

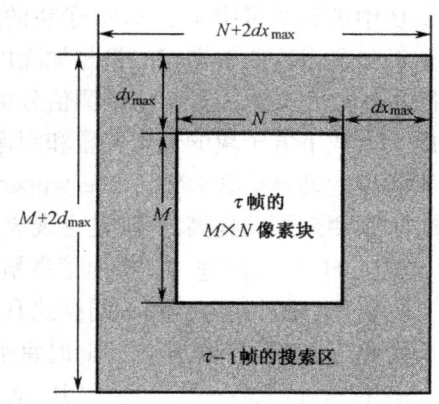

图 5.18　待匹配块与搜索区的几何关系

$$\text{MAD}(i,j) = \frac{1}{MN} \sum_{m=1}^{M} \sum_{n=1}^{N} | S_\tau(m,n) - S_{\tau-1}(m+i, n+j) | \tag{5.7.1}$$

$$(-dy_{max} \leqslant i \leqslant dy_{max}, -dx_{max} \leqslant j \leqslant dx_{max})$$

式中 $(i,j)^T$ 即为运动矢量。若在某一个 $(i,j)^T = (\hat{dx}, \hat{dy})^T$ 处 $\text{MAD}(i,j)$ 达到最小,则该点就是要找的最优匹配点。

最优匹配的搜索方法很多,最简单可靠的是全搜索法(FSM:Full Search Method)。即穷尽搜索范围,对每一点都计算 MAD 值,$\text{minMAD}(i,j)$ 即对应着最优匹配。该方法简单划一,

---

① 因此,块匹配直观上类似于"拼图游戏":尝试把当前帧上的"图"(图像子块)"贴"到上一帧的最合适位置,如果"块"的尺寸缩小到只有一个像素,则在概念上与像素递归也就统一了。

有利于专用硬件实时实现,而且其最大的优点还在于所找到的匹配点必为全局最优点。当然,这里涉及到另一个基本假设,即 MAD、MSE 等最小是否能反映物体的真实运动。因此,如果从重建信噪比的指标考察,有时也可能出现某些次优准则超过 FSM 的现象。

尽管 FSM 不会遗漏全局最优点,但计算代价毕竟太高(习题与思考题 5-3 给出一个例子)。有时(特别是用软件实现时)人们宁可走"捷径"而只在搜索区的部分稀疏点阵上进行匹配(常分为若干搜索步骤),这种"偷工减料"可能会漏掉某些全局最优点,影响匹配精度。但只要精心设计,就能在性能降低很小的代价下大大减少 MAD 计算的点数。这就是形形色色的块匹配快速搜索算法[①]的基本出发点。但若从设计专用集成电路(ASIC)并行处理来考虑,则往往减少搜索步骤比减少搜索点数更重要,因为每一步骤中的 MAD 计算可以并行实现。

5.7.4 预测块划分与亚像素精度

BMA 的基本模型假设为:含有高度相关像素的刚性图像块的 2D 平移运动,这只有小块才近似成立。但块太小则估计结果易受噪声干扰,不够可靠,而且传送运动矢量场所需位数过多;块取大可减轻其影响,但该基本假设难以满足,影响估计精度。而且大块常包含多个不同运动的物体,块内运动的一致性更难满足。对于图 5.18 中 $M \times N$ 的待匹配图像子块,H.261 和 MPEG-1、MPEG-2 视频标准都折中采用了 16×16 的所谓宏块(MB:Macro Block)。

而 H.263 的改进之一,是可选择高级预测模式(APM:Advanced Prediction Mode):在某些宏块中编码器可用 4 个 8×8 子块的运动矢量取代 1 个 16×16 的运动矢量,而两个色度块的运动矢量由这 4 个亮度矢量相加除以 8 得到。子块中各像素的预测值是 3 个预测值的加权和除以 8(4 舍 5 入),这 3 个预测值分别由 3 个运动矢量所定义,即本块的运动矢量、距像素较近的上方或下方子块的运动矢量和距像素较近的左方或右方子块的运动矢量,即采用了所谓的重叠块运动补偿(OBMC:Overlapped Block Motion Compensation)。预测块尺寸的减小必然带来预测效果的提高,特别是主观改善通常十分显著,因为 OBMC 减弱了方块效应。

至于 H.264,则进一步提出了高精度、多模式的运动估计:

① 宏块可划分为 7 种不同模式和大小的子块,使之更切合图像中实际运动物体的形状,大大提高了运动估计的精度。此时每个宏块可含有多个运动矢量

  a) 模式 1:只有一个 16×16 块,有 1 个运动矢量;
  b) 模式 2:分为两个 8×16 子块,有 2 个运动矢量;
  c) 模式 3:分为两个 16×8 子块,有 2 个运动矢量;
  d) 模式 4:分为 4 个 8×8 子块,有 4 个运动矢量;
  e) 模式 5:分为 8 个 4×8 子块,有 8 个运动矢量;
  f) 模式 6:分为 8 个 8×4 子块,有 8 个运动矢量;
  g) 模式 7:分为 16 个 4×4 子块,有 16 个运动矢量。

从图 5.19 可以看到图像帧间预测技术发展的成效,特别是 H.264 运动补偿预测方法改进的效果。

---

 ① 例如,二维对数法(TDL)、三步搜索法(TSS)、四步搜索法(4SS)、共轭方向搜索法(CDS)、交叉搜索法(CSA)、正交搜索法(OSA)、搜索窗调整法(SWA)、动态搜索窗调整法(DSWA)、连续淘汰法(SEA)、基于流的自适应动态搜索法(AFDS)、预测搜索法(PSA)、连续判别的非线性预测搜索法(NPSSD)、连续判别的动态搜索法(ADSSD)、可旋转的直角三角形搜索法(RRTS)等。

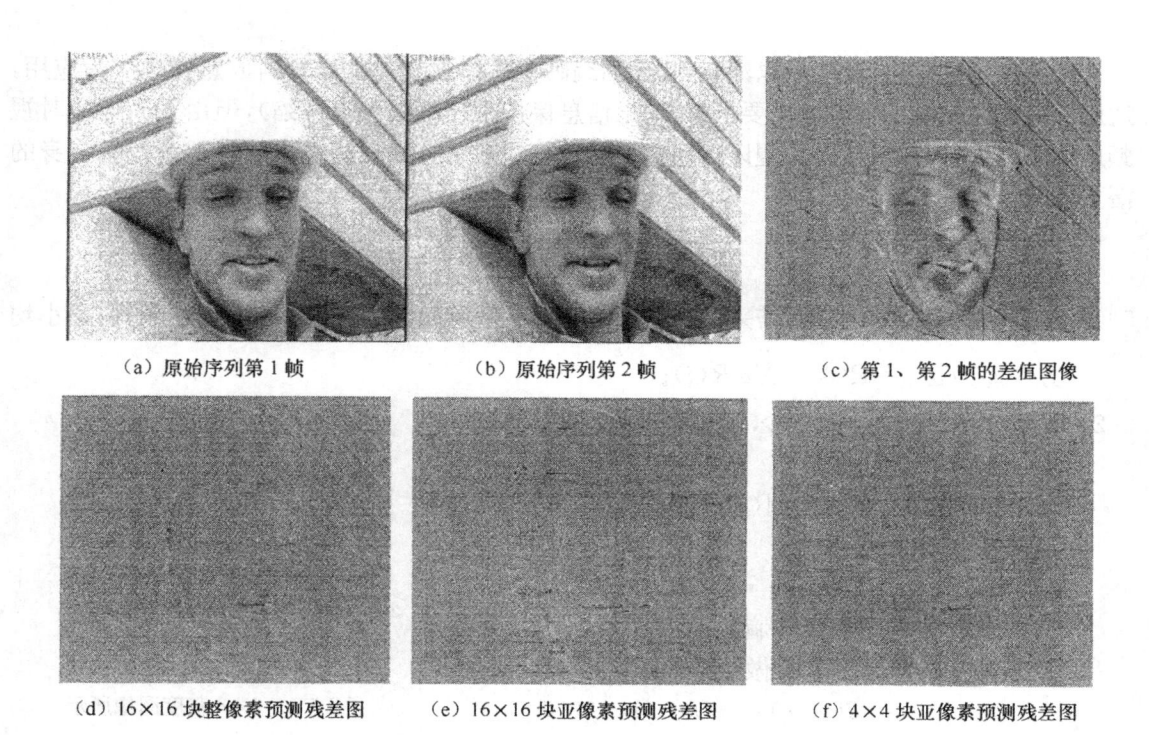

(a) 原始序列第 1 帧　　　(b) 原始序列第 2 帧　　　(c) 第 1、第 2 帧的差值图像

(d) 16×16 块整像素预测残差图　　(e) 16×16 块亚像素预测残差图　　(f) 4×4 块亚像素预测残差图

图 5.19　CIF 格式 Foreman 序列灰度图像的预测效果[王建鹏,2010]

② 运动矢量的估计精度：H.261 为 1 个像素，MPEG-1 和 H.263 为半个像素，而 H.264 则支持 1/4 或 1/8 个像素。不论采用什么匹配方法，都会由诸如噪声、局部最小值以及匹配算法不理想而生成错误的运动矢量。可以对估计进行平滑以改善匹配结果。图像的空间相关性表明运动矢量之间也应该是相关的。H.264 在 1/4 像素精度时可使用 6 抽头滤波器来减少高频噪声，对于 1/8 像素精度的运动矢量，可使用更为复杂的 8 抽头滤波器。在进行运动估计时，编码器还可选择"增强"内插滤波器来提高预测的效果。

这里有必要说明一下精度更高的所谓"亚像素"运动估计。前述整像素运动估计以采样像素为单位，在搜索最优匹配块时直接使用参考帧中的采样像素。但理论上，采样点阵再密也是离散的，而实际中，当然不排除物体有可能运动到采样像素之间的任意位置。因此，通过插值算法得到整像素采样点之间的亚像素点，据此进行能达到亚像素量级的运动矢量估计，就可望得到更优的匹配块，进一步减少预测残差。有实验表明，半像素精度的运动估计与整像素运动估计相比，在相同压缩比下恢复图像质量可提高约 2dB，而在相同恢复像质下压缩比可提高约 1 倍。但随着亚像素级的增加，插值图像的大小成指数级增长，随之而来的运算、存储开销都急剧增加。

③ H.264 允许编码器使用多于一帧的先前帧用于运动估计，这就是所谓的多帧参考技术。例如 2 帧或 3 帧刚刚编码好的参考帧，编码器将选择对每个目标宏块效果最好的预测帧，并告诉每一宏块是哪一帧被用于预测的。

至此不难明白，H.264 优越性能的代价是计算复杂度大大增加。总之，运动估计的实时性和估计精度是一对基本矛盾。就目前技术条件下对许多应用而言，块匹配法已能同时满足实时性和精度的要求，因而是一种实用的运动估计方法。如果不惜增加运算量，对每一像素都通过对其邻域块的块匹配来进行运动估计，则估计的精度、可靠性和一致性都可以很好。

作为本章的结束,我们可以注意到,预测编码在总体框架上已经相当成熟并且广为应用,适用于对相关信源的各种编码要求(无论是信息保持型还是限失真压缩),但由于高效实时视频压缩的巨大计算量,还是希望以运动估计为代表的运动补偿预测技术能够继续挖掘自身的潜力,不断开拓。

习题与思考题

5-1 试证明式(5.2.10),即:若采用最佳线性预测系数组 $a_i, i=1,2,\cdots,N$,进行预测,最小均方误差为 $\sigma_{emin}^2 = R(0) - \sum_{i=1}^{N} a_i R(i)$。

5-2 设有如图 P5-1 所示的 8×8 图像 $\{x(m,n)\}$
① 计算该图像的熵;
② 对该图像做前值预测(即列差值。8×8 区域之外图像取零值):
$$\hat{x}(m,n) = x(m,n-1)$$
试给出误差图像及其熵值;
③ 若对上述误差图像再做行差值:
$$\hat{e}(m,n) = e(m-1,n)$$
请再给出误差图像及其熵值;
④ 试比较上述 3 个熵值,你能得出什么结论?

```
         4 4 4 4 4 4 4 4    n
         4 5 5 5 5 5 4 3
         4 5 6 6 6 5 4 3
         4 5 6 7 6 5 4 3
         4 5 6 6 6 5 4 3
         4 5 5 5 5 5 4 3
         4 4 4 4 4 4 4 3
       m 4 4 4 4 4 4 4 3
```

图 P5-1 8×8 灰度图像所示

5-3 设利用全搜索算法按 MAD 准则进行 $M \times N$ 图像子块的块匹配运动估计
① 按图 5.18 的参数,计算对该子块搜索的总次数;
② 给出求该子块 MAD 的总运算量(设加减法和取绝对值的运算等价,除以 MN 可不算);
③ 若图像尺寸为 352×288 的 CIF 格式,每秒 25 帧,且设图像子块大小为 $M \times N = 16 \times 16, dx_{max} = dy_{max} = 7$,求实时对该图像进行运动估计所需的运算速度。

5-4 学习了本章的知识,你对习题与思考题 4-11 有什么新的想法?能否继续对图 P4-2 的离散信源进行限失真的压缩编码?如果不能,请说明你的理由;如果能,请简述你认为是可行的压缩编码方法。

5-5 JPEG-LS 标准相对于 JPEG 的无损压缩标准,做了哪些改进?

5-6 预测编码主要利用了数据压缩的哪一条基本途径?

5-7 DPCM 压缩编码的基本原理是什么?如果信号的当前采样值与其前一个采样值统计独立,还有可能对当前采样值进行预测吗?

5-8 线性预测能够降低图像的熵值吗?为什么?

5-9 在图像编码中,预测器可以是待测像素周围像素的任何函数吗?为什么?

5-10 语音的 LPC 每帧计算一次参数,是希望利用数据压缩的哪一条基本途径?

5-11 你怎样理解对于电视信号的非相关压缩?它和 3.4 节介绍的率失真理论有什么异同?

5-12 你能否举出一个例子,说明 MMSE 准则有时与人对图像质量的主观感觉并不一致。

5-13 你认为块匹配算法把图像分割成 $M \times N$ 的矩形子块是否合理?为什么?

5-14 为什么全搜索法的运动估计效果优于许多快速估计算法?

5-15 为什么在同等语音质量的条件下,ΔM 的取样率要比 PCM 的取样率高得多?

5-16 某交流发电机正常工作时主轴振动的信号波形可近似表示成幅度为 A、随机初相角为 ϕ 的 50Hz 基波与幅度为 B、随机初相角为 θ 的 150Hz 三次谐波的叠加。即
$$f(t) = A\sin(100\pi t + \phi) + B\sin(300\pi t + \theta)$$
假设对连续信源 $f(t)$ 数字化得到离散信源 $f(n)$，请问：
① 能否对 $f(n)$ 进行**无失真**压缩？如果不能，请说明你的理由；如果能，请简述你认为是可行的压缩编码方法（不必具体编码）；
② 能否对 $f(n)$ 进行**有失真压缩**？如果不能，请说明你的理由；如果能，请简述你认为是可行的压缩编码方法（不必具体编码）。

5-17 请比较一下 JPEG 无损压缩模式的预测器和 H.264 的帧内预测器，有什么不同吗？

5-18 一般来说，相邻块的运动矢量之间有无相关性？为什么？

5-19 你认为 H.264 的宏块划分模式合理吗？为什么？

5-20 请举例说明 H.264 的多帧参考技术的合理性。它的缺点是什么？

5-21 语音的线性预测合成—分析编码（图 5.6）与活动图像的运动补偿帧间预测编码（图 5.14）有什么类似吗？

第6章 变 换 编 码

本章之前,我们一直认为冗余度是数据固有的,但实际上,有时却与不同的表示方法也有很大的关系。预测编码希望通过对信源建模来尽可能精确地预测源数据;而本章则考虑将原始数据"变换"到另一个更为紧凑的表示空间,得到比预测编码更高效的数据压缩。

6.1 基本原理

在图1.2所示数据压缩的一般步骤中,如果利用映射变换来实现对数据的建模表达,就称为变换编码,其通用模型如图6.1所示。其中映射变换是把原始信号中的各个样值从一个域变换到另一个域,然后针对变换后的数据再进行量化(二次量化)与编码操作。接收端首先对收到的信号进行解码和反量化(Dequantization),然后再进行反变换以恢复原来信号(在一定的保真度下)。映射变换的关键在于能产生一系列更有效的系数,对这些系数进行编码所需的总比特数,要比对原始数据进行编码所需的总比特数少得多,使数据率得以降低。

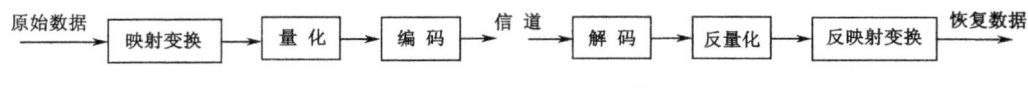

原始数据 → 映射变换 → 量化 → 编码 → 信道 → 解码 → 反量化 → 反映射变换 → 恢复数据

图6.1 变换编码的通用模型

映射变换的方法很多,一般是指函数变换法,而常用的又是正交变换法。比如,我们所熟知的傅里叶变换就是利用复数域正交变换(酉变换),将一个函数从时域描写变为频域的频谱展开。这样有可能使函数的某些特性变得明显,使问题的处理得到简化。例如在理想情况下,为表示单一频率的正弦电压,电工学只需知道振幅、频率和初相角这"三要素",在频域展开,若不考虑相位特性,谱线只有一条;而在时域描述,常需用两倍以上频率的奈奎斯特速率取样。造成这个特例的条件是傅里叶变换的特性与信号特性相吻合。这对于语音信号中的浊音,生物医学中的心电图、脑电图,以及某些具有周期性的遥测信号等可能是合适的。

【例6-1】 设对一个缓变信号[①]的取样值采用3位编码,每个样本有 $2^3=8$ 个幅度等级,则两个相邻数据样本 x_1 与 x_2 的联合事件,共有 $8 \times 8 = 64$ 种可能性,可用图6.2的2D平面坐标表示,其中 x_1 轴与 x_2 轴分别表示相邻两样本可能的幅度等级。由于信号变化缓慢,x_1 与 x_2 同时出现相近幅度等级的可能性较大,故图6.2阴影区内45°斜线($x_2=x_1$)附近的联合事件出现的概率也就较大。不妨将此阴影区之边界称为相关圈:信源的相关性越强,相关圈就越加扁长,x_1 与 x_2 呈现出"水涨船高"的紧密关联特性,此时欲编码圈内各点的位置,就要对两个差不多大的坐标值分别进行编码;信源的相关性越弱,此相关圈就越加"方圆",说明 x_1 处于某一幅度等级时,x_2 可能出现在不相同的任意幅度等级上。

现在若对该数据对进行正交变换,从几何上相当于把图6.2所示的(x_1,x_2)坐标系旋转45°,变成(y_1,y_2)坐标系。那么此时该相关圈正好处在 y_1 坐标轴上下,且该圈越扁长,它在 y_1 上的投影就越大,而在 y_2 上的投影则越小。因而从 y_1、y_2 坐标来看,任凭 y_1 在较大范围内变

[①] 例如对温度、压力、电源状态等物理量的遥测信号,图像平坦区的取样数据,等等。

化,而 y_2 却"岿然不动"或仅仅"微动"。这就意味着变量 y_1 和 y_2 之间的联系,在统计上更加相互独立。因此,通过这种坐标系的旋转变换,就能得到一组去除掉大部分、甚至全部统计相关性的另一种输出样本。而且样本方差也将重新分布:

在原坐标系中两相邻样本常具有相同的方差 $\sigma_{x_1}^2 = \sigma_{x_2}^2$;但在新坐标系中却有不同的方差 $\sigma_{y_1}^2 \gg \sigma_{y_2}^2$,这表明样本能量向 y_1 轴相对地集中了,虽然样本的方差总和并未因坐标旋转而变,即保持 $\sigma_{y_1}^2 + \sigma_{y_2}^2 = \sigma_{x_1}^2 + \sigma_{x_2}^2$。

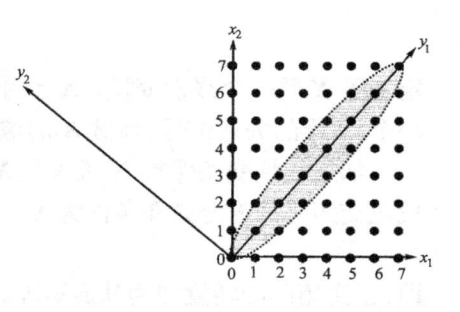

图 6.2 正交变换的几何意义

变换后各坐标轴上方差的这种不均匀分布,为数据压缩编码创造了条件。以上几何解释可推广到一串 n 个数据点或一块 $m \times n$ 像素的图像:将该数据串(或数据块)看成 n 维(或 $m \times n$ 维)空间中的一个点(如同 2.3 节对 VQ 的讨论),则此时的正交变换,从几何上看不过是 n 维(或 $m \times n$ 维)坐标系的一个旋转,只是远没有像 $n=2$ 时可用图 6.2 的平面表示那么直观。

【例 6-2】假设对例 6-1 的取样数据 $\{x_m\}$ 采用 M 点的离散傅里叶变换(DFT),得到 x_k ($k=0,1,\cdots,M-1$)。则基于我们有关频谱分析的知识,不难想像:由于 $\{x_m\}$ 为缓变数据,属于低通信号,故其频谱 x_k 的高频分量很小(或迅速衰减),能量主要集中在直流及个别低频分量上。由于方差代表信号的交流功率,因此在频率域(或 x_k 的 M 维坐标系中),数据方差的分配发生了显著变化,高频分量的方差很小,与携带主要能量的低频分量"相关性"不大,即使舍弃(或滤除)也"无伤大雅"。由此便可理解正交变换去除样本相关性的物理意义。

综上所述,正交变换实现数据压缩的物理本质就在于:经过多维坐标系中适当的旋转和变换,能够把散布在各个坐标轴上的原始数据,在新的、适当的坐标系中集中到少数坐标轴上,因此可能用较少的编码位数来表示一组信号样本,实现高效率的压缩编码。关于这一点,以后还要进一步展开讨论。

广义地说,前面几章我们所介绍的几种编码方法都是对变换后的系数进行编码,都可纳入图 6.1 通用模型的框架。例如游程法将数据样本序列映射成序对 (x, RL);算术编码将输入符号串映射成单位区间内的实数;预测法则将样本幅值映射成预测残差值 e_k[①],只是根据实用技术上的习惯,未将其归入变换编码的范畴。因而本章主要介绍正交变换编码。

6.2 离散正交变换

6.2.1 基本概念

如果 $\boldsymbol{X} = (x_1, x_2, \cdots, x_N)^T$ 是由 N 个信号样本构成的列向量(有时就称 $\boldsymbol{X}$ 为矢量信号),

$$\boldsymbol{A} = \begin{bmatrix} a_{11} & a_{12} & \cdots & a_{1N} \\ a_{21} & a_{22} & \cdots & a_{2N} \\ \vdots & \vdots & & \vdots \\ a_{N1} & a_{N2} & \cdots & a_{NN} \end{bmatrix} \tag{6.2.1}$$

是一个 $N \times N$ 的矩阵,则

---

① 1974 年 Habibi 等人已经证明:在一定条件下,DPCM 可退化为用一个下三角阵对原始数据进行变换。故可将其看成变换法的一个特例。

$$Y = AX \tag{6.2.2}$$

定义了 X 的一个线性变换。A 也称为此变换的核矩阵,而变换结果 $Y=(y_1, y_2, \cdots, y_N)^T$ 也是一个 N 维的矢量信号,称做 X 的像。

如果线性变换保持 N 维矢量 X 的模不变,则叫做正交变换。此时,A 便为正交矩阵。构成正交矩阵的充分必要条件为 $AA^T = A^T A = I$,I 为单位矩阵。因此有

$$A^T = A^{-1} \tag{6.2.3}$$

即:正交矩阵的转置即为其逆矩阵。这不仅保证了正交矩阵 A 的逆矩阵 A^{-1} 一定存在,而且无须求解;同时 A^{-1} 还具有与 A 相同的元素,这就使硬件处理设备大为简化。式(6.2.3)还保证了式(6.2.2)X 与 Y 的一一对应,因而能够用反变换得到唯一确定的复原信号

$$X' = A^T Y = A^T A X = X$$

从 3.4 节的率失真 $R(D)$ 理论来看,它相当于使平均失真 $D(Q)$(即再现误差)尽可能地小。这也就是正交变换能够在数据压缩中得到广泛应用的数学根据之一。

但是,根据 6.1 节的讨论,我们对 X 进行函数变换的一个最主要的要求就是:尽可能地去除数据相关性,以便使数码率 R,尽可能逼近第 3 章所讨论的理论极限,从而得到最大限度的数据压缩。而呈现相关性的统计特征是 X 的协方差矩阵 $\boldsymbol{\Phi}_X$,定义为

$$\boldsymbol{\Phi}_X = E\{[X - E(X)][X - E(X)]^T\} = \begin{bmatrix} \phi_{11} & \phi_{12} & \cdots & \phi_{1N} \\ \phi_{21} & \phi_{22} & \cdots & \phi_{1N} \\ \vdots & \vdots & & \vdots \\ \phi_{N1} & \phi_{N2} & \cdots & \phi_{NN} \end{bmatrix} \tag{6.2.4}$$

其元素

$$\phi_{ij} = E\{[x_i - E(x_i)][x_j - E(x_j)]\} = \phi_{ji}$$

因此,$\boldsymbol{\Phi}$ 是个实对称矩阵,反映了 X 各分量之间的相关性。若各分量之间互不相关,则 $\boldsymbol{\Phi}_x$ 中只存在主对角线元素,它们代表各分量的方差。

矩阵代数已证明,对一个实对称矩阵 $\boldsymbol{\Phi}$,必存在一个正交矩阵 Q,使得

$$Q \boldsymbol{\Phi} Q^{-1} = \text{diag}[\lambda_1 \lambda_2 \cdots \lambda_N] = \boldsymbol{\Lambda} \tag{6.2.5}$$

式中,对角阵 $\boldsymbol{\Lambda} = \text{diag}[\lambda_1 \lambda_2 \cdots \lambda_N]$ 的 N 个对角元 $\lambda_1, \lambda_2, \cdots, \lambda_N$,是 $\boldsymbol{\Phi}$ 的 N 个特征根,而矩阵 $Q^T = [q_1 q_2 \cdots q_N]^T$ 的第 i 个列向量,是 $\boldsymbol{\Phi}$ 的第 i 个特征根 λ_i 所对应的满足归一化正交条件的特征向量,即 $q_i = [q_{i1}, q_{i2}, \cdots, q_{iN}]^T$ 应满足关系

$$\boldsymbol{\Phi} q_i = \lambda_i q_i \tag{6.2.6a}$$

$$q_i^T q_j = \begin{cases} 1, & i = j \\ 0, & i \neq j \end{cases} \tag{6.2.6b}$$

因此,只要我们选正交矩阵 Q 作为式(6.2.2)中的变换矩阵 A,其行向量是 X 的协方差矩阵 $\boldsymbol{\Phi}_X$ 的特征向量的转置,则变换后的矢量信号 Y 的协方差矩阵

$$\boldsymbol{\Phi}_Y = E\{[Y - E(Y)][Y - E(Y)]^T\} = E\{[QX - E(QX)][QX - E(QX)]^T\}$$
$$= QE\{[X - E(X)][X - E(X)]^T\}Q^T = Q \boldsymbol{\Phi}_X Q^T = \boldsymbol{\Lambda} \tag{6.2.7}$$

成为对角阵,即 X 各分量间的相关性被全部去除。这是采用正交变换的又一个数学根据。

所以,不管从准确再现信源出发也好,从去除相关性着手也罢,都希望变换 A 取正交矩阵。这就是一些实用于数据压缩的 A,往往是正交变换的原因所在。

【例 6-3】图 6.2 的旋转变换事实上就是一种正交变换 $A = \begin{bmatrix} \cos\theta & \sin\theta \\ -\sin\theta & \cos\theta \end{bmatrix}$,这里 $\theta = 45°$。

如果 $\boldsymbol{\Phi}_X = \begin{bmatrix} a & a \\ a & a \end{bmatrix}$ 表明 x_1 与 x_2 完全相关，则 $\boldsymbol{\Phi}_Y = A\boldsymbol{\Phi}_X A^\mathrm{T} = \begin{bmatrix} 2a & 0 \\ 0 & 0 \end{bmatrix}$ 表明输出 y_1 和 y_2 已完全被解除了相关。

6.2.2 KL 变换

以矢量信号（X）的协方差矩阵（$\boldsymbol{\Phi}_X$）的归一化正交特征向量（$\boldsymbol{q}_i$）所构成的正交矩阵（Q），对该矢量信号所做的正交变换（$Y = QX$）称做 Karhunen-Loeve 变换（或特征向量变换，简称 KL 变换或 KLT①）。

由上述定义：为实现 KLT 首先要知道 $\boldsymbol{\Phi}_X$，再据此求出 Q。$\boldsymbol{\Phi}_X$ 的求法与式(5.2.8)中自相关矩阵的求法类似，而 Q 的求解在线性代数课程中有介绍，这里仅举一例作为复习。

【例 6-4】若已知随机信号 X 的协方差矩阵为 $\boldsymbol{\Phi}_X = \begin{bmatrix} 1 & 1 & 0 \\ 1 & 1 & 0 \\ 0 & 0 & 1 \end{bmatrix}$，求正交矩阵 Q。

解：(1) 由 $\boldsymbol{\Phi}_X$ 求特征值。

令 $\begin{vmatrix} 1-\lambda & 1 & 0 \\ 1 & 1-\lambda & 0 \\ 0 & 0 & 1-\lambda \end{vmatrix} = 0$，按 $\lambda_1 > \lambda_2 > \lambda_3 \cdots$ 次序可解出：$\lambda_1 = 2, \lambda_2 = 1, \lambda_3 = 0$。

(2) 求特征向量。

将 $\boldsymbol{q}_i = [q_{i1}, q_{i2}, q_{i3}]^\mathrm{T}$ 代入式(6.2.6a)，有 $\boldsymbol{\Phi}_X \boldsymbol{q}_i = \lambda_i \boldsymbol{q}_i (i=1,2,3)$，解这 3 个方程组：

① 由 $\begin{bmatrix} q_{11}+q_{12} \\ q_{11}+q_{12} \\ q_{13} \end{bmatrix} = 2\begin{bmatrix} q_{11} \\ q_{12} \\ q_{13} \end{bmatrix}$，得 $q_{11} = q_{12} = a, q_{13} = 0$，即 $\boldsymbol{q}_1 = \begin{bmatrix} a \\ a \\ 0 \end{bmatrix}$；

② 由 $\begin{bmatrix} q_{21}+q_{22} \\ q_{21}+q_{22} \\ q_{23} \end{bmatrix} = 2\begin{bmatrix} q_{21} \\ q_{22} \\ q_{23} \end{bmatrix}$，得 $q_{21} = q_{22} = 0, q_{23} = b$，即 $\boldsymbol{q}_2 = \begin{bmatrix} 0 \\ 0 \\ b \end{bmatrix}$；

③ 由 $\begin{bmatrix} q_{31}+q_{32} \\ q_{31}+q_{32} \\ q_{33} \end{bmatrix} = 2\begin{bmatrix} 0 \\ 0 \\ 0 \end{bmatrix}$，得 $q_{31} = q_{32} = c, q_{33} = 0$，即 $\boldsymbol{q}_3 = \begin{bmatrix} c \\ -c \\ 0 \end{bmatrix}$。

其中，待定实常数可由归一化正交条件即式(6.2.6b)解得：$a = \frac{\sqrt{2}}{2}, b = 1, c = \frac{\sqrt{2}}{2}$。

(3) 得到归一化正交矩阵：

$$Q = [\boldsymbol{q}_1 \quad \boldsymbol{q}_2 \quad \boldsymbol{q}_3]^\mathrm{T} = \frac{\sqrt{2}}{2}\begin{bmatrix} 1 & 1 & 0 \\ 0 & 0 & \sqrt{2} \\ 1 & -1 & 0 \end{bmatrix}$$

(4) 代入式(6.2.5)验证：

---

① 也有一些文献将离散的 KLT 称为 Hoteling 变换，因他在 1933 年最先给出将离散信号变换成一串不相关系数的方法，并称之为主分量法。

$$Q\boldsymbol{\Phi}_X Q^{\mathrm{T}} = \frac{1}{2}\begin{bmatrix} 1 & 1 & 0 \\ 0 & 0 & \sqrt{2} \\ 1 & -1 & 0 \end{bmatrix}\begin{bmatrix} 1 & 1 & 0 \\ 1 & 1 & 0 \\ 0 & 0 & 1 \end{bmatrix}\begin{bmatrix} 1 & 0 & 1 \\ 1 & 0 & -1 \\ 0 & \sqrt{2} & 0 \end{bmatrix} = \begin{bmatrix} 2 & 0 & 0 \\ 0 & 1 & 0 \\ 0 & 0 & 0 \end{bmatrix}$$

正好是以 λ_i 作为主对角元的对角阵。

KL 变换具有以下性质:

① KLT 使矢量信号的各个分量互不相关,即变换域信号的协方差矩阵为对角线型。这已由式(6.2.7)证明。

② KLT 是在均方误差准则下,失真最小的一种变换,故又称最佳变换。

这个问题是从数据压缩角度提出的。因为经正交变换后矢量信号 Y 的分量个数并未减少,若要压缩数据必须删去能量较小的一些分量,这就带来失真。设只保留 $m < N$ 个分量,则解码时也只能恢复 m 个分量。若删去的 $N-m$ 个信号分量均值为零,则可以证明(习题与思考题 6-1):

KLT 可使恢复信号的均方误差最小,且这个最小值等于变换域内矢量信号被删除的最小的 $(N-m)$ 个方差之和,相当于 Y 的协方差矩阵 $\boldsymbol{\Phi}_Y$ 最小的 $N-m$ 个对角元之和,即

$$\min \sigma_e^2 = \sum_{j=m+1}^{N} \lambda_j \tag{6.2.8}$$

这就给编解码器的设计带来了方便,而且也便于失真和码率的控制。

但我们也应该看到,KLT 虽具有 MSE 意义下的最佳性能,但需要先知道信源的协方差矩阵并求出特征值。而求特征值与特征向量并非易事,维数高时甚至求不出。即使能借助于计算机求解,也很难满足实时处理的要求,而且从编码应用看还需要将这些信息传输给接收端。这就是 KLT 在工程实践中不能广泛使用的原因。人们一方面继续寻求特征值与特征向量的快速算法,另一方面则寻找一些虽非"最佳",但也有较好的去相关与能量集中性能、而实现却容易得多的一些变换方法。而 KLT 就常常作为对这些变换性能的评价标准。

在早期的编码实践中,用 KLT 压缩在 13.5 Kb/s 下得到的语音质量,可与 56 Kb/s 的 PCM 相比拟;在 2bit/pel 编码下的图像质量,可与 7bit/pel 的 PCM 相当。

6.2.3 图像编码中的正交变换

1963 年 J. J. Y. Huang 等人提出了对相关随机变量先正交变换再分组量化的方法。由于图像信号的取样率和数据量比起语音等要高得多,对于压缩的需求也大得多,因而人们对变换法用于图像数据压缩寄予了很大的期望,许多新变换都是针对图像信号的特点而提出的。

正交变换图像编码始于 1968 年。当时 H. C. Andrews 等人基于大多数自然图像的高频分量相对幅度可能较低、可完全舍弃或者只用少数码字编码而失真不大的认识,提出不对图像本身编码,而只编码和传输其二维 DFT 系数。但 DFT 是一种复变换,运算量大,影响实时处理。第二年他们就发现用 Walsh-Hadamard 变换(WHT)取代 DFT 可使计算量明显减少,这是因为 WHT 既存在着类似于快速傅里叶变换(FFT)的快速运算结构,又只有整数加减运算而无须乘法。以后尝试各种变换以及研究新变换的热情空前高涨,例如比 WHT 更快速的 Haar 变换(HRT),能匹配图像亮度线性变化的斜变换(SLT)等。但更有意义的是一大类正弦型实变换的出现,它们以 DCT 和离散正弦变换(DST)为代表,均具有快速算法。其中最重要的是 N. Ahmed 等人于 1974 年提出的离散余弦变换(DCT),因其变换矩阵的基向量很近似于 Toeplitz 矩阵的特征向量,而 Toeplitz 矩阵又体现了人类语言及图像信号的相关特性。

因此，DCT常常被认为是对语音和图像信号的准最佳变换，其性能接近KLT。进一步的研究表明，对于常用的Markov过程数据模型，当相关系数$\rho \to 1$时，KLT便退化为经典的DCT。因此，对于大多数相关性很强的图像数据，DCT是KLT的最佳替代者。

为便于工程实现，许多学者曾竭力寻求或改进DCT的快速算法。早期研究偏重于减少乘法并不惜为此而增加加法，但随着一些新型数字信号处理器(DSP)和带DSP指令集的CPU(如Intel公司的MMX等系列指令集)的出现，这种努力的意义迅速降低，因为这些器件的乘法和加法一样快，并且乘法和累加可在同一条指令周期内完成。这也使得WHT、SLT等虽无乘法但性能却劣于DCT的方波形正交变换黯然失色[①]。由于VLSI技术的发展，结构有规律或易于并行的一些DCT算法已能用ASIC或微码实现，这就更牢固地确立了DCT目前在图像编码中的重要地位，成为一系列国际标准的主要环节。

但是，DCT系数都是小数，用浮点表示不利于降低应用成本，若改用分数表示就可能在精度降低不多的情况下采用定点器件实现。从另一方面说，对变换后的数据进行二次量化本身就会引入失真，所以变换环节有一点精度损失往往也能够接受。因此，进入2000年后，整数变换(或近似DCT)也开始出现在H.264这样的新标准中。

6.2.4 DCT

将DCT的核矩阵

$$\boldsymbol{A} = \sqrt{\frac{2}{M}} \left[c(k) \cos \frac{(2m+1)k\pi}{2M} \right]_{M \times M} \quad k(\text{行}), m(\text{列}) = 0, 1, \cdots, M-1 \quad (6.2.9)$$

代入到式(6.2.2)中，就得到$M \times 1$矢量信号$\boldsymbol{x} = [x(0), x(1), \cdots, x(M-1)]^{\mathrm{T}}$的一维离散余弦变换矢量信号$\boldsymbol{X} = [\boldsymbol{X}(0), \boldsymbol{X}(1), \cdots, \boldsymbol{X}(M-1)]^{\mathrm{T}}$，即

$$\boldsymbol{X} = \boldsymbol{A}\boldsymbol{x} \quad (6.2.10\mathrm{a})$$

其中

$$c(k) = \begin{cases} \frac{1}{\sqrt{2}} & k = 0; \\ 1, & k = 1, 2, \cdots, M-1 \end{cases} \quad (6.2.11)$$

可以验证$\boldsymbol{A}$是一个正交矩阵，但不是对称矩阵。而反变换(IDCT)矩阵根据正交性即为

$$\boldsymbol{A}^{-1} = \boldsymbol{A}^{\mathrm{T}} = \sqrt{\frac{2}{M}} \left[c(k) \cos \frac{(2m+1)k\pi}{2M} \right]_{M \times M} \quad m(\text{行}), k(\text{列}) = 0, 1, \cdots, M-1 \quad (6.2.12)$$

它除了行、列序号互换外，形式上与式(6.2.9)完全相同。由此得到反变换的矢量形式

$$\boldsymbol{x} = \boldsymbol{A}^{\mathrm{T}}\boldsymbol{X} \quad (6.2.13\mathrm{a})$$

式(6.2.10a)的DCT与式(6.2.13a)的IDCT也可分别写成如下的一维求和形式

$$X(k) = \sqrt{\frac{2}{M}} c(k) \sum_{m=0}^{M-1} x(m) \cos \frac{(2m+1)k\pi}{2M} \quad (k = 0, 1, \cdots, M-1) \quad (6.2.10\mathrm{b})$$

$$x(m) = \sqrt{\frac{2}{M}} \sum_{k=0}^{M-1} c(k) X(k) \cos \frac{(2m+1)k\pi}{2M} \quad (m = 0, 1, \cdots, M-1) \quad (6.2.13\mathrm{b})$$

数字图像$x(m,n)$可看成是一个$M \times N$的矩阵，借助于二维DCT，可以将图像从空间域(即

[①] HRT则由于和小波变换的联系而有了新的"市场"。

mn 平面)变换到 DCT 域(即 kl 平面)。以求和形式定义的二维 DCT 为

$$X(k,l) = \frac{2}{\sqrt{MN}} c(k)c(l) \sum_{m=0}^{M-1} \sum_{n=0}^{N-1} x(m,n) \cos\frac{(2m+1)k\pi}{2M} \cos\frac{(2n+1)l\pi}{2N}$$

$$= \sqrt{\frac{2}{M}} c(k) \sum_{m=0}^{M-1} \left\{ \sqrt{\frac{2}{N}} c(l) \sum_{n=0}^{N-1} x(m,n) \cos\frac{(2n+1)l\pi}{2N} \right\} \cos\frac{(2m+1)k\pi}{2M}$$

$$(k = 0, 1, \cdots, M-1; \quad l = 0, 1, \cdots, N-1) \tag{6.2.14a}$$

可见,二维 DCT 实际上可分解为两个一维 DCT:即先以 n 为变量,对 $x(m,n)$ 逐行进行一维 DCT 得到一个中间结果 $X'(m,l)$;再对中间结果以 m 为变量,逐列进行第二个一维 DCT,得到最终的变换结果 $X(k,l)$。之所以能够这样做,是因为式(6.2.14a)中 DCT 的变换核可写成

$$g(m,n;k,l) = c(k)c(l) \cos\frac{(2m+1)k\pi}{2M} \cos\frac{(2n+1)l\pi}{2N} = u(m,k) \cdot v(n,l) \tag{6.2.15}$$

变换核可分离的结果,使得可用矩阵形式表达式(6.2.14a)的二维 DCT,即

$$[\boldsymbol{X}] = \boldsymbol{A}[\boldsymbol{x}]\boldsymbol{B}^{\mathrm{T}} \tag{6.2.14b}$$

其中 $\boldsymbol{A}$ 由式(6.2.9)定义,为 $M \times N$ 阶 DCT 方阵;$\boldsymbol{B}^{\mathrm{T}}$ 的结构与式(6.2.12)所定义的 IDCT 矩阵 $\boldsymbol{A}^{\mathrm{T}}$ 相同,只是在此为 $N \times N$ 方阵

$$\boldsymbol{B}^{\mathrm{T}} = \sqrt{\frac{2}{N}} \left[c(l) \cos\frac{(2n+1)l\pi}{2N} \right]_{N \times N} \tag{6.2.16}$$

式中,n(行)、l(列)$= 0, 1, \cdots, N-1$。

根据 $\boldsymbol{A}$、$\boldsymbol{B}$ 的正交性,二维 IDCT 的矩阵表达式可直接由式(6.2.14b)写出

$$[\boldsymbol{x}] = \boldsymbol{A}^{\mathrm{T}}[\boldsymbol{X}]\boldsymbol{B} \tag{6.2.17a}$$

而与式(6.2.14a)相对应的二维 IDCT 标量表达式形式则为

$$x(m,n) = \frac{2}{\sqrt{MN}} \sum_{k=0}^{M-1} \sum_{l=0}^{N-1} c(k)c(l) X(k,l) \cos\frac{(2m+1)k\pi}{2M} \cos\frac{(2n+1)l\pi}{2N}$$

$$(m = 0, 1, \cdots, M-1; \quad n = 0, 1, \cdots, N-1) \tag{6.2.17b}$$

显见,二维 IDCT 的变换核也是可分离的。

因此,二维 DCT、IDCT 的计算问题也已解决:均可先逐行(列)、再逐列(行)用一维 DCT、IDCT 直接变换。这一般称为行列分离法。以二维 DCT 为例,其过程可用图 6.3 表示。

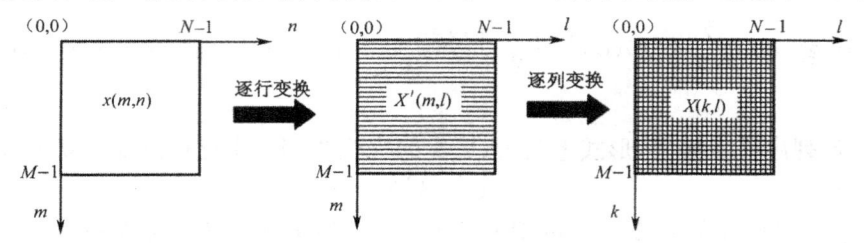

图 6.3 二维 DCT 的行列分离计算过程

显然,行列分离算法的好处是结构简单,可以直接利用一维 DCT 快速运算子程序或硬件结构,实现容易。其运算量由图 6.3 易知,共需做 M 次 N 点的和 N 次 M 点的一维 DCT。直接考虑二维 DCT 的快速算法运算量可以更少,但实现起来远不如分离为一维计算简洁直观。

【例 6-5】令 $M=N=4$,则由式(6.2.9),可以写出式(6.2.14b)中 4×4 的 DCT 矩阵为

$$A = \begin{bmatrix} \frac{1}{2} & \frac{1}{2} & \frac{1}{2} & \frac{1}{2} \\ \sqrt{\frac{1}{2}}\cos\frac{\pi}{8} & \sqrt{\frac{1}{2}}\cos\frac{3\pi}{8} & \sqrt{\frac{1}{2}}\cos\frac{5\pi}{8} & \sqrt{\frac{1}{2}}\cos\frac{7\pi}{8} \\ \frac{1}{2} & -\frac{1}{2} & -\frac{1}{2} & \frac{1}{2} \\ \sqrt{\frac{1}{2}}\cos\frac{3\pi}{8} & \sqrt{\frac{1}{2}}\cos\frac{9\pi}{8} & \sqrt{\frac{1}{2}}\cos\frac{15\pi}{8} & \sqrt{\frac{1}{2}}\cos\frac{21\pi}{8} \end{bmatrix}$$

$$= \begin{bmatrix} a & a & a & a \\ b & c & -c & -b \\ a & -a & -a & a \\ c & -b & b & -c \end{bmatrix} \quad (6.2.18)$$

其中
$$a = \frac{1}{2}, \quad b = \sqrt{\frac{1}{2}}\cos\frac{\pi}{8}, \quad c = \sqrt{\frac{1}{2}}\cos\frac{3\pi}{8} \quad (6.2.19)$$

6.2.5 基于 DCT 的整数变换

将式(6.2.18)的结果代入式(6.2.14b),有

$$[X] = A[x]A^T = \begin{bmatrix} a & a & a & a \\ b & c & -c & -b \\ a & -a & -a & a \\ c & -b & b & -c \end{bmatrix}[x]\begin{bmatrix} a & b & a & c \\ a & c & -a & -b \\ a & -c & -a & b \\ a & -b & a & -c \end{bmatrix} \quad (6.2.20)$$

如果直接算出有

$$A = \begin{bmatrix} 0.5 & 0.5 & 0.5 & 0.5 \\ 0.653 & 0.271 & -0.271 & -0.653 \\ 0.5 & -0.5 & -0.5 & 0.5 \\ 0.271 & -0.653 & 0.653 & -0.271 \end{bmatrix}$$

代入式(6.2.20),那就是通常的 DCT 做法,为此不得不计算实型数,或动用浮点处理器。但是,式(6.2.20)的矩阵乘可以等价地分解为[Richardson, 2003]

$$[X] = (C[x]C^T) \otimes E$$

$$= \begin{bmatrix} 1 & 1 & 1 & 1 \\ 1 & d & -d & -1 \\ 1 & -1 & -1 & 1 \\ d & -1 & 1 & -d \end{bmatrix}[x]\begin{bmatrix} 1 & 1 & 1 & d \\ 1 & d & -1 & -1 \\ 1 & -d & -1 & 1 \\ 1 & -1 & 1 & -d \end{bmatrix} \otimes \begin{bmatrix} a^2 & ab & a^2 & ab \\ ab & b^2 & ab & b^2 \\ a^2 & ab & a^2 & ab \\ ab & b^2 & ab & b^2 \end{bmatrix}$$

$$(6.2.21)$$

式中:$C[x]C^T$ 是一个二维变换"核",E 是一个标量因子矩阵;符号"$\otimes$"表示($C[x]C^T$)的每一个元素被标量因子矩阵 E 中同一位置上的标量因子相乘(就是标量乘法,而非矩阵乘法);常数 a 和 b 同式(6.2.19),而 $d = c/b \approx 0.414$。

为了实现的简化,将 d 近似为 0.5,而为了仍维持变换的正交性,b 也要相应修改,从而

$$a = \frac{1}{2}, \quad b = \sqrt{\frac{2}{5}}, \quad d = \frac{1}{2} \quad (6.2.22)$$

将式(6.2.22)的 d 代入式(6.2.21)的 C,并通过修改 E 使 C 的元素均为整数,即得最后的 4×

4 整数正变换为

$$[X] = (C_f[x]C_f^T) \otimes E_f$$

$$= \begin{bmatrix} 1 & 1 & 1 & 1 \\ 2 & 1 & -1 & -2 \\ 1 & -1 & -1 & 1 \\ 1 & -2 & 2 & -1 \end{bmatrix} [x] \begin{bmatrix} 1 & 2 & 1 & 1 \\ 1 & 1 & -1 & -2 \\ 1 & -1 & -1 & 2 \\ 1 & -2 & 1 & -1 \end{bmatrix} \otimes \begin{bmatrix} a^2 & \frac{ab}{2} & a^2 & \frac{ab}{2} \\ \frac{ab}{2} & \frac{b^2}{4} & \frac{ab}{2} & \frac{b^2}{4} \\ a^2 & \frac{ab}{2} & a^2 & \frac{ab}{2} \\ \frac{ab}{2} & \frac{b^2}{4} & \frac{ab}{2} & \frac{b^2}{4} \end{bmatrix} \quad (6.2.23a)$$

式(6.2.23a)只是对 4×4 正向 DCT 的一个近似，由于修改了标量因子 d 和 b，因而新的整数变换的结果与 4×4 DCT 的结果并不恒等。但是，H.264 通过采取一系列措施可使采用 DCT 和采用近似变换的性能相同。这样，利用式(6.2.23a)进行正变换，对于变换"核"$C_f[x]C_f^T$ 只需进行整数的加减和移位，动态范围可始终用 16 位整数(除了遇到某些异常的输入模式)。而标量后处理运算"$\otimes E_f$"只需对每个系数做一次乘法，而且可以被随后的二次量化过程"吸收"(即可与量化加权矩阵合并)。

式(6.2.23a)的反变换由下式给出：

$$[x] = C_i^T([X] \otimes E_i)C_i$$

$$= \begin{bmatrix} 1 & 1 & 1 & \frac{1}{2} \\ 1 & \frac{1}{2} & -1 & -1 \\ 1 & -\frac{1}{2} & -1 & 1 \\ 1 & -1 & 1 & -\frac{1}{2} \end{bmatrix} \left[[X] \otimes \begin{bmatrix} a^2 & ab & a^2 & ab \\ ab & b^2 & ab & b^2 \\ a^2 & ab & a^2 & ab \\ ab & b^2 & ab & b^2 \end{bmatrix} \right] \begin{bmatrix} 1 & 1 & 1 & 1 \\ 1 & \frac{1}{2} & -\frac{1}{2} & -1 \\ 1 & -1 & -1 & 1 \\ \frac{1}{2} & -1 & 1 & -\frac{1}{2} \end{bmatrix}$$

(6.2.23b)

此时，先对$[X]$的各个系数用矩阵 E_i 的标量因子加权，而对反变换矩阵 C_i 和 C_i^T 中的±1/2 因子，即使代之以右移也不会有多大的精度损失，因为对$[X]$已进行了"预缩放"(pre-scaled)。

注意：此时正、反变换的总体效果是正交的，即满足 $T^{-1}(T[x])=[x]$。

6.3 图像的正交变换编码

5.5 节讨论了静止图像的预测编码和 JPEG 的无损压缩模式，这些对于珍贵或特殊图像数据的保存是必要的。但在网络信息时代，为了能更经济有效地存储、发送、浏览、检索、下载和输出图片资料，就必须对静止图像数据进行更高倍数的限失真压缩。因此，本节将主要结合 JPEG 的基本压缩模式，介绍静止图像正交变换编码的具体实现。而采用小波变换的静止图像编码，则在 7.3 节讨论。

6.3.1 变换矩阵的选择

静止图像变换编码系统仍如图 6.1 的一般框图。一般来说，采用何种正交变换(即确定变换矩阵 A 的类型)以及选择多大的变换数据块(即确定 A 的阶数)，是变换编码首先要明确的问题。而正交变换编码之所以能压缩数据量，主要是因正交变换具有如下有用的性质：

① 熵保持。因为归一化正交变换的 Jacobi 行列式的值等于 1，这说明通过正交变换本身并不丢失信息，因此，可以用传送变换系数来达到传输信息的目的。

② 能量保持。对于二维酉变换,可以证明变换域中的信号能量与原来空间域中的信号能量相等,即

$$\sum_{m=0}^{M-1}\sum_{n=0}^{N-1}|x(m,n)|^2 = \sum_{k=0}^{M-1}\sum_{l=0}^{N-1}|x(k,l)|^2 \tag{6.3.1}$$

式(6.3.1)有时又称之为二维 Passevel 定理。其对于数据压缩的指导意义在于:只有当空间域信号能量全部转换到某个变换域后,有限个空间取样值才能完全由有限个变换系数对于基矢量的加权来恢复。

③ 去(解)相关。正交变换可使强相关的空间样值变为不相关或弱相关的变换系数,换句话说,正交变换有可能使相关的空间域转变为不相关的变换域,使得存在于相关性之中的数据冗余度得以去除。在一定条件下甚至可以使这些系数相互独立①,从而得到无记忆信源。若果真如此,则考虑到归一化正交变换具有保熵性(性质①),我们就得到了通常无法得到的原始数据块(如图像)的极限熵 H_∞(或接近于 H_∞,见 3.3.1 节),这预示着可望达到更高的压缩倍数。

④ 能量重新分配与集中。这是正交变换法最重要的优点,也是利用它能实现数据压缩的物理本质。此性质 DPCM 并不具备。因为当变换点数较少时,实践证明变换域系数(除直流系数外)也为拉普拉斯分布,有可能与 DPCM 法相同,零和小幅值系数占绝大多数,但 DPCM 的幅度分布在全空间均可能相同,对每个残差均需编码;而变换法则按统计规律集中分布在一定的区域上,这就使我们有可能利用此先验知识在质量允许的情况下,舍弃一些能量较小者(或者只给其分配较少的位数),从而使数据率有较大的压缩。事实上可以证明,变换编码相对于 PCM 的增益

$$G_N = \frac{1}{N}\sum_{i=0}^{N-1}\sigma_i^2 \bigg/ \sqrt[N]{\prod_{i=0}^{N-1}\sigma_i^2} \tag{6.3.2}$$

为变换域系数方差 σ_i^2 的算术平均与其几何平均之比,式(6.3.2)常常被用做评价正交变换性能优劣的技术指标之一。

上述 4 个性质中,①、②为一切归一化正交变换所具有,而③、④最重要,但不同的归一化正交变换却差别甚大。由 6.2.2 节,若数据广义平稳,经过 KLT 后各系数互不相关,能量最为集中。由于舍弃数值小的系数所造成的均方误差最小,故 KLT 是在 MMSE 意义下的最佳变换,可作为研究各种变换方式对压缩性能影响的比较标准。但是,由于 KLT 的基向量是原始子图像协方差阵的特征向量,随待编码子图像的内容而变,故从实现成本和实时性考虑,KLT 常被认为是最困难的一种变换。再者,很多图像不满足平稳性的假定,加之 MSE 也不是一个很好的质量评价标准,因此 KLT 的实用价值不如其理论价值。事实上,对实际图像的变换编码来说,以非平稳随机过程为假设前提的自适应变换往往较 KLT 更为有效。

如果图像信号为 Markov 模型,则典型正交变换的大致性能比较如下。

按正交变换能量集中性能从好到差的排序:

KLT→DCT→SLT→DFT→WHT→HRT

按正交变换运算量从小到大的排序:

HRT→WHT→SLT→DCT→DFT→KLT

---

① 例如加大变换尺寸,因为在变换域得到的系数实际上是大量样本的加权和。实践表明,二维 DCT、DFT 的尺寸取得越大,变换系统越趋于高斯分布,这也符合概率论中心极限定理的结论。而对于高斯分布,不相关与统计独立等价。

综合考虑上述及 6.2.3 节的讨论,图像压缩选 DCT 为变换矩阵性能较好[①]。

变换类型选定后,为实现方便起见,实用中的子图像及二维变换矩阵常选 $M \times M$ 的方阵,即式(6.2.14)中取 $M=N$。而变换矩阵阶数 M 的选取原则一般有两条:

① 若 M 小,便于自适应、计算速度快、实现简单[②],但"方块效应"严重[③];

② 若 M 大,去相关效果好[④],但渐趋饱和。从概念上,M 越大,计入的相关数据样本越多,有利于改善性能;但当数据块足够大后,若再加大 M,则新加入的样本与中心附近的样本之间相关性甚小,对数据压缩的好处不明显,而计算复杂性将迅速增加。

对于图像编码,最常用的子图像块大小为 $M \times M = 8 \times 8$[⑤],而整数变换也取 4×4。但随着对高清视频需求的增加,子图像块的尺寸有增大的趋势,例如在 H.265 中已用到 64×64 了。好在图像尺寸的变换也可以直接在 DCT 域中进行[许海峰,2007]。

【例 6-6】 JPEG、H.261/263 和 MPEG-1/2 等国际标准均选择了 8×8 的二维 DCT,则由式(6.2.14a)和(6.2.17a),可直接写出此时二维 DCT 正、反变换(二维 FDCT 和二维 IDCT)。

二维 FDCT($k,l=0,1,\cdots,7$):

$$X(k,l) = \frac{1}{4} c(k)c(l) \sum_{m=0}^{7} \sum_{n=0}^{7} x(m,n) \cos \frac{(2m+1)k\pi}{16} \cos \frac{(2n+1)l\pi}{16} \quad (6.3.3a)$$

二维 IDCT($m,n=0,1,\cdots,7$):

$$x(m,n) = \frac{1}{4} \sum_{k=0}^{7} \sum_{l=0}^{7} c(k)c(l) X(k,l) \cos \frac{(2m+1)k\pi}{16} \cos \frac{(2n+1)l\pi}{16} \quad (6.3.3b)$$

其中 $c(\cdot)$ 的定义仍如式(6.2.11)。实用中应保证 FDCT 与 IDCT 具有一定的运算精度。

这是二维正交变换,也已有更高维数($D>2$)的正交变换用于彩色图像编码[赵志杰,2008]。

根据选定(或指定)的变换矩阵 A 及其阶数(即图像分块尺寸 $M \times M$)完成正变换后,整个编码器的实现过程主要就是选择变换域系数并对选中的系数按一定的准则量化与编码。

6.3.2 变换域系数的选择

在变换域中保留哪些系数进行量化编码,略去哪些系数不予传输(解码时直接补零),对变换法压缩编码的性能有很大的影响。原则上,应是保留能量集中的、方差大的系数。系数选择,实际上是在变换域的二次取样,通常有以下两种方法。

(1) 区域编码

即只对规定区域内的变换系数进行量化编码,略去区域外的系数。该区域的形状和大小取决于图像预滤波器的频响、所需的压缩比以及所选用的变换方法和变换块尺寸等。这种方法的关键在于选出能量相对集中的区域,以便保留大部分图像能量,使得恢复像质的劣化不那么显著。而分析和实验指出,以 MSE 为准则的最佳区域正是所谓的最大方差区。由于从统计意义上变换系数的能量多半集中于低频系数,所以编码区域总取在低频端。例如对于

[①] DCT 曾用于语音的波形编码;而在语音参数编码中,也有余弦变换编码(STC)。
[②] FFT 型的快速算法其运算量常为 $O(M\log_2 M)$ 量级。
[③] 例如由于相邻子图像在边界处的不连续而造成的所谓 Gibss 效应,显著时会呈现一些"波纹"。
[④] 因为 DFT、DCT、DST 等正弦型酉变换均具有渐近最佳性,即当变换点数 $M \to \infty$ 时,其去相关性能趋于 KLT,可把图像等数据的协方差阵对角化,但 HRT、WHT 等除外。
[⑤] 对语音的变换编码一般逐帧进行,按语音信号短时平稳的原则大约每 25ms 分为一帧,则 $M \approx 200$。

DCT，图 6.4 给出一种实际效果较好的编码区域。区域编码的缺点是事先定好了区域的形状，而有时大能量系数也会出现在其他处，舍掉会造成像质较大的损失（如边缘模糊），总体效果呈现一种被平滑的感觉（因为舍掉的多为高频系数）；区域编码的好处则是编码简单，而且对区域内的编码位数可预分配，从而使变换块的码率为定值（但在总量为定值下的最佳分配也需要斟酌【Sayood,2006】），有利于限制误码扩散。为了扬长避短，可以预设几个区域，再根据实际系数的分布自动选取能量最大者，并将区域类别额外编码通知接收端①。

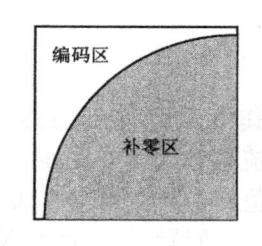

图 6.4 区域选择示意图

（2）阈值编码

不限编码区域，而是对整个变换块预设一个门限：如果某系数方差（或幅度绝对值）超过该阈值，就保留下来编码传输，否则舍弃。这样就有自适应能力，可得到较区域编码更好的图像质量。缺点则是超过阈值的有效系数是随机的，需要同时编码其位置信息。所以编码技术较区域编码复杂，需要一定的技巧，否则得不偿失。几种国际标准都对此作了精心设计。

【例 6-7】 经过视觉加权量化（见 6.3.3 节）后的 DCT 系数 $c(k,l)$ 构成一个稀疏矩阵：除了左上角的 $c(0,0)$（即直流系数 DC）外，其他只有少数非零。为便于编码，H.261 和 JPEG 均从左上角开始按 Z 形扫描（zig-zag scan）将二维量化系数阵列重组为一维数组 ZZ，意在尽量匹配量化系数的能量分布，使其基本上能按能量递减的方式排序。该一维数组元素的位置顺序如图 6.5 所示，其中第一个为 DC 系数，其他则为交流（AC）系数，均为用 2 进制补码表示的整数，即：$ZZ(0)=c(0,0), ZZ(1)=c(0,1), ZZ(2)=c(1,0),\cdots,ZZ(63)=c(7,7)$。编码顺序即依据 ZZ 的序号，方法即如 4.4.2 节已介绍过的 JPEG 的 AC 系数编码方法。由此便实现了对于阈值保留系数及其位置的高效联合编码。

```
 0  1  5  6 14 15 27 28
 2  4  7 13 16 26 29 42
 3  8 12 17 25 30 41 43
 9 11 18 24 31 40 44 53
10 19 23 32 39 45 52 54
20 22 33 38 46 51 55 60
21 34 37 47 50 56 59 61
35 36 48 49 57 58 62 63
```

图 6.5 DCT 系数的 Z 形扫描序

6.3.3 系数的量化

对变换系数的量化属于图 1.2 所标明的"二次量化"，理论上可采用标量量化（SQ）、分组量化（BQ：Block Quantization）或矢量量化（VQ），而实现时则不仅要与比特分配和编码方法联合考虑，还要受系数选择方式限制。因为对于阈值编码，每个变换块内有效系数的个数和位置（决定了该系数的重要性）都是随机的，不便于组织成大小固定的分组或矢量。因此在变换编码中，BQ 和 VQ 只用于区域编码，而 SQ 则不受此限制。

SQ 对每一系数单独量化，量化分层既可以是均匀的，也可以是非均匀的。关于 SQ 和 VQ 的基本原理已分别如 2.2 节和 2.3 节所述，而 BQ 的思路和性能则介于两者之间。目前在多种图像编码国际标准中已广泛应用的是 SQ，第 5 章 DPCM 法对静止图像预测残差所进行的量化也为 SQ，而 LPC 对语音预测残差的量化则普遍采用 VQ（因为帧长即"区域"已给定）。

对于标量量化，当总的待编码系数及根据压缩比要求赋予该变换块的总编码位数给定后，编码区域内某系数 $X(k,l)$ 所分到的编码位数 $N_b(k,l)$ 应正比于 $X(k,l)$ 的期望方差，即

---

① 区域编码也用于对语音信号的变换编码。语音的自适应 DCT 编码在长话和通信的要求音质下分别可压缩到 16Kb/s 和 9.6Kb/s 的传输码率。

$$N_b(k,l) \propto \frac{1}{J}\sum_{j=1}^{J} E\{X_j^2(k,l)\} \tag{6.3.4}$$

其中 $X_j(k,l)$ 为总共 J 个 $M\times M$ 变换块中第 j 个方块在 (k,l) 位置上的系数值。通常除了直流系数 $X_j(0,0)$（它一般代表或正比于该块图像数据的平均分量）外，$X_j(k,l)$ 可认为是零均值。由此就可按 2.2.3 节 M—L 算法设计出 MMSE 意义下对 $X_j(k,l)$ 的最佳量化器。

问题是，对每个 $X_j(k,l)$ 都分配一个 $N_b(k,l)$ 并逐一优化设计，似乎过于繁琐。由于量化误差均与最大量化间隔 $\Delta_{\max} = \max\limits_{1\leqslant q\leqslant J}(d_q-d_{q-1})$ 有关[1]，实用中更可取的是给定 $\Delta_{\max}$（从而限制了量化均方误差 ε）后，通过量化编码设计使 N_b 最小。分析和实践表明，在一定条件下，均匀量化加熵编码即可使 N_b 更低。这样一来，由于无须预先分配 $N_b(k,l)$，设计与实现简单多了，性能甚至也更好，很适合于阈值编码，并被许多国际标准采用。

【例 6-8】 H.261 建议对每一分块的 64 个二维 FDCT 系数用同一个均匀量化器量化（即图 5.14 中的"Q"），得到量化后的 DCT 系数 $c(k,l)$，公式如下

$$c(k,l) = \text{INT}\left[\frac{|X(k,l)|}{2q} + \frac{1}{2}\right]S \quad (q=1,2,\cdots,31) \tag{6.3.5a}$$

式中，INT 表示取整；S 为该系数原来的符号：$S=0$ 表示正值，$S=1$ 为负值；q 为量化阶（量化步长），可用来控制图像的压缩比和重建质量。而反量化（即图 5.14 中的"Q^{-1}"）则为

$$X'(k,l) = 2q \times c(k,l) \tag{6.3.5b}$$

显然，一般 $X'(k,l)\neq X(k,l)$，量化过程引入了不可逆的信息损失。

【例 6-9】 JPEG 标准用具有 64 个独立量化阶 $Q(k,l)$ 的量化分层表（也称量化矩阵）来分别规定对 DCT 域中 64 个系数的量化精度，使得对某个系数 $X(k,l)$ 的具体量化阶取决于人眼对该频率分量的视觉敏感性[2]。理论上，对不同的彩色坐标系、空间分辨率、数据精度及应用场合，应该有不同的量化表，所以，JPEG 并未统一规定一张"标准表"，只是对亮度（Luminance）和色度（Chrominance）的水平样本数为 2:1、各样本均为 8 位的源图像格式及按式（6.3.3a）定义的二维 FDCT 归一化算法，建议分别采用图 6.6 和图 6.7 的量化表，可取得良好的主观视觉效果。若表中各量化阶再除以 2，则重建图像的主观质量往往与源图像不可区分。因此，JPEG 算法也可通过调整一个公共的比例因子（类似于 H.261 的 q）来缩放对各系数的量化阶。量化过程就是简单地将变换系数除以相应的量化阶后四舍五入取整数，即

16	11	10	16	24	40	51	61
12	12	14	19	26	58	60	55
14	13	16	24	40	57	69	56
14	17	22	29	51	87	80	62
18	22	37	56	68	109	103	77
24	35	55	64	81	104	113	92
49	64	78	87	103	121	120	101
72	92	95	98	112	100	103	99

17	18	24	47	99	99	99	99
18	21	26	66	99	99	99	99
24	26	56	99	99	99	99	99
47	66	99	99	99	99	99	99
99	99	99	99	99	99	99	99
99	99	99	99	99	99	99	99
99	99	99	99	99	99	99	99
99	99	99	99	99	99	99	99

图 6.6　亮度量化表　　　　图 6.7　色度量化表

---

[1] 例如对于均匀量化，$\varepsilon_{\min} = \dfrac{(a_M - a_L)^2}{12J^2}$。

[2] 可根据视觉心理学实验对每个变换系数独立导出（利用系数间的弱相关性）。

$$c(k,l) = \text{INT}\left[\frac{X(k,l)}{Q(k,l)} + \frac{1}{2}\right] \quad (k,l = 0,1,\cdots,7) \tag{6.3.6a}$$

$c(k,l)$是被量化阶（实为视觉阈值加权矩阵）规范后的 DCT 系数。由图 6.6、图 6.7 和式(6.3.5)可见，为了更经济合理地利用有限的编码位，对"高频"系数和色度分量可以量化得更粗糙一些。至此我们可以明白：6.2.5 节整数变换中所提及的式(6.2.23a)标量后处理中的运算"$\otimes E_f$"可以被随后的二次量化过程"吸收"，即指可与量化加权矩阵 Q 合并。

反量化过程则表示为

$$X'(k,l) = c(k,l) \times Q(k,l) \tag{6.3.6b}$$

【例 6-10】MPEG-2 的视频编码标准给出的均匀量化公式则为

$$c(k,l) = \text{INT}\left[\frac{16 \times X(k,l)}{q_p \times Q(k,l)} + \frac{1}{2}\right] \tag{6.3.7}$$

式中，q_p 为由码率控制和自适应量化要求所给出的公共控制因子。关键是 MPEG-1 和 MPEG-2 的量化加权矩阵 Q 既可用于帧内编码，也可用于帧间编码。MPEG 规定编码器可根据图像序列的特性来选择 Q，并通过标题信息通知解码器。加权矩阵的选择意味着可根据变化系数的重要性分配编码位数，图 6.8 给出了 MPEG 推荐的帧内和帧间默认量化权矩阵。可见，对于帧间编码，默认 $Q(k,l) \equiv 16$，式(6.3.7)等价于 H.261 的式(6.3.5a)，表明 MPEG 量化器实际上综合了 H.261 量化器和 JPEG 量化器。又由图 5.14 可以看出，帧间编码是对 MC 预测残差图像进行二维 FDCT 的，其系数与主观视觉之间的关系相对较弱且更为复杂，故对帧间编码的 64 个系数均用同一个常数加权，也在情理之中。

8	16	19	22	26	27	29	34
16	16	22	24	27	29	34	37
19	22	26	27	29	34	34	38
22	22	26	27	29	34	37	40
22	26	27	29	32	35	40	48
26	27	29	32	35	40	48	58
26	27	29	34	38	46	56	69
27	29	35	38	46	56	69	83

16	16	16	16	16	16	16	16
16	16	16	16	16	16	16	16
16	16	16	16	16	16	16	16
16	16	16	16	16	16	16	16
16	16	16	16	16	16	16	16
16	16	16	16	16	16	16	16
16	16	16	16	16	16	16	16
16	16	16	16	16	16	16	16

（a）帧内量化矩阵　　　　　　　（b）帧间量化矩阵

图 6.8　MPEG 推荐的帧内帧外默认量化矩阵

另外，对于利用全相位双正交变换的研究，表明还可以省去这些量化表[王成优,2010]。

至此，我们已讨论了图像变换编码的主要环节，据此已能够设计自己专用的图像压缩系统。本节后面的两小节将结合对通用 JPEG 标准的介绍，给出一个更完整的系统概念。

6.3.4　JPEG 的操作模式和数据组织

本节所讨论的静止图像，专指连续色调图像（彩色和多灰度图像，而不是二值图像）。和活动图像相比，人眼更易于观察到静止图像中的细节，因此要求所传输的图像具有更高的清晰度。这就增加了传输时间，希望能采用较活动图像更复杂的编码方法来加快传输。至于从图文存储的角度看（例如对于各种图像库、图文数据库、多媒体数据库的应用而言），降低存储介质的费用常常是优先考虑的，为此适当增加一点硬件成本以提高处理能力，在经济上、使用上均有很大的吸引力。因此，常常希望、也有可能采用压缩效率更高的编码方法。

即便如此，对通常是逐行扫描顺序传输的图像信号，在公用电话交换网(PSTN)上也往往需要几秒甚至几十秒才能从上到下、自左而右地逐步传完整幅图像。如果能由粗到细逐渐浮现全图，就有助于消除收看者的焦急等待，使他在对中间结果的清晰度感到满意的时刻，终止这幅图像的传输。这不仅可能节约信道时间和费用，而且这样的通信方式也更加灵活友好，对于上网查阅图像库的内容时非常有用。能够达到这种画面建立要求的编码方法叫做渐进建立(progressive build-up)；而通常按顺序一次建立满足最终分辨率和清晰度要求的画面的编码方法，则称之为顺序建立(sequential build-up)。JPEG 标准支持这两种图像建立模式，适用于各种分辨率和格式的连续色调图像；而在压缩模式选择上，JPEG 标准可采用以下四种操作模式：

① 基于 DCT 的顺序型操作模式；
② 基于 DCT 的渐进型操作模式；
③ 基于 DPCM 的无损编码(顺序型)操作模式；
④ 基于多分辨率编码的(渐进型)操作模式。

核心则是基于 DCT 的顺序型操作模式：由该模式加上霍夫曼编码构成了 JPEG 的基本系统(baseline system)，所有 JPEG 标准设备都必须包含基本系统；其他操作模式或增强选项则归入 JPEG 的扩充系统(extended systems)。通常谈及 JPEG 标准，一般指它的基本系统。

JPEG 基本系统的源图像以帧为单位，每帧最多可有 4 个分量图像 $C_i(i=1,2,3,4)$。把每个分量图像都顺序分割成一个个 8×8 样值的相邻像块(Block)，块内的 64 个数据组成一个数据单元(DU)。如果各分量图像是分次扫描逐一得到的，则图像 DU 是非交织的；否则若一次扫描完成，则 i 个分量图像的 DU 只能交织存放。另外，由于各分量图像取样率可能不同，因而其数据单元所对应的帧上像区面积也随之而异，把分辨率最低的分量图像一个数据单元所对应的帧上像区所覆盖的全部 DU(不超过 10 个)，编组为一个最小编码单元(MCU)。

【例 6-11】 一帧灰度图像只有一个 Y 分量，MCU 就是一个数据单元。而一帧彩色图像由 3 个分量组成：$C_1=Y,C_2=C_r,C_3=C_b$。若按 4∶1∶1 取样格式，则一个 MCU 由 4 个 Y 分量 DU 对应于一个 C_r 分量 DU 和一个 C_b 分量 DU(即描述同一像区，面积相等)共 6 个 8×8 像素块组成，如图 6.9 所示；而若按 4∶2∶2 取样格式，则一个 MCU 包含 8 个数据单元。

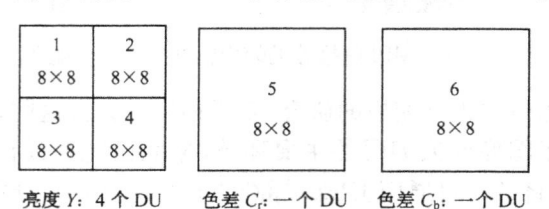

图 6.9 4∶1∶1 取样格式的 MCU 组成

图像数据按 DU 分割完毕后，即可以 MCU 为单位顺序将 DU 送入图 6.10 所示的 JPEG 基本系统进行 2D-FDCT 处理(MCU 内的顺序按 $C_i,i=1,2,3,4$ 安排)，将各 DU 转换成 8×8 的 DCT 系数阵列。但除非编码差值图像，否则对以无符号数表示的具有 P 位精度的输入数据，在 FDCT 前要先减去 2^{P-1}，转换成有符号数(而反变换后再加上 2^{P-1}，以消除该电平偏移)。在基本系统中各分量均为 $P=8$，因而输入像素 $x(m,n)$ 的动态范围由 0~255 偏移至 -128~127；而 2D-FDCT 系数 $X(k,l)$ 的动态范围则为 -1023~1023。

6.3.5 JPEG 的系统描述

JPEG 的基本系统如图 6.10 所示。如果以一个 DU 作为输入，则我们已经完全熟悉了系统的工作过程，因为图中各功能模块已分散在前面章节中举例介绍过了，例如：2D－FDCT/IDCT(6.3.1 节)、量化/反量化及量化表(6.3.3 节)。至于熵编码和编码表：

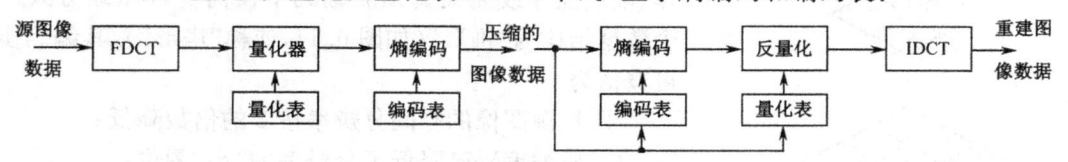

图 6.10 基于 DCT 的编码/解码器简化框图

① JPEG 对 DC 系数 ZZ(0) 单独编码。因其反映了一个 8×8 像块的平均亮度，而且一般应与邻近块有较大相关性，故用同一分量刚刚编码的前(左边)一块 ZZ(0) 作为对本块 ZZ(0) 的预测值 PRED，再对差值 DIFF＝ZZ(0)－PRED 进行无失真编码。因输入数据已偏移到零电平(即已先行减去了 2^{P-1})，故在扫描起点和其他编码器重新启动的初始化时刻，规定 PRED＝0。具体编码方法和编码表见 4.2.3 节；

② AC 系数的 Z 形扫描见 6.3.2 节，具体的编码方法和编码表则见 4.4.2 节。

一般而言，重建图像不会是源图像的精确重现。但如果能保证传输无误码，则因为熵编解码器无信息损失，故其间的差异(失真)完全由 FDCT、量化、反量化及 IDCT 决定。

JPEG 基本系统不仅能处理静止图像，而且可以实时压缩常规电视图像(即所谓"活动 JPEG")，只不过仍是按帧内模式处理。另外，JPEG 提供多种编码工具，对基本系统进行了扩充，并对编码数据按"段"(segment)组织，把各种参数和模式的编码放入"附加信息段"，因而用途广泛。

(1) 基于 DCT 的顺序操作模式

① 源图像数据精度扩展到 12 位，以适应医学、遥感等特殊图像的要求；

② 对量化系数可采用自适应算术编码作为熵编码。因为对于许多图像，算术编码在 DCT 域中的压缩效果，始终要比码表按该图像实际统计特性优化设计的霍夫曼编码提高近 10%。代价当然是系统实现起来更复杂；

③ 可在 DCT 域"两次扫描"：第一次不编码，只根据实际统计结果设计有针对性的霍夫曼码表；第二次再使用该码表完成熵编码。码表本身则专门定义并传送给解码器。

(2) 基于 DCT 的渐进操作模式

① 源图像精度支持 8 位或 12 位；

② 可算术编码或霍夫曼编码，有 4 个 DC 码表和 4 个 AC 码表；

③ 可以有两种实现策略：

(a) 频谱选择法：按 Z 形扫描的序号将 DCT 量化系数分成几个频段，每个频段对应一次扫描。每块均先传低频扫描，得到原图概貌，再依此传高频扫描，使图像逐渐清晰；

(b) 逐次逼近法：每次扫描都针对"全频段"(即块内 64 个变换系数)，但表示精度逐次提高。设 $ZZ(k)$ 用 B 位自然 2 进码 $b_{B-1}b_{B-2}\cdots b_0$ 表示，则第 i 次扫描每块均只传 b_{B-i}。

(3) 基于 DPCM 的无损顺序操作模式

允许源图像精度 2～16 位，预测器已在 5.5.2 节介绍，编码器则类似于基本系统对 DC 系数的霍夫曼编码，但也能采用算术编码。有 4 个码表。

（4）基于多分辨率编码的分层（hierarchical）渐进操作模式

直接在空间域将源图像用不同的分辨率表示，每个分辨率层次对应一次扫描，处理时可采用基于 DCT 的顺序操作、渐进操作或无失真预测编码中任何一种压缩方式。整个数据结构为"锥形"（如图 6.11，或称"塔形"），其编码步骤可概括为：

① 把源图像的空间分辨率按 2 的倍数降低；

② 压缩编码已降低了分辨率的"小"图像；

③ 解压缩重建低分辨率图像，再对其使用插值滤波器内插成源图像的空间分辨率；

④ 把相同分辨率的插值图像作为原始图像的预测值，对二者的差值继续压缩编码①；

⑤ 重复步骤③、④，直至达到完整的图像分辨率编码。

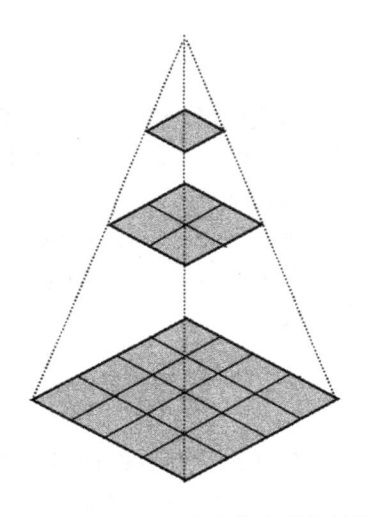

图 6.11 多层多分辨率数据结构

多分辨率表达和恢复数据的思想，已体现在多种音像压缩编码的国际标准中。

6.4 MDCT

我们知道，正交变换通常分块进行，而每块的变换系数一般独立编码，因此相继块的量化误差未必相同。由于正交变换在边界处存在着固有的不连续性（只不过对于不同类型的正交变换，其不连续的程度也不相同），因此在这些块边界处就可能产生很大的幅度差异。对于图像的变换编码，这就是最令人头痛的"方块效应"，因为人眼对此非常敏感。

为了削减这种影响，最直观的想法是利用各种滤波器来平滑块边界处的"突跳"，虽有一定效果，但也会或多或少地模糊图像的细节。而另一种效果更好的思路，是设法重叠相邻分块的部分数据点再做变换：首先用本块 M 个取样和两个邻块各 $K/2$ 个取样构成 $(M+K)$ 个样本，加窗后做 $M+K$ 点 DCT，得到 $M+K$ 个独立的变换系数；解码恢复后再把这 K 个样本叠加，以减少各块间的失真。由于对这 K 个重叠点变换了两次，因而导致了 DCT 编码效率的降低。为了克服这一不足，Prencen 和 Bradly 提出了一种修正的 DCT（MDCT：Modified DCT），利用时域混叠消除（TDAC：Time Domain Aliasing Cancellation）来减轻"边界效应"。

首先对于输入序列 $x(m)$，用一个长为 $2M$ 的窗函数 $h(m)$ 截取其 $2M$ 点，并将截取的数据段 $h(m)x(m)$ 用 MDCT 变换为

$$X(k) = \sum_{m=0}^{2M-1} h(m) \cdot x(m) \cos\left[\frac{(2k+1)\pi}{2M}(m+m_0)\right] \quad (k=0,1,\cdots,M-1) \quad (6.4.1a)$$

式中 $m_0 = (M+1)/2$ 为一固定的时间偏移。然后将"窗口"移动 M 点，继续上述工作，使得在各块窗口数据间有 50% 重叠（即本块的 M 个取样和前块的 M 个取样相重叠）的情况下，将时域数据变换成"频域"系数，完成对数据的分析。显然，对每一输入样本要进行两次变换，数据量也扩大了一倍。但由式（6.4.1a），可知变换系数 $X(k)$ 具有如下对称性

$$X(k) = -X(2M-1-k) \tag{6.4.2}$$

因此，$2M$ 个变换系数中只有 M 个是独立的，50% 重叠变换的编码性能并未降低。

---

① 如果把插值图像看做另外一帧，则步骤④颇类似于图 5.14 的"帧间预测编码"。

$X(k)$的反变换(即 IMDCT)定义为

$$\hat{x}(m) = \frac{2}{M}h(m)\sum_{k=0}^{M-1}X(k)\cos\left[\frac{(2k+1)\pi}{2M}(m+m_0)\right] (m=0,1,\cdots,2M-1)$$

(6.4.1b)

由于式(6.4.1b)只用 M 个独立系数不可能表示 $2M$ 个数据,因此,$\hat{x}(m) \neq x(m)$。但如果窗函数 $h(m)$ 满足如下的对称性条件,即

$$h(i)h(i) + h(i+M)h(i+M) = 1 \tag{6.4.3}$$

则可按下式将变换域的混叠在时域抵消,从而精确地综合出原始数据

$$x(m) = \hat{x}'(m+M) + \hat{x}(m) \quad (m=0,1,\cdots,M-1) \tag{6.4.1c}$$

其中 $\hat{x}'(m)$ 为前一个分块样本的反变换。

从式(6.4.1)的形式上看,有人又把 MDCT 称之为余弦调制的滤波器组[①]。由于其性能优于 DCT,也有快速算法,因此被广泛用于宽带音频的编码。我们将在第 7 章介绍。

*6.5 深化认识

到本章为止,我们已经较为系统地论述了统计编码、预测编码和变换编码这三大类经典的实用数据压缩技术。可以说,这些技术均已达到了实用化程度,而一个卓有成效的数据压缩系统,应该是这些技术有机而巧妙的结合。但是,变换编码并未停滞不前。自适应地改变变换尺寸、将变换技术与人类的感知特性或其他信号处理与编码技术相结合,都获得了不同程度的性能改善。我们用图 6.1 显示出,变换编码可以划分为映射变换和量化编码两个独立的功能模块。而在信源编码的理论上和数据压缩的应用中,这两个模块的功能也可能同时完成而"一步到位"(假如不要求熵编码的话)。具体地说,就是编码器将 N 维的输入数据压缩成 M 维($M \leqslant N$)的编码输出,而解码器则又将 M 维的编码数据再恢复成 N 维的数据。我们已熟悉的矢量量化编码器(2.3.2节)就是这样一个例子。类似的较新例子还可以举出某些类型的人工神经网络(ANN:Artificial Neural Networks)编码和信源—信道联合编码(JSCC:Joint Source—Channel Coding)。这些方法在原理上体现了"直接映射编码"的特点。

即使是变换技术本身,也仍在不断发展。虽然从统计意义上,目前的许多正弦类变换对于常见的信号模型已能渐近 KLT 的最佳性能,但从函数逼近角度看,另外一些函数族对于某些信源则可较正弦函数族收敛得更快。更深入地看,本章所考虑的图像变换编码,首先是在一个标准正交基 $\beta = \{g_m\}_m$ 下分解一幅图像 $f \in L^2(R^2)$,即

$$f = \sum_m \langle f, g_m \rangle g_m \tag{6.5.1a}$$

所谓压缩编码,就是用 B 位量化值 $Q(\langle f, g_m \rangle)$ 来逼近内积 $\langle f, g_m \rangle$。定义重建信号[Mallat,1998]

$$\hat{f} = \sum_m Q(\langle f, g_m \rangle) g_m \tag{6.5.1b}$$

的失真为

$$d(f, B) = \| f - \hat{f} \|_{L^2} \tag{6.5.2}$$

当然,我们希望 $d(f, B)$ 尽可能小。这种失真与非线性逼近误差

$$\varepsilon(f, T) = \| f - f_T \|_{L^2} \tag{6.5.3}$$

密切相关,其中

[①] 由于 DCT 和 DST 均可分为奇、偶两类,每类又分别有 4 种基本形式,因此 MDCT 也可以有不同的变形。

$$f_T = \sum_{|\langle f, g_m \rangle| > T} \langle f, g_m \rangle g_m \tag{6.5.4}$$

已经证明,当 f 属于 Banach 空间 H 的某个球时,若 $T \to \infty$,则 $\varepsilon(f,T)$ 的衰减速度可以通过选取 H 的无条件基使之最大化。这里我们称 β 为 H 的无条件基,是指 $f \in H$ 的范数 $\|f\|_H$ 等价于定义在内积 $\{|\langle f, g_m \rangle|\}_m$ 的模上的拟范数。

对于大多数图像,尽管我们不可能知道太多的先验信息,但我们知道这些图像信号是属于有界变差空间 BV 的

$$\|f\|_{BV} = \int |\vec{\nabla} f(x)| \, dx < +\infty \tag{6.5.5}$$

这促使了小波基的应用。虽然 BV 空间不存在无条件基,但小波基是 Besov 空间的无条件基,而 Besov 空间是 BV 空间的一个闭嵌入。因而就图像编码特别是高压缩比编码而言,小波编码在目前表现得相当有效。对此我们将在 7.3 节加以介绍。当然我们也可以考虑利用图像的几何性质来明显地提高编码效率,这促进了分形编码和模型基编码的发展(参见第 7 章)。

对于图像信息的基函数表示的探索仍在继续[徐小红,2009]。

习题与思考题

6-1 试证明:在 KL 变换下,恢复信号的最小均方误差,等于变换域内矢量信号被删除的最小的 $(N-m)$ 个系数的方差之和。

6-2 试对协方差矩阵 $\boldsymbol{\Phi} = \begin{bmatrix} a & b & b & b \\ b & a & b & b \\ b & b & a & b \\ b & b & b & a \end{bmatrix}$ 求 KL 变换矩阵,并验证该 KLT 矩阵将 $\boldsymbol{\Phi}$ 对角化。

6-3 试对习题与思考题 6-2 的协方差矩阵 $\boldsymbol{\Phi}$,做 DCT,并与习题与思考题 6-2 的 KL 变换结果作一对照。

6-4 试证明 DCT 是正交变换。

6-5 你认为利用正交变换能否实现信息保持型压缩编码?为什么?

6-6 如果输入图像每像素为 P 位精度,试估计按式(6.3.3a)进行二维 FDCT 后的系数精度,以及按式(6.3.6a)量化后的系数精度。

6-7 JPEG 采用的是哪种变换域系数选择方式?它的量化和熵编码方法有什么特点?

6-8 JPEG 标准采用了哪些关键算法?能否用于压缩活动图像?

6-9 JPEG 标准的基本算法能否用于无损压缩?为什么?

6-10 MPEG 默认的帧内量化矩阵和帧间量化矩阵不同,你认为原因何在?

6-11 你认为预测编码和变换编码各有哪些优缺点?

6-12 按照 JPEG 标准的基本算法,试对如下所示的 8×8 源图像的亮度取样值

142	144	151	156	156	157	156	156
140	143	148	150	154	155	156	155
148	150	156	160	158	158	156	158
159	160	162	161	160	159	158	160
158	162	161	164	162	160	160	162
160	164	143	162	160	158	157	159
162	163	148	160	158	156	154	156
163	160	150	154	154	154	153	155

① 求出该图像的全部码字(假设前一个子块量化后的 DC 系数为 11);
② 计算数据压缩比;
③ 求出该压缩图像的重建电平值;
④ 计算该重建图像的归一化均方误差。

6-13 能否利用变换编码,对图 P4-2 的离散信源进行无失真的压缩编码?如果不能,请说明你的理由;如果能,请简述你认为是可行的压缩编码方法。

6-14 能否利用正交变换,对图 P4-2 的离散信源进行有失真的压缩编码?

6-15 变换编码主要利用了数据压缩的哪些基本途径?

6-16 如果不采用快速算法,计算 N 点的一维 DCT 需要多少次加法和乘法?计算 $N\times N$ 点的二维 DCT 呢?

6-17 你认为在目前的视频编码标准方法中,利用了哪些数据压缩的基本途径(第 3 章)?去除了哪些冗余度?请结合图 5.14 中的模块功能加以说明。

6-18 能否利用变换编码,对习题与思考题 5-16 的离散信源 $f(n)$ 进行无失真的压缩编码?如果不能,请说明你的理由;如果能,请简述你认为是可行的压缩编码方法。

6-19 能否利用变换编码,对习题 5-16 与思考题的离散信源 $f(n)$ 进行有失真的压缩编码?

6-20 试对 4×4 图像子块 $[x] = \begin{bmatrix} 5 & 11 & 8 & 10 \\ 9 & 8 & 4 & 12 \\ 1 & 10 & 11 & 4 \\ 19 & 6 & 15 & 7 \end{bmatrix}$,分别计算其二维 DCT 和由式(6.2.23a)给出的 4×4 整数变换,并比较两者间的误差。

第7章 分析－综合编码

在图1.2的数据压缩"三部曲"中,熵编码技术已经相当成熟,而最有可能取得更大进展或"玩出更多花样"的,还是对信源的建模表达。事实上,压缩音频、视频信号的许多很有潜力的方法,实质上都是通过对信源的分析,将其分解成一系列更宜于表示的"基元"或从中提取出若干具有更本质意义的参数,编码仅对这些基本单元或特征参数进行。而接收端则借助于一定的规则或模型,按一定的算法将这些基元或参数再综合成原信源的一个逼近。例如,子带编码利用滤波器组(filterbank)将信号分解到若干相邻子频带分别处理后再"合成"为全频带信号;小波变换编码则采用了更强有力的非均匀分辨率对信号进行时间－频率局部分析与综合;分形编码将信号预分解为若干分形子图并提取其迭代函数代码,恢复时则由该代码按规则迭代"拟合"各子图;而各种基于模型或知识的方法也是在编码端通过各种分析手段提取所建模型的特征与状态参数,解码端则依据这些参数通过模型及相关知识"仿真"所建模的信源;……。因此,本书将这些方法统归于"分析－综合(analysis-synthesis)编码"进行讨论[①]。从信息论观点看,这些方法一般是熵压缩的。但如果对于给定信源的基元或参数的分析提取是有效的,而综合(或合成)重建又是成功的,那么就不仅可以在一定的失真度准则下较好地逼近该信源,更可能得到极高的数据压缩比。

7.1 子带分析

人类的听觉感知(5.3.3节和5.3.4节)和视觉感知(5.6.5节)都与激励信号的频率有关,若能设法用一组带通滤波器(BPF:Band-Pass Filters)将输入信号分割成若干个"波段"(叫做子频带或子带)信号,就可能在这些子带内分别针对听觉或视觉的频率响应特性进行更加有效的分析和处理。这就是所谓子带编码(SBC:Subband Coding)的基本出发点和感知编码(perceptual coding)的根本立足点。

7.1.1 子带编码的主要特点

子带编码利用M个带通滤波器把信号频带分解成若干子带,通过移频将各子带信号转到基带[②]后按奈奎斯特速率重新取样,再对取样值进行通常的数字编码并复合成一个统一的传输码流。接收端首先将总码流分解成相应的子带码流,然后解码并将信号从基带重新"搬移"回原来的子带频率位置,再将所有子带的滤波输出相加就可合成接近于原始信号的重建信号。图7.1为SBC的基本结构框图。

语音的SBC压缩是美国Bell系统的R. E. Crochiere等人在1976年引入的,此后在语音的中速波形编码中得到了广泛应用。1985年S. D. O'Neil的硕士论文将SBC推广用于图像编码,目前在典型的数字音频压缩实用方法中,SBC已成为标准的主体技术框架。

图7.1呈现出一种对不同频带信号在时域并行处理的结构。事实上,如果我们设想在

---

① 5.4.2节提到的LPC声码器,就是一个典型的分析－综合编码系统。
② 即采用等效于单边带调幅(SSB-AM)那样的调制过程,将各子带都搬移到零频率附近。

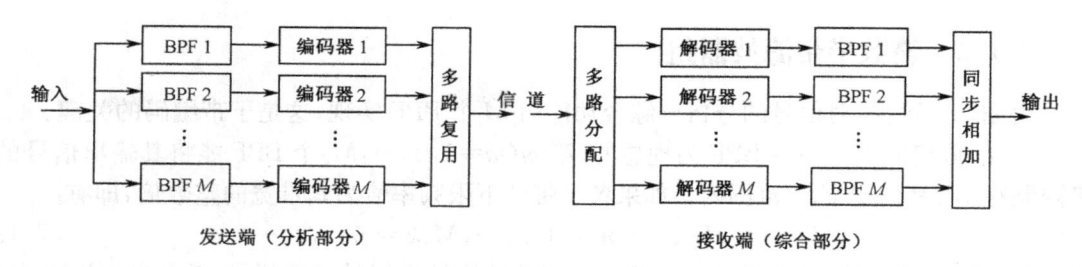

图 7.1 子带编码的一般原理性框图

SBC 的每一子带输出都用 DPCM 编码器来编码,那么 SBC 就在时间域(或空间域)的预测编码和频率域(或变换域)的变换编码之间架起了一座连接的桥梁,联系参数就是子带数目 M: 如果 $M=1$,就是 DPCM 编码;如果 $M>1$,即为 SBC;当 M 大到等于块内的样本数,即每一子带只由一个样本(或一根谱线)组成时,SBC 便成为变换(DFT)编码。从这个观点上看,预测编码(全带时域编码)和变换编码(全带变换域编码)只不过是子带编码(子频带时域编码)的两个特例。因此在观念上,人们完全有理由预期 SBC 的性能将介于这两个极端情况之间,这已为一定条件下的语音编码实践所证实。在高斯信源和较高编码率的假设前提下,理论分析也表明这三者具有相同的编码增益。

而当编码率较低时,为了把"捉襟见肘"的码位用在"刀刃"上,子带编码就开始显现出很大的灵活性。把音频信号分成子带后进行编码有几个优点:

① 码位分配灵活。由于声音频谱的非平坦性,如果对不同子带合理分配编码位数,就有可能分别控制各子带的量化电平数及相应的重建方差,使码字更精确地与各子带的信源统计特性相匹配。例如语音信号:低频带的基音与共振峰要求保持较高精度,样值可分配较多位数;而通常发生在高频带的摩擦音及类噪声样值,则可以只分配较少的编码位数。

② 噪声动态成形。调整不同子带的码位赋值,就控制了总的重建误差频谱形状。进一步与声学的心理—生理模型相结合,即可将噪声谱按 HAS 的主观噪声感知特性来成形。如果这种码位分配是自适应的,就能大大提高系统性能,因为此时对噪声的整形是动态实现的。

③ 噪声限在带内。各子带的量化噪声都局限在本子带内,即使某个子带内的信号能量较小,也不会被其他子带的量化噪声掩盖掉。

对于图像编码的实践,子带编码的价值体现在:

① 客观质量高。对于 8 bit/pel 的黑白静止图像,在码率 0.67～2.0 bit/pel 的压缩范围内,自适应 SBC 恢复图像的 SNR 要比 ADCT、VQ、差分 VQ 以及非自适应 SBC 等方法高。

② 主观效果好。当编码率低的时侯,SBC 在图像景物边缘处的量化噪声看起来不那么讨厌,而且没有变换编码的"方块效应"。

③ 复杂度不高。可做到和变换编码差不多,且适合并行处理。

④ 便于渐进编码(6.3.4 节和 6.3.5 节)。可先传输并重建低频子带图像,再逐步添加高频子带,使恢复图像渐渐清晰。由于高频子带数据的丢失一般不至于严重影响对图像内容的本质理解,因此 SBC 具有"可丢包"结构,特别适合作为 ATM 传输或 IP 网络中的图像编码方式。

⑤ 适合"多分辨率"设备与系统。为了适应不同分辨率的 I/O 设备和不同速率的通信系统,或者为了提高图像库中对编码图像的存取和处理效率,常希望编码图像的分辨率能在不同

的图像尺寸①之间相互转换。因而子带分解的思想对于图像的多分辨率表示具有典型意义。

7.1.2 整数半带滤波器组

由图 7.1 可见,对信号的分析—综合功能由 M 个 BPF 实现,这是子带编码的关键。

首先,假定图 7.1 中各 BPF 为理想的,第 $m(m=1,2,\cdots,M)$ 个 BPF 能将其输出信号的频带限制在 $W_m = F_m - F_{m-1}$ 范围内。如果各子带的下限频率恰为其带宽的整数倍,即有

$$F_{m-1} = kW_m \quad (m=1,2,\cdots,M, k=0,1,2,\cdots) \tag{7.1.1}$$

成立时,则可直接以取样频率 $f_{sm} = 2W_m$ 对该子带信号进行带通取样②,不会产生混叠失真。满足式(7.1.1)的子带滤波器组叫做整数子带滤波器组,此时对总带宽为

$$B = \sum_{m=1}^{M} W_m = F_M - F_0 (\text{Hz}) \tag{7.1.2}$$

且已经用全带奈奎斯特频率 $f_s = 2B$ 取样的 PCM 数字信号,各子带信号可通过相应的 BPF 加抽取(即降低取样率)而得到,省去了用于"下变频"的调制器。同理,相反的"上变频"过程也可通过内插(即提高取样率)加相应的 BPF 来实现。因此,如果没有什么特别的理由,我们总是采用**整数子带滤波器组**。

其次,由图 7.1 可知,虽然可并行实现 M 个 BPF 以提高处理速度,但从技术与经济的角度考虑,常常还是希望只用一对(甚至一个)数字滤波器来时分复用地实现整个 BPF 组。对于这样一个最基本的二频带分析—综合滤波器组,常采用低通和高通各占 1/2 频带的半带(halfband)滤波器组,其好处是简单直观,通过级联可实现与 HAS、HVS 特性相匹配的倍频程分解及任何 $M=2^L$ 子带分解,便于设计正交镜像滤波器(QMF:Quadrature Mirror Filter),且低通和高通有可能复用。关于整数半带数字滤波器组的这些特点,我们将逐步展开介绍。

图 7.2 给出了整数半带数字滤波器组分析与综合系统的原理框图。一维信号 $x(n)$ 分别通过两个冲激响应为 $h_0(n)$ 和 $h_1(n)$ 的半带滤波器,分解成低频分量 $x_0(n)$ 和高频分量 $x_1(n)$ 后,都经 2∶1 抽取器(标记为"↓2")重新取样,使得抽样后两个子带信号 $x_0(n)$ 和 $x_1(n)$ 的总数据量与原全带信号 $x(n)$ 的相同。这又意味着将这上、下(或高、低)两个子带信号频谱 $H_0(e^{j\omega})$ 和 $H_1(e^{j\omega})$ 均以全带信号频谱 2 倍的重复率进行周期重复。综合端 1∶2 内插器(标记为"↑2")的作用是在其输入的每个取样间都插入一个零值,使每个子带信号都能与全带信号同长,频谱的重复周期也和全带信号一致,而最终的子带信号插值和频谱搬移则分别由综合滤波器 $g_0(n)$ 和 $g_1(n)$ 完成。将综合滤波器组的输出相加,便得到最后的重建信号 $y(n)$。

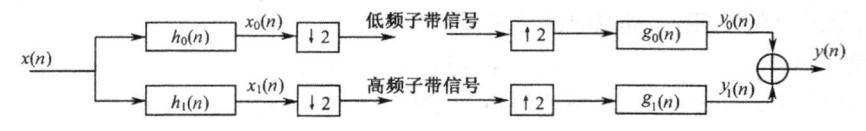

图 7.2 整数半带分析和综合滤波方框图

由图 7.2 的左半部不难想象,利用整数半带分析滤波器组的级联,可以构成一棵"二叉树"(可比照 4.1.5 节的二进码树)的子带分解结构,其中以下两种情形较为典型:

① 如果在每个子带的输出端都添加一个滤波器组形成新的一级,则利用 L 级总共 2^L-1

---

① 例如,176×144、352×288、704×576、1408×1152 像素等图像尺寸。
② 即不必先将该子带输出移频到基带,再按低通取样(当下限频率 $F_0=0$,即得到低通信号的特例)。

个半带滤波器组,可实现 $M=2^L$ 个**等宽子带**的分解;

② 如果只在每个低频子带的输出端添加新的一级,则利用 L 级共 L 个半带滤波器组可实现 L 个**倍频程子带**的分解。

7.1.3 二维子带分解

将上述一维的整数半带分解推广至二维乃至多维在理解上并无实质性困难。假定二维分析滤波器是可分离的,那么对于图像数据,与 6.2.4 节二维 DCT 的行列分离计算(图 6.3)完全类似:先在一个方向(比如行)上二分原图像,得到高(H)、低(L)两个子带;再在另一个方向(列)上二分各子带,即可将原图像一分为 4,得到与二维子带相应的分解子图像。这实际上是利用二级(3 个)整数半带滤波器组,构成一级 $M=4$ 的分析滤波器组(图 7.3),或等效地,构成一棵"4 叉树"(quadratree)的子带分解结构。继续分解则与一维情形类似,可以有基于 4 叉树的二维等宽子带分解[如图 7.4(a)所示],或二维倍频程子带分解[如图 7.4(b)所示,其坐标原点均在图像左上角,而子带后面的数字则用来标记分解的级数]。对于任何一级分解,滤波器组分解前后总的数据量不变,即分解是无冗余的。此外,对原图像的分解还具有方向性,即高频分量 y_{LH},y_{HL} 和 y_{HH} 分别对应于垂直方向、水平方向和对角线方向的图像边缘,有利于在编码时利用 HVS 模型的各向异性。

具体编码可分别针对各子带的特点独立进行,可直接采用我们已讨论过的一些方法混合编码,不再重复。

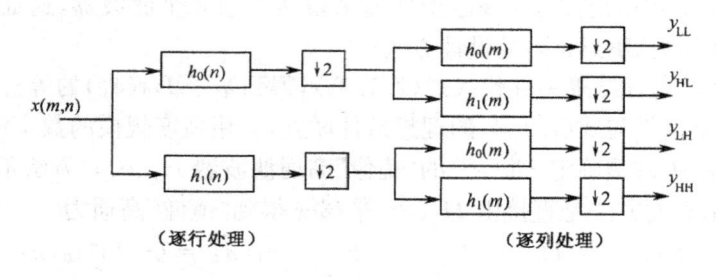

图 7.3 二维子带分解的等效 4 叉树结构

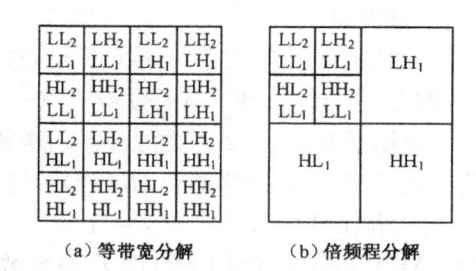

(a)等带宽分解   (b)倍频程分解

图 7.4 利用等效 4 叉树两组分解的频谱分布

7.1.4 正交镜像滤波器组

我们知道,理想的滤波器不可实现,实用中图 7.2 的两个半带滤波器的过渡带只能以有限速度滚降,这就应该允许两个滤波器的通带有所重叠,否则就会产生频谱间隙,漏掉一些信号能量。但此时经 2∶1 抽取后,就会在每个子带中产生以数字频率 $\pi/2$ 为轴的混叠分量,如

图 7.5 的阴影区所示。这种高、低子带信号能量相互混叠的现象也称带间泄漏效应,按照通常的滤波器设计方法是不可避免的,它直接依赖 $h_0(n)$ 和 $h_1(n)$ 对理想低通和高通的逼近。这是只孤立地考虑分析滤波器组的结果,对信号还未量化便已有了失真。为了保证信号的完全重建即系统可逆,应该统一地考察图 7.2 的整个分析与综合系统,得到的信号完全重建条件是(见习题与思考题 7-1)

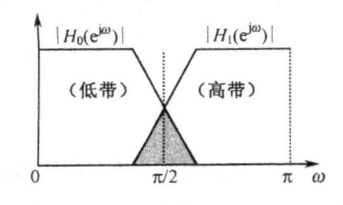

图 7.5 QMFB 频响及混叠抵消示意

$$G_0(e^{j\omega})H_0(e^{j\omega}) + G_1(e^{j\omega})H_1(e^{j\omega}) = 2 \quad (7.1.3a)$$

$$G_0(e^{j\omega})H_0(e^{j(\omega+\pi)}) + G_1(e^{j\omega})H_1(e^{j(\omega+\pi)}) = 0 \quad (7.1.3b)$$

式中,$H_0(e^{j\omega})$、$H_1(e^{j\omega})$ 和 $G_0(e^{j\omega})$、$G_1(e^{j\omega})$ 分别是分析滤波器 $h_0(n)$、$h_1(n)$ 和综合滤波器 $g_0(n)$、$g_1(n)$ 的频率响应函数。

至于满足条件式(7.1.3)的完全无失真滤波器组的设计,通常可采取如下步骤:

① 指定 $H_0(e^{j\omega})$ 作为公共的低通滤波器原型,当然,如果条件许可,希望它的幅频特性能尽量逼近理想低通,即

$$|H_0(e^{j\omega})| = \begin{cases} 1, & 0 \leqslant \omega \leqslant \dfrac{\pi}{2} \\ 0, & \dfrac{\pi}{2} < \omega \leqslant \pi \end{cases} \quad (7.1.4)$$

② 根据式(7.1.3b)的前提,用该原型低通来表达其余 3 个滤波器,这通常可采用正交镜像滤波器组(QMFB:QMF Bank)的设计方法;

③ 将 QMFB 的设计结果一并代入式(7.1.3a),得到基于 $H_0(e^{j\omega})$ 的等价约束条件;

④ 将新的约束条件与式(7.1.4)的理想条件联立,并用适度规模的数字滤波器逼近。

其中步骤② 的关键是确定 $H_0(e^{j\omega})$ 的"镜像"高通滤波器 $H_1(e^{j\omega})$,方法不唯一。

【例 7-1】 最基本的方法是直接由 $H_0(e^{j\omega})$ 平移 π 得到"镜像"高通为

$$H_1(e^{j\omega}) = H_0(e^{j(\omega+\pi)}) \quad \text{或} \quad h_1(n) = (-1)^n h_0(n) \quad (7.1.5a)$$

即 $H_1(e^{j(\omega+\pi)}) = H_0(e^{j\omega})$,滤波器 $H_0(e^{j\omega})$ 与 $H_1(e^{j\omega})$ 关于频率 $\omega=\pi/2$ 镜像对称①。代入式(7.1.3b)可确定另外一对"镜像"滤波器:

$$G_0(e^{j\omega}) = 2H_0(e^{j\omega}) \quad \text{或} \quad g_0(n) = 2h_0(n) \quad (7.1.5b)$$

$$G_1(e^{j\omega}) = -2H_0(e^{j(\omega+\pi)}) \quad \text{或} \quad g_1(n) = -2(-1)^n h_0(n) \quad (7.1.5c)$$

式中,综合滤波器前的系数"2",是用于补偿 1:2 内插滤波器的增益因子。

将式(7.1.5)中的各式代入式(7.1.3a),得到基于 $H_0(e^{j\omega})$ 的等价约束条件为

$$H_0^2(e^{j\omega}) - H_0^2(e^{j(\omega+\pi)}) = 1 \quad (7.1.6)$$

如果没有编码误差,则按本例 QMFB 设计的重建信号(图 7.2)频谱为

$$Y(e^{j\omega}) = [H_0^2(e^{j\omega}) - H_0^2(e^{j(\omega+\pi)})]X(e^{j\omega}) \quad (7.1.7)$$

这意味着在子带分析中由抽取引起的混叠,被子带综合中由内插引起的镜像精确抵消了②。而当有编码误差时,未能被充分抵消掉的混叠分量则相当于量化噪声量级。

至此我们看到,采用式(7.1.5)、式(7.1.6)的 QMFB 方法进行 SBC 分解与合成,最终只

---

① 图 7.5 就是采用 QMFB 将数字频率 π 范围内的全带信号分成两个半带,其中的阴影区既是两个频带间的混叠区,也为其镜像区。

② 从这个意义上,整个滤波器组是正交的,因为可以证明,分析滤波器组的逆算子是其转置。

· 134 ·

归结为同一个低通滤波器 $H_0(e^{j\omega})$ 的设计与复用。其实,根据式(7.1.7),如果不计一个相位因子,式(7.1.6)的约束条件还可进一步放宽为

$$|H_0^2(e^{j\omega}) - H_0^2(e^{j(\omega+\pi)})| = 1 \tag{7.1.8}$$

已经证明,线性相位的 FIR(有限冲激响应)滤波器不能同时满足式(7.1.5)和式(7.1.6)(除非是平凡的二抽头滤波器),更不用说式(7.1.4)了。因此,实际的 QMF 允许有一些幅度失真。具体实现中所要做的工作,就是选择适度规模的 FIR 或 IIR(无限冲激响应)数字滤波器,去逼近式(7.1.4)和式(7.1.8)。然后由式(7.1.5),依次求得 H_1、G_0 和 G_1。这已有许多成熟的设计方法与现成的图表,本书不再讨论。

通过逐级使用 QMFB 对子带二分和取样率减半,就能以一个二叉树结构实现与并行 BPF 组等效的 SBC 方案。

我们记得,在 6.4 节讨论过 MDCT 的相继变换块之间在时间域上有 50% 的混叠,但通过 2∶1 的抽取可保持原始取样率不变;而 QMFB 的混叠发生在频率域,经过抽取—内插处理后也同样能够抵消这些混叠分量。从这个意义上说,QMFB 是 MDCT 的对偶方法。

7.2 宽带声音的子带编码

在原有的模拟音频系统中,人们主要关心频率响应、信噪比、失真度和通道串音四大指标,而数字系统则主要关心误码率,该指标通过眼图和抖动(jitter)参数来反映。如果不考虑传输误码,那么一旦音频的数字化参数选定了,其技术指标也就基本确定了。我们所感兴趣的音频信号主要有话带语音(telephone speech,简称语音)、宽带语音(wideband speech)和宽带声音(wideband audio)3 种,其信号之间的差别不仅在于带宽与动态范围的不同,还反映在听者对其音质的期望与要求也不同。而数字音频系统有 4 个重要的技术参数,即取样频率、量化精度、基准电平和同步参考信号,对于上述 3 种数字音频信号,其典型的参数值如表 7.1 所示[①]。关于语音和宽带语音(G.722)已在 5.4 节介绍,本节只讨论宽带声音。在此子带编码技术得到了广泛的应用,而且成为宽带音频信号压缩编码国际标准中的主要技术。

表 7.1 典型数字音频信号的基本参数

音频信号类型	质量	频率范围(Hz)	取样频率(kHz)	量化精度(b/样本)	PCM 码率(Kb/s)
话带语音	长途电话	300～3400(中、欧) 200～3200(美、日)	8	8	64
宽带语音	调幅(AM)广播	50～7000	16	14	244
宽带声音	调频(FM)广播	20～15000	32	16	512
	CD	20～20000	44.1	16	705.6
	DAT	10～22000	48	16	768

7.2.1 宽带音频编码的特点

自从 1982 年数字激光唱片(CD-DA:Compact Disc-Digital Audio)上市,数字音频技术得到了惊人的发展。其应用领域包括声音的产生、节目的分配与交换、数字声音广播、数字存储(档案、演播室、消费电子产品)、会议电视、多媒体视听(audiovisual)、视频监控、HDTV 系统等。仅将其中几种有代表性的产品和技术简单列于表 7.2。从表 7.1 和表 7.2 可见,仅仅一

---

① 我国的广播电影电视部门已制订了 GY/T 156—2000《演播室数字音频参数》等相关标准。

个声道宽带声音的数据量就可比语音大 10 倍,对其高效压缩的迫切要求可想而知。

表 7.2 典型数字音像产品的音频编码参数

产 品 名 称	音频编码方法	取样频率(kHz)	量化位数	音频码率(Kb/s)
数字激光唱片(CD-DA),1982	PCM	44.1	16	1411.2(双声道)
交互式小光盘(CD-I),1986	PCM/ADPCM	44.1/37.8/18.9	16/8/4	
数字音频磁带(DAT),1987	PCM	32/44.1/48	16/12	1411.2(双声道)
交互式数字电视(DVI),1988	ADPCM			
数字音频广播(DAB),1988	MPEG—1	48	16	128—320(双声道)
数字小影碟(VCD)V1.1,1993	MPEG—1 Layer Ⅱ	44.1	16	
美国 HDTV(ATSC 标准),1995	Dolby AC—3	32/44.1/48	16	
数字多用光盘(DVD)V1.0,1996	MPEG—2/AC—3	32/44.1/48	16	384
数字视频广播(DVB),1996	MPEG—2	32/44.1/48	16	
MW/SW 数字无线电广播(DRM),2003	MPEG—4AAC	24	16	22
蓝光光盘(Blu-Ray Disk),2006	以 DRA 为例	32—192	24	32—9612(64.3 声道)

但是,音频编码(audio coding)至今未能达到语音编码(speech coding)所能达到的高压缩比[①]。原因是多方面的:

① 人们对语音信号质量的要求不外乎清晰、可懂和自然;而对音频信号则要苛刻得多,不仅要求清晰、明亮、丰满、圆润、宽厚、柔和,还要有方位感、空间感和临场感;

② 语音信号带宽窄,且已建立了语音产生的声道模型;而音频信号由于频带较宽,需要更高的取样率(例如更进一步扩展到表 7.2 所列值的 2 倍),且为了表征丰富的音色而需要更高的幅度分辨率和更大的动态范围(例如,将提高到每样本 24 位量化精度),必须研究更有效的分析—合成和压缩编码方法;

③ 语音信号唯一来源于人类发音器官,编码的基础主要是语音的产生模型即**信源模型**,但也能进一步利用人耳听觉特性[②]来设计频域感觉加权滤波器 $W(f)$,使实际残差信号谱不再平坦,而是有着与语音信号谱相似的包络形状($W(f)$ 频率响应中的峰、谷值正好与语音谱中的相反),这就使残差度量的优化过程与感觉上共振峰对残差的掩蔽效应相吻合,产生较好的主观听觉效果,以降低码率;而音频信号的来源则包括了人耳所能感觉到的所有声音,声源多、信号复杂,无法用一个统一的声源模型来处理,只能利用 HAS 的特性,所以音频编码的基础是听觉模型或**信宿模型**。

CD 技术所全面体现的数字音频高保真、大动态、稳健性等优点,都建立在大容量的数据存储基础上,新一代音频播放器和无线通信系统受带宽限制,无法兼容高码率的音频播放和传输。欲在无线多媒体网络实现"CD 质量"的音频重建,必须面对高压缩率和透明编码质量的矛盾,这促进了感知音频编码(PAC:Perceptual Audio Coding)的发展[Spanias, et al., 2007]。

PAC 是指基于人耳听觉感知效应,用尽可能低的码率获得信源音频输出的感知无失真表示,或在码率确定的情况下,使解码信号的主观失真最小的信源音频信号的表示过程。它可看做传统信源编码技术的拓展,编码过程中除利用统计冗余外,还充分考虑了信宿特性——音频

---

① 而且更远远低于图像和视频压缩的水平。
② 例如,能对人耳听觉感知机理进行描述和近似的心理声学模型(psychoacoustic model)。

信号的感知无关冗余,即编码信号中人类感官无法感知到的时间、频率或空间分量,它的利用效率往往对编码器的性能起着决定性的作用[潘兴德,2003]。PAC 基于人类心理声学的研究成果[Zwicker,1990][Moore,2003]。1980 年代,数字信号量化技术与心理声学模型相结合的"感知熵"概念的提出[Johnston,1988],对 PAC 发展具有重要意义。基于感知熵发展出的心理声学模型和模仿人耳听觉的临界频带滤波器组技术[Moore,1983],构成了现代 PAC 的基本结构(图 7.6)。

既然感知音频编码最终要由人耳聆听,则基本编码器(图 7.6 左半部)一定包含一个听觉模型或音质模型,和一个能通过分析(或变换)更好地表示音频信号的信源模型。具体编码主要是利用人耳的掩蔽效应,对不同频率的信号分量分配不同的量化位数,使得量化噪声能量低于听觉掩蔽阈(AMT:Auditory Masking Threshold)而不为人耳所感知。由于掩蔽效应还和时间有关,故对信号进行时间—频率分析并估计相应的 AMT 值是感知压缩的关键。

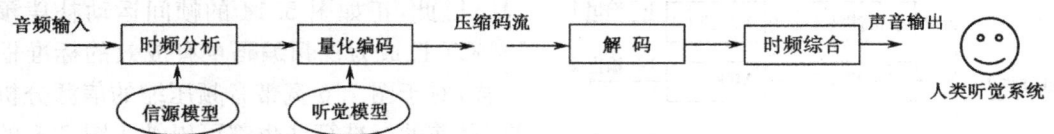

图 7.6 感知音频编码/解码系统的基本结构

7.2.2 音响信号压缩的分析模型

宽带音响信号含有丰富的频率信息,主要供人娱乐和鉴赏,是数字广播、多媒体通信和光盘音像等产品的重要组成部分,其数字压缩技术倍受科技界特别是消费电子厂商的重视。

① 早期为了处理简单,直接在**时间域**对**全频带**信号进行简单的波形编码,如图 7.7(a)所示;

② 为了提高压缩比,把**全频带**信号转到 DFT 或 DCT 等**变换域**进行编码,但这些变换都是用与时间无关的频率分量(或变换系数)来表达一定时间间隔(即变换块)内的时域信号,因而得到的是一个失去时间概念的纯频域结果,如图 7.7(b)所示;

③ 纯粹的频域编码具有块效应,且量化噪声散布在全频带,不利于音质的提高,为此提出采用子带编码:先将全频带信号分解成不同的子带,再在**子频带**的隔离下(即在子带内)进行**时间域**处理。这已经具有时间—频率二维处理的意义,处于从经典的波形编码向现代的分析—综合编码的过渡,如图 7.7(c)所示;

④ 在**子频带**内进行**变换域**处理,以便更细致地利用听觉模型,提高压缩比。但不是简单地直接分块正交变换,而是用基于 MDCT 的时域混叠抵消(TDAC,6.4 节)技术,不仅无块效应,而且比 QMFB 更灵活,也便于更有效地减少计算量,因此为众多高质量的音频编码标准所采用。此时的基本编码单元是时—频(T-F)二维的,如图 7.7(d)所示,只是划分是均匀的。而

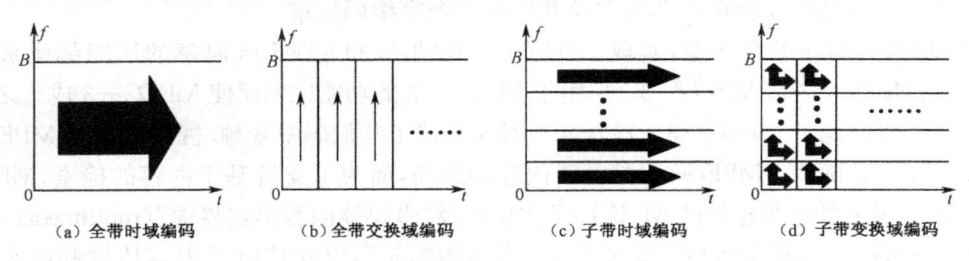

图 7.7 音频编码的信号处理域示意图

7.3节的小波变换则可提供更合理的时—频局部化表示手段。

根据音频信号的分析处理域,可将音频编码分类,如表7.3所示。

表7.3 宽带声音信号编码分类

全 带 时间域编码	点处理:PCM,对数PCM,APCM;DPCM,ADPCM 帧处理:VQ
全 带 变换域编码	点处理:PCM,APCM 帧处理:APCM
子 带 时间域编码	点处理:PCM,APCM;DPCM,ADPCM 帧处理:APCM(如DCC—PASC),VQ
子 带 变换域编码	点处理:APCM,ADPCM 帧处理:APCM(如MD—ATARC)

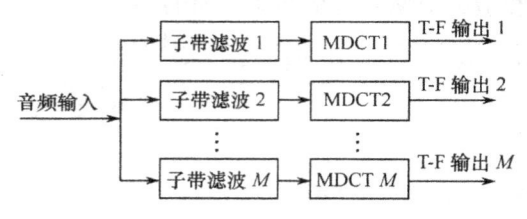

图7.8 宽带音频编码的时—频分析信源模型

因此,正如图5.14的帧间运动补偿预测+DCT已成为视频编码卓有成效的标准框架一样,对于图7.6宽带音频压缩的信源分析模型,目前的标准算法也都可以纳入图7.8的时—频分析框架,只不过子带分解个数 M 及MDCT块长有所不同。

对音频信号进行时—频率分析的主要目的,还是为了估计相应子带的掩蔽阈值,以便利用 HAS 的掩蔽效应,使量化噪声能量低于 AMT。而一旦按照信源分析模型得到声音信号的瞬时频谱,即可根据5.3.3和5.3.4节的信宿听觉模型算出相应的掩蔽阈,接着就可按以下原则分配各子带信号的编码位数:

①若某子带中的信号能量低于掩蔽阈,则人耳听不到,无须编码输出(分配零比特);

②对其它子带应分配足够的量化编码位数,使量化噪声电平正好低于掩蔽阈。

在音频和视频编码领域,掩蔽阈又称为失真刚可察觉(JND:$Just\ Noticeable\ Distortion$)门限(5.3.3节称可闻阈或听觉阈)。

因为上述频谱分析、阈值计算和码位分配都是针对短的信号划分逐段(逐帧)进行的,所以这种编码位数的分配是动态的,或分块自适应的。

7.2.3 宽带音频编码的 MPEG 标准

许多电子音像设备厂商曾为自己的数字音响产品开发宽带音频的高保真压缩算法,但是国际上第一个真正具有数字压缩意义的宽带音频编码标准是由"活动图像专家组"(MPEG:Moving Picture Expert Group)制定的。MPEG在1988年成立,作为ISO和IEC的联合技术委员会1(JTC1)"音频、图像、多媒体和超媒体信息的编码"分技术委员会(SC29)的第11工作组(WG11),任务是研究制定活动图像及其伴音的数字编码标准。

MPEG最初的任务有3个:实现1.5 Mb/s,10 Mb/s和40 Mb/s码率的压缩编码标准,即MPEG—1、MPEG—2和MPEG—3。但由于MPEG—2的功能扩展而使MPEG—3成为多余,故于1992年7月撤销了MPEG—3。1991年5月又建议了甚低码率音频/视频压缩的MPEG—4,并于1993年7月确认。MPEG—4是基于内容的压缩,而为了支持基于内容的检索,MPEG从1998年10月又开始征集建议的MPEG—7主要涉及"多媒体内容描述界面"(multimedia content description interface),而MPEG—21则针对"多媒体框架",以支持电子内容传输和电子贸易。MPEG—7对信息的描述方法不依赖于材料的具体表现形式,并建立在MPEG—4基础之上。但是，在MPEG的标准中，只有MPEG-1/2/4涉及具体的音频压缩方法。

1. MPEG-1音频标准

1989年，MPEG征求了14种音频编码方案，按算法分类，保留了ASPEC(Adaptive Spectral Perceptual Entropy Coding)、ATAC (Adaptive Transform Audio Coding)、MUSICAM(Masking Pattern Adaptive Universal Subband Integrated Coding And Multiplexing)和SB/ADPCM(Subband/ADPCM)这4种。经过一系列测试，ASPEC和MUSICAM音质优良，便以其为基础确定了音频编码的三层算法LayerⅠ、LayerⅡ和LayerⅢ(俗称MP1、MP2和MP3)，并在1991年11月收入"用于数字存储媒体的活动图像及其伴音约1.5 Mb/s的编码"的第3部分，1993年8月1日作为ISO/IEC 11172-3标准正式公布，习惯上称MPEG-1音频标准。

MPEG-1主要为数字音像存储和播放而制定，对音频编码算法并未限死，可利用诸如估算听觉掩蔽阈、量化、伸缩(scaling)等各种手段不断改进，或针对不同应用做适应性调整，但输出必须符合标准定义的位流(bit stream)格式。为此MPEG-1允许采用不同层次(Layers，或级别)的编码系统，但高层的音频解码器必须兼容本层和所有低层编码器的输出位流。每层算法都能支持以下4种声源模式，并形成一个位流输出。

① 单声道(single channel)：一个声道单独编码；
② 双声道(dual channel)：两个声道的声音内容互不相关(如两种语言)，分别编码；
③ 立体声(stereo)：左、右声源是一个立体声对，分别编码；
④ 联合立体声(joint stereo)：利用立体声双声道的冗余度进行左右声道的联合编码。

MPEG-1的3层算法实质上是定义了3种互相关联的编码方案，随着层次的上升，其压缩比提高(见表7.4)，时延加长，复杂度也增加。其参数指标主要参照了CCIR 601—1号建议"用于演播室的数字电视编码参数"和953号建议"数字音频的编码参数"。

表7.4 MPEG-2 BC对于MPEG-1音频系统参数指标的扩充

系统参数指标		ISO/IEC 13818-3扩充的			ISO/IEC 11172-3原有的		
取样频率(kHz)		16	22.05	24	32	44.1	48
音频带宽(kHz)		7.5	10.3	11.25	15	20	20
压缩码率(Kb/s)	LayerⅠ	32～256			32(单声道)～448双声道		
	LayerⅡ	8～160			32(单声道)～384(双声道)		
	LayerⅢ	8～160			32(单声道)～320(双声道)		
支持多语种信息的能力		可支持多语种(multilingual)			只支持双语种(bilingual)		
可支持的多声道模式		5.1声道环绕声；3/2、3/0+2/0、3/1、2/0+2/0、2/2、3/0、2/1、2/0和1/0等模式			单声道、双声道立体声		
应用领域		DVD、DVB、HDTV、ENG、IPC、ISM、NDB、DSM、HTT、CATV分配、CDDA、ISDN等			基于CD-ROM、VCD、DAT及硬盘等的数字存储和播放；DAB、VOD、LDTV等的传输		

2. MPEG-2音频标准

习惯上称为MPEG-2的"活动图像及其伴音信息的通用编码"标准制定工作始于1990年，此前ITU-T也成立了一个有关ATM的图像编码专家组，考虑制定视频编码建议H.262，从此开始了JTC1与ITU-T的合作。MPEG-2的声音(标准的第3部分)和系统(标准的第1部分，等同于ITU-T H.222.0)的标准化工作始于1992年7月。MPEG-2的委员会草案于1993年11

月产生,1994年11月通过,并于1996年4月作为正式的ISO/IEC 13818标准公布。

为了在音频系统或视听环境中创造和再现真实的环绕声场,ITU-R、SMPTE和EBU等国际组织提出所谓5声道配置(即3/2立体声):由左(L)、右(R)声道,中置(C)声道,左环绕(LS)和右环绕(RS)声道组成,另外还可选用一个低频增强或低频音效(LFE:Low Frequency Enhancement)声道,频率范围15～120Hz,可提供超重低音效果。由3/2立体声5个全频带声道和LFE低重音声道构成的系统常称为5.1音频系统,其多声道声场可再现稳定逼真的声象和较大范围的听音区域。MPEG-2音频编码标准(ISO/IEC 13818-3)在向后兼容(BC:Backward Compatible)MPEG-1的基础上,定义了多声道音频编码算法,可支持多种声道模式或音源配置,主要侧重了多声道、多语种和低取样率的扩充(见表7.4)。

ISO/IEC 13818-3虽然保持了与MPEG-1的向后兼容性,但也束缚了继续"创新"的手脚,在5.1音频系统上用精选最苛刻节目的主观评价结果逊于美国Dolby实验室的AC-3算法[1]。因此,AC-3在1993年10月被美国高级电视(ATV)"大联盟"(GA:Grand Alliance)正式定为美国HDTV的音频标准,并在1994年10月成为美国"先进电视系统委员会"(ATSC)的标准。而NTSC制DVD的音频系统也主要以AC-3算法为基础(把MPEG-2作为选项)。

意识到了可不一定伴随图像而单独使用环绕声系统的重要性,MPEG-2又开发了一套全新的"先进音频编码"(AAC:Advanced Audio Coding)算法,并于1997年12月作为ISO/IEC 13818-7标准正式公布。MPEG-2 AAC不向后兼容(NBC:Nonbackward Compatible)MPEG-1,也不"以不变应万变",而是为折中各种需求提供了一个"工具包",用3种"档次"(profiles,也称框架)的算法来适应不同的应用需求,即:

① 主档次(main profile):可采用除增益控制以外的所有工具,用于对RAM无苛刻要求且能提供强大运算能力的场合,以便提供最好的数据压缩可能;

② 低复杂度档次(LCP:Low Complexity Profile):这是主档次的子集——取消了预测工具并限制瞬时噪声成形(TNS:Temporal Noise Shaping)滤波器的阶数;

③ 可缩放取样率(SSR:Scaleable Sampling Rate)档次:需要增益控制工具(但在最低那个子带不用),禁用预测和耦合声道,并限制TNS的阶数和带宽。在降低了音频带宽的场合(可在6kHz～12kHz～18kHz～20kHz范围内控制),SSR档次的复杂度自然可以伸缩了。

MPEG-2 AAC的主要性能见表7.5。其中缩写"A.L.I.D"的含义是:A表示主声道数;L是LFE声道数;I代表独立切换的耦合声道数;D则为相关切换的耦合声道数。例如,一个解码器或位流中如果定义了"5.1.1.1声道主档次MPEG-2 AAC解码器",就表示该解码器能够解码5个主音频声道、一个LFE声道及一个可独立或关联切换的耦合声道,这些声道均按主档次定义(可简写为M.5.1.1.1,"M"表示一个主档次解码器)。

表7.5 MPEG-2 AAC的主要参数指标

取样频率(kHz)	8	11.025	12	16	22.05	24	32	44.1	48	64	88.2	96
最大码率(Kb/s)	48	66.15	72	96	132.3	144	192	264.6	288	384	529.2	576
数据精度(bit)	不作要求,但D/A的基准电平按默认值16位来标定											
高保真压缩码率	在ITU-R的失真"不可察觉"音质下,5个全频带声道总共320Kb/s											
可支持的多声道编码模式(A.L.I.D)													

---

[1] 是Dolby AC-2独立声道编码算法的环绕声扩展。由于AC-3采用18位量化,客观上要比ISO/IEC 13818-3的16位量化"占便宜"。

(续表)

主音频声道数	主档次的编码能力	低复杂度档次的编码能力	可缩放取样率档次的编码能力
1	1.0.0.0	1.0.0.0	1.0.0.0
2	2.0.0.0	2.0.0.0	2.0.0.0
3	3.0.1.0	3.0.0.1	3.0.0.0
4	4.0.1.0	4.0.0.1	4.0.0.0
5	5.1.1.1	5.1.0.1	5.1.0.0
7	7.1.1.2	7.1.0.2	7.1.0.0

3. MPEG—4 音频标准

MPEG—1/2 主要支持的是传统意义下音频和视频的被动消费方式，以广播和播放（光盘）类应用为代表，通常要求较高的音像质量，因而编码速率也最高；而传统意义下音像压缩的通信类应用主要由 ITU—T 的 G.7×× (语音)和 H.261/263（视频）系列建议来规范，可适用于综合业务数字网（ISDN,H.320 系列)、通用交换电话网（GSTN,H.324 系列）和局域网（LAN,H.323 系列），其图像质量和码率则因网络带宽而异，低于被动方式，但对于时延要求高。而受限于网络的接入带宽，用户在互联网（Internet）上与信息内容（如检索）或信息对象（如通话）之间交互的"音容笑貌"，尚不能"尽善尽美"。于是，MPEG—4 专家组于 1993 年 7 月开始制定基于内容的甚低码率音频视频压缩标准：在 1995 年 1 月初步定义了一个音频验证模型；在 1996 年 1 月又定义了第一个视频验证模型，提供了基于内容的视频表达环境，并公开征集适用于自然与合成数据的视频信息综合编码技术。MPEG—4 提供了将视听材料编码成具有特定时空关系的对象（objects）的手段，在 1999 年 1 月成为 ISO/IEC 14496 标准。

MPEG—4 不仅标准化了对自然声音的编码，而且支持语音合成和音乐合成。为了在整个 2~64 Kb/s 的码率范围内获得最佳音质并同时提供各种附加功能，MPEG—4 用一组工具来规范对自然声音编码码流的语法和各种解码过程（已经定义了三类编码器）。

① 2~4 Kb/s（采样频率 8 kHz 的语音）和 4~16 Kb/s（采样频率 8/16 kHz 的音频）的最低码率：由各种参量编码技术所覆盖；

② 约 6~24 Kb/s（采样频率 8/16 kHz 的语音）的中等码率：采用各种 CELP 技术，而窄带语音和宽带语音分别由 8 kHz 和 16 kHz 两种采样频率来支持；

③ 低于 16~64 Kb/s（采样频率>8 kHz）的较高码率：采用双 VQ 和自适应音频编码（AAC）两种时—频编码技术；

④ 对于更高的码率范围，MPEG—4 的工具集中直接引入了 MPEG—2 AAC 标准，以提供通用的音频压缩方法。也就是说，MPEG—2 AAC 是 MPEG—4 宽带音频编码的子集。

MPEG—4 的解码器也能根据结构性的输入而"发声"，从而可将码率压至极低：

① 文语转换（text-to-speech）即语音合成允许以文本或含有各种韵律学参数（如音高线和音素持续时间等）的文本作为输入，来合成可懂的语音。其功能包括：利用原始语音韵律的语音合成；具有音素信息的人脸动画控制；特技模式（暂停、重新开始、向前跳/向后跳）；对于文本，支持国际语种；对于各种音素，支持国际符号；支持对于讲者的年龄、性别、语种和方言进行技术描述。

② 谱乐转换即乐谱驱动的合成（score driven synthesis）允许一个结构化的音频解码器根据输入数据产生各种输出声音，由一种结构化的音频交响乐语言（SAOL,已标准化为 MPEG—4 的一部分）来驱动。该语言用于定义一个由各种"乐器"（从码流中下载，在终端中不固定）

组成的"交响乐",创建并处理各种控制数据。用一种结构化的音频乐谱语言下载的乐谱描述,可用于创建各种新的声音,并且还包括了用于修改现存声音的控制信息,从而允许作曲人更精确地控制最后的合成声音。如果不需要精确控制,也可以采用已经建立的乐器数字接口(MIDI:Music Instrument Digital Interface)协议。

总之,MPEG-4音频实为一个提供了大量音频对象的编码工具集,以满足各种应用需要,集中的工具可组合成各种声音编码算法,某一特定应用只用到一部分音频编码工具。Profiles就是MPEG-4音频工具集的一个子集,它针对特定应用确定要采用的编码工具。完整的工具集,包括从低码率语音编码到高质量声音编码或音乐合成。

7.2.4 宽带音频编码的中国标准

在由模拟向数字过渡的数字电视广播过程中,HDTV中部分节目采用了5.1声道环绕立体声。但5.1声道音频编解码标准有几种:美国HDTV广播采用AC-3,欧洲采用MPEG音频编码标准,而日本则采用AAC标准。此外,还有CS-51、DTS、THX等标准。而我国涉及音频编码的标准化工作主要有以下3方面内容:

1. AVS标准

原国家信息产业部科学技术司于2002年6月批准成立数字音视频编解码技术标准工作组(Audio Video coding Standard Workgroup of China,简称AVS工作组),面向我国的信息产业需求,联合国内企业和科研机构,制(修)订数字音视频的压缩、解压缩、处理和表示等共性技术标准,为数字音视频设备与系统提供高效经济的编解码技术,服务于高分辨率数字广播、高密度激光数字存储媒体、无线宽带多媒体通信、互联网宽带流媒体等重大信息产业应用。并于2005年初的第12次全体会议上,完成了AVS第三部分即音频编码的标准(简称AVS-P3)草案。AVS音频标准支持8kHz~96kHz的单声道、双声道和多声道PCM信号,压缩码流为每声道16~96Kb/s。编码器首先对每帧的1024个音频取样,进行基于时域能量和频域不可预测度的暂稳态判决,分析信号的平稳性:如果该帧属于暂态帧,则进行频域多分辨率分析,否则不必。同时,对输入信号进行心理声学分析,算出信号掩蔽比(SMR:Signal-to-Mask Ratio,简称信掩比)后,把信号从时域变换到频域进行量化,并在频域进行立体声编码,去除声道间的冗余。然后对处理后的频谱数据进行熵编码,采用基于上下文位平面的编码(CBC:Context-dependent Bit-plane Coding)。最后将编码数据与各个模块的编码信息复用,形成最终的AVS码流。主观测试表明,对于48kHz采样的立体声信号,使用128Kb/s码率,获得的音频质量同MP3相当。AVS-P3的参考标准是MPEG-2 AAC,采用绕开其基本专利的技术路线,完全拥有自主知识产权,可作为MPEG-2 AAC的替代标准使用,并得到了进一步改进【张慧芳,2009】【彭鹏,2010】。

除了已制定完成的面向数字电视、高密度激光存储应用的AVS-P3音频标准,AVS组织还在制定面向中低码率移动多媒体应用的AVS-P10移动语音和音频标准(参考标准是AMR-WB+,采用绕开其基本专利的技术路线),以及面向安防监控应用的AVS-S音频标准(参考标准是AVS-P10,在其基础上增加面向安防监控的工具模块,如用于加密的数字水印算法;使得解码端可根据需要自由选择增强的面向对象的音频编码技术;对输入信号分类检测和多模式编码,使得在给定码率下尽可能提高输出音质的自适应编码技术等)。

2. DRA标准

我国于2009年4月正式颁布《多声道数字音频编解码技术规范》为国家标准(GB/T

22726—2008),该标准基于广州广晟数码技术有限公司的自主技术(DRA:Digital Rise Audio)而起草,曾于2007年1月被批准为中国电子行业标准(SJ/T11368—2006),后被定为国家广电总局CMMB移动多媒体广播的必选音频标准,且于2009年3月被国际蓝光DVD组织纳入到蓝光DVD标准体系中,被写入BD-ROM格式的2.3版本。依据ITU—R BS.1116小损伤声音主观测试标准的测试,表明DRA音频在每声道64Kb/s时即达到了EBU(欧洲广播联盟)定义的"不能识别损伤"的音频质量。而根据ITU—R BS.1534—1标准的主观评价测试,表明DRA音频在每声道32Kb/s码率下的立体声音质优秀。除了激光视盘机和移动多媒体广播/手机电视外,该音频标准还可用于数字电视、数字音频广播、数字电影院、网络流媒体及网络协议电视(IPTV:Internet Protocol Television,常称为交互式网络电视)等领域。DRA标准最大可支持64.3声道(64个正常声道,加上3个LFE声道),支持定码率(CBR)、变码率(VBR)和可用码率(ABR)编码模式。2010年5月19日,DRA音频接口国际标准草案——IEC61937—12被IEC正式发布成为国际标准。2011年6月16日国家标准化管理委员会正式批准颁布《地面数字电视接收机通用规范》国家标准(GB/T 26686—2011),规定自2012年11月1日起,我国地面数字电视接收机应具备解码符合GB/T 22726—2008的数字音频流功能。

3. SVAC标准

视频监控系统在社会治安防控体系建设中占有重要地位。注意到现有音视频编解码标准都是针对广播电视和大众娱乐方面的应用,在安全防范领域直接采用具有很大的不适应性,国内外尚无专门针对安防视频监控应用的音视频编解码标准,为此,公安部第一研究所于2007年提出了"安全防范视频监控数字音视频编解码需求",并向国家标准化管理委员会申请立项:制定《安全防范视频监控数字音视频编解码(SVAC)技术要求》,获得立项批准,归口单位为全国安全防范报警系统标准化技术委员会(简称 SAC/TC100)。2007年11月,公安部科技局和原信产部科技司共同明确了由公安部第一研究所、北京中星微电子有限公司作为中国安全防范视频监控数字音视频编解码标准工作组组长单位组织制定SVAC(Surveillance Video and Audio Coding)标准的意向。安全防范视频监控数字音视频编解码的特殊需求,主要表现在:

(1) 实时性:从系统角度,要求从音视频源经编码、传输、解码到显示端应该具有足够小的延时,满足实时监控的需要。

(2) 现场还原:视频重建图像有较高质量,尤其对场景中的运动目标(如人和车辆等目标)具有良好的还原效果,能够满足公安业务需求。

(3) 智能识别接口:在保证实时视频编码的前提下,支持提取运动目标的基本信息,为智能视频处理(如移动侦测、目标跟踪等)提供接口。在保证实时音频编码的前提下,支持提取声纹信息(人体生物特征)。通过加入智能识别接口,可为公安破案、语音识别、人脸识别、视频快速检索等音视频信息的有效利用奠定基础。

(4) 码率可动态调整:区分前景背景,对感兴趣区域(运动目标、人脸、车牌、禁区、可疑目标等)进行动态码率调整。

(5) 监控视频流切换:多路视频监控应支持快速码流切换,以保证监控的时效性。

(6) 全天候、各种复杂环境的适应性:用于视频监控的摄像设备要求能全天候工作,因此要求视频编解码算法能适应白天、夜晚、雨、雪、雾等多种环境,尤其在较恶劣现场环境中拍摄的视频应与环境具有良好的忠实度。

(7) 安全:监控音视频资料(包括传输流和录像)应该具有防伪性和一定的保密性,在需要时采用（如突发事件现场等）。

2010年12月，《安全防范监控数字视音频编解码技术要求》正式成为国家标准（GB/T 25724—2010）。

7.2.5 MPEG-1 音频算法

MPEG-1音频的第Ⅰ、第Ⅱ层采用多相滤波器组（PFB：Polyphase Filter Bank）将以频率 f_s 取样、16 位 PCM 编码的音频数据分解成 $M=32$ 个等宽子带信号后直接处理。PFB 由 32 个 512 阶的 FIR 带通组成，因此 PFB 子带分析，实际上就是用一个 32×512 的变换矩阵 $\mathbf{A}$，将输入序列 $\{x_i\}$ 中连续 512 个加窗截断数据点（"窗口"是"滑动"的）所构成的矢量 $\mathbf{Z}$，变换成一个 32×1 的输出矢量 $\mathbf{S}$（其分量 S_k 即为子带 k 的一个输出样本），即

$$\mathbf{S} = \mathbf{AX} \tag{7.2.1a}$$

或

$$S_k = \sum_{i=0}^{511} a_{ik} x_i, \quad (k=0,1,\cdots,31) \tag{7.2.1b}$$

其中 $\mathbf{S}$ 的 32 个数据点 S_k 按子带频率从低到高的排列。具体实现则按以下步骤：

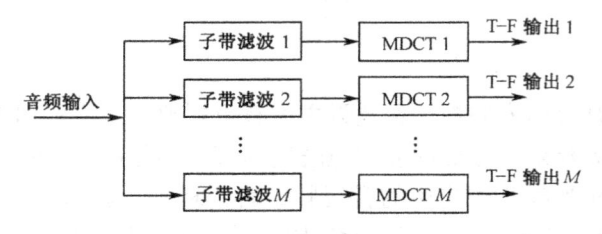

图 7.9　宽带音频编码的时-频分析信源模型

① 更新数据队列 $\mathbf{X}$。

因为 $M=32$，每个子带取样频率为 $f_s/32$（即分析域样本与时间域一样多的临界取样），故只有输入了 32 个音频数据，才能使各子带产生一个输出。将这 32 个音频样本移入一个 512 单元的数据队列 $\mathbf{X}$（作为 $x_0\sim x_{31}$，最后输入的是 x_0），而最先进来的 32 个样本则移出队列。

② 计算加窗矢量 $\mathbf{Z}$。

$\mathbf{Z}$ 的分量为：$z_i=c_i\cdot x_i, i=0,1,\cdots,511$，而窗矢量 $\mathbf{C}=(c_0,c_1,\cdots,c_{511})$ 则专门列表给出。

③ 计算中间变量。

$$y_i = \sum_{j=0}^{7} z_{i+64j} \quad (i=0,1,\cdots,63)$$

④ 计算子带输出样本。

$$S_i = \sum_{k=0}^{63} m_{ik}\cdot y_k \quad (i=0,1,\cdots,63)$$

其中矩阵 $\mathbf{M}$ 的系数为

$$m_{ik} = \cos\frac{(2i+1)(k-16)\pi}{64} \quad (i=0,1,\cdots,31;\ k=0,1,\cdots,63)$$

第Ⅲ层算法（MP3），则是在多相滤波器组的输出后面增加了块长为 18 的 MDCT（与前块的 18 点组成 36 点的 MDCT），真正实现了图 7.8 所示的时-频分析。此时这 18 个子带取样相当于 576 个输入音频的 PCM 样本。而第Ⅰ层处理块长为 12 个子带取样，对 32 个子带来说相当于 $32\times12=384$ 个输入音频的 PCM 样本，若按 48kHz 取样频率，则处理帧长为 384/48=8ms；第Ⅱ层块长则为 36，相当于 1152 个输入音频样本，处理帧长则为 1152/48=24ms。

MPEG-1建议了两种心理声学模型,实际上第Ⅰ、Ⅱ层用模型1,第Ⅲ层用模型2。第Ⅰ、第Ⅱ层编码/解码系统如图7.9所示,对这两层的应用而言,模型1并无本质不同,只是按各自的处理块长来更新计算码位分配。计算结果是每一子带的信号掩蔽比,依据则是认为多分量声音的总掩蔽阈是由各分量掩蔽阈的叠加。由于音调(tonal)分量(更像正弦波)和非音调(non-tonal)分量(更像噪声)的掩蔽阈不同(如果信号能量相同,听觉对频谱陡峭的单音要比对频谱宽阔平坦的类噪声信号敏感得多),故要先分析信号中这两类分量的含量,再由信号功率谱和 E. Zwicker 在 1961 年提出的定量分析模型求得最后的掩蔽阈。其步骤如下:

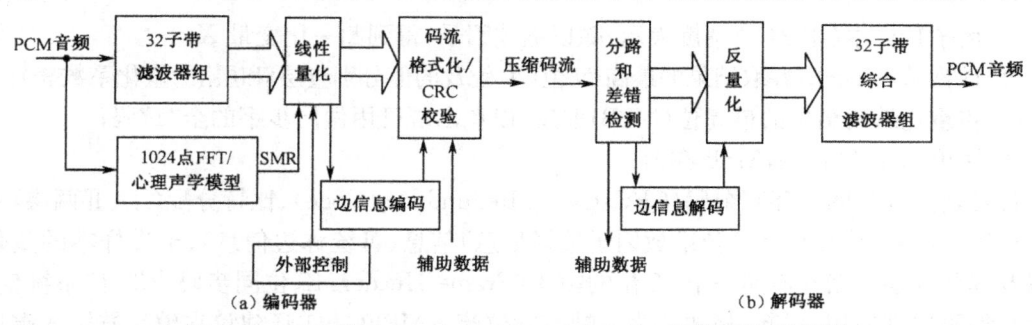

图 7.10 ISO/IEC 11172-3 LayerⅠ和 LayerⅡ编码/解码框图

① 与子带分析并行地计算FFT(第Ⅰ层为512点,第Ⅱ、第Ⅲ层为1024点;加 Hann 窗和适当延迟,以便与子带样本的计算相对应),为的是得到更高的频率分辨率,同时也因为掩蔽阈是从对功率谱的估计中而导出的;

② 确定每个子带的声压级(SPL:Sound Pressure Level)。第 n 个子带中的声压级为:

$$L_{sb}(n) = \MAX_{\text{子带}n\text{中的}X(k)} [X(k), 20\log(32768 \times scf_{max}(n)) - 10]\text{dB} \quad (7.2.2)$$

式中,$X(k)$为相应于子带 n 的频率范围内幅度最大谱线(FFT下标为 k)的声压级;$scf_{max}(n)$在第Ⅰ层表示缩放因子[①],在第Ⅱ层则为子带 n 同一帧 3 个缩放因子中的最大者;"-10dB"项相应于峰值与 RMS 值之差;

③ 查表确定静音门限(threshold in quiet),即绝对门限 $LT_q(k)$;

④ 为了计算总掩蔽阈,需要通过 FFT 谱找出音调分量和非音调分量:首先确定局部最大值,再提取音调分量,并计算在一个临界频带宽度(有表给出)内的非音调分量的强度;

⑤ 为了减少计算总掩蔽阈所用的掩蔽信号数,无论是音调分量 $X_{tm}(k)$ 还是非音调分量 $X_{tm}(k)$,只保留超过绝对门限 $LT_q(k)$ 者;

⑥ 借助于查表,计算音调分量的掩蔽阈 LT_{tm} 和非音调分量的掩蔽阈 LT_{nm};

⑦ 确定第 i 个频率样本的总掩蔽阈 $LT_g(i)$,即计算

$$LT_g(i) = 10\log\left[10^{LT_q(i)/10} + \sum_{j=1}^{m} 10^{LT_{tm}(j,i)/10} + \sum_{j=1}^{n} 10^{LT_{nm}(j,i)/10}\right] \quad (7.2.3)$$

⑧ 确定每个子带的最小掩蔽阈。对于第 n 个子带,计算

$$LT_{min}(n) = \MIN_{f(i)\text{在子带}n\text{中}} [LT_g(i)]\text{dB} \quad (7.2.4)$$

式中,$f(i)$ 是第 i 个频率取样的频率;

⑨ 算出每个子带的 SMR,即按下式计算第 n 个子带的信号掩蔽比:

---

① 找出每一子带 12 个数据中的绝对值最大者,从表中查出仅次于它的值并用 6 位量化,就是缩放因子(或比例因子、标度系数)。

$$SMR_{sb}(n) = L_{sb}(n) - LT_{min}(n) \text{dB} \tag{7.2.5}$$

根据心理声学模型输出的 SMR 和查表得到的信噪比 SNR,算出所谓"掩蔽噪声比"(MNR:Mask-to-Noise Ratio):

$$MNR = SNR - SMR \tag{7.2.6}$$

借以将 N 位编码分配给该子带的每个样本,并确定图 7.10 线性量化器的实际量化阶,以求在感知编码的意义上同时满足码率和掩蔽的要求。MPEG-1 第Ⅰ、第Ⅱ层的量化编码过程如下:

① 用子带样本(用 24 位精度表示)除以缩放因子,得到归一化变量 X;
② 计算 $A \times X + B$,并取结果的最高 N 位(A 和 B 的值分别查层Ⅰ和层Ⅱ的量化系数表);
③ 将量化编码结果的最高位(MSB)取反,以免出现已用做同步字的全"1"码;
④ 输出 N 位等长码,MSB 在前。

最后,将 16 位的循环冗余码(CRC:Cyclic Redundancy Code)、比特分配(Ⅰ、Ⅱ两层不同)和缩放因子(第Ⅱ层还包括 2 位缩放因子选择信息)信息(可统称边信息)、子带样本的量化编码以及其他辅助数据并连同一个 32 位的帧头(Frame Header:12 位同步码+20 位系统信息,对所有编码层都通用)一起,格式化为一帧实际位流。MPEG-1 还建议在编码器输入端加一个截止频率为 2~10Hz 的高通滤波器,以避免最低子带浪费码字并提高总的音质。

MP3 采用独立的心理声学模型 2(其他两层也能用)。主要基于扩展函数(spreading fuction)的概念,求信号分割的能量和不可预测性与扩展函数的卷积,再通过一系列修正得到掩蔽阈。此法不受 Zwicker 模型限制,更适合音频编码,但这种卷积无明确的物理意义,可能出现无法预料的不切实际的结果。与前两层不同的是,此时模型输出的是一组 SMR(每个缩放因子带都有一个),用来调节噪声分配(noise allocation),使幂指数律的非均匀量化器有机变化。对量化的频率样本采用霍夫曼编码,效率更高但也增加了一些复杂性。解码器可从 32 位的音频帧头中提取必要的信息,以选择解码算法及重新设置解码器。一个完备的 MPEG-1 解码器可据此调用一系列解码算法,以适应不同的应用要求。基本的 MPEG-1 解码器首先将输入位流拆解成帧,恢复出不同的信息段。如果编码器采用了差错控制,就接着调用译码模块进行误码检测。重建模块则恢复出一组映射样本的量化值,将其通过反映射模块变换成均匀的 PCM 信号。解码器所需与具体应用有关的全部信息,都可按 MPEG-1 的规定格式从编码位流中提取。

7.2.6 MPEG-2 AAC 音频算法

MPEG-2 AAC 音频算法采用 $M=4$ 的多相正交滤波器(PQF:Polyphase Quadrature Filter)划分成 4 个等宽子带,再对各子带输出进行窗长可变的 MDCT。标准给出 4 种加窗序列,其中长窗对应于 1024 条变换谱线(块长 $N=2048$),短窗(连续 8 个)对应于 128 条(块长 $N=256$)。但如果使用增益控制工具(如 SSR 档次),则块长分别缩短为 $N=256$ 和 $N=32$。其心理声学模型与 MPEG-1 音频的模型 2 类似,对于掩蔽阈的计算也要借助扩展函数,只是要分别考虑 MDCT 的 4 种块长。AAC 也是一套开放算法,只定义了解码器为恢复压缩位流所必须"读懂"的语法和语义,并规定了霍夫曼码表,对编码器不加限制。如图 7.11 所示的编码/解码系统是一个模块化结构,即不同档次的解码器对图中的功能模块可以裁减:有些属必需,有些是选项,通通称为**工具**。因此,整个标准就是一个大"工具包"。这样的标准化思想也体现在 MPEG-2 视频标准及 MPEG-4 音频/视频标准中。各种应用可根据复杂度、可编辑性、可伸缩性、误差韧性、延迟等准则选择不同工具来达到所需质量。沿着图 7.11 中粗箭头的数据流向，通过对解码器基本工具的介绍可大致了解系统的技术概貌(对未选用的工具可直接将其输入端和输出端"短路")。

① 位流分路工具(解码器必需)：输入为 MPEG－2 AAC 位流,输出则如图 7.11(b)标示。

② 无损解码工具(解码器必需)：解码并重建按霍夫曼编码的量化谱和按 DPCM 霍夫曼编码的缩放因子。

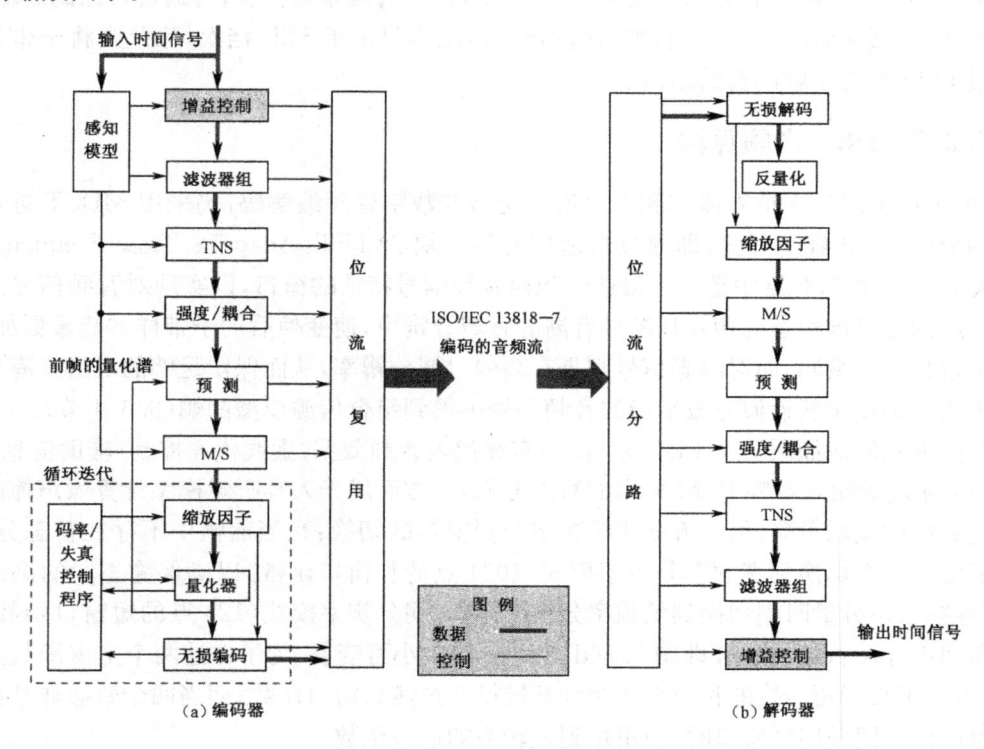

图 7.11 MPEG－2 AAC 编码/解码系统框图

③ 反量化工具(解码器必需)：把解码得到的整数表示频谱值,转换成未缩放的重建频谱值。量化采用非均匀的分组量化。

④ 缩放因子工具(解码器必需)：把整数表示的缩放因子转换成实际值,并用来乘以对应的未缩放频谱。

⑤ M/S 工具(可选项)：为了提高编码效率,在 M/S 判决信息的控制下,把中/边(mid/side)声道的一对输出频谱转至左/右(L/R)声道。

⑥ 预测工具(可选项)：是编码器预测过程之逆。在预测状态信息的控制下,把编码器预测工具所去除的冗余度重新插入到频谱数据中。该工具是一个二阶后向自适应格型结构(backward adaptive lattice structure)的预测器,基于最小均方(LMS：Least Mean Square)准则来逐帧调整预测系数,从而无须像前向自适应(forward adaptive)预测那样需要传送边信息(例如 5.4.3 节的 LPC 声码器需逐帧传送预测系数)。

⑦ 强度立体声/耦合工具(可选项)：在编码器中,该工具可将一对或多个声道合并转换为单一声道,故在解码器中,可用来将强度立体声按频谱对来解码。此外,它还遵循耦合控制信息,把来自相关切换耦合声道的数据加进该处的频谱中。

⑧ 瞬时噪声成形(TNS)工具(可选项)：控制编码噪声的细微时间结构。编码器中的

TNS过程把信号的瞬时包络平坦化；解码器则在TNS信息的控制下，利用逆过程再恢复信号原有的瞬时包络。这可以通过对部分频谱数据的滤波来实现。

⑨ 滤波器组工具（解码器必需）：按照滤波器组控制信息以及增益控制信息（也可以没有后者），完成对编码器MDCT的逆过程，通过IMDCT重建时域音频信号。

⑩ 增益控制工具（可选项）：编码器中的增益控制PQF组把信号划分成4个等宽子带，则解码器中的增益控制工具分别对这4个子带信号进行时域增益控制，再通过自己的PQF组把4个子带信号重新综合成一个音频时间波形。本工具只用于SSR档次，除此则将子带信号直接通过PQF组送至解码器的输出端。

7.2.7　DRA音频算法

DRA算法同时支持立体声和多声道环绕声的数字音频编解码，仍采用MDCT进行音频信号的分解，但分辨率可变，即通过自适应时频分块（ATFT：Adaptive Time Frequency Tiling）从10多个窗口长度中选一个最适合当前音频信号特征的窗口，以实现对音频信号的最优分解。原则是对准稳态的声音片断具有高的频域分辨率，使变换后的子带样本能量更加集中，有利于量化和熵编码；而对瞬态信号则具有高的时域分辨率，从而保留足够的对听觉有效的信息。本质上仍在于从近似分段平稳的音频信号中得到组合信源模型的熵（3.3.4节）。

具体编码做法如图7.12(a)所示（图中实线代表音频数据，虚线代表控制/辅助信息）。

（1）通过对输入音频PCM样本的暂态分析，一方面用于人耳听觉模型计算噪声掩蔽阈值以确定后续的编码策略，另一方面用于决定分析窗口的切换：在当前帧中不存在暂态分量时，将分析滤波器组切换到高频率分辨率模式（1024点的长窗口函数）以确保稳态段的高压缩性能；而存在暂态分量时则切换到低频率分辨率/高时间分辨率模式（128点的短窗口函数）以避免前向回声（pre-echo）效应［即图7.7(d)中的分块大小可变］。为了在这两个主窗函数间正确切换，引入了长到短转换的长窗口和短到长转换的过渡长窗口函数；而当两个暂态非常接近但不足以保证连续采用短窗口时，使用短到短转换的窗口函数。

（2）如果音频帧中存在瞬态分量，就对子带样本进行交叉重组以利于降低熵编码所需的总比特数。可选的和/差编码器把左右声道对的子带样本转换成和/差声道对；而可选的联合强度编码器则利用人耳在高频的声像定位特性而对联合声道的高频分量进行强度编码。

（3）全局比特分配器把比特资源分配给各个量化单元，使其量化噪声功率低于人耳的掩蔽阈值；线性标量量化器利用全局比特分配器提供的量化步长来量化各个量化单元内的子带样本；码书选择器基于量化指数的局部统计特征对量化指数分组，并把最佳的码书从码书库中选出分配给各组量化指数；量化指数编码器则用码书选择器选定的码书及其应用范围来对所有的量化指数进行霍夫曼编码。

（4）多路复用器把所有量化指数的霍夫曼码和辅助信息打包成一个完整的比特流。

如图7.12(b)所示的解码流程则为图7.12(a)编码过程的逆过程，不再赘述。

总之，DRA在低解码复杂度下得到了高压缩效率。

7.2.8　SVAC音频算法

由于应用领域不同，SVAC的应用需求并非以高音效为主要追求的真正意义上的宽带音频编码，而是要确保语音真实并兼顾音频信号的宽带语音编码或语音频编码（Speech Audio Coding）。例如，现有的音频/语音编码标准为提高编码效率，利用了人耳的不灵敏性，解码重

(a) 编码算法流程 (b) 解码算法流程

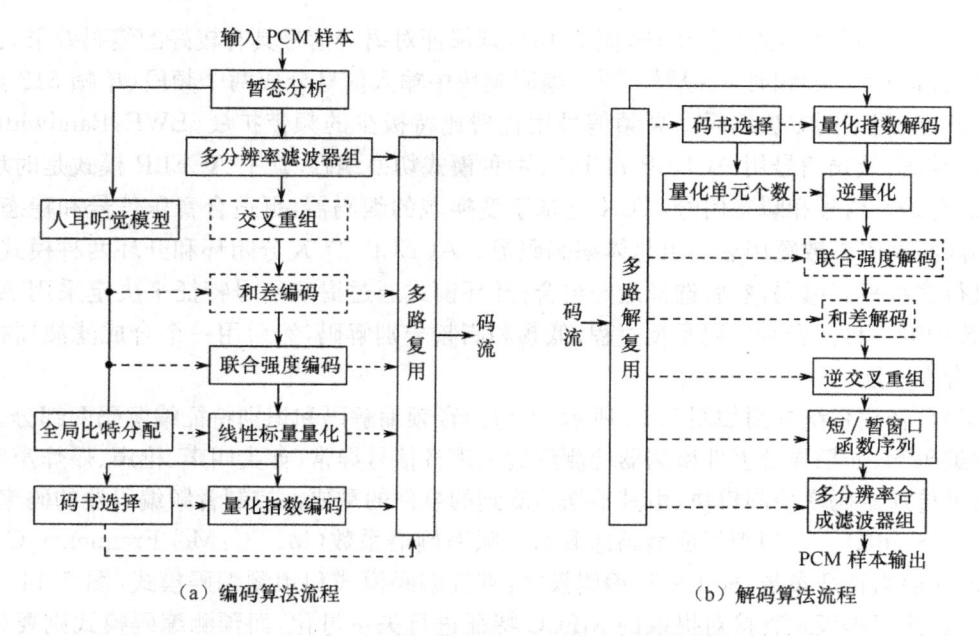

图 7.12　DRA 编码/解码系统框图[马文华,2009]

建的语音信号同原始信号相比有严重失真,影响语音识别和声纹识别的准确性。SVAC 标准在音频编码的基础上,支持声音识别特征参数的编码,以降低编码失真对语音/声纹识别的影响。另外,SVAC 音频码流增加了对声源定向信息的编码:多路采集信号经过麦克风阵列算法处理后,将输出一路单声道信号和目标声源的方向信息,通过在压缩编码数据中嵌入声源定向信息,就可将目标声源的方向信息和该声源的声音压缩后经过网络传输到监控后端,SVAC 音频解码器恢复出目标声源的方向信息和该声源的声音,送入控制分析模块,可实现目标跟踪和对监控前端摄像头的控制等应用。与在监控前端直接压缩麦克风阵列采集的多声道信号、在监控后端用麦克风阵列算法分析解压缩多路信号以得到声源方向信息的方法相比,可大大节省传输带宽或存储空间。

SVAC 音频标准支持代数码激励线性预测(ACELP)和变换域码激励(TCX:Transform

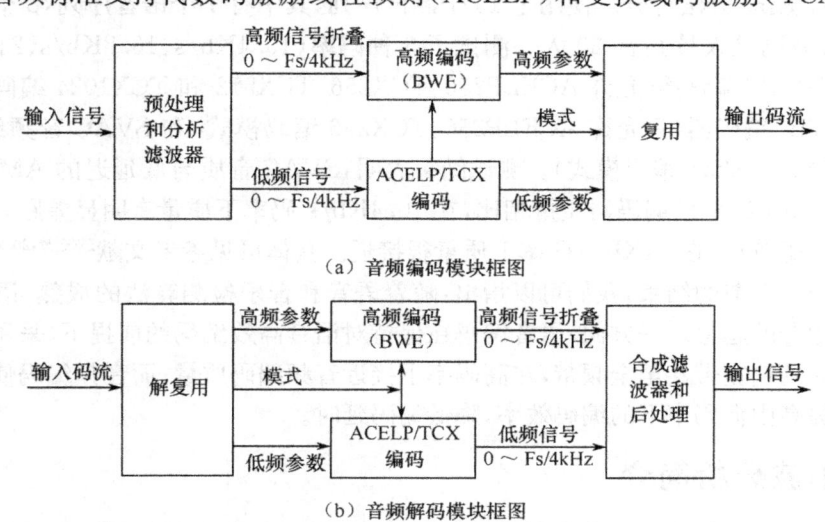

(a) 音频编码模块框图

(b) 音频解码模块框图

图 7.13　SVAC 音频编码/解码模块框图

Coded Excitation)切换的双核编码(图7.13),既保证对语音信号具有较好的编码效果,也能保证环境(背景)声音的编码效果[舒若,2010]。编码模块中输入信号分成两个频段(单帧512点分成两个256点)用不同方法编码。高频信号用耗费比特极少的频带扩展(BWE:Bandwidth Extension)编码;低频信号用ACELP和TCX两种模式切换编码,其中ACELP模式是时域预测编码,适合语音信号和瞬态信号,TCX是基于变换域的编码器,更适合音乐信号和稳态信号。低频和高频编码参数复用后输出总体编码码流。ACELP/TCX分闭环和开环两种模式:闭环模式进行多种模式编码,然后选择最好组合;开环模式通过提取信号特征来决定采用ACELP和TCX中哪一种。音频解码是反过程,低频和高频分别解码,然后用一个合成滤波器把两频段信号合在一起。

SVAC音频系统框图如图7.14所示,均包括音频编解码和识别特征编解码两部分。

在编码端,如果异常事件检测器检测到输入声音信号异常(如尖叫声、枪声、爆炸声等),将检测结果传递给码率控制模块,由其根据检测到的事件的重要性控制音频编码器的码率,范围为6Kb/s～36Kb/s。识别特征编码选取梅尔频率倒谱系数(MFCC:Mel-Frequency Cepstral Coefficients)为特征参数,提供两种编码模式:直接编码模式和预测编码模式(图7.14中的虚线框)。直接编码模式直接对提取的MFCC特征进行矢量量化,而预测编码模式则要先解码音频码流得到重建信号,对重建信号和原始信号分别提取MFCC特征,使用重建信号MFCC特征作为原始信号MFCC特征的预测,最后对预测残差进行矢量量化。直接编码模式码率为4.8Kb/s,预测编码模式码率为3.2Kb/s。最后音频码流和识别特征码流复用成一路码流。

在解码端,先解复用以得到音频码流和识别特征码流,然后音频解码器直接解码输出重建音频信号;识别特征解码器则从码流中解码出特征参数,如果当前编码模式是直接编码模式,则解码得到的就是MFCC特征;如果当前解码模式是预测编码模式,则解码得到的是MFCC残差,利用音频解码器输出的重建信号提取MFCC特征作为预测值,最后将这两部分相加就得到了最终的MFCC特征。

编制组对SVAC音频和AMR-WB[+]标准进行了非正式的主观听力测试,用MUSHRA(Multi Stimulus test with Hidden Reference and Anchor,2000年由EBU提出,适用于中等质量音频的主观测试)方法打分。使用了15个测试序列,其中有7个语音序列,8个典型的监控序列,参加听力测试人员共有20人。测试了3种码率(10.4Kb/s、16.8Kb/s、24Kb/s),对比测试了AMR-WB[+]编码器(允许ACELP256、TCX256、TCX512和TCX1024编码模式)、低延迟的AMR-WB[+]编码器(只允许ACELP256、TCX256编码模式)和SVAC音频编码器(只允许ACELP256、TCX256编码模式)。测试结果表明,SVAC音质与低延迟的AMR-WB[+]编码器相当,而与AMR-WB[+]编码器质量相比,在10.4Kb/s码率下质量有明显差距,在16.8Kb/s码率下质量差距较小,在24Kb/s码率下质量很接近。具体可见参考文献[刘金慧,2009]。

作为整个7.2节的结束,我们可以指出:随着语音和音乐检测算法的成熟,语音和音频的编码标准有融合的趋势。一方面,语音编码在保持对语音高效编码的前提下,采用带宽扩展方法把带宽扩展到超宽带甚至全频带,在高码率下接近音频编码质量;而音频编码使用频带复制等技术大大提高中低码率下的编码效率,降低编码延时。

*7.3 小波分析简介

子带编码在音响信号压缩中取得了显著的成效,因为它能与HAS较好地匹配,另外也由于音响信号的压缩比不高,加之对听觉掩蔽阈的开发,都在一定程度上有助于弥补因量化噪声

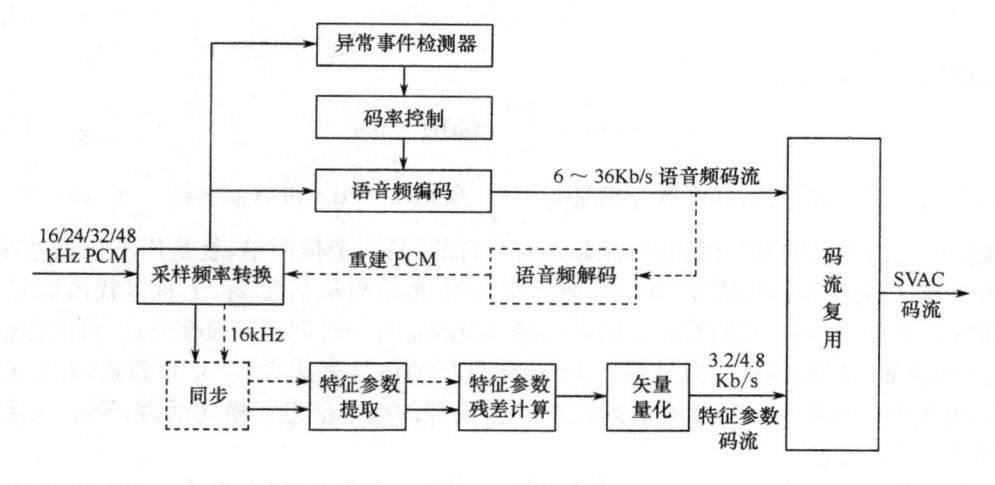

(a) 监控音频编码器框图

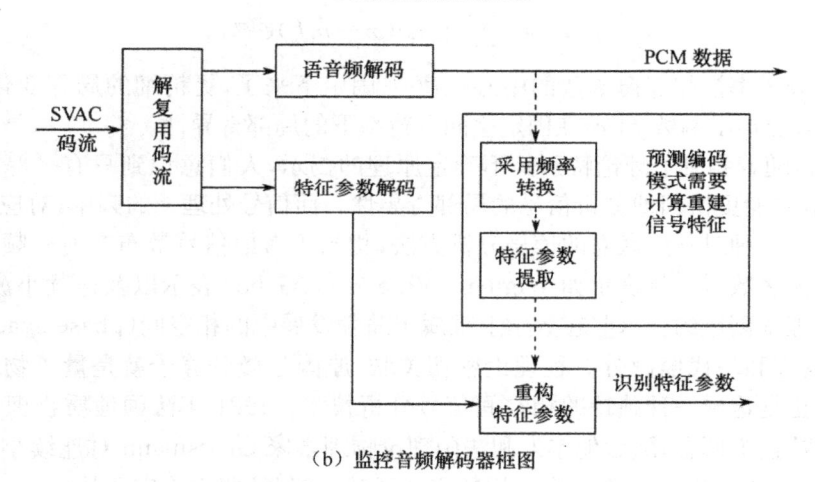

(b) 监控音频解码器框图

图 7.14 SVAC 监控音频编码/解码系统框图

不为零而导致的 QMF 或 MDCT 混叠对消性能下降。但用于图像的子带编码,则要求与 HVS 的感知特性及图像信号的非平稳性质更好地匹配,这就要求运用更灵活有力的时—频分析工具。小波变换(WT:Wavelet Transform)就是这样一种先进工具。

7.3.1 基本观念

信号处理和近代数学、物理学的一个重要技术手段就是根据不同的需要,把信号(或者函数、场)$f(x)$分解为某种基本函数系$\{b_\lambda(x)\}_{\lambda \in \Lambda}$的线性叠加

$$f(x) = \sum_{\lambda \in \Lambda} c_\lambda b_\lambda(x) \tag{7.3.1}$$

(指标集 Λ 不可数时求和号理解为积分)。借此可以通过处理系数 c_λ 来代替处理信号 $f(x)$。例如,通常对带限信号(截止频率为 π)的 A/D、D/A 变换无非是取样定理

$$f(x) = \sum_n f(n) \frac{\sin\pi(x-n)}{\pi(x-n)} \tag{7.3.2}$$

的内插表示。而周期信号(周期为 1)的 Fourier 级数表示

$$f(x) = \sum_n c_n e^{j2\pi n} \tag{7.3.3}$$

和非周期信号的调和表示

$$f(x) = \int_{-\infty}^{+\infty} c(\omega) e^{j2\pi\omega x} d\omega \tag{7.3.4}$$

都是信号处理中最常用的,其系数分别是 $c_n = \int_0^1 f(x) e^{-j2\pi n x} dx$ 和 $c(\omega) = \int_{-\infty}^{+\infty} f(x) e^{-j2\pi\omega x} dx$。

人们构造出不同的基本函数系,无非是两个目的:第一个很简单,就是用不同的数字化方式表示信号,以适应不同的需要;第二个则非常深刻,就是想从系数 $\{c_\lambda\}$ 上直接找出信号 $f(x)$ 的局部特征信息。例如,我们对音乐信号最感兴趣的是每一时刻的各频率分量,对图像信号则是其边缘(局部、高频)信息。但是基于 Fourier 分析的信号表达式(7.3.3)和式(7.3.4)是时域(空间域)整体化的,无法给出在时间(空间)上局部的频率信息。换句话说,Fourier 系数给不出信号的局部信息。

一个变通的方法是加上滑动的"时间窗" $w(x)$(例如海明窗、汉宁窗等),来表示信号

$$f(x) = \sum_{m,n} c_{m,n} w(x - mT) e^{j2\pi n} \tag{7.3.5}$$

但是它的时域分辨率被相邻窗函数的中心距离 T 固定下来了,更精细的局部变化无法观测。从系数 $c_{m,n}$ 中只能推出函数 $f(x)$ 在固定空间分辨率下的局部奇异性。

1925 年后,随着新量子理论特别是不确定原理的揭示,人们意识到只有平等而联立地看待时域和频域,才能更恰当地分析信号的局部奇异性。而信号处理上的频率,对应量子力学动量算符的酉化。这种时—频联立的信号分析方法,相当于考虑信号散布在时—频平面上的局部能量。其实大多数时—频表示如 Wigner-Ville 分布、Gabor 表示以及连续小波变换,都是优秀的量子物理学创造的。这些在数学上都属于蓬勃发展中的相空间(phase space)调和分析理论,与量子物理和现代偏微分方程理论密切关联,原因是微分算子就是量子物理的动量算符。小波分析正是这样一种独特的相空间信号分析技术。1981 年法国地质物理学家 Morlet 首先提出"小波"这个概念,随后他本人和法国理论物理学家 Grossmann 对连续小波的理论进行了深入研究。1982 年以后,人们发现用特定的函数系(不妨假定为实函数)

$$\Psi_{m,n}(x) = 2^{\frac{m}{2}} \Psi(2^m x - n) \tag{7.3.6}$$

表示信号 $f(x)$ 会得到任意空间分辨率的奇异性信息

$$f(x) = \sum_{m,n} c_{m,n} \Psi_{m,n}(x) \tag{7.3.7}$$

只要 $\Psi_{m,n}(x)$ 是规范正交的,系数就可用内积表示成

$$c_{m,n} = \langle f(x), \Psi_{m,n}(x) \rangle \tag{7.3.8}$$

这就是离散小波变换(DWT),$\Psi(x)$ 就是小波。其对于信号压缩的最重要特点是:

① 小波系数 $c_{m,n}$ 的绝大部分接近于零。这就是说,信号的小波表示是稀疏的,这是用小波变换压缩信号的理论依据;

② 模较大的系数 $c_{m,n}$ 所对应的窗口中心是 $x \approx 2^{-m} n$,"指认"了信号 $f(x)$ 在此处的局部奇异性(局部高频特性)。对于图像,这表明小波系数指认了其边缘信息,而在 2D 空间的张量积小波分解时,边缘恰好是沿水平、垂直和 45°角方向,符合 HVS 的方向选择性。作为对照,正常图像信号的 Fourier 系数总是"满的",一旦稀疏则信号往往高度奇异,这是缺项 Fourier 级数理论的主要结果。

要使形如式(7.3.6)的函数系能叠加出所有的信号①，$\Psi(x)$ 必须是带通函数，直流分量为零。式(7.3.6)第一个下标表征尺度(scaling)，另一个则代表位移。固定尺度 m 的部分函数 $\{\Psi_{m,n}; n\in Z\}$ 叠加出小波空间 W_m，又称"细节"(details)信号空间。每个空间在统计意义下各占一个带通范围，大体相当于 $[-2^{m+1}\pi, -2^m\pi] \cup [2^m\pi, 2^{m+1}\pi]$，合起来完成对频率域的分割。至于多分辨率分析(MRA：Multi-Resolution Analysis)，就是 $L^2(R)$ 空间一串从无到有、逐级精细、最终逼近 $L^2(R)$ 的子空间串 $\{V_m\}$。形式上就是 $\cdots \subset V_m \subset V_{m+1} \subset \cdots L^2(R)$，但又要符合 $\lim\limits_{m\to+\infty} V_m = L^2(R)$ 和 $\lim\limits_{m\to-\infty} V_m = \{0\}$。它们是逐级扩大的一串低通空间，由一个尺度函数生成：每个 V_m 是由对应尺度的函数系 $\Phi_m = \{\phi_{m,n}(x); n\in Z\}$ 线性叠加出来的。

【例 7-2】 如果取 sinc 函数 $\phi(x) = \sin\pi x/\pi x$ 作为尺度函数，则每个 V_m 实际就是截止频率为 $2^m\pi$ 的带限信号空间——这串空间的带宽递增；通常对信号 $f(x)$ 的理想低通滤波(截止频率为 $2^m\pi$)就是正交投影 $F_m: L^2(R) \to V_m$；随着 m 的增大 $F_m f(x)$ 同 $f(x)$ 就越来越接近。

【例 7-3】 图像景物出现在大小不同的尺度上：一条边缘可以是由白到黑的突变，也可以呈由浅入深的渐变。对于图像表示或分析，采用多分辨率策略就是在设法利用这一概念。

【例 7-4】 制图法也体现了 MRA 策略。地图通常按不同的比例尺(即尺度)来描绘，一幅地图的尺度为实际疆域与其图上表示的比值：在较大尺度(如地球仪)上，大陆和海洋的轮廓可见，而诸如城市街道这样的细节信息则超出地图的分辨率之外；而在较小的尺度上，细节可辨而全貌却反倒难得一见了。因此，为了适应从局部到全局的需要，就要用不同的尺度绘制一套地图。这也正是树木与森林的关系。

以上我们并没有用正交变换来解释 DWT 压缩数据的理由。正交变换的确能保持能量守恒且数据表示没有冗余，但这只是平凡的几何属性。其实，即使放弃无冗余性(正交性就更谈不上了)，只要保证函数系 $\{\Psi_{m,n}(x)\}$ 包含有"基"，就照样可能从 $\langle f, \Psi_{m,n}\rangle$ 获得数据压缩。

精确的说法是：存在一对有限正常数 A、B，使得对任意能量有限信号 $f(x)$

$$A\|f\|^2 \leqslant \sum_{m,n} |\langle f, \Psi_{m,n}\rangle|^2 \leqslant B\|f\|^2 \tag{7.3.9}$$

则称 $\{\Psi_{m,n}(x); m,n\in Z\}$ 为小波标架(wavelet frame)。任何小波基都是标架，反之不然。表面上 $\langle f, \Psi_{m,n}\rangle$ 这种表示似乎冗余，但它大大提高了稳定性。这些系数虽比正交小波变换的多一些，但仍是稀疏的，而且可用更少的位数量化，结果仍能以较高的精度恢复粗量化的信号 $f(x)$。这就弥补了小波表示上的冗余。对语音等瞬变信号的压缩和消除高斯噪声，这个方法特别有效。下式的标架分解迭代算法与数据压缩密切相关：

$$f_{(N)}(x) = \frac{2}{A+B} \sum_{m,n} \langle f_{(N)}, \Psi_{m,n}\rangle(x) + f_{(N+1)}(x), f_{(0)}(x) = f(x) \tag{7.3.10}$$

可以证明式(7.3.10)右端对应的各项系数之和，就是标架分解系数。1982年，Grossmann 和 Morlet 正是用 $\Psi(x) = (1-x^2)e^{-x^2/2}$ 生成标架，拉开了小波分析的序幕。

到 1989 年左右，已有近 15 种小波构造纷纷提出②，但最终两位法国学者，信号分析专家 S. Mallat 与调和分析专家 Y. Meyer 合作，将计算机视觉中的多尺度分析概念引申到小波分析中，非常漂亮地建立了构造正交小波基的统一框架。继而，量子物理学家 I. Daubechies 给出了具有任意充分正则度的紧支集正交小波基的构造方法；Mallat 则在金字塔算法的启发

---

① 不妨设信号为能量有限的，即信号空间是 $L^2(R)$。
② 1910 年提出的 Haar 变换，以今天的眼光来看，就是一种最简单的规范正交小波基。

下,基于多尺度分析的小波构造框架提出了著名的快速小波变换(FWT)算法,从而引出了 DWT 的概念。Daubechies 结合 Mallat 算法,把 DWT 实现为一种 FIR 滤波器,本质地推进了小波的理论和应用研究。尤其是 DWT,成为工程应用研究的重点。此时小波研究的难点已不再是 WT 算法本身,而在于构造合适的小波基,特别是那些具有紧支集、线性相位的小波基。1989 年 Y. Meyer 与 R. R. Coifman 合作出版的《小波与算子》及后来 Daubechies 出版的《小波十讲》(Ten lectures on wavelets),都有力地推动了小波理论的普及和发展。

由于 FWT 算法——Mallat 算法可以利用滤波器组结构来实现,而且滤波器组可以唯一地确定一组小波基,因此一些学者将小波基的构造与 7.1.4 节 QMFB 的设计结合起来。从此,许多工程界人士也可以在 Mallat 的小波基构造框架下选择设计自己需要的小波。

不过需要特别指出的是:尽管在形式上小波变换表现为一种子带变换和 QMF 滤波,但其本质远非子带变换可以刻画。它有更为深刻和独特的内涵,因为小波的许多分析性质难以在滤波器组的代数结构中反映出来,例如正则性等。滤波器组的设计可以为小波的构造提供许多新方法,但最终要用分析手段来检验小波基所必需的分析性质。

另外,也不能认为小波分析取代了 Fourier 分析:Fourier 分析提供了极好的代数变换功能,例如滤波过程 $f(x) * g(x)$ 在 Fourier 表示下不过是乘积 $F(\omega)G(\omega)$,而这恰恰是小波变换的短处。小波擅长于刻画几何形态,但代数变换能力很糟。理解这些优劣差别,非常重要。

7.3.2 小波基的选择

利用矩阵乘法描述 DWT 最简单。以 Daubechies D4 为例,它是最常用的小波之一。正如其名,它基于 4 个滤波器系数[Salomon, 2000]

$$c_0 = (1+\sqrt{3})/(4\sqrt{2}) \approx 0.48296, \quad c_1 = (3+\sqrt{3})/(4\sqrt{2}) \approx 0.8365,$$
$$c_2 = (3-\sqrt{3})/(4\sqrt{2}) \approx 0.2241, \quad c_3 = (1-\sqrt{3})/(4\sqrt{2}) \approx -0.1294. \quad (7.3.11)$$

变换矩阵为

$$W = \begin{pmatrix} c_0 & c_1 & c_2 & c_3 & 0 & 0 & \cdots & 0 \\ c_3 & -c_2 & c_1 & -c_0 & 0 & 0 & \cdots & 0 \\ 0 & 0 & c_0 & c_1 & c_2 & c_3 & \cdots & 0 \\ 0 & 0 & c_3 & -c_2 & c_1 & -c_0 & \cdots & 0 \\ \vdots & \vdots & \vdots & \vdots & \vdots & \vdots & \ddots & \vdots \\ 0 & 0 & \cdots & 0 & c_0 & c_1 & c_2 & c_3 \\ 0 & 0 & \cdots & 0 & c_3 & -c_2 & c_1 & -c_0 \\ c_2 & c_3 & 0 & \cdots & 0 & 0 & c_0 & c_1 \\ c_1 & -c_0 & 0 & \cdots & 0 & 0 & c_3 & -c_2 \end{pmatrix}$$

如果把 W 与数据项 $(x_1, x_2, \cdots, x_n)$ 形成的列向量相乘,则乘积的第 1 行是加权和 $s_1 = c_0 x_1 + c_1 x_2 + c_2 x_3 + c_3 x_4$,第 3 行为加权和 $s_2 = c_0 x_3 + c_1 x_4 + c_2 x_5 + c_3 x_6$,其他奇数行也会产生相似的加权和 s_i。这些和值是数据向量 x_i 与 4 个滤波器系数的卷积。用小波的语言来表述,每个 s_i 都称为平滑(或低通逼近)系数,它们合起来称为一个 H 平滑滤波器。

类似地,乘积第 2 行为 $d_1 = c_3 x_1 - c_2 x_2 + c_1 x_3 - c_0 x_4$,其他偶数行也生成类似的卷积。每个 d_i 都称为细节(或小波)系数,合起来称为 G 滤波器。选择滤波器系数要保证当数据项 x_i 相关时,G 滤波器生成的值比较小。H 与 G 合起来即为正交镜像滤波器(QMF)。

因此可以将图像的 DWT 看做是原图像通过由一个低通（H）和一个高通（G）滤波器组成的 QMF。若 W 是 $n\times n$ 矩阵，则它将生成 $n/2$ 个平滑系数 s_i 和 $n/2$ 个细节系数 d_i。

由于变换矩阵 W 应与图像大小相同，而图像可能很大，因此使用 W 在概念上虽然简单，可不太实用。但是，W 非常规则，因此没必要构造一个满阵，只需知道 W 最上面一行即可。事实上，只要有滤波器系数数组就够了。

6.3.1节指出，在讨论静止图像的变换编码时，首先需要确定变换矩阵 A 的类型和阶数。同样，应用小波分析的目的，在于从小波系数推测信号的局部频率，或者利用系数的稀疏性来压缩信号，而这种推测的精度如何？对被推测信号的适用范围如何？在本质上都依赖于小波的性质。应用中希望小波函数有如下特性。

① 在时间域和频率域都要衰减快。

因为只有小波函数作为窗函数在时—频平面上具有尽可能小的统计面积，该小波才具有良好的时频局部化特性。而时域上的快衰减波形，正可形象化为"小"波。

② 在时间域越光滑越好。

因为只有在时间域磨平"棱角"，才不致在频率域"拖泥带水"。小波函数的时间域光滑性乃频率域衰减性所需，体现了该小波函数的时间域正则性。不过对于图像压缩的应用，正则性的差别影响不明显。

③ 在时间域要有一定的振荡。

我们通过研究函数 $\Psi(x)$ 的 n 阶矩 $M_n=\int_{-\infty}^{+\infty}x^n\Psi(x)\mathrm{d}x$，来理解这一点。

【定义 7.1】 如果函数 $\Psi(x)$ 的前 N 个矩满足 $M_0=M_1=\cdots=M_{N-1}=0$，则称该函数具有 N 阶消失矩（vanishing moments）。

由此定义，不难明白下述命题的正确性。

【命题 7.1】 函数 $\Psi(x)$ 具有 N 阶消失矩，当且仅当对于任意次数不超过 $N-1$ 的多项式（N 阶多项式）$P_N(x)$，都有 $\int_{-\infty}^{+\infty}P_N(x)\Psi(x)\mathrm{d}x=0$。

因此，当用一个具有 N 阶消失矩的小波对信号进行变换时，若该信号的某一局部可用一个 N 阶多项式来逼近，那么对该局部所得小波分解系数的幅度就接近于零[①]。显然，该信号局部的变化越平坦，逼近多项式的阶数 N 也可以越低；反之，就需要用更高阶的多项式来逼近信号的局部奇异性，以保证小波分解系数的稀疏性，使其能量主要集中在信号的局部奇异性位置附近。可见小波的消失矩与用多项式逼近信号的阶数是一致的。由于多项式的阶数对应着其"波形"的振荡性，因此，小波函数的时域振荡性强弱体现了它的消失矩高低。

在图像表示的意义上，小波的消失矩也可以理解为小波的代数精度：采用具有二阶消失矩的小波，可以较理想地处理光照产生的灰度缓变区；采用具有三阶消失矩的小波，可以较理想地处理屋顶状的边缘，等等。不过实验也表明，采用四阶以上消失矩的小波所带来的压缩好处已不明显，因为图像毕竟不同于声音那样的快速振荡"波形"。

④ 在时间域要有较小的作用域（即支集）。

选用具有高阶消失矩的小波基，虽然可以提高信号平滑区域小波分解系数的稀疏性，但小波的消失矩和正则性越好，其作用域往往越大（支集越长），对于信号中的突变区域（如脉冲边沿或图像边缘），因奇异性所扩散出来的非零小波系数也越多，反而不利于提高信号表示的效

---

① 用5.2节预测编码的观点，也就是此时 N 阶预测器的预测残差接近于零。

率,而对其截断又会产生 Gibbs 振荡,在图像边缘处呈现出振铃效应(ring effect),因此希望小波基具有小作用域(或紧支集,即小波作用在有限的时间区间内)。另外,小波的支集长度还对应着滤波器的阶数,直接决定了小波变换的计算量。

⑤ 要具有正交性或双正交性。

这是为了理论分析以及小波分解系数的计算。Mallat 算法表明,信号的小波展开和 MRA 是两个相互耦合的过程,而线性相位对于 MRA 具有重要意义。只有当分析滤波器满足线性相位条件,才能方便地解决不同分辨率表达之间的相位补偿,在不同的分辨率之间跟踪信号的特性。这对于我们将要提到的图像零树表示,更是至关重要。由于线性相位的要求与滤波器冲激响应的奇、偶对称性有关,故在图像压缩中,把小波基的对称性视为另一个非常重要的指标。遗憾的是,Daubechies 已证明,除了 Haar 小波基(即平凡的 2 抽头 FIR 线性相位滤波器)外,紧支集正交小波必为不对称的。因此,为了保留线性相位条件,必须放弃正交小波基的限制,引入所谓双正交小波基。即使用两个不同的小波基 $\Psi(x)$ 和 $\widetilde{\Psi}(x)$,一个用于分解,另一个用来合成,两者对偶且小波族 $\Psi_{j,k}(x)$ 与 $\widetilde{\Psi}_{l,m}(x)$ 双正交,即满足

$$\langle \Psi_{j,k}, \widetilde{\Psi}_{l,m} \rangle = \delta_{j,l}\delta_{k,m} \tag{7.3.12}$$

两个小波中的任何一个都可用于分解,只要用另一个来重建就行。

因此,就具体应用而言,上述指标还需要折中考虑。对于图像压缩,一般实验用的 B 样条小波族或 Cohen-Daubechies-Feauveau(CDF)小波族,表现大致相当。如果用多个小波母函数经过伸缩平移生成小波基(相应地就有多个尺度函数),还可得到具有更大自由度的多小波。应该注意的是,拿传统的频率响应、冲激函数等指标来考核小波滤波器,其实只是围绕频率域或空间域做评价,而小波的优点则体现在相空间上的局部化,即所谓的时—频局部化。

7.3.3 第一代小波构造的统一框架

根据 7.3.2 节对于小波性质的要求,构造出满足需要的小波函数,是应用的前提。

由 Mallat 和 Meyer 提出的统一的小波基构造框架所得到的小波,称为第一代小波。该框架的核心就是多尺度分析的概念,由它出发可以推导出父小波函数(尺度函数)$\phi(x)$ 和母小波函数(小波)$\Psi(x)$ 满足下面的双尺度差分方程:

$$\phi(x) = \sum_n h_n \phi(2x - n) \tag{7.3.13}$$

$$\Psi(x) = \sum_n g_n \phi(2x - n) \tag{7.3.14}$$

因此,传统的小波构造理论是从求解双尺度差分方程开始的。

数学上往往利用双尺度差分方程的特征(symbol)

$$m_0(\xi) = \frac{1}{2}\sum_n h_n e^{-in\xi} \quad \text{和} \quad m_1(\xi) = \frac{1}{2}\sum_n g_n e^{-in\xi} \tag{7.3.15}$$

来求解上述方程;而工程上则更多地将方程的系数看成是滤波器,将 Mallat 的 FWT 看做多采样率的滤波器组,如图 7.15 所示。图中 $h(z)$ 和 $g(z)$ 分别为双尺度差分方程系数的 h_n 和 g_n 的 Z 变换,即

$$h(z) = \sum_n h_n z^{-n} \quad \text{和} \quad g(z) = \sum_n g_n z^{-n} \tag{7.3.16}$$

实际上除了一个常数因子 1/2,两者是一致的。由于它们与对应的小波函数之间存在着一定的映射关系,因此,小波函数构造和小波性质研究中的许多问题,往往都转化到滤波器组(或象征)的表征上来分析。事实上,由于正交小波基除了 Haar 小波外都不具有线性相位特

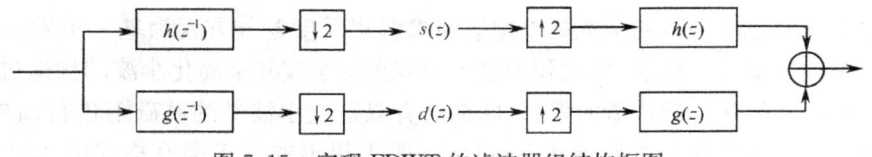

图 7.15 实现 FDWT 的滤波器组结构框图

性,而线性相位对于图像处理非常重要,故实用中最常用的是双正交小波和半正交小波。双正交小波利用较弱的相互对偶的小波函数的双正交性代替原来一组小波函数的正交性,以保证滤波器组的线性相位特性。此时对偶小波函数 $\tilde{\phi}(x)$ 和 $\tilde{\Psi}(x)$ 对应的滤波器组称为分析滤波器组,分别记做 $\tilde{h}(z)$ 和 $\tilde{g}(z)$,而原来小波函数对应的滤波器组则成为综合(或合成)滤波器组。在连续的小波函数 $\phi(x)$ 和 $\Psi(x)$ 及其对偶 $\tilde{\phi}(x)$ 和 $\tilde{\Psi}(x)$ 存在的前提下,小波的双正交特性与对应滤波器组的完全可恢复(或精确重建)特性相互等价[李洪刚,2002],我们可以通过研究滤波器组的完全可恢复性来代替对相应小波函数双正交性的研究。

Cohen、Daubechies、Herley、Vetterl 等人分别从一般的完全可恢复滤波器组出发,提出了构造双正交小波的理论。满足一定正则性条件的双正交滤波器组可用于构造双正交小波基,其中线性相位双正交滤波器组对应于线性相位双正交小波,而双正交 FIR 滤波器组则对应于紧支集双正交小波。Feauveau 则从多分辨率空间的角度给出了双正交小波的构造。

将图 7.15 左边的 $h(z^{-1})$ 和 $g(z^{-1})$ 换成 $\tilde{h}(z^{-1})$ 和 $\tilde{g}(z^{-1})$,就得到双正交小波变换的基本变换单元。而对照图 7.15 与图 7.2,我们不难看出小波变换与子带分析在实现形式上的相似性。

W. Sweldens 指出:传统的小波构造过程可以分成代数、分析和几何三个阶段。在代数阶段选择合适的滤波器组来实现 FWT;随后在分析阶段研究对应小波函数的存在性、稳定性、正交性或双正交性,及其时域的衰减性和振荡性等;最后在几何阶段检查所得小波函数的光滑性(正则性)。由于研究小波的正则性要用到许多较高深的数学理论,因此通常的小波构造理论的研究都集中在前两个阶段,然后通过试验的方法来检验小波函数的光滑性。

7.3.4 第二代小波构造的统一框架

传统的小波构造理论与传统的 Fourier 分析工具有着密切的关系。但在一些特殊的场合,传统的 Fourier 分析不再有效,例如所研究的空间不再是 Hilbert 空间,所分析的离散数据不再是均匀采样得到的,所得到的变换系数不再是同等重要的等,此时平移和伸缩这两个 WT 核心概念发生了很大的变化,多尺度分析中整平移空间的概念变了,传统的小波构造方法不再适用于这些场合。针对这些特殊场合中小波函数的构造,许多研究者提出了不同的设计方法。为了区别于在 Mallat 小波构造框架得到的小波,这些小波被称为第二代小波。

Sweldens 等人在总结前人提出的各种第二代小波构造方法的基础上,将多尺度分析的概念推广到第二代小波中,提出了一种新颖统一的第二代小波函数的构造框架——基于提升格式(lifting scheme)的小波函数构造理论,并在此基础上得到了一种基于提升格式的 DWT 快速算法。与 Mallat 的 FWT 算法相比,其结构更加简单,速度更加快捷,适用范围更加广泛,而且还具有 Mallat 算法所没有的优点,如可以很容易地实现原位(in place)运算和完全可恢复的非线性小波变换。Sweldens 和 Daubechies 还证明了所有的第一代小波函数都可以由基于提升格式的方法设计出来,传统的滤波器组结构的 WT 也都可以转化为提升结构的 WT。因此,基于提升格式的小波函数构造理论的提出进一步推动了 WT 在更广泛领域中的应用。

传统的双正交小波函数的构造是以构造和求解双尺度差分方程为基本出发点,从无到有地构造出一组所需要的小波基,无法利用已有的双正交小波基来简化小波的构造过程。为此,人们提出一种新的简化小波构造的思想,即在已有双正交小波基的基础上进行简单改造来生成新的小波基。这一思想最终发展成 Sweldens 等人提出的基于提升格式的小波构造方法。它利用提升和对偶提升过程来保证小波基的双正交特性不被破坏,利用提升和对偶提升系数设计的自由度来简化小波的构造,使得人们可以自己定制所需要的小波基。

在传统的小波构造理论中,在小波函数存在的条件下,小波基的双正交性质等价于对应的滤波器组具有完全可恢复特性。因此,如何在不破坏小波基的双正交特性的条件下改进小波函数的问题,可以转化为如何改进相应的滤波器仍能保证滤波器组的完全可恢复性质。

记 $X_e(Z) = \sum_n x_{2n} z^{-n}$ 和 $X_o(z) = \sum_n x_{2n+1} z^{-n}$,则由双正交小波变换的基本变换单元,有

$$\begin{bmatrix} s(z) \\ d(z) \end{bmatrix} = \begin{bmatrix} \tilde{h}_e(z^{-1}) & \tilde{h}_o(z^{-1}) \\ \tilde{g}_e(z^{-1}) & \tilde{g}_o(z^{-1}) \end{bmatrix} \begin{bmatrix} X_e(z) \\ X_o(z) \end{bmatrix} = \tilde{P}(z) \begin{bmatrix} X_e(z) \\ X_o(z) \end{bmatrix} \quad (7.3.17a)$$

$$\begin{bmatrix} Y_e(z) \\ Y_o(z) \end{bmatrix} = \begin{bmatrix} h_e(z) & h_o(z) \\ g_e(z) & g_o(z) \end{bmatrix} \begin{bmatrix} s(z) \\ d(z) \end{bmatrix} = P(z) \begin{bmatrix} s(z) \\ d(z) \end{bmatrix} \quad (7.3.17b)$$

式中,$\tilde{P}(z)$ 和 $P(z)$ 分别为分析滤波器组 $\{\tilde{h}(z), \tilde{g}(z)\}$ 和综合滤波器组 $\{h(z), g(z)\}$ 的多相矩阵。

【定义 7.2】如果滤波器组 $\{h(z), g(z)\}$ 对应的多相矩阵 $P(z)$ 满足 $\det P(z) = 1$,则称此滤波器组为互补滤波器组(complementary filter bank)。

滤波器组的完全可恢复对应着其分析或综合滤波器组的互补性,构造完全可恢复滤波器组本质上等价于设计合适的互补的综合滤波器组,并根据

$$\begin{cases} \tilde{h}(z) = -z^{-1} g(-z^{-1}) \\ \tilde{g}(z) = z^{-1} h(-z^{-1}) \end{cases} \quad \text{或} \quad \begin{cases} \tilde{h}_e(z) = g_o(z^{-1}), \tilde{g}_e(z) = -h_o(z^{-1}) \\ \tilde{h}_o(z) = -g_e(z^{-1}), \tilde{g}_o(z) = h_e(z^{-1}) \end{cases} \quad (7.3.18)$$

得到相应的分析滤波器组。

基于提升格式的小波构造理论并不像传统理论那样,告诉我们如何来构造互补滤波器组,而是告诉我们如何在互补滤波器组的基础上来改进滤波器,而不破坏滤波器组的互补特性。

【定理 7.1】设 $\{h(z), g(z)\}$ 为互补滤波器组,则对于任意由下式给出的滤波器 $g^{\text{new}}(z)$ 都与 $h(z)$ 互补。反之,任意与 $h(z)$ 互补的滤波器 $g^{\text{new}}(z)$ 都可以由下式给出

$$g^{\text{new}}(z) = g(z) + h(z) L(z^2) \quad (7.3.19a)$$

式中,$L(z) = \cdots - P_{-1} z^{-1} + p_0 + p_1 z + \cdots$ 为任意一个 Laurent 多项式。

将式(7.3.17a)改写成多项矩阵形式,则有

$$P^{\text{new}}(z) = P(z) \begin{bmatrix} 1 & L(z) \\ 0 & 1 \end{bmatrix} \quad (7.3.19b)$$

上述过程称为提升过程,其结构如图 7.16 所示。经过提升过程后,其对应的分析滤波器组变为

$$\tilde{P}^{\text{new}}(z) = \tilde{P}(z) \begin{bmatrix} 1 & 0 \\ -L(z^{-1}) & 1 \end{bmatrix} \quad \text{或} \quad \begin{cases} \tilde{h}^{\text{new}}(z) = \tilde{h}(z) - \tilde{g}(z) L(z^{-2}) \\ \tilde{g}^{\text{new}}(z) = \tilde{g}(z) \end{cases} \quad (7.3.20)$$

同理,可以定义对偶提升过程。

【定理 7.2】设 $\{h(z), g(z)\}$ 为互补滤波器组,则对于任意由下式给出的滤波器 $h^{\text{new}}(z)$ 都与 $g(z)$ 互补。反之,任意与 $g(z)$ 互补的滤波器 $h^{\text{new}}(z)$ 都可以由下式给出

$$h^{\text{new}}(z) = h(z) - g(z) M(z^2) \quad (7.3.21)$$

式中,$M(z)$ 为任意一个 Laurent 多项式。

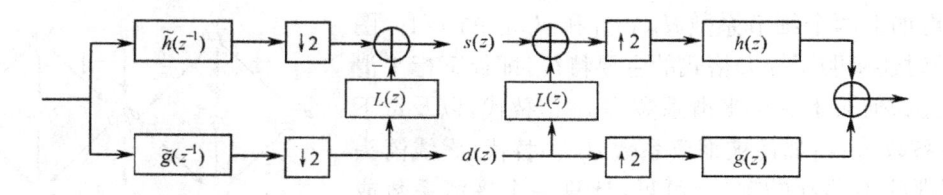

图 7.16 提升过程的结构框图

它所对应的结构如图 7.17 所示。经过对偶提升后,分析滤波器组变为

$$\begin{cases} \tilde{h}^{\text{new}}(z) = \tilde{h}(z) \\ \tilde{g}^{\text{new}}(z) = \tilde{g}(z) + \tilde{h}(z)M(z^2) \end{cases} \quad (7.3.22)$$

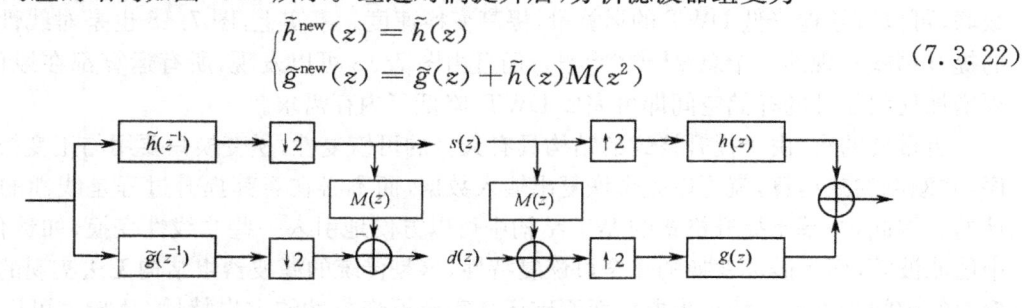

图 7.17 对偶提升过程的结构框图

可见,提升与对偶提升过程相互对称:提升(或对偶提升)综合滤波器组 $\{h(z), g(z)\}$ 等价于对偶提升(或提升)分析滤波器组 $\{\tilde{h}(z), \tilde{g}(z)\}$。

所以,采用提升或对偶提升过程,我们可以在保证滤波器组的互补性从而保证滤波器组的完全可恢复性的前提下,改进原有的双正交小波基,以满足应用要求。剩下的问题就是如何选择一个初始的互补滤波器组 $\{h_0(z), g_0(z)\}$,以及如何来设计提升和对偶提升系数。

Daubechies 和 Sweldens 指出,任何具有 FIR 滤波器组结构的双正交小波都可分解成由所谓"懒"小波(lazy wavelet)经有限步交替的提升和对偶提升过程得到。从而任何具有 FIR 滤波器组结构的双正交小波都可以由基于提升格式的方法构造出来。

至于具体的构造方法,则超出了本课程范围,因为 JPEG 2000 标准中已推荐了现成的 DWT。只是在此指出,Sweldens 首先给出了利用懒小波经由分离(split)、预测(predict)和修正(update)3 个步骤构造线性插值小波的提升结构[Sweldens,1995/1997];而李洪刚等人则提出了基于任意双正交小波的提升格式设计方法,给出了提升格式设计的迭代算法[李洪刚等,2001]。

7.3.5 提升格式的特点

提升格式除了用于更为广阔的小波构造领域外,由它所导出的 DWT 与 Mallat 所提出的滤波器组结构相比,也具有许多优点。

【**例 7-5**】 CDF-5/3 小波所对应的分析滤波器系数为 $\sqrt{2}\left\{-\frac{1}{8}, \frac{1}{4}, \frac{3}{4}, \frac{1}{4}, -\frac{1}{8}\right\}$ 和 $\sqrt{2}\left\{-\frac{1}{4}, \frac{1}{2}, -\frac{1}{4}\right\}$,因此,按传统的卷积格式计算一个平滑系数需要 5 次乘法 4 次加法,计算一个细节系数需要 3 次乘法 2 次加法。而如果采用提升格式来实现该 CDF-5/3 小波变换,则如图 7.17 所示,顶行是奇数和偶数下标的平滑系数 $s_{j,l}$;中间一行说明如何计算细节系数 $d_{j-1,l}$,它是奇下标平滑系数 $s_{j,2l+1}$ 减去其两个相邻偶下标平滑系数 $s_{j,2l}$ 与 $s_{j,2l+2}$ 之和的 1/2;底行则说明了如何计算下一个平滑系数集 s_{j-1},集中每个平滑系数 $s_{j-1,l}$ 都是一个偶下标平滑系

数 $s_{j,2l}$ 再加上两个细节系数 $d_{j-1,l-1}$ 和 $d_{j-1,l}$ 的 1/4。图 7.18 同时还阐明了提升格式的主要特征，即偶下标平滑系数 $s_{j,2l}$ 如何被下一个平滑系数集 $s_{j-1,l}$ 替代，以及奇下标平滑系数 $s_{j,2l+1}$ 如何被细节系数 $d_{j-1,l}$ 替代（虚线箭头指示了那些不移动的项）。可见，计算一个平滑系数或一个细节系数，都只需要 1 次乘法和 2 次加法。因此，利用提升格式将长的滤波器系数转化为短的提升结构的

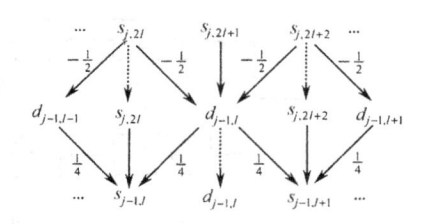

图 7.18 线性小波变换总结

级联，可以有效地降低 DWT 的运算量，提高变换速度。事实上，图 7.18 也是对线性小波变换的提升格式实现的一个总结[Salomon,2000]。而且由图 7.18 可以发现，所有运算都在原位进行，无须增加任何额外的存储空间即可完成 DWT，降低了内存需求。

更重要的是，由于提升格式的结构具有天生的可恢复性，逆变换只要用与正变换相反的顺序，并颠倒加减运算，就可以完全恢复出输入数据，而不必在意其提升过程是线性的还是非线性的。因此，在基于提升格式的 WT 结构中可以方便地引入一些非线性变换，如量化、取整和中值滤波等，而不破坏变换的完全可恢复特性，这是传统的滤波器组结构无法实现的。能够对变换的中间步骤和最终结果取整而不破坏其完全可恢复性的宝贵特性，意味着可以实现从整数到整数的 WT，得到完全无损的熵保持型压缩，使得在小波变换的框架内可以统一有损压缩和无损压缩这两大类编码方法，得到第 5 章所述预测编码那样的灵活性。而用变换（如 DCT）编码若想实现无损压缩，即便不是完全不可能，也要以很大的计算量为代价。

最后，利用提升格式的思想可以将小波和小波变换推广到传统 Fourier 变换失去意义的一些场合，如曲线或者曲面上，非均匀采样空间等。

7.4 静止图像的小波变换编码

小波变换编码是新一代静止图像编码标准 JPEG 2000 的基本技术框架，在 7.3 节对于小波基本了解的基础上，本节简要介绍 DWT 图像编码的具体实现和 JPEG 2000 标准。

7.4.1 图像 DWT 系数的零树结构

1980 年代，M. Kunt 等人连续发表了一系列文章，相对于预测、变换等偏重于波形信号的处理方法，提出了所谓"第二代"图像编码技术，并且给出两类新算法：一类基于图像分割，取出闭合的轮廓和灰度起伏相对平坦的区域分别编码，称之为基于轮廓—纹理描述的区域生长法；另一类基于边缘的方向分解，用一组方向滤波器对图像滤波，检测出低频部分和不同方向的边缘[1]，分别编码。这类技术表达的思想是先进的，而且找到了视觉的心理、生理依据，即 HVS 对边缘的方向具有选择性，对不同方向的边缘具有不同的敏感程度。但受限于图像的分割和边缘检测技术，编码效果尚不及 JPEG 标准。

由于小波变换的时—频局部表示优于单纯的频域表示，DWT 系数恰好反映了信号的边缘特征，按倍频程方式的频带划分又与 HVS 特性相吻合，因而受到了广泛的重视。对一幅 $M \times N$ 源图像进行一级 2D-DWT，可得 4 幅 $(M/2) \times (N/2)$ 子图像，按子带类别可分别称为低低频（LL）、低高频（LH）、高低频（HL）和高高频（HH）子带图像；对 LL 子带图像进行第二级 DWT 后，同样得到四幅子带图像；如此重复 L 次后得到图像的 L 级 DWT 系数，和 $3L+1$ 幅

---

[1] 实际上就是将子带滤波器的分解方向从水平与垂直推广至任意空间方向（例如相隔 45°的 8 个方向）。

不同尺度的子带图像，$L=3$ 时子带系数的关系如图 7.19 所示。如果"立体地"把底层的子带图像想像成是上一层子带图像的"底座"，则图 7.19 的逐级 DWT 定义了一个"金字塔"结构(pyramid structure)。J. Froment 和 Mallat 沿着第二代图像编码的思路，提出先编码 DWT 数据的多尺度边缘轮廓，再编码其与原始图像之差("纹理图像")。而更多的研究人员则结合经典手段，尝试了 DWT 数据的标量量化、矢量量化、最佳熵编码、模极值编码和最佳小波包编码等方法，但要么在编码效率方面，要么在实现复杂度上，总是不尽如人意。实践中人们发现，就图像编码和双正交小波族而言，在很大程度上，压缩效率的提高并非来自小波基的选择，而在于对变换系数的处理策略。尽管从数学角度看，图像的 DWT 系数是稀疏的，有利于码率压缩，可在实践中，这个优点却正好要求对系数编码比特的分配要有比变换编码更高的"技巧"：

① 变换编码的图像子块大小相等，而图 7.19 中 DWT 子带图像却按 1/4 的比例递缩。因此，无论对 DWT 系数采用 6.3.2 节的区域选择还是阈值选择，都更费斟酌；

② 如果按 JPEG 的基本系统模式采用阈值选择，则因为 JPEG 所用的变换尺寸只有 8×8，而 DWT 子带图像尺寸却大得多。例如对 512×512 图像进行图 7.18 的 3 级 DWT，则各级子带图像的大小依次为 256×256、128×128 和 64×64，对非零系数位置的编码要更加复杂；

③ 虽然图像 DWT 域的大部分能量仍然集中在最低频率(LL)的子图像中，并从低频到高频呈递减分布趋势，但由于 DWT 良好的时一频局部化特性，使其重要的(significant)系数主要集中在图像的奇异位置，而且各个尺度上的小波分解系数反映了同样位置的细节信息，故彼此间存在着很强的相似性，或结构上的相关性。这导致了新型的"零树"(zerotree)数据结构的产生。

利用小波系数的这种相似性，J. M. Shapiro 提出采用如图 7.19 中箭头所指的等级树(hierarchical tree)结构来组织小波系数：对于 LL 区(也称根区)，以同一尺度水平、垂直和对角线 3 个方向上的小波系数作为其子节点；而对于其他区的系数，则以同样位置和相同方向较细尺度上的 4 个系数作为其子节点，从而形成一个多叉树结构。在此基础上，Shapiro 经统计分析发现，当某个小波系数不重要时，其所有后代节点也不重要的可能性大大提高，由此他提出了零树的概念。零树是指一个系数及其所有的后代都不重要，即以它为根的整个子树都不重要①。1993 年，Shapiro 完整地发表了基于比特连续逼近的嵌入零树小波(EZW：Embedded Zerotree Wavelet)编码方法：按位面(bit plane)分层进行孤立系数和零树的判决与熵编码，而判决阈值则逐层折半递减，故可称之为多层(或位面)零树编码方法，性能充分提高。正是由于 Shapiro 的工作，使零树方法成为基于小波的静止图像压缩的一个有意义的突破。此后，零树方法受到越来越多重视[陈冬,2009]，涌现出了一批基于零树

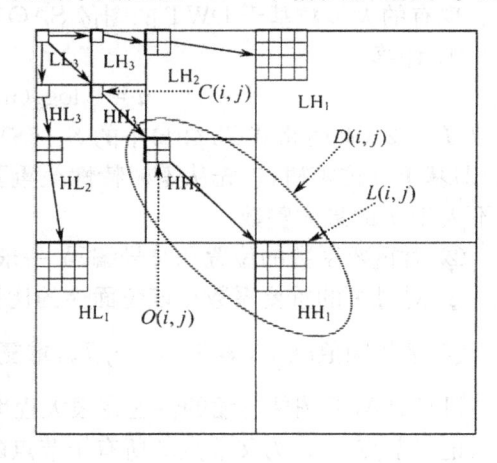

图 7.19 图像 3 级小波分解的系数关系

---

① 对大量图像的实际统计数据表明：位于较高位面的系数，其零树特性非常显著。特别地，最高几层往往表现出 100% 的零树特性；而随着位面层次的降低，系数的零树特性逐渐降低，但大都仍保持在 95% 以上。

的改进算法,其中改进明显、影响较大的是1996年A. Said和W. A. Pearlman提出的基于等级树集合划分(SPIHT:Set Partitioning in Hierarchical Trees)来对重要系数的位置进行编码的算法。事实上,传统的EZW算法及后来的许多改进算法都包含了集合分裂的思想。

设小波系数最左上角的位置为$(0,0)$,节点(i,j)的小波分解系数为$C(i,j)$,以

$$S_T(s) = \begin{cases} 0, & \forall (i,j) \in s, |C(i,j)| < T \\ 1, & \exists (i,j) \in s, |C(i,j)| \geq T \end{cases} \tag{7.4.1}$$

作为集合X中是否存在重要系数的判决函数。若选取一组量化阈值

$$1 = T_0 < T_1 < \cdots < T_n$$

按照系数的重要性,依次从大到小地量化小波系数,直到最后将所有系数都编码传输,这就是逐步求精的量化(SAQ:Successive-Approximation Quantization)模式。因此,对于每个量化阈值,不仅要编码新出现的重要系数及其位置,还要编码以前出现的重要系数在该量化阈值上所剩余的系数,从而实现可伸缩的(scalable)图像编码,即编码器可以在编码码流的任意位置停止编码,并达到该码率下的最佳压缩性能;而解码器也可以在编码码流的任意位置停止解码,得到该码率下的最佳恢复图像。显然,当取$T_n = 2^n$时,SAQ就对应于位面的概念,此时重要系数的量化幅度都是1,不必编码,只要相应的符号和位置即可。这就是说,若使用位面作为编码空间,即可按照从最高有效位到最低有效位的次序逐层编码和传送系数值[①]。回忆算术编码用二进制小数表示实数(或实数区间):小数的位数(即编码比特)越多,表示得就越精确。这也就是嵌入式编码的基本概念:编码可在任何时刻(即码流的任何一位)结束,并提供该图像的"最好"表示。

7.4.2 图像DWT系数编码的SPIHT算法

现有的大多数基于DWT的图像SAQ编码方法都可以归纳为以下步骤。

① 计算:

$$n = [\log_2(\max_{i,j}\{|C(i,j)|\})] \tag{7.4.2}$$

并以$T_n = 2^n$(此时将式(7.4.1)中的$S_{T_n}(S)$简写为$S_n(s)$)为最大量化阈值对小波系数进行量化(即基于n位零树,首先从零树特性最重要的最高位面开始搜索和编码)。式中"$[x]$"表示取不大于x的最大整数;

② 对重要系数的位置和符号编码:一般称此过程为主搜索过程(dominate-pass);

③ 对过去的重要系数在该位面上的比特值编码:称为细化过程(refinement-pass);

④ 量化阈值减半,即$T_{n-1} = \frac{1}{2}T_n$,重复②、③两步,直到量化阈值小于1。

可见,DWT图像压缩的性能在很大程度上取决于主搜索过程和细化过程的编码策略。

记以节点(i,j)为父节点的所有子节点的集合为$O(i,j)$,父子关系如图7.18所示,其中箭头由父节点指向子节点,则由图7.18有

$$O(i,j) = \begin{cases} \{(i,j+W),(i+H,j),(i+H,j+W)\}, & \text{当}(i,j) \in \text{根区}R \\ \text{空集}\varnothing & \text{当}(i,j)\text{为叶节点} \\ \{(2i,2j),(2i,2j+1),(2i+1,2j),(2i+1,2j+1)\}, & \text{当}(i,j)\text{为其他节点} \end{cases} \tag{7.4.3}$$

[①] 但根据视觉的重要性,一般将子带图像按$LL_L,LH_L,HL_L,HH_L,LL_{L-1},LH_{L-1},HL_{L-1},HH_{L-1},\ldots,LL_1,LH_1,HL_1,HH_1$的总体优先级排序,这与JPEG的标准的Z形扫描顺序相类似。

式中,W 和 H 分别代表小波分解系数根区的长度和宽度。

记节点 (i,j) 的所有子孙节点的集合为 $D(i,j)$,则以 (i,j) 为根的整个子树为

$$\text{Tree}(i,j) = \{(i,j)\} \bigcup D(i,j) \tag{7.4.4}$$

EZW 算法将不满足零树条件的节点细分为正系数、负系数和零系数(又称孤立的零)分别编码,并用 2 bit 来加以标识这总共四种情况,其编码流程示意于图 7.20 中。解码算法与编码完全对称,只需将输出改为输入。

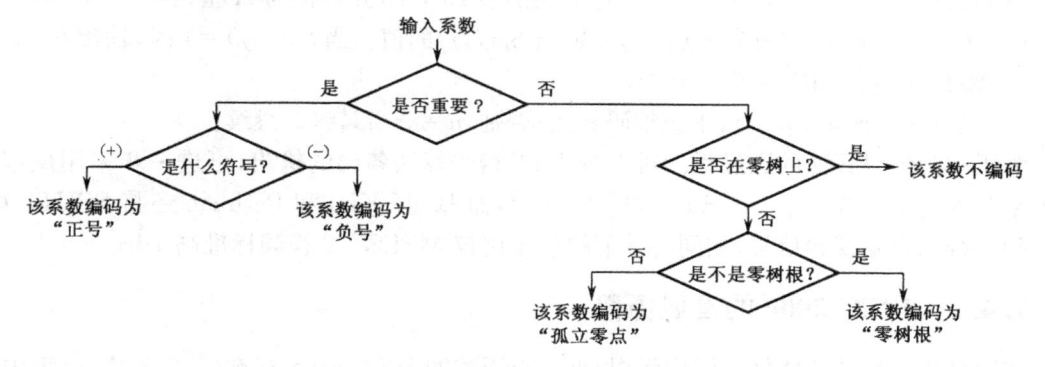

图 7.20 EZW 算法系数编码流程图

在编码重要系数的位置时,我们总希望能将同一类的系数集中在一起用一个符号来编码,零树就是出于这一考虑[1]。而当一个集合中的所有元素不都属于同一类时,就希望尽可能将不同类的元素相互分开,而且尽量减少分裂后集合的个数。只要知道集合的划分以及各自的属性,就可以得到相应的重要系数的位置,这就是集合划分的基本思想。具体步骤如下:

① 检查集合 X 中的元素是否都不重要,即检查 $S_n(X)$;

② 若 $S_n(X)=0$,则停止集合分裂,否则将集合 X 按照一定的规则分裂成节点或集合:

- 对于节点,直接判断其属性即可;
- 对于集合,进一步重复上述两个过程。

因此,我们只要对集合分裂的顺序进行编码就可以实现对重要系数位置的编码;而解码端采用相同的顺序就可以得到划分后的集合及其属性,从而确定各个系数的重要性。

用 $L(i,j)$ 表示节点 (i,j) 的所有后代节点中除了直接节点以外的所有节点组成的集合为

$$L(i,j) = D(i,j) - O(i,j) \tag{7.4.5}$$

则 SPIHT 算法将所有的小波系数节点分成孤立点、集合 $D(i,j)$ 和 $L(i,j)$。把重要的孤立点存放在 LSP(List of Significant Pixels)链表中,不重要的存放在 LIP(List of Insignificant Pixels)链表中,而集合 $D(i,j)$ 和 $L(i,j)$ 则都存放在 LIS(List of Insignificant Sets)链表中。对于一个新给定的阈值,先检查链表 LIP 中是否出现重要系数,并将重要系数移至链表 LSP 中;然后检查链表 LIS 中每个集合的元素是否仍不重要,如果不是,则将该集合按下述算法中的规则进行划分,直到所有集合均满足为止。具体算法[李洪刚,2002]如下:

(1) 输出 $n = \lfloor \log_2(\max_{i,j}\{|C(i,j)|\}) \rfloor$,清空链表 LSP,把根区 R 中所有节点 (i,j) 放入链表 LIP,并将其各自所有的子孙节点 $D(i,j)$,标记为 A 型集合。

(2) 对链表 LSP 中的所有节点 (i,j),输出其系数模值 $|C(i,j)|$ 第 n 位的比特值。

(3) 对链表 LIS 中的所有集合 $S(i,j) = D(i,j)$ 或 $L(i,j)$,首先输出 $S_n(S(i,j))$;当

---

[1] 同理还可以回忆一下游程编码。

$S_n(S(i,j))=1$时,根据集合 $S(i,j)$ 的类型进行分割:

① 如果集合 $S(i,j)$ 为 A 型即 $S(i,j)=D(i,j)$,则将该节点的所有子节点 $(k,l)\in O(i,j)$ 放入链表 LIP 中,将集合 $S(i,j)$ 从链表 LIS 中删除,并且当该节点的子节点不为叶节点即集合 $L(i,j)\neq \emptyset$ 时,将集合 $L(i,j)$ 置入链表 LIS 中,并标记为 B 型;

② 如果集合 $S(i,j)$ 为 B 型即 $S(i,j)=L(i,j)$,则将该集合从链表 LIS 中删除,并将所有子节点的后代 $D(k,l)((k,l)\in O(i,j))$ 存放到链表 LIS 中,并标记为 A 型。

(4) 对链表 LIP 中的所有节点 (i,j),输出 $S_n(i,j)$ 的值。当 $S_n(i,j)=1$ 时,输出 $C(i,j)$ 的符号,并将其从链表 LIP 移到 LSP 中。

(5) 当 $n=0$ 或 $n=n_{min}$ 时,中止编码算法;否则,$n=n-1$,转(2)继续。

解码则为编码算法的逆过程。对于 SPIHT 编码算法各层的输出,可进一步采用熵编码。李洪刚等人进一步改进了 SPIHT 算法[李洪刚,2002],而 B. J. Kim 和 Perlman 还将 SPIHT 算法推广到三维以压缩视频信号,相同码率下的信噪比较 MPEG-2 视频标准高 1dB。

7.4.3 JPEG 2000 的发展历程

在制订用于连续色调静止图像无损/近无损压缩的 JPEG—LS 标准(5.5.3 节)过程中,虽然 JPEG 组织(5.5.2 节)最终选定了以基于预测编码的、低复杂度的 LOCO—I 算法为基础,但也意识到由 Ricoh 公司提交的基于 DWT 的 CREW(Compression with Reversible Embedded Wavelets)算法包含了丰富的特征集,值得形成一个新标准,这最终使 JPEG 2000 成为一个新的 WG1 工作项目。1997 年 3 月,开始征集压缩技术草案,并在同年 11 月的 WG1 悉尼会议上用 40 幅测试图像对征集到的 24 种算法进行了技术评估,结果由 SAIC 和亚利桑那大学(SAIC/UA)提供的小波/网格编码量化(WTCQ:Wavelet Trellis Coded Quantization)算法① 总体性能排名第一,被选定为 JPEG 2000 参考算法[Taubman等,2004]。同时决定进行一系列核心实验(core experiments),按照 JPEG 2000 所希望的特性和复杂度来评估 WTCQ 和其他算法。

核心实验的首轮结果 1998 年 3 月在 WG1 日内瓦会议上公布。根据这些实验,决定创建 JPEG 2000 验证模型(VM:Verification Model),据以产生 JPEG 2000 的一个参考实现,用做核心实验的软件。核心实验的第一轮结果被选来修订 WTCQ,使其成为 VM 的第 1 版(VM0)。后续会议则不断采纳 WG1 成员的"合理化建议",对 VM 进行版本升级和扩充。例如:

VM2 支持用户自己的 DWT 和分解结构;支持类似于 JPEG 的"Q 表"的固定量化表以简化量化过程;除了网格编码量化(TCQ)外,也支持标量量化;等等。

VM3 采纳了 D. Taubman 在 1998 年 11 月 WG1 洛杉矶会议上提交的优化截断嵌入块编码(EBCOD:Embedded Block Coding with Optimized Truncation),作为对小波系数编码的方法,在与 SPIHT 性能相当或略优的前提下结构更灵活[伞兴,2007];而 1999 年 3 月的 WG1 韩国会议则采纳了 MQ 编码作为 JPEG 2000 的算术编码器。1999 年开发并测试了位流格式,确定了 JPEG 2000 的所有主要部分。1999 年 12 月,工作组发布了委员会草案(CD:Committee Draft)。2000 年 3 月,发布了最终的委员会草案(FCD:Final Committee Draft),同年 12 月公布了 JPEG 2000 的第 1 部分(核心编码系统)作为正式的国际标准(IS:International Standard)公布,标准号为 ISO/IEC 15444-1|ITU-T T.800,地位相当于 JPEG 的基本系统。相对而言复杂度最低,可以满足约

---

① 其基本组成为 DWT、TCQ 和子带位面算术编码[Sementilli等,1998]。位面编码按照从高位到低位的方式对 TCQ 索引即网格编码量化的小波系数连续逼近,而为了利用子带中的相关性,采用了上下文模型。

80%的应用需求,可以公开并免费使用,无须付版税。它对于连续色调的灰度或彩色静止图像以及二值图像,都定义了一组有损和无损的编码方法,具体规定了:

① 解码过程,以便于将压缩数据转换成重建图像;
② 码流语法,由此包含了对压缩图像数据的解释信息;
③ JP2 文件格式;
④ 对编码过程的指导,由此可以将原始图像数据转变为压缩图像数据;
⑤ 实际编码处理实现时的指导。

2004 年的第 2 版(ISO/IEC 15444-1:2004)取代了第 1 版(ISO/IEC 15444-1:2000),有很小的改动,并融入了第 1 版的补篇:ISO/IEC 15444—1:2000/Amd. 1:2002,及其技术修订 ISO/IEC 15444—1:2000/Cor. 1:2002 和 ISO/IEC 15444—1:2000/Cor. 2:2002。该标准在总标题"信息技术——JPEG 2000 图像编码系统"下,包括 12 部分:第 1 部分(核心编码系统)、第 2 部分(扩展,标准号为 ISO/IEC 15444—2 | ITU—T T. 801)第 3 部分(MJP2:Motion JPEG 2000)、第 4 部分(一致性测试)、第 5 部分(参考软件)、第 6 部分(复合图像文件格式)、第 7 部分已取消、第 8 部分(安全的 JPEG 2000)、第 9 部分(交互工具、APIs 和协议)、第 10 部分(三维数据扩展)、第 11 部分(无线 JPEG 2000)、第 12 部分(ISO 基础媒体文件格式,与 MPEG—4 共有)和第 13 部分(一个入门级的编码器)。

7.4.4 JPEG 2000 特征集

我们记得,JPEG 标准曾定义了顺序、渐进、无损和分级(多分辨率)4 种操作模式(6.3.4 节),但功能极其有限,特别是收端的选择余地太小。JPEG 2000 的特征集则对此进行了特色鲜明的扩充与"整合"。

(1) 压缩一次:多种解压方式

集成了 4 种 JPEG 模式的优点,由编码器选择最高分辨率或最大图像尺寸,并决定最佳图像质量(包括无损压缩质量),而解码器则可以从压缩码流中解出任何质量或尺寸的图像,直到编码端所选择的最佳质量。

【例 7-6】设对一幅图像全尺寸无损压缩,结果文件长 B_0 字节,则 B_0 对应着该图像的最大幅面和最高分辨率。那么 JPEG 2000 解码器有可能从压缩文件中抽出 B_1 字节($B_1<B_0$),并将该 B_1 字节解压缩以得到一幅有损图像。如果压缩就是对这 B_1 字节所对应的图像进行的,则解压缩图像将与该图像完全一致。类似地,有可能从该压缩文件中抽出 B_2 字节,并解出一幅分辨率降低的图像,则该图像将与对原图像首先压缩 B_2 字节的低分辨率版本完全一致。

除了上述的质量和分辨率的可伸缩性(scalability)外,JPEG 2000 码流还支持空间随机访问,并具有不同的访问粒度。随机访问也可以对分量进行,例如从一幅彩色图像中抽取出亮度分量。类似地,如果图像中叠加有文字或图形,也可以单独抽取出来。

上述情形都可以定位、抽取和解码到感兴趣的字节,而不必解码整个码流或图像,只要满足先压缩那些想要重建的图像部分。图 7.21 示意了上述几个图像重建的例子。

(2) 压缩域图像处理/编辑

这意味着无须解压缩,就可直接从 JPEG 2000 码流中把感兴趣的压缩字节抽取出来,并重组成另一个兼容码流。例如,对应于一幅降分辨率或降质量图像,可不经以往的解压缩/再压缩环节即直接生成其压缩码流,避免了量化噪声的积累。另外,还有可能直接在压缩域进行图像的剪切、旋转、反转等几何操作。

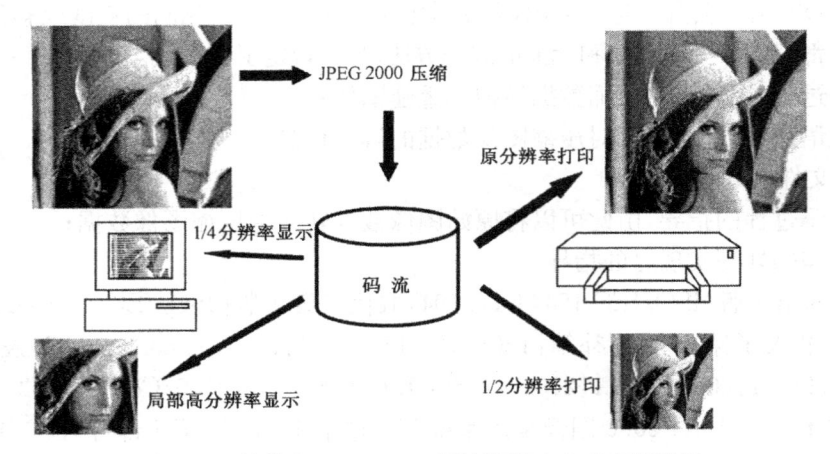

图 7.21 从单个 JPEG 2000 压缩码流中生成多幅图像

(3) 渐进性

JPEG 2000 支持四维渐进传输:质量、分辨率、空间位置和分量。

① 第 1 维:质量。

按质量渐进性组织的 JPEG 2000 码流大致对应于 JPEG 的渐进模式,只是在 JPEG 2000 中图像质量的改善明显加快;通常只要收到约相当于 0.05bit/pel 的码字,即可辨认出一幅图像。对一幅 320×240 图像,只要接收 480 字节。

② 第 2 维:分辨率。

对于此类渐进性,码流的前几个字节用于重现图像的一个小缩略图。随着收到数据的增加,图像分辨率(或尺寸)会以每边倍乘 2 的速率增加,直至得到整幅图像。以分辨率渐进顺序组织的 JPEG 2000 码流,大致对应于 JPEG 的分级模式码流。

③ 第 3 维:空间位置。

利用这种渐进性,收端能以近似光栅的形式接收图像序列,由上而下。对于存储受限的应用如打印机来说,此类渐进性特别有用。在编码端也很有用:内存不大的扫描仪能够"在空中"建立空间渐进的码流,而无须对图像及被压缩码流进行缓冲。按空间位置渐进顺序编排的 JPEG 2000 码流大致对应于 JPEG 顺序模式码流。

④ 第 4 维:分量。

JPEG 2000 支持多达 16384 分量的图像,每个分量的位深可为 1~38bit。而大多数超过 4 分量的图像来自科学仪器(如卫星对地遥感的多光谱扫描仪)。典型地,灰度图像为 1 分量,彩色图像为 3 分量(如 RGB、YUV 等)或 4 分量(CMYK),叠加有文本或图形的分量也很常见。分量渐进性控制对应于不同分量数据解码的顺序。利用分量渐进性,图像的亮度分量可能先解码,然后是色彩信息,最后是叠加的标记、文本等。这种渐进性配合其他渐进性,可用来实现多种分量交织策略。

渐进性的这 4 维功能很强大,并可在整个码流中混合应用或改变。

(4) 低位深图像

JPEG 2000 也能压缩二值图像(或二值分量贴片):只需将位深设置为 1,DWT 级数设置为 0。结果就是不做 DWT,而把二值图像看成是在单一分辨率下的单一位面。把该位面划分为一些编码块,以适用基于上下文的算术编码。这样一来,牺牲了在质量上和分辨率上的可伸缩性,但保留了空间随机访问的能力。

(5) 感兴趣编码区域

由于编码块是独立的,所以 JPEG 2000 具有随空间区域而改变图像质量的可能性。这种改变既可以在编码端实施,也可以在后续的解析或解码操作中进行。JPEG 2000 还允许编码器选择随机的图像形状和大小来优先处理,此时感兴趣区域(ROI:Region Of Interest)必须在编码时选定,而在解析或解码时就不轻易变了。对这种形式的 ROI 编码,要在位面编码前预加重(左移)影响 ROI 内像素的 DWT 系数,并把预加重的信息写入码流,以便解码时用来重新对准(右移)相应的 ROI 系数。

7.4.5 JPEG 2000 图像编码算法

本节将按照图 7.22 的 JPEG 2000 编码系统基本组成,简介其编码算法。

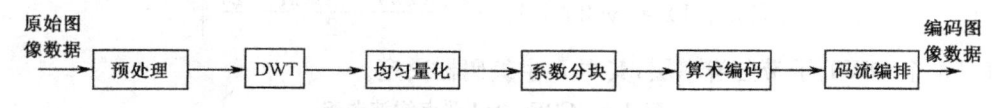

原始图像数据 → 预处理 → DWT → 均匀量化 → 系数分块 → 算术编码 → 码流编排 → 编码图像数据

图 7.22 JPEG 2000 编码的基本组成

(1) 图像预处理

① 电平偏移。含义与做法同 JPEG,见 6.3.4 节。

② 色彩去相关。要求分量的大小和位深相同。JPEG 2000 的第 1 部分假设图像的前 3 个分量为 RGB,并且只对这 3 个彩色分量进行,为此提供了两种去相关变换可供选择。

(a) 不可逆彩色变换(ICT):

ICT 类似于式(3.2.15),为 R、G、B 到 Y、C_b、C_r 的变换:

$$\begin{bmatrix} Y \\ C_b \\ C_r \end{bmatrix} = \begin{bmatrix} 0.299 & 0.587 & 0.114 \\ -0.16875 & -0.33126 & 0.500 \\ 0.500 & -0.41869 & -0.08131 \end{bmatrix} \begin{bmatrix} R \\ G \\ B \end{bmatrix} \qquad (7.4.6a)$$

反变换为

$$\begin{bmatrix} R \\ G \\ B \end{bmatrix} = \begin{bmatrix} 1.0 & 0 & 1.402 \\ 1.0 & -0.34413 & 0.71414 \\ 1.0 & 1.772 & 0 \end{bmatrix} \begin{bmatrix} Y \\ C_b \\ C_r \end{bmatrix} \qquad (7.4.6b)$$

(b) 可逆彩色变换(RCT):

RCT 是对 ICT 的整数近似,既可用于有损编码,也可用于无损编码,定义为

$$Y = \left\lfloor \frac{R + 2G + 4B}{4} \right\rfloor, U = R - G, \quad V = B - G \qquad (7.4.7a)$$

式中,$\lfloor x \rfloor$ 表示取小于等于 x 的最大整数,即 floor 运算。反变换为

$$G = Y - \left\lfloor \frac{U + V}{4} \right\rfloor, R = U + G, \quad B = V + G \qquad (7.4.7b)$$

③ 贴片划分。把每个变换后的分量分割成互不重叠的矩形贴片(tile)。贴片尺寸可以大到整幅图像,也可以小到单像素。同一分量的所有贴片大小相同,边界上的除外。贴片按光栅顺序标号。采用贴片的主要原因,是为了使用户可以对图像中的 ROI 进行解码。每个贴片单独压缩,都有自己的头文件和标记,因此解码器能识别位流中的每个贴片,并且只对贴片中所包含的那些像素进行解压缩。

(2) 离散小波变换

JPEG 2000 以贴片为单位进行 DWT，其第 1 部分仅指定了两种小波滤波器组。一种是 CDF-9/7 浮点滤波器组（见表 7.6，对应于图 7.2），它在有损压缩中性能优良；另一种是整数提升的 5/3 滤波器组，复杂度低，可实现从整数到整数的可逆变换，能满足无损压缩。其正、反变换分别由式(7.4.8a)和式(7.4.8b)定义：

$$y(2n+1) = x(2n+1) - \left[\frac{x(2n)+x(2n+2)}{2}\right]$$
$$y(2n) = x(2n) + \left[\frac{y(2n-1)+y(2n+1)+2}{4}\right] \quad (7.4.8a)$$

$$x(2n) = y(2n) - \left[\frac{y(2n-1)+y(2n+1)+2}{4}\right]$$
$$x(2n+1) = y(2n+1) - \left[\frac{x(2n)+x(2n+2)}{2}\right] \quad (7.4.8b)$$

共有 $L+1$ 个 DWT 子带分辨率层，其中 L 由编码器决定。

表 7.6 CDF-9/7 浮点滤波器组

n	$h_0(n)$		$g_0(n)$
0	+0.602949018236360		+1.115087052457000
±1	+0.266864118442875		+0.591271763114250
±2	−0.078223266528990		−0.057543526228500
±3	−0.016864118442875		−0.091271763114250
±4	+0.026748757410810		
n	$h_1(n)$	n	$g_1(n)$
−1	+1.115087052457000	1	+0.602949018236360
−2,0	+0.591271763114250	0,2	+0.266864118442875
−3,1	−0.057543526228500	−1,3	−0.078223266528990
−4,2	−0.091271763114250	−2,4	−0.016864118442875
		−3,5	+0.026748757410810

(3) 量化

如果用户指定了目标码率，则要量化小波系数。码率越低，小波系数的量化就越粗糙。JPEG 2000 的第 1 部分采用中央有"死区"(deadzone)的均匀量化器，死区宽度是其他量化阶的 2 倍。各子带的量化阶可以不同。对于子带 b，首先由用户根据该子带的视觉特性或码率控制要求选择一个基本量化阶 Δ_b，将该子带内的 DWT 系数 $y_b(k,l)$ 量化为量化系数

$$c_b(k,l) = \text{sign}(y_b(k,l)) \cdot \left[\frac{|y_b(k,l)|}{\Delta_b}\right] \quad (7.4.9)$$

量化阶 Δ_b 用一个双字节数表示，其中尾数 μ_b 用 11 位，指数 ε_b 占 5 位，即

$$\Delta_b = 2^{R_b - \varepsilon_b}\left(1 + \frac{\mu_b}{2^{11}}\right) \quad (7.4.10)$$

式中，R_b 为子带 b 的标称动态范围的位数。由此来保证最大可能的量化阶被限制在输入样值动态范围的 2 倍左右。为了获得所需的码率（即由用户事先指定的压缩比）或事先确定的图像质量等级，可以迭代地确定量化阶；而若需要无损压缩，则量化阶取为 1。

(4) 系数分块

量化是按子带进行的,而JPEG 2000对量化子带系数的编码则需要将子带再分成小的矩形码块(codeblock),分别编码。码块大小由编码器设定,须为2的正整数幂,高不小于4,且系数总数不超过4096。按码块(而不是按整个子带)编码是EBCOT算法的基本思想之一。这有利于隔离误码扩散,减少硬、软件实现的存储需求,并在一定程度上提供了对位流的空间随机访问。

(5) 熵编码

对各码块仍采用位面上的算术编码。JPEG 2000采用了已为JBIG-2所用的MQ编码器,它在功能上与JBIG所用的QM编码器(亦用于JPEG的扩充系统,6.3.5节)类似。编码从最高有效位面(包含系数的最高有效位)开始到最低有效位面结束(包含系数的最低有效位)。虽然按码块编码削弱或破坏了零树结构,但仍然希望借鉴其思想:对每个码块各位面仍分3次扫描通过:重要性传播(significance propagation)、细化(refinement)和清除(cleanup)。对于每次扫描的输出,再用基于对称上下文的MQ算术编码器自适应编码。

(6) 码流编排

仍然根据EBCOT算法的思想,将几个码块的编码结果打成一个包(packet),再将包连同许多标记(marker)一同写进位流。解码器可以根据标记跳过位流中的某些部分,进而更快地找到某些点。比如,利用标记,解码器可以最先解某些码块,因而首先显示图像中的某些区域。标记的另一个作用是使解码器可用几种方法中的一种渐进地对图像进行解码。以层(layer)的方式组织位流,每一层都包含了更高分辨率的图像信息。因此,对图像逐层解码是一种获得渐进传输和解压缩的自然方法。

详细编解码过程可见参考文献【胡栋,2003】。针对JPEG 2000的具体应用进行了深化研究和改进(包括非标准算法),如数字电影【解伟,2007】、雷达图像【王爱丽,2008】【王仁龙,2009】、岩心图像【唐国维,2010】、Bayer模式彩色图像【王成优,2010】、多描述图像编码【唐琳琳,2009】、远红外医学图像【李文明,2008】、错误隐藏【李继良,2008】、零森林编码【龚勋,2002】、双自适应小波变换【高广春,2004】、纯二维提升小波【郭迎春,2005】、三维小波视频图像压缩【陈红新,2006】、Contourlet变换【向静波,2007】、多小波【郑武,2007】、基于区域的压缩【何兵兵,2009】等。

*7.5 从波形基编码到模型基编码

6.2.2节告诉我们,KLT是均方误差准则下失真最小的一种线性变换。因此,单从去除相关性的角度看,小波变换并不优于KLT;而对于平稳过程,正交小波变换去除相关的性能甚至也并不优于DCT【章勇,1997】。这只是在代数意义上的比较。而小波变换嵌入零树编码的显著成功,实际上是鲜明地揭示并巧妙地利用了小波变换和图像信源的几何性质,即:不同尺度下和对应空间位置上的DWT系数图像,具有明显的自相似性(self-similarity)。这一点对于数据压缩特别是图像编码在观念上具有重要启示:去除相关性是一种手段,利用相关性则另辟了一条蹊径![1] 而直接在空间域寻找并最大限度地利用图像的自相似性,导致了分形编码。

而从分析—综合的观点看,分形编码成为从"波形"向"模型"过渡的分界点。在基本编码单元的分解上,子带编码基元仍然是信号的正弦波形,原理上仍属于线性处理;虽然DWT本身(以及信号分解所用的数字滤波器)是线性的,但对于频率的处理却是对数方式,对时变信号具有明显的优越性(不要求假设图像是平稳随机场);作为分形编码基元的迭代函数系统

---

[1] 事实上,实验测量(估计)DWT父子系数之间的相关系数约为0.35,见【Taubman和Marcellin,2004】。

(IFS:Iterated Function System)代码已不具有波形的特征,而是反映了某些信源内在的更本质的自相似(或自仿射)性并突破了经典信源编码的理论框架;而模型基编码更不要求图像信源一定具有自相似性,试图用更普通、更基本的基元如三角形或椭圆来建立模型,同样也突破了经典信源编码的理论框架。因此,本节将沿着分析—综合编码的思路,粗略浏览一下分形编码和模型基编码的基本原理。

7.5.1 基于信源模型的图像编码技术分类

N. Jayant 指出:原则上,压缩编码的极限结果是通过那些能够反映信号产生过程最早阶段的模型而得到的。一个例子是人类发音的"清晰声带—声道模型"(the articulatory vocal cord-vocal tract model),它把注意焦点从 LPC 分析扩展到了声道区分析,原则上为甚低码率矢量量化提供了强得多的定义域,并允许更好地处理声带—声道相互作用,而简化的"激励后滤波"模型显然忽略了这一现象。另一个例子就是人脸的线框(wire-frame)模型,它为压缩可视电话这类以人脸为主要景物的序列图像提供了一个强有力的手段。仅就图像编码而言,对信源模型的描述正从波形参数向几何特征发展。为便于研究和加深理解,学者们尝试按表7.7进行分类。当然,这样的分类还不能说十分严格,也并不完备,也许还要加入预测技术和预测误差编码技术的分类。

表 7.7 基于信源模型的图像编码技术分类

类别	信 源 模 型	编码的信息	典型编码技术
1	单个像素	像素的色彩	PCM
2	统计相关的像素块	像素或像素块的色彩	预测、变换、子带、小波分析、VQ 等
3	平移运动的像素块	像素块的色彩和运动矢量	运动补偿的 DPCM/DCT 混合编码
4	结构的自相似	IFS 代码与运动	分形编码
5	运动的区域	每个区域的轮廓、纹理及运动参数	区域基编码、分割基编码
6	未知的运动物体	每个物体的形状、运动和色彩	物体基编码
7	已知的运动物体	物体形状、运动、色彩及行为/表情单元	知识基编码、语义基编码

表 7.7 中从上至下,对图像信息的了解逐步增加。从信息论的观点看,随着对信源信息利用率的增加,编码性能也会提高。但哪些信息必须恢复,如何恢复,以及怎样用来改善编码性能,则是进一步研究的主要问题。有人认为表 7.7 中的第 1~3 类技术属于波形基编码,称之为第一代图像编码技术;而第 4~7 类则称之为第二代图像编码技术。其中第 3 类是第一代图像编码技术的典型代表,编码效率较高,时延短、技术成熟,被现有的多种视频编码标准所采纳。第 5~7 类技术统称模型基编码,核心是对模型本身或模型参数进行编码传输,如果模型足够好,对模型的描述又足够成熟,那么模型基编码就具有很强的可利用性。

7.5.2 分形图像编码简介

波兰出生的美国数学家 B. B. Mandelbrot 通过研究不规则形状和过程的性质,建立了自然界的分形几何理论。1975 年,他根据拉丁文形容词"fractus"("破碎的")造出了"fractal"即"分形"一词,用于描述自然界各种景物的复杂形状。1987 年,美国乔治亚州工学院的数学家 M. F. Barnsley 和 A. D. Sloan 在题为"Chaotic Compression"的论文中提出了分形图像编码的概念,1988 年他们又发表了"A Better Way to Compress Images"的论文,首次将 Barnsley

在 1985 年提出的 IFS 理论用于图像编码,得到了高达 10000∶1 的压缩比。以此为基础,两人申请了美国专利。这种方法突破了传统熵压缩编码的理论界限,新颖、有效,引起了学术界的高度关注。但其最大缺点是需要人机交互,对操作者要求高,难以实用。

1990 年,Barnsley 的博士生 A. E. Jacquin 首次提出了一种全自动的基于块的分形图像压缩方案,为分形编码研究带来一次质的飞跃。此后,各国研究人员纷纷仿效,并提出许多改进方案,掀起了分形图像编码研究的高潮。

原则上说,分形是一些简单空间上点的集合,这种集合首先是所在空间的紧子集,并具有如下典型的几何性质:

① 分形具有精细的结构,即具有任意小尺度下的比例细节;
② 分形集极不规则,其整体和局部都不能用传统的几何语言来描述;
③ 分形集通常具有某种近似的或统计意义上的自相似性或自仿射性(self-affinity);
④ 一般分形集的"分形维数"(以某种方式定义)严格大于其拓扑维数;
⑤ 在大多数令人感兴趣的情形,分形集用非常简单的方法定义,可能由变换的迭代产生。

分形最显著的特点是自相似性:无论几何尺度怎样变化,景物任何一小部分的形状都与较大部分的形状极其相似。这种尺度不变性(scale invariance)在自然现象中广泛存在。例如,天然的海岸线、晶状的雪花、浮动的云彩、蕨类植物的叶子等,都可以看成是自相似的典型例子。利用计算机生成的分形图变幻之绮丽令人叹服,而这些图形竟然都是自相似的。可以说,分形图之美,就在于它的自相似性,而从图像压缩的角度,正是要恰当地、最大限度地利用这种自相似性。Jacquin 方案包括以下编码步骤。

① 图像自动分割。

将原始图像划分为两种大小的子块,互不重叠的 $K \times K$ 小块 $R_1, R_2, \cdots, R_N$,称之为值域块(range block),而可以有部分重叠的 $L \times L$ 大块 $D_1, D_2, \cdots, D_N$,称之为定义域块(domain block)。一般 $L > K$,这主要是为了满足紧缩变换的要求。

② 寻找合适的局部 IFS(LIFS:Local IFS)。

拼贴定理(Collage Theorem)保证我们总能找到适宜的 IFS 代码,并给出了找法。在此等价地,只需寻找合适的仿射变换(affine transformation)ω_i 和定义域块 D_j,使 $R_j \approx \omega_i(D_j)$。其中三维仿射变换 $\omega: \mathbf{R}^3 \to \mathbf{R}^3$ 的一般形式为

$$\omega \begin{bmatrix} x \\ y \\ z \end{bmatrix} = \begin{bmatrix} a & b & t \\ c & d & u \\ r & s & p \end{bmatrix} \begin{bmatrix} x \\ y \\ z \end{bmatrix} + \begin{bmatrix} e \\ f \\ g \end{bmatrix} \tag{7.5.1}$$

为获得用于灰度图像的简单压缩方案,一般将式(7.5.1)简化为

$$\omega \begin{bmatrix} x \\ y \\ z \end{bmatrix} = \begin{bmatrix} a & b & 0 \\ c & d & 0 \\ 0 & 0 & p \end{bmatrix} \begin{bmatrix} x \\ y \\ z \end{bmatrix} + \begin{bmatrix} e \\ f \\ g \end{bmatrix} \tag{7.5.2}$$

它可看成是 (x, y) 平面上二维仿射变换与 z 方向上线性逼近的组合。仿射变换是平移、旋转、缩放、拉伸及反射的组合,通常具有不变性、膨胀性、平移性、旋转性、尺度性、倾斜性等特性,主要由其系数决定。但在实用中,直接获取、量化和存储这些系数较为困难,因此常用一个等价的组合变换来代替,即

$$\omega_i = G_i \circ \tau_i \circ \varphi_i \tag{7.5.3}$$

式中,φ_i 为 (x, y) 平面上的紧缩变换,将大小为 $L \times L$ 的 D_j 映射成大小为 $K \times K$ 的块;τ_i 为 8

个对折和旋转变换;G_i为灰度处理算子,包含比例因子p和灰度补偿因子g。于是有

$$R_i \approx G_i \circ \tau_i \circ \varphi_i(D_j) \qquad (7.5.4)$$

为了自动比较定义域图像与值域图像的逼近程度,必须有一个衡量标准即失真度或相似性准则。这值得深入研究,但从简单实用考虑仍可采用均方误差。设R_i第i个像素的值为Z_i,$\tau_i \circ \varphi_j(D_j)$第$i$个像素的值为$z_i$,则$R_i$的分形编码过程就是寻找合适的$D_j$,$G_i$和$\tau_i$,使

$$\text{Error} = \sum_{i=1}^{K \times K}(Z_i - pz_i - g)^2 \qquad (7.5.5)$$

最小。在Jacquin的方案中,p取值于$\{0.2, 0.3, \cdots, 0.9\}$,$g$可通过下式计算而知

$$g = \frac{1}{K \times K}\left(\sum_{i=1}^{K \times K} Z_i - p\sum_{i=1}^{K \times K} z_i\right) \qquad (7.5.6)$$

③ 分形变换参数编码。

当最佳仿射变换ω_i和定义域子块D_j找到后,只需编码传输或存储其参数。待所有值域子块都编码后,也就完成了对原图像的分形编码。

【例7-7】 设图像为$256 \times 256 \times 8\text{bit}$,$K=8$,$L=16$,则有如下的码位分配:
需要编码的参数:最佳定义域子块的位置信息　对折和旋转变换τ_i　比例因子p　灰度补偿因子g
赋予的编码位数:　　　　　　8+8=16　　　　　　3　　　　　　　3　　　　　　　9

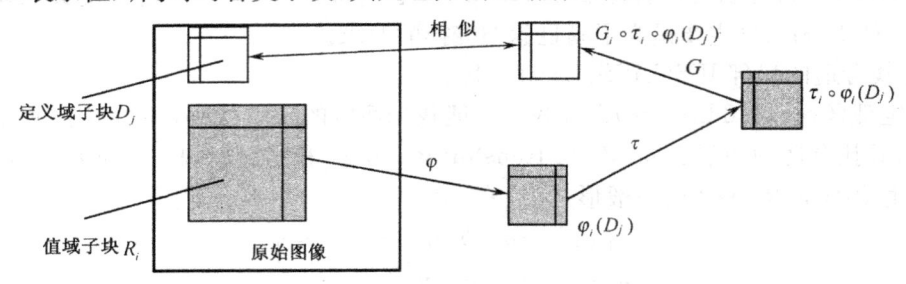

对于第i个值域子块,其最佳定义域子块和仿射变换的寻找过程如图7.23所示。在图像编码过程中,对每一个值域子块,需要遍历所有的定义域子块;而对每一个定义域子块,还要做8种旋转和对折变换,同时,对比例因子p的每种可能的取值都要进行计算,运算量太大。为此,Jacquin又根据值域子块R_i和定义域子块D_j的复杂性,将其分为4类,对每类值域子块,其搜索过程只需在同类定义域子块中进行,这就大大减少了搜索量和运算时间,提高了压缩比(另加2bit表示位);同时对各类子块,其处理方法也略有不同:

图7.23　第i个值域子块的分形编码过程示意图

① 平滑值域子块:灰度变化很平缓,只需用8位编码其平均灰度;
② 中等复杂值域子块:灰度有一定变化,但不含边缘,可省略旋转与对折变换及其编码;
③ 简单边缘子块和混合边缘子块:块内灰度变化较大且含有边缘,需采用全部变换。
分形图像的解码重建较为简单:
① 译码形成IFS代码。
② 由IFS代码重构子图像。由于编码过程中所得IFS是紧缩的,其吸引子可通过对任意初始图像的不断迭代变换而得到。从严格的数学意义上讲,这种迭代需无穷次(从而有可能得到比原始图像分辨率更高的重建图像分辨率),但在实际的数字图像解码中,由于分辨率的限制,这种迭代只需有限次即可收敛(一般需8次迭代)。
③ 由子图像重建原图像。

值得指出的是,分形编码也可在其他变换域进行。注意到 7.3 节小波变换将信号从低分辨率到高分辨率的分解原则,与分形过程中的总体向局部转化、宏观向微观深化是一致的,因而在小波分解域或相空间进行分形图像编码引起了许多研究人员的重视。

不难理解,分形图像编码的压缩潜力主要依赖于原始图像本身整体与局部的自仿射性程度,难以期望在一定的失真下,对于一切图像,分形编码都具有极高的压缩比,只能在压缩比与失真度之间加以平衡。这对图像分块尺寸的要求是矛盾的,较好的分块尺寸应该是自适应的。可以考虑以下两种做法。

① 保证某种预定重构质量的图像分割。

预先给定值域块及其逼近之间的一个最大容许失真,将原始图像分割为一定尺寸的值域块。如果对某个值域块找不到一个定义域块及相应的变换,能使失真小于该给定值,就将该值域块分小(子值域块),如此继续直至满足失真度要求或值域块的尺寸已足够小。

② 保证某个预定压缩比的图像分割。

此时值域块数预先给定,接着将原始图像分割为一定尺寸的值域块。在所有定义域块中,将失真最大者所对应的值域块分小,如此继续下去,直至值域块数达到给定值或值域块已足够小。

目前对一般的灰度图像和重建质量,单纯分形编码的压缩比只有 40∶1 左右,因此,在这个研究领域,挑战和希望同在。近期的改进可见参考文献【齐利敏,2008】、【张志远,2009】、【杨彦从,2010】、【王强,2011】。

7.5.3 模型基图像编码的基本思想

分形编码的高压缩比,建立在景物的内在自相似性上。如果自相似性不那么明显(如人脸这样的常见图像),压缩比就很难有那么高了。特别是分形编码的矩阵表示【俞璐,2004】被揭示后,其变换本质也随之彰显,因此,分形编码多年来的停滞不前也许就不难理解了。

在图像编码的发展历程中,从模拟电视的"综合高"法,到数字图像与视频的"二分量编码",恰当地分割出图像中平稳的背景/纹理与非平稳的边缘/轮廓,一直是各国学者孜孜以求的目标,这也正是表 7.7 第 5 类的区域基(region-based)或分割基(segmentation-based)编码的主要出发点。它将图像分割为目标(object,也称对象、物体)和背景,目标由其形状、运动和颜色参数来描述。若用 2D 模型,则形状参数仅仅描述目标的投影。每一帧的目标参数都要根据运动和形状分析的结果来调整,从而目标既可以假设为刚性的,也可以假设为柔性的。通常,这些技术用于运动内插和运动补偿,并且与 DPCM 或 DCT 技术相结合用于编码目标的颜色信息。

这些思想的进一步延伸,就是德国 Hannover 大学的 Musman 教授于 1989 年提出的物体基(object-based 或 object-oriented)图像编码方法,它可以看做是块编码(block coding)的广义形式。块编码仅利用了块内各像素间的统计特性,但未考虑图像景物的内容,因而所划分块的边缘通常难与实际物体的边缘相吻合,造成压缩比高时重建图像中出现伪边缘,即所谓"方块效应"。另外,图像中若有一个很大的运动区,则采用块编码就不得不将该运动区分割成许多小块,对每小块的运动信息都要估值、编码和传输,因而造成大量重复。为了克服上述缺点,图像分割不应按照事先规定的块进行,而应参照景物中具体物体的形状。首先运用图像分析方法,对景物分层次描述,将物体与背景分割出来。对于每个分割后得到的实际三维物体,分别用一个模型物体来描述,并用该模型物体在二维图像平面上的投影(模型图像)来逼近真实图像。这里不要求模型物体与真实物体的形状严格一致,只追求最终模型能与输入图像一致。

因此，假设模型是个具有一般意义的模型，它既可以是二维的，也可以是三维的。每个分割出的实际运动物体，用运动参数集、形状参数集和色彩参数集进行描述，然后再对这3个参数集编码传输。根据所假设的物体模型不同，参数集会有些变化，现在物体基编码所用的模型有4种：2D刚体模型、2D柔体模型、3D刚体模型和3D柔体模型。如果参数集出错（如传输误码，或为了降低码率而强行削减参数集的信息等），那么重建图像不会出现"方块效应"那样的失真，而只会产生其他性质的失真（如人眼所不敏感的某种几何失真）。所以，在相同的码率下，物体基编码可比块编码提供更高的图像质量。对于活动图像的物体基编码系统的核心技术是景物的分层次描述、运动估计和运动分割。从原理上讲，物体基编码对图像景物没有限制，关于景物的先验（a priori）假设、先验知识也少，可不受可视电话中头肩图像（head and shoulder，常简称人脸）的限制，因而预期有更广泛的应用前景，其编/解码过程可示意于图7.24。但因未能充分利用景物的知识，或只能在低层次上运用物体知识，编码效率无法同语义基（semantic-based）图像编码相比拟。

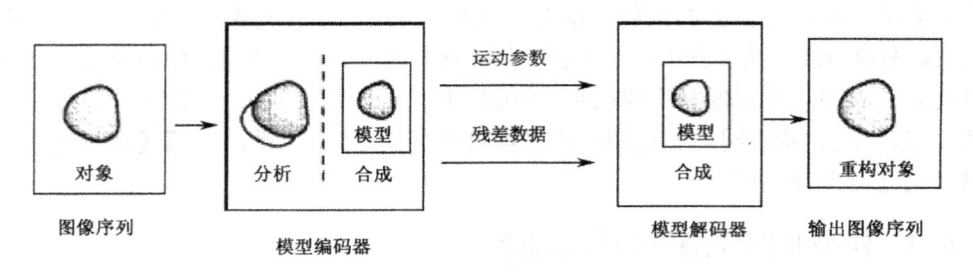

图 7.24 模型基编码的基本过程

语义基图像编码首先由瑞典的 Forchheimer 等人于 1983 年提出。为了实现语义基图像编码，需要根据可视通信（可视电话、会议电视）中人物头肩像这类特定的景物，预建其通用三维模型，最常用的是利用计算机视觉和计算机图形学的方法建立如图7.25那样的三维线框模型，它由顶点在三维空间运动的互连多边形复合而成[1]，将色彩信息映射到该模型上就实现了合成。这种模型不仅给出了面部几何形状，而且描述了表情。表情的变化（如眨眼、张嘴）可用面部动作编码系统（FACS：Facial Action Coding System）中的动作单元（AU：Action Unit）来描述。FACS给出一个集合，包含了人脸可能产生的全部基本动作（即AU），而AU是无法分再分的最小动作：把许多AU按不同的组合方式一起发生，就形成了脸上的丰富表情。在开始通信时，首先把双方的基本特征（如三维模型、脸部的表面纹理等）传输到对方，建立一个与特定人脸匹配的三维模型。接下来，随着头部的运动和表情的变化，发端抽取头部运动参数和脸部表情参数，编码后传到对方；收端根据已知的三维模型和收到的各种参数，用图像综合技术获得重建图像。系统的关键技术是：

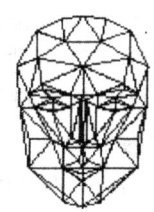

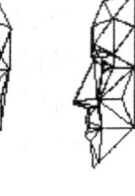

图 7.25 头部的三维线框模型

① 人脸三维模型的建立；
② 运动参数和表情参数的估值；
③ 图像综合。

---

[1] 它是最常见的 Candide 模型的改进型：包括 79 个顶点和 108 个三角形，是 M. Stomberg 为 Xproject 软件包而改进的[Ahlberg,2002]；而其原型由 M. Rydfalk 设计，包括 75 个顶点和 100 个三角形分割。

· 174 ·

为了使已建立的人脸三维线框模型如同真实人脸一样"动"起来,必须根据先验知识对脸部进行分析,提取有关的头脸部特征参数及运动状态参数。语义基图像编码基于限定景物,且景物中物体的三维模型严格已知,这样可以有效地利用景物中已知物体的知识,只需编码一些有限的描述变化信息的参数,因而已能实现高达 $10^4:1\sim 10^5:1$ 的图像压缩比[1],恢复图像序列类似于动画,只有几何失真而无一般压缩方法出现的颗粒量化噪声,因此,图像质量大为提高。但是它仅能处理已知物体,实际情况稍有变化,就可能出现模型失效(model-failure)[2],并需要较复杂的图像分析与识别技术。

事实上,不同的学者因信源模型或编码方法不同而采用或混用不同的术语,因而模型基(model-based)编码常作为表 7.7 中后 3 类图像编码技术的统称。它与经典方法中的预测编码类似,在发端既有分析用的编码器,又有综合用的解码器。只有这样,在发端才能获得与收端相同的综合后的重建图像,并将后者与原始图像进行比较。这种比较应能判断重建图像与原始图像是否"相似",也即前者的图像失真是否低于某种阈值。由此可以注意到模型基图像编码与经典图像编码有两点显著不同:

一是编码失真。模型基编码所引起的失真已从传统方法的量化误差转为几何失真,并可能进一步转为物理失真或行为失真。这些失真同量化误差相比,将更难以为人眼所察觉。例如,两个相似三角形左右并列且其尺寸相近时,主观上难以觉察二者的区别;与此类似,人脸的宽度增加(或减少)一两个像素,主观上也无法区分其差别。

二是如何评价重建图像质量。由于编码失真的性质有了本质的变化,传统以像素为单位计算原始图像与重建图像之间"逼真度"(如 MSE、SNR 等)的方法,仅能评价量化误差,不能测量几何失真和物理失真等,因此从原理上讲根本不适用于模型基编码。究竟采用什么函数才能定量地计算重建图像的"失真度",正是模型法需要研究和解决的一个关键问题。李海波建议采用"自然度"来代替"逼真度",与此对应,对一些算法(如运动估计),应采用"有效性"来代替"准确性"。也有学者提出"模型失效"类似于预测编码中的残差,要作为一种补充信息传给收端,而后者可据此在相应部位获得质量优秀的重建图像。因为模型失效区域的相对面积一般不大(如 4%),适当多分配一点编码位数,即可按常规的波形基方法来加以解决。

除了压缩比很高外,模型基编码的码率与图像分辨率无关,不会因收端计算机合成的图像大小变了,就要求模型参数及运动参数的数目也相应变化。而在其他视频编码方法如 MPEG-2 标准中,如果提高图像分辨率,则所需传输的码率会大幅增加。

7.5.4 MPEG-4 中的人脸模型化定义

模型基编码的前提就是人脸对象的模型化表示,通常,采用网格化的三维图形来表示。

1. 网格对象

在 MPEG-4 SNHC 标准中,用一个 3D 的三角形网格将 2D 的视频对象平面(VOP:Video Object Plane)分割为小三角形,其顶点称节点。保持三角形的拓扑结构不变,通过动态调整三角形顶点的位置,就可以动态跟踪连续的 VOP。这样的网格对象平面的序列表现,就组成了视频对象的变形情况。视频对象的三角形小片可以用复合三角形网格元素的方式扭曲

---

[1] 如果人头动画片按此编码,则码率低于 1Kb/s 时重建广播图像质量也是可能的。
[2] 指在某些面积不大的图像区域和某些特定时刻,模型基编码出现较大失真的情况。如在眼部线框密度不够大而出现眨眼动作的时刻。

网格元素的运动可以用网格节点的时域变化来说明。有两类网格对象平面,用不同方式编码:

① 对内部编码的网格对象平面,只编码单一的 2D 网格几何形状,它既可以是统一型,也可为 Delaunay[Lee等,1980] 类型。统一型网格的几何形状用小参数集编码;而 Delaunay 类型网格的几何形状则用节点和边的位置来编码。三角形网格结构用编码信息隐含说明。

② 对预测编码的网格对象平面,根据过去的参考网格对象平面利用时间预测来编码。预测编码网格的三角形结构与参考网格相同,只是节点位置有所变化。节点的位移表明了网格的运动,可以用当前网格对象平面与参考网格对象平面的节点运动向量来描述。

2. 人脸对象

从概念上讲,人脸对象由一个场景图的节点集合组成。人脸的形状、纹理和表示由包含人脸定义参数集(FDP:Facial Definition Parameter)和人脸动画参数集(FAP:Facial Animation Parameter)的码流来控制。在解码之前,人脸对象包含一个带自然表示的一般人脸。这个脸一旦被展现,就可以马上从码流中接收 FAP 来生成人脸的活动,如表情和语言等。如果收到 FDP,就利用 FDP 中确定的形状和纹理将一般的人脸变换成特定的人脸。一个完整的人脸模型通过 FDP 集用类似向场景图中插入人脸节点的方法生成。

FAP 是基于最小人脸活动的研究而得出的,和肌肉活动密切相关。它们描述了基本人脸活动的一个完全集,因此可以表示绝大部分自然人脸。所有包含运动信息的参数都在人脸动画参数单元(FAPU:Facial Animation Parameter Units)中表示。这些单元是为了用统一的方式描述人脸模型而定义的,以便对表情语言生成合理的结果。它们符合一些人脸关键特征之间的距离描述,作为特征点之间的距离来定义,参见表 7.8 和图 7.26。

在编码开始时,人脸被假设为一个自然的姿势。当 FAP 的值全为 0 时,也显示一个自然人脸。所有 FAP 表示了自然人脸特征位置的移动。自然人脸有以下定义:

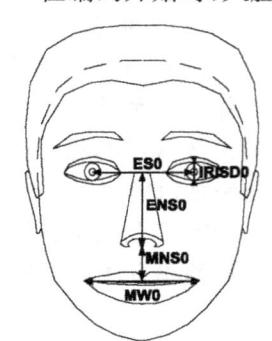

① 采用右手坐标系,两眼的连线为水平方向;
② 凝视方向为 Z 轴;
③ 所有脸部肌肉是松弛的;
④ 眼皮接触虹膜;
⑤ 瞳孔是 IRISD0 的 1/3;
⑥ 两片嘴唇接触,唇线水平,两嘴角等高;
⑦ 嘴紧闭,上下齿接触;
⑧ 舌头平坦,舌尖接触上下齿。

图 7.26 人脸活动参数单元

表 7.8 人脸动画参数单元

描述		FAPU 值
IRISD0 $= 3.1.y-3.3.y = 3.2.y-3.4.y$	正面人脸中的虹膜直径	IRISD $=$ IRISD0/1024
ES0$=3.5.x-3.6.x$	两眼距离	ES $=$ ES0/1024
ENS0 $=3.5.y-9.15.y$	眼睛和鼻子之间的距离	ENS $=$ ENS0/1024
MNS0$=9.15.y-2.2.y$	嘴和鼻子之间的距离	MNS $=$ MNS0/1024
MW0$=8.3.x-8.4.x$	嘴的宽度	MW $=$ MW0/1024
AU	角度	10^{-5}rad

3. 人脸定义参数集

FDP 集用于用户自定义人脸模型,一般用于让解码器得到连续变化的人脸模型。FDP 参数通常是每个镜头传输一遍,然后才是压缩的 FAP 参数。因此,如果解码器没有收到 FDP 参数,要保证仍然可以利用 FAPU 中的 FAP 参数解释人脸,这样就可在视频会议中只使用最小的操作。

7.5.5 模型基辅助的视频混合编码示例

在对人脸网格化之后,就可以着手建立模型基编码系统。而作为本章的结束,本节给出一个利用模型基来辅助的视频混合编码示例,系统如图 7.27 所示[杨晓辉等,2002]。该系统将模型基编码与基于 DWT 的 SPIHT 编码方法相结合,对帧内编码即 I 帧,采用基于小波变换的编码;而对帧间编码即 P 帧,进行模型基编码。通过大量增加 P 帧,减少 I 帧,不仅可以提高对图像序列的压缩比,又可以使帧间预测图像具有较高的主观质量,同时也扩大了模型基编码的适用范围。对比图 5.14 的混合编码框图,可见 3D 模型/合成图像的作用就相当于图 5.14 中的 MC 帧预测,而 SPIHT 编/解码就相当于用 DWT 取代了图 5.14 中的 DCT。

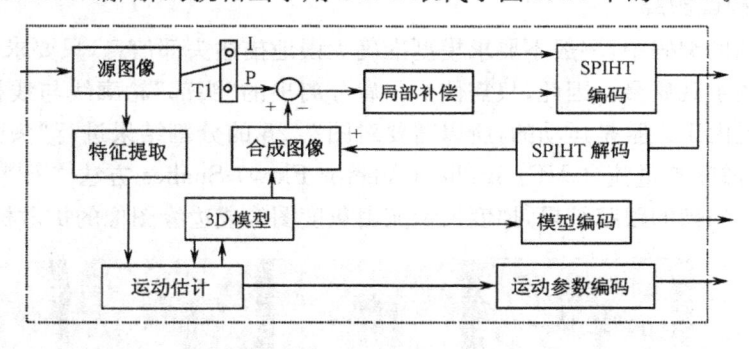

图 7.27 模型基辅助的视频编码系统

首先,设置初始人脸模型(这里采用了图 7.25 的 3D 线框模型),并在系统启动时由模型编码器压缩编码输出。源图像序列经 T1 开关选择 I、P 帧编码方式。若选 I 帧,则整帧图像经 SPIHT 编码输出,同时用 SPIHT 解码的恢复图像数据刷新合成图像缓冲区;若选 P 帧,则源图像与合成的当前帧图像进行局部比较(如"眼睛"、"嘴"以及由于头部运动而显露的背景区),根据误差大小决定是否需要纹理补偿。补偿的纹理信息同样经 SPIHT 编码输出,并用 SPIHT 解码恢复的补偿信息修正合成图像。在进行纹理编码的同时,系统提取特征点在当前帧中的位置信息,并与前一帧的位置信息比较,算出 FAP 运动参数,由运动编码器编码输出。再根据当前帧的 FAP 参数调整 3D 模型使之与当前帧匹配,匹配后的模型利用前一帧合成的图像数据合成当前帧图像。

对图 7.27 中的 SPIHT 编/解码(见 7.4.2 节)、运动估计(见 5.7.2 节。但这里的运动估计通常包括两部分:一是人脸对象的全局运动估计;二是人脸表情的局部运动估计)我们已做过介绍,对人脸模型也有所描述(见 7.5.3 节和 7.5.4 节),而 FDP 和 FAP 参数集的编码也无特殊性,仅在此补充其他与模型基编码有关的重要步骤[杨勇,2002]。

1. 视频对象分割

主要目的是从相对静止的背景中提取出作为前景的运动物体。分割既是图像处理和计算机视觉的难点，也是 MPEG-4 成败的关键，其具体方法将留在 8.6 节再介绍。这里只通过一个实例给出感性的认识：图 7.28(a)是 MPEG-4 测试序列"Clarie"(QCIF 格式)第 14 帧的原始图像，图(b)和图(c)分别是图(a)的 VOP 分割结果及前景的轮廓线，而图(d)则是对图(b)的头-肩分离结果。

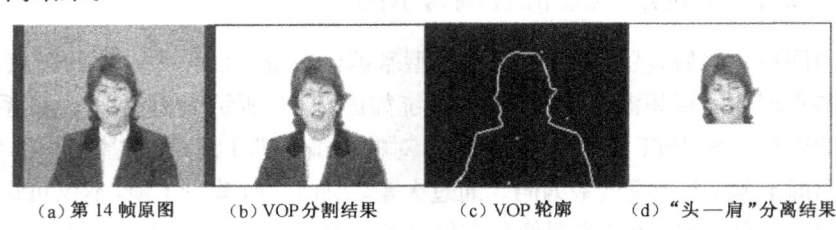

(a) 第 14 帧原图　　(b) VOP 分割结果　　(c) VOP 轮廓　　(d) "头-肩"分离结果

图 7.28　对"Clarie"序列第 14 帧的 VOP 分割及"头-肩"分离

2. "头部"轮廓跟踪

在模型基辅助编码中，一般不要求模型准确无误地描述头部信息，只要求合成后的图像能够达到所要求的主观质量。因此，只需使头-肩分离出的"头部"轮廓线与线框模型的边界节点能够吻合。但由于人脸是运动的，所以需要对图 7.28 的分割结果进行"头部"轮廓的跟踪。图 7.28 是采用梯度矢量流(GVF: Gradient Vector Flow)-Snakes 方法[Xu等,1998]对同一序列中"头部"运动较大的帧的跟踪结果，梯度矢量流由灰度图像或边缘图像的扩散梯度矢量求得。

(a) 第 14 帧　　(b) 第 98 帧　　(c) 第 205 帧　　(d) 第 420 帧　　(e) 第 478 帧

图 7.29　GVF-Snakes 方法对 Clarie 不同方位的"头部"轮廓跟踪

3. 图像合成

模型基编码通常采用蒙皮方法进行图像合成，即将 2D 纹理映射到 3D 模型，再投影到 2D 平面上。这要求模型描述精确，匹配较困难，而且计算量和存储量相对较大；而利用 2D 仿射变换合成图像则不会产生蒙皮法的遮挡问题，不需要内插，简单快速。

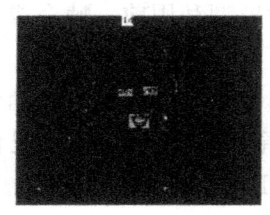

图 7.30　人脸的局部补偿

在"嘴"的"张"和"闭"、"眼"的"睁"与"合"变化时，由于缺少信息，不能通过模型变换合成，这就需要补偿这些区域信息。"嘴部"粘贴区为左右"嘴角"及上下"嘴唇"顶点所形成的矩形区域，两个"眼部"粘贴区为内外"眼角"及"上眼睑"的下顶点和"下眼睑"的上顶点形成的两个矩形区域。由于"头部"的运动引起背景区域局部变化，当原来被遮挡区显露出来时，这部分区域信息也要补偿(如图 7.30

所示）。补偿区域的位置由模型的相应控制点位置决定。用解码恢复的补偿纹理信息，修正当前的合成帧，使图像更逼真。

（a）原始图像　　　　（b）基于整帧压缩的解码结果　　　（c）模型基压缩合成结果
　　　　　　　　　　　（1192 字节，PSNR=38.974dB）　　（1000 字节，PSNR=43.880dB）

图 7.31　对"Clarie"序列第 2 帧的压缩比较

实验仍取"Clarie"序列，第 1 帧为 I 帧，用 SPIHT 算法，3 级 DWT 后进行熵编码；后 5 帧为 P 帧，对 5 个 3D 刚体全局运动参数（2 个平移参数，3 个旋转参数）和 15 个局部运动参数编码传输。着重比较 P 帧的性能，图 7.30 显示了第 2 帧的编码结果。从这个结果来看，模型基编码不仅压缩比高，图像恢复质量也很高。如果进一步降低峰值信噪比，还可以达到更高的压缩比，其优势非常明显。对其他帧的处理也可以得到相同的结论。

进一步，可直接对线框模型进行控制跟踪（如图 7.32 所示）和对表情进行合成（如图 7.33 所示），效果更佳，详见【李中科，2002、2004】。

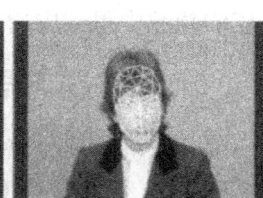

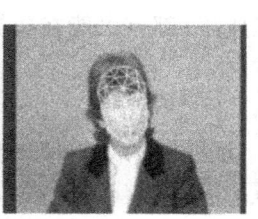

图 7.32　采用螺线方法估计结果控制的线框模型和原始图像

模型基编码存在的主要问题是，计算机根据 3D 模型和信息合成的图像缺乏足够的自然度和真实感。原因在于，摄像机拍摄自然景物的过程是三维景物投影到摄像平面的过程，其间丢失了三维景物的深度信息，而要重建这些深度信息非常困难。其进一步的研究方向是把物体基编码和语义基编码结合起来，取长补短；或者在语义基编码器中加入波形编码器，对不能建模的物体进行混合编码，以扩大前者的适用范围。图像压缩技术在今天要想达到更高的编码效率，就必须综合运用更多的新知识与新技术。随着各种单独编码技术的成熟，将多种编码算法融合在一个编码器中，构成分层的编码结构，各层次自适应于不同的图像特征，也是新一代图像/视频编码的一个研究方向。新一代的编码标准如 MPEG-4 和 JPEG 2000，正是以这种开放的思路，成为包容多种编码技术的"工具箱"。较近期的研究进展可见参考文献【姚孝明，2006】、【杨承根，2006】和【张晓波，2007】。

总之，随着电子信息产业发展的牵引和相关科学技术进步的推动，科技界特别是许多跨国公司对于研究更高效图像压缩技术的热情越来越高，观念也在不断更新，新一轮的技术竞争越演越烈。从人们的认知过程和方法论的角度看，分析—综合编码的思想，已经体现在许多新的

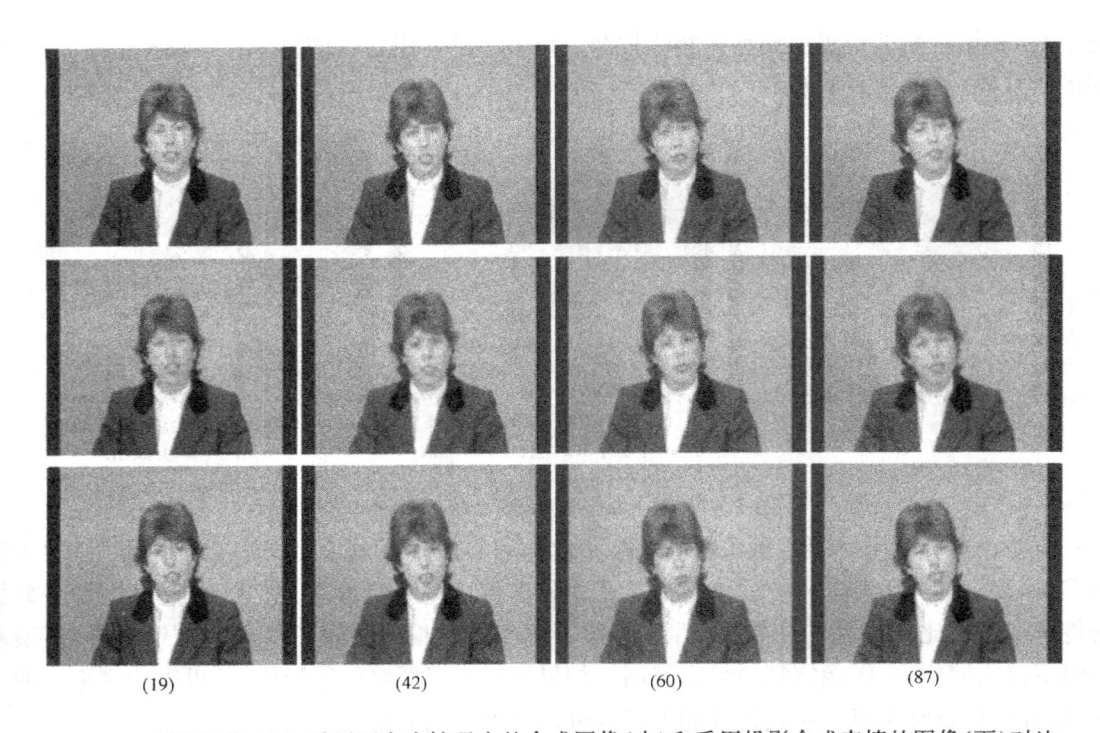

图 7.33 原始图像(上)、采用固定表情码本的合成图像(中)和采用投影合成表情的图像(下)对比

图像/视频压缩技术中,理论与应用的研究方兴未艾。一些新的数学方法和某些相关学科的研究成果,都有可能在数据压缩领域中得到应用,并推动本学科不断向前发展。

习题与思考题

7-1 证明图 7.2 子带分析—综合系统的信号完全重建条件是

$G_0(e^{j\omega})H_0(e^{j\omega}) + G_1(e^{j\omega})H_1(e^{j\omega}) = 2$ 和 $G_0(e^{j\omega})H_0(e^{j(\omega+\pi)}) + G_1(e^{j\omega})H_1(e^{j(\omega+\pi)}) = 0$。

7-2 对宽带音频的编码和对语音的编码有哪些不同?

7-3 MPEG-2 BC 音频标准相对于 MPEG-1 音频标准做了哪些扩充?

7-4 你能否比较一下 MPEG-2 AAC 和 MPEG-1 MP3 的性能?

7-5 证明 7.3.2 节"命题 7-1"的正确性。

7-6 小波变换编码能否做到无损压缩?用 ASIC 硬件实现小波变换视频编码难在何处?

7-7 分形编码数据压缩的基本原理是什么?能否做到无损压缩?应用前景和通用性如何?

7-8 模型基图像编码的基本原理是什么?能否做到无损压缩?

7-9 将 JPEG 2000 的码块编码结构与零树编码结构比较一下,你能否谈谈为何 JPEG 2000 的有损压缩中不采用零树编码结构呢?

第 8 章 视频编码标准与进展简介

电子信息技术领域的数字化革命,极大地改变了人类的生活方式和工作方式,使得通信、计算机和大众传媒(广播电视＋出版印刷)这三大信息系统业务重叠、产业重组,产品推陈出新,市场重新"洗牌"。而数据压缩技术,特别是电视及其伴音信号压缩算法和编码格式的标准化,是推动这场数字化信息革命进程的关键因素之一。我们已陆续介绍了语音(5.4 节)、静止图像(JPEG－LS,5.4.3 节;JPEG,5.5.2/6.3 节;JPEG 2000,7.4.3～7.4.5 节;和音频(MPEG,7.2.3,7.2.5～7.2.6 节;DRA,7.2.7 节;SVAC,7.2.8 节)的压缩标准。作为全书的最后一章,这里再简要阐述一下有关视频压缩编码的几种国内外标准,既补前面各章所缺,又使所学融会贯通。最后前瞻一下立体视频编码技术。只是鉴于本书的教学意图和教材性质,我们将一如既往,重在压缩方法即"物理层"的介绍,而不拘泥于码流格式的描述。

8.1 视频压缩编码国际标准的发展

ISO、IEC 和 ITU 这三大国际组织制定视频压缩编码国际标准的梗概如图左边 8.1,本节先简单概述全貌,以便读者总体把握发展脉络,后续各节再侧重介绍当前流行的较新标准。

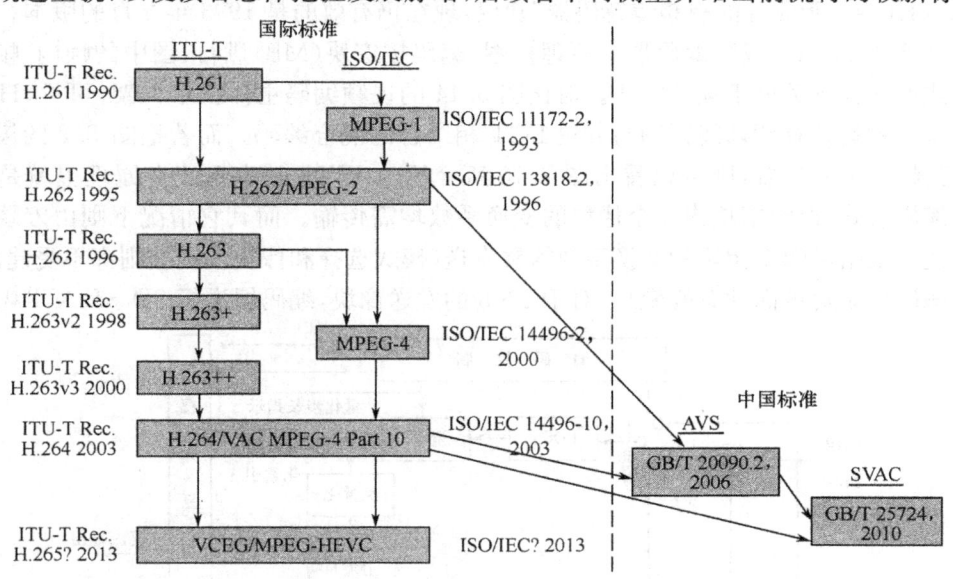

图 8.1 视频压缩编码国内外标准的发展历程(图中为标准正式发布的时间)

8.1.1 ITU－T H.26x 系列

在 ITU－T 下属负责多媒体编码、系统和应用的第 16 研究组(Study Group 16,简称 SG16)中分管媒体编码的第 3 工作小组(Working Party 3,简称 WP3 或 WP3/16)下面针对可视编码(Visual coding)的第 6 主题组(Question 6,简称 ITU－T Q.6/SG16),专门负责制订 H.26x 系列的视频编码标准、T.8xx 系列的图像编码标准以及其它相关技术,因而该主题组的非正式抬头又称之为视频编码专家组(VCEG:Video Coding Experts Group)或视觉编码专家组(VCEG:Visual Coding Experts Group)。2006年以来,VCEG也负责了ITU-T有关静止图像编码的标准化工作,包括JPEG标准(ITU-T T.80、T.81、T.83、T.84和T.86建议),JBIG-1标准(ITU-T T.80,T.82和T.85建议),JBIG-2标准(ITU-T T.88和T.89建议),JPEG-LS标准(ITU-T T.87和T.870建议),JPEG 2000标准(ITU-T T.800 T.812建议),JPEG-like(ITU-T T.851建议),和JPEG XR(ITU-T T.832 T.835建议和T. Sup2)。这些标准中的大部分,VCEG都是与ISO/IEC JTC 1/SC 29/WG 1(即MPEG)共同制订的。

1. H.261建议

VCEG的前身是原CCITT下属的"可视化技术编码专家组"(SGCVT:Specialists Group on Coding for Visual Telephony),前CCITT SG15于1984年12月在东京举行第一次会议,开始研究制订用于综合业务数字网(ISDN:Integrated Services Digital Network)上开通会议电视和可视电话业务的视频编解码器标准。最初的速率为ISDN一个H_0通道(384Kb/s)的n倍,$n=1,2,\cdots,5$;后因H_0速率起点偏高、难以普及,跨度太大、不够灵活,所以改为$p\times 64$Kb/s,$p=1,2,\cdots,30$(后又扩展到32),这样只需一个单独标准即可适配整个ISDN基群速率。专家组在1985~1988研究周期末,提出了视频编解码器的H.261号建议草案。1990年7月,SG15通过了该"$p\times 64$Kb/s视听业务的视频编解码器",因此H.261建议又称之为$p\times 64$Kb/s的视频编码标准(简称$p\times 64$)。1990年12月14日,CCITT在日内瓦修改通过了该"$p\times 64$Kb/s视听业务的视频编解码器"建议,现在仍有效的是1993年3月的版本。

图8.2是H.261视频编码器的原理框图,编码按宏块(MB)进行,图中的帧内/帧间两种编码模式的切换开关处于帧间模式。对比图5.14的视频编码主体技术框架,可见,H.261采用的就是这种运动补偿帧间预测与分块DCT相结合的混合编码。而若把图8.2的模式开关向上打到帧内编码位置,则可以看出图6.10所介绍的JPEG基本系统在原理上就是H.261的帧内编码模式,此时宏块内6个像块的变换系数均需传输。而其它情况下则由宏块类型和编码块模式来指示哪个像块的变换系数需要发送(模式选择和像块发送准则都不受建议约束,可作为编码控制对策而动态改变)。对于8×8的发送像块,编码器进行2D-FDCT[①]、变换系

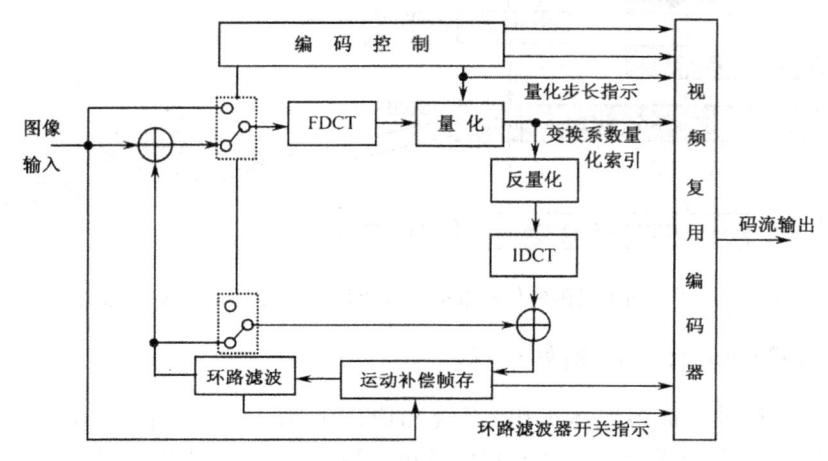

图8.2 H.261建议的视频编码器

[①] 2D-FDCT和2D-IDCT分别按式(6.3-3a)和(6.3-3b)计算。IDCT既用于解码器,也用于编码端预测环路。

数量化(见例6—8)、Z形扫描(与JPEG相同)、变长编码,码流经缓冲后进行多路复用。而根据缓冲器的空(下溢)、满(上溢)度反馈调节量化器的步长(量化阶),就可控制视频码流与信道速率(一般为恒定的)相匹配。而时域亚取样一旦引用,就是丢弃整帧画面。

总之,H.261在确保互通性与兼容性的基础上对视频信源编码的大框架和必要的编码传输格式作了严格限制,但对那些与兼容性关系不大、却与图像质量息息相关的重要部分则未严格限制或不具体规定,而是充分"开放",让用户根据各自需要进行充实和改进(如传输缓冲存储器控制策略、量化级自适应控制策略、运动估计方法等)。实际上H.261仅仅规定了如何进行视频的解码(后继各编码标准也继承了这种做法),这就使开发者有相当的自由来设计编码算法,只要他们的编码器产生的码流能够被所有按照H.261规范制造的解码器解码即可。

H.261建议可视为图像编码发展过程中的一个里程碑和40年研究成果之总结,后面的视频编码标准主体上是在其基础上进行逐步改进并引入新功而能得到的。但由于是一个早期标准,因而压缩性能不如图8—1中所示的后继视频标准,只是在一些视频会议系统和网络视频中为了向后兼容还支持H.261建议。

2. H.262建议

H.262是由VCEG和MPEG联合制定的,在技术内容上与MPEG—2视频标准一致,所以制定完成后分别成了两个组织的标准,即ITU—T H.262建议和ISO/IEC 13818—2,1995年公布了第1版H.262(07/95),2000年又公布了第2版H.262(02/00),详见8.1.2节的MPEG—2标准。

3. H.263建议

H.261和H.262码率较高,为了能在普通公用电话网或移动电话网上传输视频信息,VCEG于1992年11月开始研究低于64Kb/s的"甚低码率通信的视频编码"算法。计划分为两个阶段:近期标准H.VLC/N与MPEG—2合作,已于1996年3月作为ITU—T的H.263建议正式发布;而更先进的长期标准H.VLC/L则与MPEG—4合作,从H.26L发展成了H.264。

H.263最初设计为基于公共交换电话网和其他基于电路交换的网络进行视频会议和可视电话(H.324系统),后来发现也可以成功地用于基于RTP/IP网络的视频会议系统(H.323系统)、基于ISDN的视频会议系统(H.320系统)、流媒体传输系统(RTSP系统)和基于因特网的视频会议系统(SIP系统)。

H.263编码算法仍以H.261为基础,以混合编码为核心,二者的原理框图十分相似,原始数据和码流组织也类似,但支持更多的原始图像分辨率并吸收了MPEG等标准中有效、合理的内容,因而性能在所有码率下都优于H.261。相对于H.261,它主要作了如下改进和扩充:

① 解码器具有运动补偿能力,可与编码器所采用的可选功能相配合,运动补偿采用半像素精度,运动矢量采用差分编码,而H.261则采用了全像素精度和一个环路滤波器;

② 可选择无约束运动矢量(UMV:Unrestricted Motion Vectors),特别有利于改进图像分辨率较低时的运动补偿性能,并可将运动矢量范围扩大到$-31.5\sim+31.5$,以利于摄像机遥扫;

③ 可选择语义基(syntax-based)算术码取代霍夫曼码,同等质量下能显著减少编码位数;

④ 可选择高级预测模式APM(回顾5.7.4节),但必须与UMV算法结合使用;

⑤ 可选择PB帧(PB-frames)模式。其概念来源于MPEG的P图像和B图像,但把两帧

待编码图像作为一个整体联合编码,可不过多增加码率而显著提高解码图像的帧率;

⑥ 视频码率可变。其传输时钟由外部提供,对码率的约束由终端或网络给出;

⑦ 不包括信道编码。

(1) H.263+

1998年,ITU-T对H.263在图像格式、编码模式和增强信息3方面补充了12个新的可选项(Annex I,J,K,L,…,T),作为H.263建议的版本2(H.263v2)公布,俗称H.263+。意在扩展应用范围和提高压缩效率。主要体现在以下几个方面。

① 新的图像格式:H.263+不仅支持H.263的5种图像输入格式(见表5.5),而且支持用户自定义格式,还产生了许多新的帧格式与新的编码模式相匹配。

② 无约束运动矢量的扩展:除了保持H.263的相应功能外,还支持可反转变长码(RVLC:Reversible VLC)表,以及根据图像尺寸对运动矢量范围的延伸。RVLC支持双向解码:如果检测到误码,就能从码流另一端从后往前解码,从而增强了对信道误码的适应能力。

③ 先进帧内编码(AIC:Advanced Intra Coding)模式:利用从相邻帧预测帧内编码系数、对这些系数采用特殊码表和改进的反量化等手段来提高采用帧内编码宏块的编码效率。

④ 去块效应滤波(DF:Deblocking Filter)模式:对于8×8块在编码器循环中引入一个边缘滤波器,滤波后的图像将作为后续图像预测的基础。该滤波器分别作用于水平和垂直方向4个像素的窗口,能有效减小因量化引起的方块效应,并与其他模式合作改善预测效果。

⑤ 改进的PB帧(IPB:Improved PB-frames)模式:可以采用双向、前向、后向3种预测方式。双向预测与H.263基本相同;前向预测仅以前面的P帧为参考,同时须传送一个运动矢量;后向预测则仅仅以后续P帧中的对应宏块为预测值,无须传送运动矢量。使用新增加的前向与后向预测,可以使IPB帧模式更好地适应帧间剧烈变化的场合。

⑥ 参考图像选择(RPS:Reference Picture Selection)模式:当H.263使用帧间编码时,当前帧总是采用前一帧作为帧间预测的参考帧,这在信道差错导致某一帧丢失或部分丢失时,会引起时域误差扩散。而RPS模式允许编码器指定前面某一帧为参考帧,增加了灵活性,但同时也要求解码端必须有足够大的帧存储器来存放RPS模式所需的参考帧。

⑦ 低分辨率刷新(RRU:Reduced Resolution Update)模式:对于复杂背景和剧烈活动画面若仍按正常分辨率编码,则为了维持一定的输出速率,只能降低帧频或增大量化因子。而此时RRU模式则支持编码器降低图像分辨率,来保证帧频和图像质量(此即5.6.5节所述通过分辨率参数转换进行非相关压缩思想的一个具体体现),其最常用的是4∶1抽取和内插。

⑧ 可替换的帧间VLC(AIVLC:Alternative Inter VLC)模式:适用于量化因子较小的情况,因为此时量化结果可能较接近帧内编码的统计特性,所以编码器可以择优选用普通的帧间VLC码表和先进帧内模式的VLC码表。

⑨ 改进的量化(MQ:Improved Quantization)模式:增加了一些改进模式。

⑩ 时域、SNR、空间域可伸缩性(TSSS:Temproal, SNR, and Spatial Scalability)模式:可伸缩性对于Internet这样的复杂网络环境和无线链路等高误码率信道非常有用。H.263+引入了时域增强、SNR增强和空间域增强3种可伸缩性方式,并相应定义了B、EI和EP图像类型,还定义了多层可伸缩性(multilayer scalability),其视频码流可以是SNR层、空间域层和B图像的组合。

(2) H.263++

在2000年完成的H.263v3俗称H.263++,则是在H.263+的基础上再增加Annex U(增强的参考帧选择)、Annex V(数据分片)和 Annex W(增强的补充信息)3 个选项后的通称。旨在增强压缩码流抗恶劣信道误码的能力,同时也为了进一步增强编码效率。

① 增强的参考帧选择(ERPS):可增强编码效率和误码恢复能力(特别是数据包丢失后),但需要设计多缓冲区以存储多帧参考图像。

② 数据分片模式(DPS):能增强抗误码能力,其思想是通过分离视频码流中的重要 DCT 系数和运动矢量数据,将运动矢量数据采用可逆编码进行保护。

③ 增强的补充信息:码流中增加了保证增强反向兼容性的附加信息,包括:指示采用了定点 IDCT;图像信息和信息类型;任意的二进制数据;文本(任意的、版权、标题、视频描述、统一的资源识别);重复的图像头;交替的场指示;稀疏的参考帧识别等。

4. H.264 建议

虽然 H.VLC/N 标准已作为 H.263 建议正式发布,性能明显优于 H.261,但 H.263$^+$/H.26^{++} 提出的众多选项却往往令使用者无所适从;而 H.VLC/L 则与 MPEG-4 合作制定长期标准,MPEG 称为先进视频编码(AVC:Advanced Video Coding)标准。但 MPEG-4-2 "基于 VO 的编码"因技术障碍尚难以普及。H.VLC/L 后改称 H.26L,由 VCEG 开发,1998 年 1 月开始征集草案。2001 年 6 月,MPEG(即 ISO/IEC JTC1/SC29 下属的 WG1)与 VCEG 达成共识,将以 H.26L 为起点进行合作开发;同年 12 月二者宣布成立联合视频工作组(JVT:Joint Video Team),工作目标是形成一个视频编码新标准,满足高等级要求。这些要求共有 9 点,除了历来视频编码标准均一直孜孜以求的高编码效率和高重建质量外,突出的是"回归简单"的原则和对网络的亲和性。这后两条(特别是"回归简单"的原则)直指 MPEG-4 视频的"软肋",也一扫从 H.263 到 H.26^{++} 的"陋习"。

JVT 成立后,对 H.26L 做了许多大改动。为区别于 H.26L 的参考软件 TML,JVT 的参考软件叫做联合模型(JM:Joint Model),2002 年 2 月推出了 JM1.0 版。2002 年 6 月,JVT 最后的委员会草案(FCD:Final Committee Draft)被 ITU-T 和 ISO/IEC 接纳,2003 年完成了 ITU-T H.264 建议——通用视听业务的先进视频编码,同时作为 ISO/IEC 14496-10 标准(即 MPEG-4 第 10 部分)公布,常简称为 H.264/AVC 标准。

与 H.263 和 MPEG-4 的简单档次(Simple Profile)相比,H.264 使用类似的最佳编码器在大多数码率下,最多还可再节省 50%。H.264 在不用众多选项的条件下,得到了比 H.26^{++} 更好的压缩性能,并加强了对各种信道的适应能力,可满足不同速率、不同分辨率和不同传输场合的需求,特别是它的基本系统开放、免费,因而迅速普及。8.3 节再专门介绍。

5. H.265 建议

2010 年 1 月,VCEG 和 MPEG 又成立了视频编码联合协作组(JCT-VC:Joint Collaborative Team on Video Coding),开发下一代视频编码标准:高效视频编码(HEVC:High Efficiency Video Coding),主要目标是在同等视频质量等级上码率相对于 VAC 显著节省(如降低一半)。初步测量表明 HEVC 现阶段的性能已经满足或超过了这一初始目标。2012 年 2 月,MPEG 和 WP3/16 确认了 HEVC 的 ISO/IEC 委员会草案,成为 HEVC 计划的第一个正式里程碑。预计 HEVC 将在 2013 年 1 月提交作为正式的国际标准:ITU-T H.265 建议和 ISO/IEC 的新标准。

8.1.2 MPEG-x 系列

1. MPEG-1 视频压缩标准(ISO/IEC 11172-2)

MPEG-1 的第 2 部分为视频压缩标准,1993 年 8 月 1 日与 MPEG-1 的音频标准(ISO/IEC 11172-3)和系统标准(ISO/IEC 11172-1)同时公布。在 MPEG-1 视频编码预选方案的竞争中,AT&T、IBM、NEC、JVC、SONY 等美、日公司曾提出 14 个不同方案;而 MPEG 组织一开始工作,就考虑到一些相关标准化组织的研究成果,以避免重复性工作,同时也得到了重要的背景和技术。因此,MPEG-1 与 H.261 建议的视频压缩算法,有许多共同点,只是在传输码率上 H.261 随 P 取值不同可覆盖较宽的信道,而 MPEG-1 则定位于光盘存储等应用约 1.5 Mb/s 的总码率(视频码率约 1.2 Mb/s,也可用于传输)。同时,MPEG-1 系统中考虑了保证解码图像与声音同步的措施,而 H.261 则未规定对声音的编码方法。

从应用要求上看,MPEG-1 视频算法为了追求更高的压缩效率,更注重去除图像序列的时间冗余度,同时又必须满足多媒体播放等的随机访问要求,但对编码/解码的时间延迟则可以放宽些。为折中这些相互矛盾的要求,MPEG-1 将 GOP 中的图像划分为 I 图像(帧内编码图像)、P 图像(预测编码图像)、B 图像(双向预测编码图像)和 D 图像(直流编码图像)4 种类型,再根据不同的图像类型而区别对待。双向预测技术的引入,是 MPEG-1 视频标准相对H.261 建议的一大改进,舍此则二者无原理上差别。

MPEG-1 视频编码器的结构如图 8.3 所示。采用运动补偿预测去除图像序列的时间冗余度,典型地可使对 P 图像的压缩倍数较 I 图像提高 3 倍。但在当前图像中,并非所有的信息均可通过前向的 I 图像或 P 图像来预测。例如,一扇门刚打开时所显露出的景物,就不可能由开门前的那些图像预测出(除非是一扇完全透明的玻璃门)。对于 H.261 建议,如果 P 图像中的某个宏块无法通过运动补偿来表示,就只好使用与 I 图像相同的帧内编码;而 MPEG-1 引入 B 图像,就能利用非因果的后向预测来对付那些在过去的图像中被遮挡、而当前正显露出的图像区域。对于 B 图像的双向预测即为插值运动补偿,前后帧信息均可利用,压缩效果自然比仅有 I 图像和 P 图像时更好,这是 MPEG-1 较 H.261 略胜一筹的主要原因。

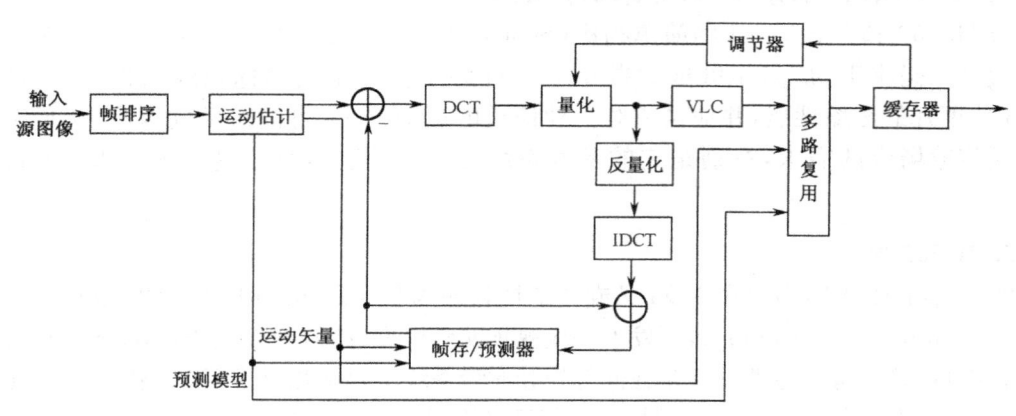

图 8.3 MPEG-1 视频编码器框图

MPEG-1 的一个成功应用范例是小型激光视盘(VCD),可将长达 74 分钟的数字音像信息存储在直径 12cm 的盘片上,解压回放的图像质量优于 VHS 家用盒式录像带,立体声音质与 CD 接近。

2. MPEG－2 视频压缩标准(ISO/IEC 13818－2)

MPEG－2 可理解为 MPEG－1 的进一步发展,其第 2 部分为视频压缩标准,1991 年 5 月开始征集编码算法,共有 32 家公司和组织提供了非常详细的研究结果和 D1 格式的编解码图像录像带。同年 11 月在日本的 JVC 研究所进行对比测试,确定了带有运动补偿和内插的 DCT 算法最成熟,且性能也最好。在 1992 年 1 月的有关会议上又确定了 MPEG－2 是"通用"(generic)标准,而不再局限于数字存储媒体。在研究过程中发现对于众多领域"全屏幕、全运动、高质量"的视频应用要求,码率不够用已成为主要制约,并了解到 MPEG－2 和原用于 HDTV 的 MPEG－3 标准在分级编码技术上联系紧密,因此,取消了独立的 MPEG－3 计划并将其与 MPEG－2 合并。国际电联的无线电通信部门(ITU－R)从广播电视方面提出的不同需求构成了 MPEG－2 的档次/等级(profile/level)概念的基础,MPEG－2 最后的研究范围被限制在编码器码流结构和解码器算法规则上,即只规定能实现交互工作所需的最低限度内容,使标准能有一段较长的存续期。另一方面,VCEG 与 MPEG 联合后于 1993 年 11 月将 MPEG－2 视频算法正式作为 ITU－T H.262 建议,用于数字存储介质和数字视频通信中图像信息的编码表示和解码规定。MPEG－2 视频算法于 1995 公布了第 1 版,1996 年 4 月正式成为 ISO/IEC 13818－2 标准(2000 年又公布了第 2 版),已成为从通信、广播到计算机与娱乐的一切应用领域中处理数字图像的共性技术,是十分重要和非常成功的世界统一标准。

在 MPEG－1 视频的基础上,MPEG－2 的一个最重要扩充就是引入"可伸缩性"(scalability)概念以实现"可分级的"(hierarchical)视频压缩编码,虽然照顾了"通用性",但对简单应用却有"牛刀杀鸡"之嫌。为了保证最大限度的可交换性和互操作性,又不使简单应用时的费用过高,MPEG－2 引入了档次与等级的视频体系结构。所谓"档次"是集成后的完整码流的一个子集(档次越高可支持的压缩方法越复杂,压缩率也越高),而每个档次的"等级"则是对编码参数所作的进一步限制(等级越高视频分辨率越高)。档次/等级结构通过确定码流中相应的标题信息及附加信息中的有关参数来给定,以便使较高档次和等级的解码器能解码同档次或较低档次的编码数据。MPEG－2 规定了 5 种档次,即:

① 简单档次(SP:Simple Profile):无 B 帧、不可分级;

② 主用档次(MP:Main Profile):允许 B 帧,即在简单档次基础上增加了双向预测;

③ SNR 可分级档次(SNP:SNR scalable Profile):在主用档次基础上可将数据分成两部分,即底层信号和顶层信号(通过改变 DCT 系数的量化阶)。底层信号编码只需一部分比特,图像质量稍差,加上顶层信号后就可在与主用档次相同的码率下得到相同的图像信噪比。优点是能在接收条件不好的情况下保证底层信号的可靠接收,适合于 ATM 网络传输;

④ 空间可分级档次(SSP:Spatial Scalable Profile):在 SNR 可分级档次的基础上,可在空间域利用对像素的抽取(亚采样)和内插得到低分辨率的底层信号和高分辨率的顶层信号,两部分信号合成后即得全分辨率图像质量,条件差时可保证低分辨率信号的接收与覆盖;

⑤ 高档次(HP:High Profile):比空间可分级档次多了能同时编码两个色差信号的功能,以便获得较高的图像质量,主要用于码率不受限制的信道传输应用。

每个档次又可分为 4 个等级,即:

① 类似于 ITU－T H.261 建议的 CIF 格式或 MPEG－1 的 SIF 格式的低等级(low level);

② 相应于标准清晰度电视(CCIR 601 建议)的主用等级(main level);

③ 大致相应于每行 1440 个取样的 HDTV 的高－1440 等级(high-1440 level),有时称"消费 HDTV";

④ 大致相应于每行 1920 个取样的 HDTV 的高等级(high level)。

但并非"5 档(次)4(等)级"体系结构的所有组合都已定义。MPEG-2 较强的分级编码能力,为数字电视的逐步兼容创造了条件。MPEG-2 针对电视信号的隔行扫描特性,增加了"按场编码"模式,同时在"按帧编码"模式中,允许进行以场为基础的运动补偿和 DCT,从而显著提高了压缩编码的效率。MPEG-2 与 MPEG-1 的统计编码码表一致,编码器的框架也一致,可以向下兼容 MPEG-1。因此,DVD 播放机也能播放 VCD 光盘。事实上,MPEG-1 的分辨率相当于 MPEG-2 主用档次的低等级;或者说,MPEG-2 是 MPEG-1 的超集。

3. MPEG-4 视频压缩标准(ISO/IEC 14496-2)

MPEG-1 和 MPEG-2 主要支持传统意义下音频/视频(A/V)的被动消费方式,以广播和播放(光盘)类应用为代表,通常要求较高的音像质量,因而码率也最高;而传统意义下视频压缩的通信类应用主要由 H.261 和 H.263 建议来规范,其像质和码率因网络带宽而异,低于被动方式,但对时延要求高。MPEG-4 原打算制定甚低码率 A/V 压缩的长期标准(例如使高质量图像或立体声信号能在 64Kb/s 的基本数字信道甚至在现有的模拟电话网上传输),向各种基于网络的 A/V 业务提供技术支持,较典型的是万维网(WWW)上的 A/V 扩展。但在调研中,MPEG 组织感受到了在计算机(交互性和数据)、通信(机动性)和电视(活动图像)"结合部"(或"融合点")的两大变化,并据此立即修订计划,制定现在意义上的 MPEG-4(ISO/IEC 14496)标准。这两大变化是:

① 物质基础的变化:高性能通用芯片性能价格比的提高,使得基于软件平台的压缩编码方法具有实用的可能,对物体基编码的研究掀起了热潮;

② 应用需求的变化:对多媒体信息特别是视频信息的应用要求,由播放型转向基于内容的访问操作型。

这就意味着,需要将基于内容的检索与编码结合考虑,在压缩数据中应有描述视频内容的信息,从而使对多媒体信息内容的访问可以直接针对压缩码流进行。这就是基于内容的压缩编码方法,它主要是针对应用来定义的一种概念。新编码方法的实现可基于通用芯片,打破了原来压缩编码多基于专用硬件的限制,可引入涉及图像分析的较复杂算法。于是 MPEG-4 的新目标定位于:支持多种多媒体应用(主要侧重于对多媒体信息内容的访问),可以根据应用要求的不同来现场配置解码器。即希望建立一种能被多媒体传输、多媒体存储、多媒体检索等应用领域普遍采纳的统一的多媒体数据格式,编码系统是开放的,可随时加入新的有效算法模块。这对于以前基于专用硬件的压缩编码方法都是不可想像的。8.2 节将展开介绍。MPEG-4 视频压缩标准(ISO/IEC 14496-2)目前还在修订第 3 版。

4. MPEG-7 视觉标准(ISO/IEC 15938-3)

为了实现对海量的图像、声音信息的管理和快速搜索,MPEG 于 1998 年 10 月提出了"多媒体内容描述接口"(Multimedia Content Description Interface),简称为 MPEG-7。其目标就是产生一种描述多媒体内容数据的标准,满足实时、非实时以及推-拉应用的需求。MPEG-7 并不对应用标准化,但可利用应用来理解需求并评价技术;它不针对特定的应用领域,而是支持尽可能广泛的应用领域。MPEG-7 将扩展现有标识内容的专用方案及有限的能力,包含更多的多媒体数据类型。换句话说,它将规范一组"描述子",用于描述各种多媒体信息,也将对定义其他描述子以及结构(称为"描述模式")的方法进行标准化。MPEG-7 的功能与其他 MPEG 标准互为补充:MPEG-1/2/4 是内容本身的表示,而 MPEG-7 是有关内容的信

息,是数据的数据(data about data)。其潜在应用主要分为三大类:

① 索引和检索类应用:视频数据库的存储检索;向专业生产者提供图像和视频;商用音乐;音响效果库;历史演讲库;根据听觉提取影视片段;商标的注册和检索。

② 选择和过滤类应用:用户代理驱动的媒体选择和过滤;个人化电视服务;智能化多媒体表达;消费者个人化的浏览、过滤和搜索;向残疾人提供信息服务。

③ 专业化应用:远程购物;生物医学应用;通用接入;遥感应用;半自动多媒体编辑;教学教育;保安监视;基于视觉的控制。

MPEG-7标准的第3部分是视觉(Visual),第一版于2002年5月正式发布,但已非单纯意义上的视频编码标准。

5. MPEG-21标准(ISO/IEC 21000)

为了解决不同网络之间用户的互通问题,MPEG-21致力于为多媒体传输和使用定义一个标准化的、可互操作的和高度自动化的开放框架,即"多媒体框架"(Multimedia Framework)。这个框架考虑到了数字版权管理(DRM:Digital Rights Management)的要求、对象化的多媒体接入以及使用不同的网络和终端进行传输等问题,这种框架还会在一种互操作的模式下为用户提供更丰富的信息。MPEG-21标准其实就是一些协议、标准和技术的有机集成,通过这种集成环境对全球数字媒体资源进行增强,实现内容描述、创建、发布、使用、识别、收费管理、版权保护、用户隐私权保护、终端和网络资源获取及事件报告等功能。

任何与MPEG-21多媒体框架标准环境交互或使用MPEG-21数字项实体的个人或团体都可视为用户。从纯技术角度看,MPEG-21对于"内容供应商"和"消费者"没任何区别。标准包括如下用户需要:内容传送和价值交换的安全性;数字项的理解;内容的个性化;价值链中的商业规则;兼容实体的操作;其他多媒体框架的引入;对非MPEG标准的兼容和支持;一般规则的遵从;MPEG-21标准功能及各部分通信性能的测试;价值链中媒体数据的增强使用;用户隐私的保护;数据项完整性的保证;内容与交易的跟踪;商业处理过程视图的提供;通用商业内容处理库标准的提供;长线投资时商业与技术独立发展的考虑;用户权利的保护,包括服务的可靠性、债务与保险、损失与破坏、付费处理与风险防范等;新商业模型的建立和使用。MPEG-21第1部分"视觉、技术与策略"作为技术报告(ISO/IEC TR 21000-1)已于2001年12月发布,但与视频编码已无直接关系。

8.1.3 现有视频编码标准的共性技术

ITU-T的H.261/H.263/H.264建议和ISO/IEC的MPEG-1/MPEG-2视频标准开创了视频通信和存储应用的新纪元。它们都经过了多种技术方案的比较、竞争、评选、完善或综合,虽然码率定位不同,但都采用了基于16×16宏块运动补偿帧间预测、8×8块DCT(或4×4块整数变换)、对变换系数加权后的均匀量化、对量化系数的熵编码(霍夫曼编码、算术编码等)这些具有共性的技术,其核心均可归结为图5.14的经典框图,可以解决从静止图像(JPEG为其帧内编码特例)、可视电话/会议电视、常规电视、多媒体视频直至高清晰度电视等的压缩编码。它综合采用了本书所讨论的三大基本编码技术,即预测编码(第5章)、变换编码(第6章)和统计编码(第4章),因此也是一种尽可能博采各种方法之长的混合编码系统。通过对这些国际标准的学习,有助于巩固我们已经学到的基础知识并在实际工作中加以灵活运用。归纳起来,通用视频编码通过多种手段压缩图像序列中的相关信息,即:

① 利用二维DCT减少图像的空间域冗余度;

② 利用运动补偿预测减少图像的时间域冗余度；
③ 利用视觉加权量化减少图像的"灰度域"冗余度(详见 6.3.3 节)；
④ 利用熵编码来减少图像"频率域"上统计特性方面的冗余度(充分利用①的功效)，
从而使电视图像的码率得到了较大的压缩，把数字视频技术无比迅猛地推向了实用化。

最后要提请注意的是，MPEG－1 和 MPEG－2 是系统级标准：不仅有视频编码，也有音频编码和系统层的协议内容，包括复用和同步时基，考虑得较完备，但将信源和信道完全分离；而 H.261(把视频编码和信道编码合在一起)、H.263 包括 H.264 只是一个视频编码标准，组成系统应用时还要有一系列 ITU－T 建议与之配套，主要用于"窄带电视电话系统和终端设备"(H.320 系列)、"用于低码率多媒体通信的终端"(H.324 系列)和"提供不保证服务质量局域网的可视电话系统和终端"(H.323 系列)，而 H.264 还可用于广播电视、DVD 播放和视频监控等更广泛的领域。

8.1.4 早期标准算法的不足

1. 信源模型的缺陷

H.261/263 和 MPEG－1/2 等视频编码标准将基本的信源模型假设为：含有高度相关像素的刚性图像块的二维平移运动，这通常只是对现实的一个极粗糙的近似。相继帧间的差别固然出于物体的运动，但也会来自摄像机运动(镜头的推拉、摇动)、摄像机噪声、灯光效果、物体形状变化、物体和背景遮光、场景切换等。即使相继画面的帧间差完全是由于物体的运动，预测结果仍可能为次最佳，因为：16×16 的预测像块尺寸过大；产生了 3D 平移或旋转；可能会发生亚像素级的位移；搜索窗口可能过小；搜索准则也可能次最佳(譬如在灯光效果出现时)；以及帧存储器中的图像含有量化噪声。

而对预测误差使用 DCT 编码也值得推敲，因为预测误差的统计特性已不同于原始图像，特别是在图像的边缘附近预测往往会失效，此时预测误差中常常包含不相关的高频信息。DCT 作用于这样的信号就不如对原始图像来得有效。

2. 块匹配法的问题

① 块尺寸的选择。这已在 5.7.3 节讨论过了(当然 H.264 对此有了改进，见 5.7.4 节)；
② 估值所得运动矢量场的一致性不够好。这是由于将图像分割成块，孤立地逐块匹配所致，在帧内插等应用中更显突出。这涉及到另一个基本假设，即 MAD、MSE 等最小是否能反映真实的运动。为使匹配准则更能反映真实运动，得到更一致的运动场，必须修正匹配准则或加上运动一致性约束项；
③ 块内包含前景背景两个不同运动区时的运动估值。这时块内运动一致性假设不成立，还存在背景的遮挡和露出问题。

3. 操作上的问题

不能充分利用 HVS 特性；也不能对图像内容进行访问、编辑和回放等操作。

因此，从表 7.7 的图像编码技术分类看，有必要将 8.1.3 节所述现有标准技术框架所依据的信源模型，从第 3 类"平移运动的像素块"向更高类别的模型基编码推进。MPEG－4 专家组于 1996 年 1 月定义了第一个视频验证模型(VM)，提供了基于内容(content-based)的视频表达环境，并公开征集适用于自然与合成数据的视频信息综合编码技术。MPEG－4 提供了将视听材料编码成有特定时空关系的对象的手段，其最重要、最引人注目的新概念是视频对象平面(VOP,亦见7.5.4节),它直接导致了压缩比更高的基于内容的压缩。也可用于MPEG－7的"多媒体内容描述界面"。

8.2 MPEG－4基于内容的编码

MPEG－4系统的一般框架是:对自然或合成的视听内容的表示;对视听内容数据流的管理,如多点、同步、缓冲管理等;对灵活性的支持和对系统不同部分的配置。MPEG－4标准将众多的多媒体应用集成于一个完整的框架内,旨在为多媒体通信及应用环境提供标准的算法及工具,从而建立起一种能被多媒体传输、存储、检索等应用领域普遍采用的统一数据格式。MPEG－4标准目前分为27个部分,第二部分(ISO/IEC 14496－2)为视频,定义了对各类视觉信息(包括自然视频、静止纹理、计算机合成图形等)的编解码器。

MPEG－4采用基于对象的编码理念,即在编码时将一幅景物分成若干在时间和空间上相互联系的A/V对象,分别编码后复用传输到接收端,然后再对不同的对象分别解码,组合成所需的视/音频。这样既方便对不同对象采用不同的编码和表示方法,又有利于不同数据类型间的融合,还可以方便地实现各种对象的操作及编辑。例如,我们可将一个卡通人物放在真实场景中,或者将真人置于一个虚拟演播室里,还可以在互联网上方便地交互,根据自己的需要有选择地组合各种媒体对象。

8.2.1 基本描述

MPEG－4不再单纯地把图像看成是矩形像素阵列的序列,把音频分量看成是单声道或多声道的声音,而是深入到组成一个场景的音频和视频对象的语义涵义中去:把一幅图像(如图8.4)中站着的女士、身旁的桌子、桌上的地球仪、身后的"电子白板",以及女士的说话声、背景音乐、伴随多媒体演示的声音等,都看成必须单独编码的个别对象;还要对这些对象如何组合成一个完整的场景进行编码。MPEG－4提供了对于视听对象(AVO:Audio-Visual Object)、场景描述以及与发送系统的接口进行编码的各种标准方法。各种AVO不限于自然源,也可以是人工合成源,反正要在解码端组合。而组合信息用于把AVO放到3D空间的适当位置,再把可视信息投影到2D平面,并设置一组音频信息接入点。因此可以认为:**基于内容的压缩、更高的压缩比和时空可伸缩性,是MPEG－4最重要的3个技术特征**。

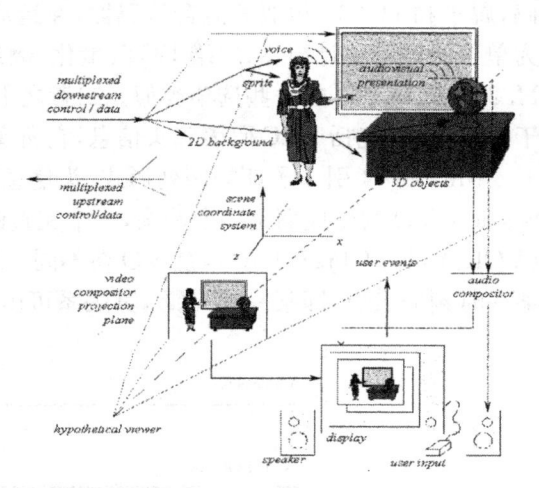

图8.4 MPEG-4描述的一个音视频场景

由于所要覆盖的范围如此广阔,而应用本身的要求又如此不同,因此,MPEG－4不同于过去的MPEG－2或H.26x系列标准,其压缩方法不再局限于某种算法,而是可以根据不同的应用进行系统裁剪和选择。为此,MPEG－4提供了一个包含各种工具和算法的工具箱,可给出各种任意形状可视对象的高效表达式,用于各种图片和视频的高效压缩;各种纹理(映射在各种二维和3D网格上)的高效压缩;各种隐含2D网格的高效压缩;各种网格动画时变几何流的高效压缩;所有类型可视对象的高效随机访问;各种图片和视频序列的扩充操纵功能;图片和视频基于内容的编码;纹理、图片和视频基于内容的可伸缩性;空域、时域和质量的可伸缩性;误码环境下的坚韧性和恢复能力。而对合成节目源中可视信息的编码包括人脸及相应动画流的参数描述,带有纹理映射的静态和动态网格编码以及依赖于观看的纹理编码。MPEG－4可视信息的码率范围可从5～64 Kb/s(CIF以下分辨率和15 Hz以下帧频)直至64 Kb/s～4 Mb/s(ITU－R 601以下的各种图像分辨率),并支持MPEG－1/2已提供的大多数功能。

MPEG－4视频"工具"可以是一个完全定义的算法,也可以只是一个具体的编码模块,用MPEG－4句法描述语言(MSDL:MPEG－4 Syntactic Description Language)整合在一起,包括编码工具之间接口的定义,组合编码工具及构造算法和档次(profiles)的机制,以及下载新工具的机制。在选择算法工具时,MPEG－4的视频专家们进行了大量的核心实验:对于运动估计,试验了全局运动补偿、二维三角网格预测和亚像素预测;对于帧纹理编码,比较了DWT、三维DCT、重叠变换、高级的帧内编码和可变块尺寸的DCT;对于形状编码,验证了几何变换、适形(形状自适应)区域分割和可变块尺寸分割;对于任意形状区域纹理编码,研究了贴补DCT、适形DCT、延拓/内插DCT、小波/子带编码和中值替换DCT;对于误差韧性(俗称"鲁棒性"),尝试了重新同步、分层结构和误差掩盖,以求进一步改进甚低码率下的编码质量。为了支持灵活性和可扩展性,允许下载解码器所没有的工具。这样一来,MPEG－4就将MSDL与视频工具箱方法结合在一起,提供了非常灵活的框架,可支持许多不同的算法。通过MSDL,可以选择若干个工具灵活地组合成一个算法,也可以集成若干个工具或算法构成一个档次,以适应某些特定的应用(如低复杂度、低时延等)。

MPEG－4也有多个档次和等级,其简单档次(基本视频编码器)也基于通常的帧/场编码,属于和H.263相似的混合编码器,在运动残差的混合编码框架、宏块和块的帧格式、以块为单位的运动估计模型、二维DCT、量化、熵编码、码率控制及视频源的采样方式等方面都与H.263或H.263的一些选项类似。二者之不同主要在于码流结构,而非编码技术,最主要在于语法结构,包括VLC码表和头信息,它所实现的一些功能为H.263所没有。

MPEG－4引入了新的序列形式,头信息定义了一个可视对象结构,包括镜头(VS:Video Session,VO的生成期是一个镜头,一个完整的视频序列可由几个VS组成)、VO、视频对象层(VOL:Video Object Layer,是VO在不同等级下不同分辨率的表示)和VOP(VOP是VO在某一时刻的表象,即某一帧VO),其关系可由图8.5[钟玉琢等,2000]来表示。

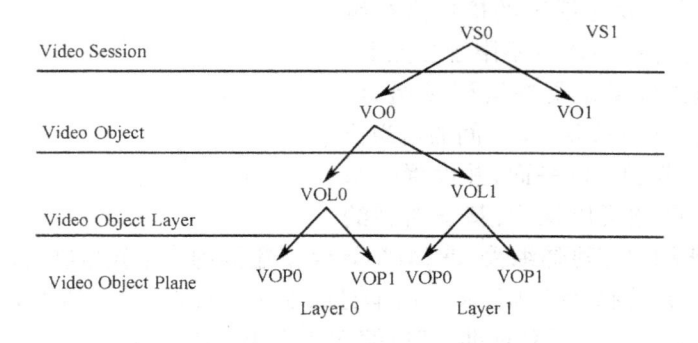

图8.5 MPEG-4-2的数据结构分级图

而在随后增补的视频流应用框架中,则加进了细粒度可伸缩性(FGS:Fine Granular Scalability)和渐进细粒度可伸缩性(PFGS:Progressive FGS)视频编码算法。

FGS编码实现简单,可在编码速率、显示分辨率、内容、解码复杂度等方面提供灵活的自适应和可扩展性,且具有很强的带宽自适应能力和抗误码性能。但牺牲了压缩性能;而 PFGS 则是对 FGS 的改进,是在增强层图像编码时使用前一帧重建的某个增强层图像作为参考进行运动补偿,使运动补偿更有效,从而提高了编码效率。

支持基于内容(即景物中的实际物体)的独立编码和解码,是 MPEG－4 视频标准(可简写为 MPEG－4－2)新增功能的精华所在。这个功能,即识别并有选择地解码和重建感兴趣的视频内容的能力,称为基于内容的可分级性,为在压缩域中对图像或视频内容进行交互与操纵提供了最基本的机制,而无须在收端做进一步的分割或代码转换。下面将阐述其中的某些关键技术。

8.2.2 视频验证模型

为了协作开发视频编码工具和算法,MPEG－4 视频组采纳了已在 MPEG－1/2 标准开发中成功运用的验证模型法。VM 是个精确定义的编解码公共核心算法平台,它提供的工具和算法作为评估其他工具和算法性能的参考。当有新的算法和工具提出时,在 VM 的框架下通过核心实验,对新算法/工具进行评估、比较,性能优越者将用于更新 VM,此过程往复进行,逐步向最终标准接近。从 1996 年 1 月到 1998 年 2 月,VM 的版本已从 1.0 发展到 10.0。

为了实现基于内容的交互功能,MPEG－4 视频 VM 引入了 VOP 的概念:假定输入视频序列的每一帧被分割成若干任意形状的图像区域,每个这样的区域可能包含感兴趣的特定图像或视频内容,称这些区域为 VOP。MPEG－4 视频 VM 所编码的视频输入将不再只是矩形区域,也可以是任意形状的 VOP 图像区域,且该区域的形状和位置可随帧变化。属于景物中同一实际物体的连续 VOP 称为视频对象(VO:Video Object)。而一个场景图(scene graph)中能用脸体动画(FBA:Face and Body Animation)来制作的结点码流的集合则称之为一个 FBA 对象,由两个单独的码流来控制:第一个是场景的二进制格式(BIFS:Binary Format For Scenes)码流,除了含有 7.5.4 节的人脸定义参数外,还包括人体定义参数(BDP:Body Definition Parameters);而第二个是人体动画参数(BAP:Body Animation Parameters)码流,包括 BAP 和 7.5.4 节的人脸动画参数。BAP 的默认值(即人体的初始姿态)如图 8.6 所示。

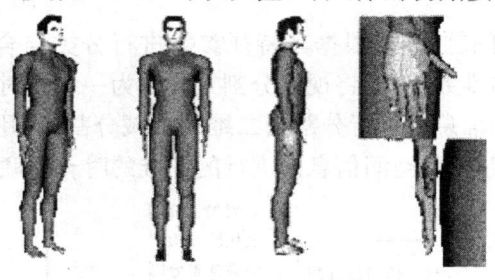

图 8.6 MPEG－4 视频中人体动画参数默认值所对应的人体姿态[ISO/IEC 14496－2,2001]

VO 的构成依赖于具体应用和系统实施所处的环境。在要求甚低码率的情形下,VO 就是视频序列中具有确定尺寸(取决于视频源格式)的连续矩形帧,从而与现有标准兼容;而对基于内容的表示要求较高的应用来说,VO 可能是场景中的某一对象或某一层面,如新闻节目中解说员的头肩像;VO 也可能是由计算机生成的二维或三维图形,等等。在 VM 中,VO 主要被定义为画面中的不同物体,均由运动、形状和纹理这 3 类信息来描述。提取 VO 的方法无须标准化,MPEG－4 仅提供 VO 的表示模型,类似于 MPEG－2 视频标准中对运动矢量的计算方法不作具体规定。但目前在 VM 中,对于所用的所有测试序列,要么将整个视频序列看成单一的 VO,要么将由分割出的各个对象所构成的连续帧看成是一个 VO。VM 对帧速率不作明确规定。MPEG－4 视频 VM 中的编/解码器如图 8.7 所示。

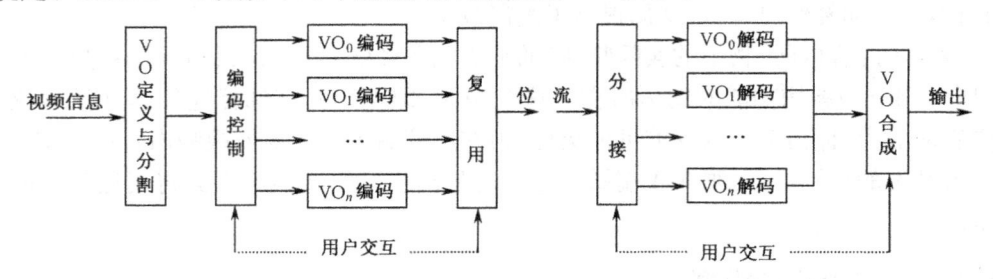

图 8.7 MPEG－4 视频 TM 中的编码器和解码器结构框图

由图 8.7 可见,MPEG－4 编码首先要生成 VO,即先要从原始的视频流中分割出 VO,接着由编码控制机制为不同的 VO 以及各 VO 的 3 类信息(形状、纹理、运动)分配码率,再对各 VO 分别独立编码,最后将各 VO 码流复合成一个位流。解码器基本上为其逆过程。

MPEG－4 在编码过程中针对不同 VO 采用不同的编码策略,即对前景 VO 尽可能清晰柔和;对背景 VO 则高压缩编码,甚至不予传输而在解码端由其他背景拼接合成。这种基于对象的视频编码不仅克服了第一代视频编码中高压缩比时的块效应,而且使用户可与场景交互,从而既提高了压缩比,又实现了基于内容的交互。

综上所述不难明白:**基于对象的功能是 MPEG－4 最显著的特点,而视频对象的获取则是 MPEG－4－2 最关键的技术之一。**

8.2.3 视频对象的分割

MPEG－4－2 实现基于内容交互的前提就是先把视频/图像分割成不同对象或者把运动物体从背景中分离出来,因此视频对象的获取通过视频分割来完成。一般视频分割是指 VO 的分割,即把属于同一 VO 的像素从帧中提取出来。按图 8.5 中 MPEG－4 的分级,这实际上就是对 VOP 的分割。

通常对 VOP 的分割问题,都是根据其特征参数进行分类与合并,获取最终的分割结果。按照处理特征参数的空间维数,可以将视频分割方案分为一维的时域分割(主要利用视频序列前后连续几帧提供的运动信息来进行分割)、二维的空域分割(利用空间特征相关性的一种静态分割)以及进一步融合时间和空间信息而进行的三维的时－空联合分割,如图 8.8 所示。

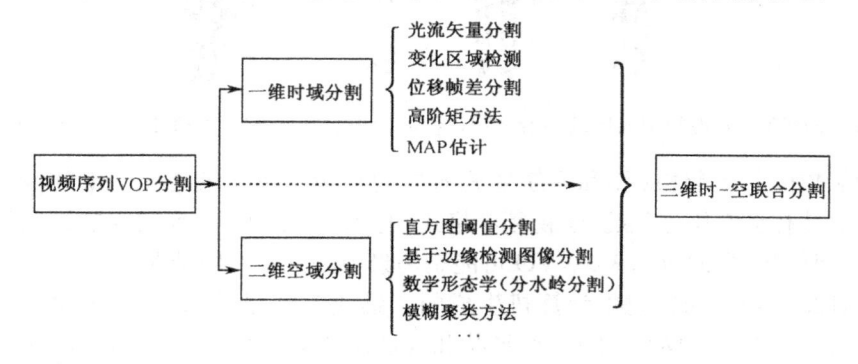

图 8.8 视频序列 VOP 分割方法分类

而无论采取哪种分割方案,一般情况下算法的整体流程都采用图像简化、特征提取和判决分类 3 个步骤,如图 8.9 所示。

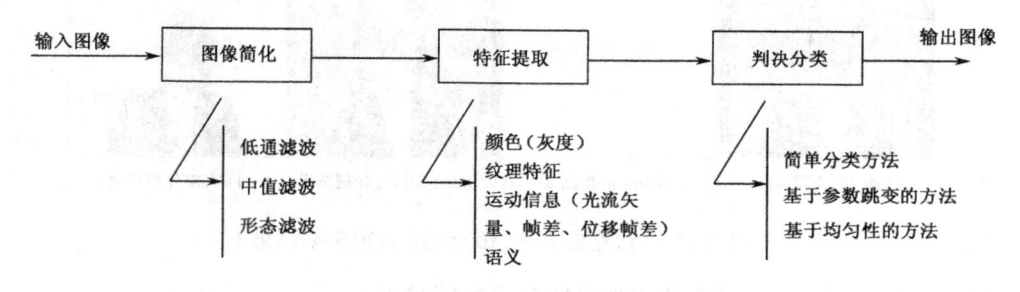

图 8.9 视频分割的一般步骤

1. 图像简化

通常视频序列中有许多信息与特定应用无关,必须设法去掉。常用手段有低通滤波、中值滤波和形态滤波等方法,不同方法会得到不同效果,对分割结果的影响非常明显,必须保证简化的结果有利于分割。例如,通过简化可减少纹理区域的复杂度,或者去掉尺度小于某一给定尺寸的细节信息。另外,对于含有噪声的图像,通过滤波可以减轻噪声的影响。

2. 特征提取

分割过程的实施是依据视频图像中的特征参数进行的,特征参数的选取和分析直接决定了视频分割的结果。有时,原始图像数据可以直接作为输入参数进行处理。例如,在彩色分割中,像素的颜色直接对应了 ROI。然而,大部分情况下必须根据原始图像数据分析估计感兴趣的参数。例如,灰度直方图、纹理和运动信息。注意到在某些情况下,特征参数的估计与分割过程相互关联,因而可采用循环方式,迭代地执行分割与特征参数估计的过程。

3. 判决分类

为了获取最终的分割结果,必须根据某种参数的一致性准则,把具有均匀特征参数的像素归并为一类,形成不同的分片区域。当然,由于视频分割的目的是得到每帧图像中的 VOP,因而必须进行后处理以得到有语义性的分割结果。判决分类的常用方法有简单分类方法、基于参数突变的方法和基于均匀性准则的方法。

图 8.10 和 8.11 分别是用基于时—空信息的 VOP 分割方法对 QCIF 格式的 MPEG-4 标准序列"美国小姐(Miss America)"与"克莱尔(Claire)"的分割结果[杨勇,2002]。

(a)第 106 帧原图　　(b)第 106 帧光流场　　(c)Smet 分水岭分割结果　　(d)VOP 分割结果

图 8.10　对"美国小姐"第 106 帧的 VOP 分割结果

应该说,VO 分割涉及对视频内容的分析和理解,这与人工智能、图像理解、模式识别和神经网络等学科有密切联系。目前人工智能的发展远未完善,计算机观察、识别、理解图像的能力还很弱;同时关于计算机视觉的研究也表明要正确分割图像还需在更高层次上对视频内容进行理解。因此,尽管 MPEG-4 框架已经制定,但至今仍未能通用有效地从根本上解决具有

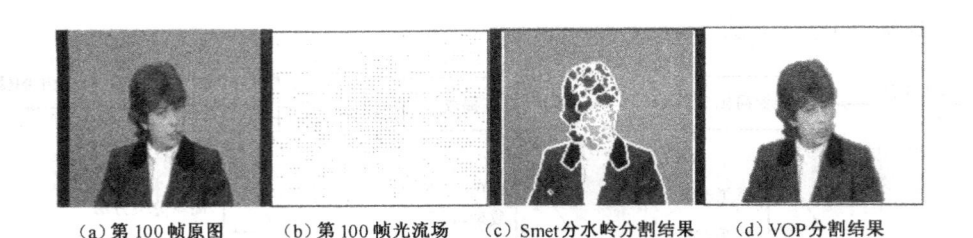

(a) 第100帧原图　　　(b) 第100帧光流场　　　(c) Smet分水岭分割结果　　　(d) VOP分割结果

图 8.11　对"克莱尔"第 100 帧的 VOP 分割结果

挑战性的 VO 分割问题，而基于语义的分割就更加困难了。

8.2.4　视频对象编码

分割出 VOP 后，就可对其进行基于对象的编码(object-based coding)。MPEG－4 的每个 VOP 都包含形状信息和纹理信息，MPEG－4－2 第一次引入了形状编码。形状编码和纹理编码的联合可以实现基于对象的编码。

形状的表示主要有二值和灰度两种。二值图（每像素 8 位）是指物体内部点值是 255，外部点值是 0；而灰度图中的点可从 0~255 变化。MPEG－4－2 校验模型中的两种编码方法，如图 8.12 所示。其中对二值形状[如图 8.13(b)]采用基于上下文的算术编码(CAE:Context - based Arithmetic Encoding)，概率模型是固定的（见 4.5 节）。

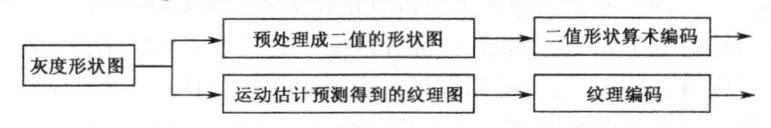

图 8.12　MPEG－4－2 VM 中的 VOP 编码方法

纹理编码就是要高效编码 VOP 内每个像素，例如图 8.13(a)的前景。MPEG－4－2 的纹理编码可基于适形 DCT 或适形 DWT(SA_DWT:Shape_Adpative DWT)。采用 SA_DWT 的好处是编码效率高、具有可伸缩性和能够编码任意形状 VOP。图 8.13(c)、(d)即为变换结果。

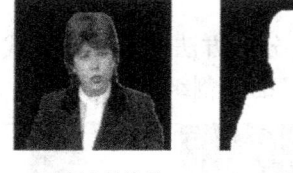

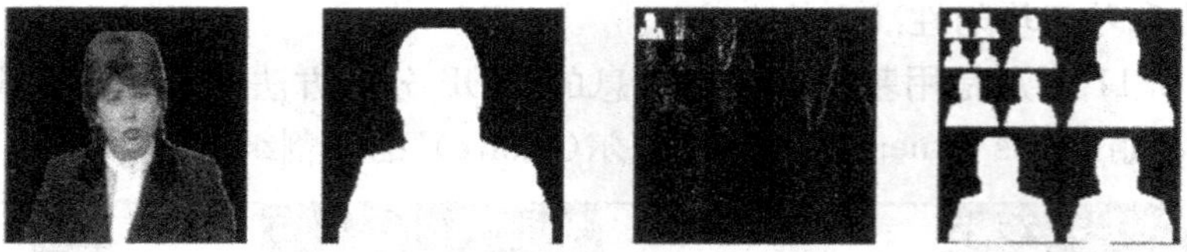

(a) 分割出的前景　　　(b) 形状图像　　　(c) 适形变换结果　　　(d) 产生的分级形状图像
（背景像素置零）

图 8.13　对"克莱尔"第 50 帧的分割与 SA_DWT 的结果（【黄波，2003】）

而对于 7.5.4 节介绍的网格对象(Mesh Object)，则可以采用等级模型(Hierarchical Mode)进行可伸缩编码，图 8.14 给出了一个例子。

另外，MPEG－4－2 还专门针对视频图像中背景的特点而采用了"Sprite 编码"作为其核心技术之一。Sprite 又称镶嵌图或背景全景图，是指一个视频对象在视频序列中所有出现部分是经拼接而成的一幅图像。其基本思想是：首先通过全局运动估计得到全局运动参数（图像配准），然后根据运动模型参数将这一视频段中的背景图像通过拼接构成有关背景的全景图（全景图绘制），这个背景图像就称为 Sprite 图。压缩时先编码这个 Sprite 图，再对前景单独编

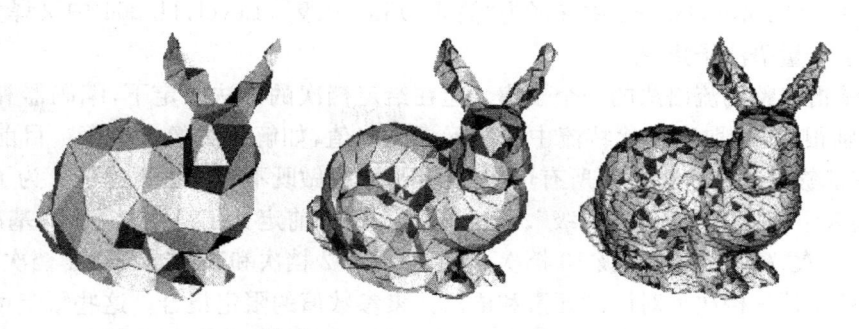

图 8.14　不同等级的网格细节层次[ISO/IEC 14496-2,2001]

码;而解码时首先对背景 Sprite 图进行,再对每帧的前景解码,并根据每帧运动参数得到当前帧背景在 Sprite 图中的位置,然后通过叠加将背景与前景合成出完整的视频帧。与传统的运动补偿编码方法相比,这种编码方法的好处是最大限度地去除了背景的冗余度,因而也可视为一种更先进的运动估计和补偿技术,MPEG-4 正是采用了将传统分块编码技术与 Sprite 编码技术相结合的策略。

MPEG-4 可进行各种图像分辨率、码率 5kb/s 2Gb/s 的压缩编码,压缩比约为 MPEG-2 的 1.5 2 倍。由于它基本上是与 H.263 同时段的产物,基本视频框架仍为类似于 H.263 的混合编码。但它所提供的将视听材料编码成具有特定时空关系的对象的手段,在一定程度上为 MPEG-7"基于内容的检索",提供了技术基础和思路借鉴。

8.3　H.264/AVC 视频压缩标准

随着硬件处理能力的提升和存储容量价格的下降、网络所能支持的编码视频数据的多样化以及视频编码技术的进步,对具有较高压缩效率并有更好的网络健壮性的视频压缩和表示的工业标准的需求非常迫切。为了满足视频会议、数字存储媒体、电视广播、网络流媒体和通信等各种应用对高压缩比运动图像压缩日益迫切的需求,同时也为不同的网络环境中的应用设计一种灵活的编码数据表示方式,VCEG 和 MPEG 联合制订了 H.264/AVC,分别在 ITU-T 和 ISO/IEC 两个组织中以技术对等的同文标准发布,可用于非常广泛的视频业务,例如:有线电视(CATV)、直播卫星(DBS:Direct Broadcasting Satellite)、数字用户线(DSL:Digital Subscriber Loop)、数字地面电视广播(DTTB:Digital Television Terrestrial Broadcasting)、交互式存储媒体(ISM,光盘等)、多媒体邮件(MMM:Multimedia Mailing)、分组交换网络上的多媒体业务(MSPN:Multimedia Services over Packet Networks)、实时会话(RTC:Real-time Conversational,如视频会议、可视电话等)、远程视频监控(RVS:Remote Video Surveillance)、串行存储媒体(SSM:Serial Storage Media,例如数字录像机等),等等。该标准使得运动视频能作为一种计算机数据被处理,可存储在各种存储媒体上,能够在当前及未来网络上传送和接收,并在现有及将来的广播信道上分配。

8.3.1　基本框架

H.264/AVC 是为通用的应用场景设计的,适用于不同的应用、比特率、分辨率、质量和业务。制订过程中考虑了来自不同典型应用的各种需求,开发了必要的算法,将其整合在统一的语法规则之下,有利于视频数据在不同应用间交换。但考虑到实现完整语法的可操作性,仍通过定义"档次"(Profile，H.264中又译为"简表")和"等级"(Level，H.264中又译为"级别")的方法规定了少量语法子集[①]：

档次是指完整码流语法的一个子集。但在给定档次的语法限定下，编码器和解码器性能仍可能差别很大，这取决于比特流中语法元素的取值，如解码图像大小等。目前在很多应用中，解码器能够处理一个档次下所有可能的情况，这样做既不实用也不经济。为了解决这一问题，每个简表下还定义了若干"等级"。H.264/AVC目前定义了7个档次，即基准档次、主要档次、扩展档次、高级档次、高级10档次、高级4∶2∶2档次和高级4∶4∶4档次。

等级是在某一档次下对语法元素和语法元素参数值的限定集合。这些限定可能仅针对量值，也可以以限定的组合形式出现(例如，图像宽度乘以图像高度，再乘以每秒解码的图像数)。

符合H.264/AVC的已编码视频内容使用统一的语法。为了构成完整语法的一个子集，码流中使用标志位、参数和其他语法元素，来指示后续码流中某个语法元素的存在与否。

H.264/AVC编码表示的语法是为了能在可接受的图像质量下获取较高压缩能力。除了高级4∶4∶4档次中无损编码采用的变换旁路的模式，和所有档次中的I_PCM模式外，其他算法并非在编/解码过程中始终保持样点原值，因而压缩通常都是有损的。获得高压缩能力可以采用很多技术，基本步骤如下：

① 对每一帧中的矩形区域可以选择帧间或帧内编码算法(标准不做规定)；
② 通过使用基于块的运动矢量，帧间编码可充分利用不同图像间的时域统计相关性；
③ 帧内编码采用不同的空间预测模式，对一幅图像中的空间统计相关性加以利用；
④ 运动矢量和帧内预测模式可通过图像中的不同块尺寸来定义；
⑤ 对预测残差进行变换，去除变换块内部像素间的空间相关性以获得进一步的压缩；
⑥ 对变换系数进行量化。此过程不可逆，最终形成了与源图像非常接近的近似图像，同时丢弃一些视觉上不重要的信息；
⑦ 将运动矢量或帧内预测模式与量化后的变换系数信息合并在一起，进行熵编码。

因此，从总体技术框架上看，H.264又"返璞归真"到经典的"帧间预测＋帧内变换"的混合编码模式，设计简洁，不用众多选项，但引入了新的编码方式，提高了编码效率，更加面向实用。既能工作在低延时模式以适应实时通信的应用(如视频会议)，又能适应没有延时限制的应用(如视频存储和以服务器为基础的视频流式应用)。

下面将在前面各章介绍的基础上，重点对比H.264的技术精华或独到之处。

8.3.2 视频编码技术特征

从视频数据压缩的角度看，H.264具有以下的主要技术特征。

1. 高精度多模式的运动估计

5.7.4节已介绍，H.264支持1/4像素精度的运动矢量，能提供更高精度的运动块的预测，由于色度通常是亮度抽样的1/2，这时运动补偿的精度就达到了1/8像素精度。为了减少"振铃"效应并最终得到更锐化的图像，使用6抽头滤波器来产生1/2像素的亮度分量预测值，而对于1/4亚像素位置上的预测样本，则由其最近邻整像素及1/2亚像素位置的样本通过简单的二值线性差值滤波得到。内插滤波器对于预测效果的提高贡献明显。而在运动补偿时使

---

① 这与H.262/MPEG-2的情形类似，但比MPEG-2丰富得多，特别是关于等级的规定。

用增加权重和偏移的加权运动预测,能在一些特殊场合如淡入、淡出、淡出而后淡入等提供相当大的编码增益。H.264/AVC 以更灵活的方式使用已编码的更多帧来作为参考帧,在某些情况下最多可用 32 个参考帧。编码器可选择对每个目标宏块效果最佳的预测帧,并为解码器指示各宏块是哪一帧用于预测的,而 MPEG-4-2 只有 1 帧。这对大多数场景序列都可带来一定的码率降低或质量提高。对某些类型的场景序列,例如快速重复的闪光、反复的剪切或者背景遮挡的情况,它能很显著地降低编码率。H.264 用多参考帧,可获得相对于单参考帧约 0.1~0.5dB 的 PSNR 增益。但这也使得编码端的运动估计复杂度大大增加,而解码端的运动补偿运算量则与单参考帧代价差不多,所以 H.264 更偏重于解码器的低成本实现。代价则是:一个完全的解码器,必须能够缓存和正确解码符合 H.264 规定的码流,而无论编码器有多少个参考帧。因此,解码器的成本对存储器价格的依赖更大。

2. 空间域帧内预测(见 5.5.4 节)

H.264 当编码 Intra 图像时可增加帧内预测,相对于 MPEG-4-2 进一步利用了宏块与相邻像素的空间相关性。实验表明,H.264 采用帧内预测技术,其帧内编码效率平均优于 JPEG 达 5.29dB,甚至略好于 JPEG 2000(特别是在低码率下);而对活动图像,H.264 的色彩还不及 MJP2[郑翔等,2004]。可见,帧内预测技术的采用,是 H.264 编码效率增加的一个重要因素。

3. 对残差的 4×4 变换和无除法量化

该低复杂度的 4×4 变换已在 6.2.5 节详细描述,在此只想再澄清一下:DCT 系数为实数,当然可用分数来近似。如果对所有以分数来表示的 DCT 系数均乘以它们分母的最小公倍数,则该"近似 DCT"的系数就都成为整数了[①],于是就有了整数变换之说法。这样,做变换时就只需进行整型数的矩阵乘/加。进一步,若设法使这些变换矩阵的系数均为±1、±2 或±1/2,那就连整型数的矩阵乘法都省了,而只有整型数的加法和移位,如 H.264 的正变换式(6.2-23a)和反变换式(6.2-23b)。这样一来,"整数变换"的提法似忽不够贴切,因为矩阵乘法的有无往往在很大程度上左右着正交变换运算量的大小。当然,按式(6.2-23a)最后对每个变换系数的 1 次标量乘法(含量化因子)还省不了,因此,这一变换实为"无须矩阵乘法"的变换。显然,无须矩阵乘法的正交变换必为整数变换,但反之则不然。

为了使小块变换对图像中较大的平滑区不产生块间的灰度差异,可对帧内宏块亮度数据的 16 个 4×4 块的 DC 系数进行第 2 次 4×4 变换,对色度数据的 4 个 4×4 块的 DC 系数进行 2×2 块的变换(直接用 Hadamard 变换[Richardson,2003])。而在高精度拓展中还采用整数 8×8 变换,并能在 4×4 变换和 8×8 变换中自适应选择。

另外,H.264 为了提高码率控制能力,将量化阶变化的幅度控制在 12.5% 左右,而不是以不变的增幅变化。变换系数幅度的归一化被放在反量化过程中处理以减少计算的复杂性。为了强调彩色的逼真性,对色度系数采用了较小的量化步长。

4. 基于上下文的适应性熵编码

原 H.26L 对熵编码有两种方法:一种是对所有的待编码符号采用 UVLC;另一种是采用上下文自适应的二进制算术编码(CABAC:Context-Adaptive Binary Arithmetic Coding)作为可选项。CABAC 编码性能比 UVLC 稍好,但计算复杂度也高;而 UVLC 则见 4.3.4 节。

---

① 该最小公倍数的抵消可归入随后的量化环节一并处理,即被量化所"吸收"。

后来在 H.264 中,由于专利持有方愿意免费将上下文自适应的变长编码(CAVLC：Context-Adaptive Variable Length Coding)贡献给 JVT,而 CAVLC 比 UVLC 压缩效率更高,硬件实现的复杂度又比 CABAC 低,因此为 H.264 的基本档次(baseline profile)、主要档次(main profile)和扩展档次(extended profile)所采用。

另外,对既不是用 CABAC 也不是用 CAVLC 的语法元素使用简单的指数 Golomb 编码。使用了环内的除块效应滤波器。

8.3.3 数据传输技术特征

1. 分层设计

H.264 在概念上可分为两层:视频编码层(VCL：Video Coding Layer)负责高效的视频内容表示;而网络抽象层(NAL：Network Abstraction Layer)则负责以网络所要求的恰当的方式对数据进行打包和传送。在 VCL 和 NAL 之间定义了一个基于分组方式的接口,打包和相应的信令属于 NAL 的一部分。这样,高编码效率和网络友好性的任务分别由 VCL 和 NAL 来完成。NAL 负责使用下层网络的分段格式来封装数据,包括组帧、逻辑信道的信令、定时信息的利用或序列结束信号等,使得相同的视频语法可适用于多种网络环境。例如,NAL 既支持视频在电路交换信道上的传输格式,也支持视频在 Internet 上利用 RTP/UDP/IP 传输的格式。NAL 包括自己的头部信息、段结构信息和实际载荷信息,即上层的 VCL 数据(如果采用数据划分,则数据可能由几个部分组成)。

2. 面向 IP 和无线环境

H.264 的码流结构网络适应性强,有差错恢复能力,能很好地适应 IP 和无线网络的应用。

① 为了抵御传输差错,H.264 视频流中的时间同步可以通过帧内图像刷新来完成,空间同步由条结构编码(slice structured coding)来支持。同时为了便于误码后的再同步,在一幅图像的视频数据中还提供了一定的重同步点。另外,帧内宏块刷新和多参考宏块允许编码器在决定宏块模式的时候不仅可以考虑编码效率,还可以考虑传输信道的特性。

② 除了改变量化阶来适应信道码率外,H.264 还可利用数据划分来应对信道速率的变化。从总体上说,数据划分的概念就是在编码器中生成具有不同优先级的视频数据以支持网络的 QoS。例如采用基于语法的数据划分(syntax-based data partitioning),将每帧数据按其重要性分为几部分,在缓冲区溢出时可丢弃不太重要者。还可以采用类似的时间数据划分(temporal data partitioning),通过在 P 帧和 B 帧中使用多个参考帧来完成。

③ 在无线通信中,可以通过改变每帧的量化精度或空间/时间分辨率来支持无线信道的速率起伏。可是,在多播的情况下,不可能要求编码器对变化的各种比特率都进行响应。因此,不同于 MPEG-4 中效率较低的 FGS 编码,H.264 代之以流切换的 SP 帧。

8.3.4 性能测试

相对于 MPEG-4(ASP：Advanced Simple Profile)和 H.26++(HLP：High Latency Profile)的性能,TML-8 提供的 6 种速率对比测试结果(见图 8.15)清楚地表明:H.264 的 PSNR 比 MPEG-4(ASP)平均要高 2dB,比 H.263(HLP)平均要高 3dB(在相同的重建图像质量下,能比 H.263 节约 50%左右的码率)。6 个测试速率及其相关的条件分别为:32 Kb/s 速率、

10f/s 帧率和 QCIF 格式;64 Kb/s 速率、15f/s 帧率和 QCIF 格式;128Kb/s 速率、15f/s 帧率和 CIF 格式;256Kb/s 速率、15f/s 帧率和 QCIF 格式;512 kbit/s 速率、30f/s 帧率和 CIF 格式;1024 Kb/s 速率、30f/s 帧率和 CIF 格式。

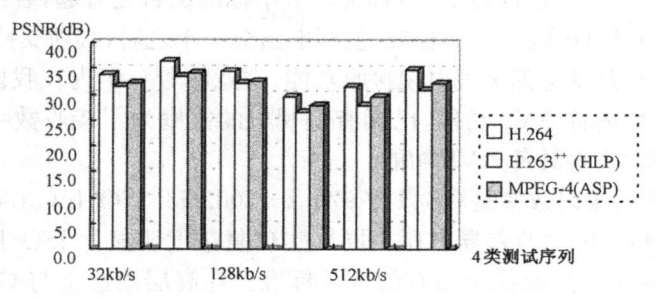

图 8.15 H.264 和 MPEG-4/H.263++ 编码性能对比

而就已经完成的 HDTV 测试结果来看,未经优化的 AVC 算法比 MPEG-2 已经优化的算法编码效率提高了 50%。这意味着,原来用两张光盘存储的内容现在用一张光盘足矣。

针对 H.264/AVC 的具体应用进行了深化研究和算法改进(包括非标准算法),例如:快速搜索[方健,2008]、帧内预测[戴声奎,2005]、感兴趣区域编码[郑雅羽,2008]、差错掩盖[詹学峰,2010]、无线容错[马汉杰,2009]、快速算法[韩从道,2011]、流体系结构[李海燕,2009]、可分集编码[宋传鸣,2010]、可扩展性编码[王一抽,2005]、码率控制[兰天,2009]、功率控制[韦耿,2007]、率失真优化[马思伟,2005][王建鹏,2010]、视频监控[周城,2010]等。

8.4 AVS 视频压缩标准

8.4.1 标准化过程

AVS 工作组(7.2.4 节)于 2002 年 8 月召开第一次会议,开始制订我国自己的先进音视频编码系列标准(简称 AVS 标准)。该系列标准包括系统、视频、音频等 3 个主要标准和数字媒体版权管理与保护、一致性测试等支撑标准。AVS 视频标准是为了适应数字电视广播、数字存储媒体、因特网流媒体、多媒体通信等应用中对运动图像压缩技术的需要而制订的,目标是在达到高效率视频编码的同时保持尽可能低的实现复杂度。其主要内容的确定参考了视频编码的相关国家标准和国际标准,包括 GB/T 17975.2-2002(idt ISO/IEC 13818-2:1995)、ISO/IEC 14496-2:1999、ISO/IEC 14496-10:2003 等,是在详细掌握国际标准技术方案和专利构成的基础上完成的。AVS 工作组分析了 MPEG-2 标准收费"专利池"包含的 123 项核心专利和与 MPEG-4 AVC 标准相关的 176 项专利:对于国际标准中因利益关系"塞进"的专利技术,坚决清除;对于我国自主的有价值的技术,大胆采用;对于必要但又有国外专利覆盖的技术点,通过自主技术进行替代;对于国际标准中不涉及专利的公开技术、技术框架和本领域的先进技术都采取积极吸收的态度。

2003 年 12 月完成了标准的第一部分(系统)和第二部分(视频)的草案最终稿(FCD),以及与之配套的验证软件。2004 年 12 月 29 日,全国信息技术标准化技术委员会组织评审并通过了 AVS 标准视频草案。2005 年 1 月,AVS 工作组将草案报送原信息产业部。2006 年 2 月 16 日,《信息技术 先进音视频编码 第 2 部分:视频》以国标号 GB/T 20090.2-2006 正式发布。2011 年 6 月 16 日,《地面数字电视接收机通用规范》和《地面数字电视接收器通用规范》等 6 项地面数字电视接收终端国家标准发布,并将于 2011 年 11 月 1 日起正式实施。《地面数字电视接收机通用规范》和《地面数字电视接收器通用规范》规定：从标准实施之日起，地面数字电视终端产品应支持 GB/T 20090.2—2006（即 AVS 标准）或 GB/T 17975.2（即 MPEG-2 标准），标准出台一年之后，应支持 AVS 标准。从本标准出台之日起，各生产企业可根据具体情况自由选择 AVS 或 MPEG-2 等标准，但标准出台一年之后，必须支持 AVS 标准。鉴于所有数字电视机都必须具备地面无线电视接收功能，这意味着一年内在我国市场销售和用户购买的所有电视机都将内置 AVS 功能，已拥有电视机的家庭为了接收数字地面电视而购置的接收机（俗称机顶盒）也将具备 AVS 功能。

AVS 视频标准的编码效率是 GB/T 17975.2—2002(idt ISO/IEC 13818-2:1995)标准的 2～3 倍（根据视频画面尺寸的差异有所不同），实现复杂度明显比 ISO/IEC 14496-10:2003 低，在高清晰度视频应用方面优于已有的国际标准。在高层语法上与 GB/T 17975.2—2002 (idt ISO/IEC 13818-2:1995)兼容。

8.4.2 特色技术

AVS 技术框架包括 8 大技术模块：变换、量化、预测、变长编码、环滤波器、帧间预测、熵编码器和场编码。AVS 的自主专利中，一部分是针对国际专利提出了另外一种解决方案（主要是后 3 个模块），另一部分是创新技术，当然也用到了很多不受专利保护的公开技术。

工作组知识产权专题组提出的专利分析报告（第一版）表明：AVS 视频标准作为国家标准，具有完全的自主知识产权，即使在国际范围内，AVS 视频标准涉及的专利中，中国拥有的专利也占主流，为 AVS 标准的国际化奠定了良好基础。

AVS 视频以 MPEG-4 AVC/H.264 框架为起点，希望（也应该）能"青出于蓝而胜于蓝"。本节就对照 8.3.2 节来简介 AVS 视频的特色技术。

1. 帧间预测

① 同样支持 1/4 像素精度的运动矢量，但 AVS 只采用不同的 4 抽头滤波器进行半像素和 1/4 像素插值，在不降低性能的情况下比 H.264 减少了插值所需的参考像素点。

② 只保留 16×16、16×8、8×16 和 8×8 这 4 种宏块划分模式，舍弃了 H.264 的 8×4、4×8 和 4×4 的块模式（见图 5.19）。实验表明，对于高分辨率视频，这 4 种较大的块模式已能足够精细地表达物体的运动。较少的块模式可降低运动矢量和块模式本身的额外开销，有利于提高压缩效率，降低编解码（特别是编码）实现的复杂度。

③ H.264 的多帧参考技术在提高压缩效率的同时也极大地增加了数据存取量。而 AVS 的 P 帧至多利用两个前向参考帧，B 帧用前后各一个参考帧，P 帧与 B 帧（包括后向参考帧）的参考帧数相同，其参考帧缓存与数据访问的开销并不比传统视频编码标准的大，因而充分利用了必须预留的资源。

④ AVS 视频 B 帧的双向预测使用了直接模式（direct mode）、对称模式（symmetric mode）和跳过模式（skip mode）。使用对称模式时，码流只需传送前向运动矢量，后向运动矢量可由前向运动矢量导出，从而节省后向运动矢量的编码开销；对于直接模式，当前块的前、后向运动矢量均由后向参考图像相应位置块的运动矢量导出，无须传输运动矢量，因此也可以节省运动矢量的编码开销；而跳过模式运动矢量的导出方法与直接模式的相同，其运动补偿的残差也均为零，因而该模式下宏块只传模式信号，无须送运动矢量、补偿残差等附加信息。

2. 帧内预测模式（见 5.5.4 节）

AVS 视频的帧内预测对于亮度和色度都以 8×8 块为单位。亮度块采用 5 种预测模式，色度块采用 4 种预测模式,而这 4 种模式中又有 3 种与亮度块所用相同。在编码质量相当的前提下,AVS 采用较少的预测模式,方案更加简洁,实现复杂度大为降低。

3. 对残差的变换和量化

AVS 又回到 8×8 的变换尺寸。对于高分辨率图像,8×8 变换的去相关性能显然比 H.264 的 4×4 变换更有效。虽然还需进行整数的矩阵乘法,但是该变换和量化用 16 位的定点处理器即可无失配(无溢出)地实现。AVS 采用 64 级量化,可完全适应不同的应用和业务对码率和质量的要求。AVS 标准也不限定编码器中变换和量化的处理方法,但反变换矩阵规定为:

$$T_8 = \begin{bmatrix} 1 & 10 & 2 & 9 & 1 & 6 & 1 & 2 \\ 1 & 9 & 1 & -2 & -1 & -10 & -2 & -6 \\ 1 & 6 & -1 & -10 & -1 & 2 & 2 & 9 \\ 1 & 2 & -2 & -6 & 1 & 9 & -1 & -10 \\ 1 & -2 & -2 & 6 & 1 & -9 & -1 & 10 \\ 1 & -6 & -1 & 10 & -1 & 2 & 2 & -9 \\ 1 & -9 & 1 & 2 & -1 & 10 & -2 & 6 \\ 1 & -10 & 2 & -9 & 3 & -6 & 1 & -2 \end{bmatrix}$$

4. 熵编码

AVS 视频的熵编码采用指数 Golomb 码(4.3.3 节),所有语法元素和残差数据都以指数 Golomb 码的形式映射成二进制位流。该码的优势在于硬件复杂度较低,可根据闭合公式解析码字,无须查表;而且可以根据编码元素的概率分布灵活确定指数的阶数 k,如果 k 选择得当,则编码效率可以逼近元素的熵。对预测残差的块变换系数,则扫描形成(level,run)对串,采用二维联合编码,并根据当前(level,run)的概率分布,自适应改变阶数 k。

8.4.3 性能与应用

AVS 视频目前只定义了一个基本档次,下分 4 个级别,分别对应高清与标清应用。与 H.264 的基本档次相比,AVS 视频增加了 B 帧、交织等技术,因此压缩效率明显提高;而与 H.264 的主要档次相比,又减少了 CABAC 等复杂技术,从而增强了可实现性。

AVS 视频的主要特点是应用目标明确,技术有针对性。因此在高分辨率应用中,压缩效率明显比 MPEG-2 视频提高。而在压缩效率相当的前提下,又比 H.264 主要档次的实现复杂度大为降低。目前已能实现标准清晰度(CCIR 601 或相当清晰度)和低清晰度(CIF、SIF)等不同格式视频的压缩。

AVS 是基于我国自主创新技术和国际公开技术所构建的标准,编码效率比 MPEG-2 标准高 2~3 倍(HDTV 可达到 3 倍或更多),与 ISO/IEC MPEG-4 AVC 和 ITU H.264 标准相当,但技术方案更简洁;AVS 可节省一半以上的无线频谱和有线信道资源,降低传输和存储系统的复杂程度,显著降低传输、存储设备与系统的经济投入;AVS 通过简洁的一站式许可政策,解决了 AVC 专利许可问题的死结,为国际国内两个市场的相互准入提供了技术基础;此外,AVC 仅是一个视频编码标准,而 AVS 是一套包含系统、视频、音频、媒体版权管理在内的完整标准体系,为数字音视频产业提供了更全面的解决方案。

8.5 SVAC视频压缩标准

8.5.1 标准化过程

从2008年1月到5月,SVAC工作组(7.2.4节)组长单位等认真调研并仔细分析了现有视音频编解码的国际标准和国家标准(包括MPEG,H.264,AVS,3GPP AMR-xx等),以及该领域的最新技术成果,对其中各项关键技术进行了大量的性能仿真和对比评测。在上述工作的基础上经过充分交流和反复论证,进一步明确了SVAC标准制订将以"忠实于场景的视音频编码"为核心思想,遵循监控特点,借鉴和融合国内外先进的视音频编解码技术,设计符合监控需要的、易于扩展的视音频编解码技术架构,在保证视音频质量前提下,获得较高的编码效率。2008年7月初,正式组建了标准编制工作组,并确定了吸收学校、科研机构、企业在内的编制组成员的开放组织架构。

编制组认为:已经制订完成的和正在制订的国家标准、行业标准与该标准相关的有GB/T 20090.2-2006《信息技术 先进音视频编码 第2部分:视频》和GA/T 669.4-2008《城市监控报警联网系统 技术标准 第4部分:视音频编、解码技术要求》,前者主要是针对广播电视行业应用,难以满足安全防范监控的需求;后者是为了统一现有采用国际编码标准(如MPEG-4和H.264)的监控产品和系统的技术参数选择等,而没有规定视音频编解码的具体数据格式和技术细节。因此二者虽有一定的参考价值,但与本标准制定的目的和要求仍有较大的距离[SVAC工作组,2009]。

编制组经多次讨论,决定征求意见稿中采用高精度视频数据(8/9/10位)、上下文自适应二进制算术编码(CABAC)、感兴趣区域(ROI)变质量编码、可伸缩视频编码(SVC:Scalable Video Coding)、支持监控专用信息、声音识别特征参数编码、面向声音异常事件的变质量编码等技术。并于2008年8月10日形成《安全防范监控数字视音频编解码(SVAC)技术要求》(视频、音频)征求意见稿(0.1版),同年8月29日形成0.2版、9月10日形成0.3版。在此基础上,于2008年9月25日形成了SVAC标准的征求意见稿(草案)。

2008年9月27日,全国安全防范报警系统标准化技术委员会(SAC/TC100)在北京组织召开的专家论证会一致通过了该标准征求意见稿(草案)。根据专家意见,编制组根据标准进行SVAC参考代码的设计,采用文档和参考代码交叉验证的形式,对标准和参考代码做了细致的修改。同时在SVAC参考代码基础上做大量仿真,根据仿真结果,对征求意见稿(0.4版)内容进行了多次全面深入的讨论,补充和更新了部分内容,于2009年1月6日形成了征求意见稿(0.5版)。2009年1月17日,SAC/TC100在北京组织召开了征求意见稿(0.5版)论证会,共有来自24家科研机构、大学和企业的专家代表60余人参会,对与会单位会前提交的36条修改意见进行了逐条讨论。会后编制组对征求意见稿进行了修改,于2009年3月19日在工作组内部FTP上发布了送审稿(1.0版),并于2009年4月28日发布最后征集对送审稿(1.0版)意见的通知。根据收集的反馈意见和编制组的技术研究工作进展,编制组于2009年8月4日在工作组内部FTP上发布了送审稿(2.0版)。2009年8月18日,SAC/TC100在北京组织召开了送审稿(2.0版)论证会,来自29家参编单位的专家代表共60余人参会,对与会单位会前提交的43条修改意见进行了逐条讨论,意见大多为文本修订意见,个别意见要求会后提交详细提案,再进行讨论。经修改完善后,编制组于2009年9月29日在工作组内部FTP

上发布了送审稿(3.0 版),并于 2009 年 10 月 16 日 SAC/TC100 在北京召开的国家标准《安全防范监控数字视音频编解码(SVAC)技术要求》(送审稿)审查会上得到通过。

2010 年 12 月,《安全防范监控数字视音频编解码技术要求》正式成为国家标准(GB/T 25724—2010)。

8.5.2 技术特点

SVAC 的视频标准借鉴了 H.264/AVC 和 AVS 视频,仍为混合编码技术框架,但由于是专门针对安全防范数字视频监控应用领域的编码标准,因而具有以下技术特色和行业特点。

1. 支持高精度视频数据

视频监控领域要求视频图像要适应高动态范围,且希望看到更多的图像细节。视频数据精度(位宽)低会导致图像对比度下降、图像细节和层次丢失,造成图像原始内容的损失。视频编解码支持高精度视频数据,可减少编解码环节的图像信息损失,保证存储的视频数据尽可能真实、完整地保留拍摄场景的信息和图像细节,对后期的综合研判以及作为法律证据意义重大。随着技术的发展,目前视频采集、显示设备都可以支持到 10 位甚至更高精度的数据,而编解码器如果只支持 8 位数据,会成为系统的短板,降低整体性能。同时,模拟摄像头数字视频信号接口国际标准 ITU-R BT.656 中既支持 8 位数据格式,也支持 10 位数据格式,所以编解码器支持 10 位数据对现在已经部署的大量模拟摄像头也是有意义的。大量测试结果证明,编解码采用 10 位数据在同样码率下 PSNR 好于 8 位数据。在同样的 PSNR 下,采用 10 位视频数据的码率不高于采用 8 位视频数据的结果。因此,SVAC 标准支持 8/9/10 位视频数据[①],并保留未来扩充到 12~16 位的可能。

2. 达到更好图像质量与更高编码效率的平衡

为了在获得更好的图像质量的同时也能获得更高的编码效率,采用了帧内 4×4 预测与变换、自适应帧—场编码(AFFC:Adaptive Frame-Field Coding)和上下文自适应二进制算术编码(CABAC)的替代方案等,大量测试结果表明,这些技术有助于达到这一目的。

3. 支持感兴趣区域变质量编码

在安全防范监控应用中,通常总是对场景中的某些区域比较关心。支持对每个 ROI 的图像质量分别控制(给 ROI 分配更多的码流)、对非 ROI 部分减少码流分配甚至不编码,可在网络带宽或存储空间有限的情况下,优先保证 ROI 图像质量,节省非 ROI 的开销,提供更符合监控需要的高质量视频编码,提高监控系统整体性能。

4. 支持可伸缩视频编码

在监控应用中,经常存在为满足不同带宽或存储环境的需求,对同一场景编码输出两个(或多个)不同分辨率的编码视频流。目前的解决方案都是利用两个(或多个)编码器分别编码输出两个(或多个)独立的编码视频,系统开销大。SVC 通过对视频数据的分层次压缩,一个编码器可输出不同分辨率的多个编码视频流,以满足不同带宽或存储环境的需求。SVC 技术对视频序列分层编码,分为基本层和增强层。基本层由低分辨率编码图像构成,对基本层单独解码可获得一个低分辨率的视频序列,对基本层和增强层联合解码可获得高分辨率的视频序

---

① 其实,H.264 建议的 2005 年版本中已拓展视频序列中用来表示每个亮度或色度样点的位数在 8~12 之间。

列。大量测试结果证明，采用SVC技术比简单的双/多码流具有更好的编码效率，并能为需要双/多码流的应用提供更加灵活的解决方案。

5. 支持网络传输和监控专用信息

安全防范监控正在从单一的、小范围局部监控，向复杂的、大型联网系统发展，要求视音频编码数据对网络具有良好的适应性。标准中定义网络抽象层（NAL）数据单元，其大小与网络传输单元匹配，且NAL数据单元根据承载的内容划分不同优先级，以适应各种网络传输状态。

SVAC标准中针对监控实际需求，支持绝对时间参考信息、特殊监控事件及参数信息等监控专用信息。绝对时间信息通过专门语法与视音频压缩编码数据一起传输和存储，便于检索查询、视音频同步和多路视频同步。特殊监控事件类型及参数通过专门语法与视音频压缩编码数据一起传输和存储，便于检索查询，对于大规模监控网络和数据库更为重要。

6. 支持数据安全保护

安全防范监控数据的机密性、完整性和非否认性在有些场合至关重要。为了实现这些安全目标，目前安全防范监控应用中，相关安全机制都是在编解码标准外部进行规范（如在传输层实现），这种方式不能从信源开始保证数据的安全性，同时也使得一些媒体信息安全机制不能得到有效利用。

为使SVAC标准能提供安防监控中所需的安全服务，SVA标准规定了加密和认证接口及数据格式，保证数据的安全性、完整性和非否认性，既保证了格式统一便于互联互通，也保留了足够的扩展灵活性，充分考虑到技术发展带来更高性能的加密和认证方式的增加和扩充。

8.5.3 性能评测

在SVAC标准编制过程中，编制组对SVAC视频参考编解码器性能做了大量测试，除选用典型的视频编解码测试序列外，还选择了大量现场使用的典型监控视频序列。对测试结果分为客观评测和主观评测两方面，客观评测以图像亮度PSNR－码率曲线为依据。测试结果表明，SVAC参考编解码器的性能和H.264同档次编解码器的性能相当，在某些典型监控应用场景，SVAC的性能还有一定的提升。

总之，ISO、IEC和ITU等国际组织以及我国自行制订的一系列国际国内标准，对世界范围的信息联网和普遍互操作起了巨大的推动作用，并正以超乎寻常的速度，加速着计算机、通信和大众传媒这三大领域在信息学科上不断交叉，在IT技术上不断融合，在实际应用上不断拓宽，在产品推出上不断翻新。任何一种新的视频压缩方法欲广为应用，首先要在图像质量、帧速、编码时延、误差恢复和算法复杂度等主要技术指标上与现行标准进行对比评判。甚低码率的视频编码理论研究活跃，技术发展迅速，标准已经成型，应用前景广阔。它既是全球科技界共同智慧的结晶，更是各国工业界激烈角逐的战场[Singh,2010]，不仅将形成规模巨大的产业，而且产品也将进入家庭。而"锐意创新、包罗万象"的MPEG－4（尽管其新的专利许可政策令人无法接受），"返璞归真、回归基本"的H.264，以及"站在巨人肩膀上、简洁实用"的AVS，则恰好可以从3个不同的侧面，给我们的求学和治学，以方法论上的启迪：辩证思维，求精务实。

8.6 H.265视频编码标准简介

8.6.1 视频编码标准划代

（1）MPEG－2推动了数字视频产业的巨大发展，因此许多文献认为MPEG－2－2是第一代视频编码技术的代表。MPEG－2－2通过定义档次/等级框架以及引入帧/场处理模式，极大地拓展了数字视频的应用领域。但MPEG－2－2只是MPEG－1－2的超集并向下兼容MPEG－1－2，关键技术类似或沿用MPEG－1－2。而MPEG－1－2相对于作为视频编码标准里程碑的H.261来说，则由于B图像的引入而具有了鲜明的技术特征和较明显的性能改善。因此，H.261、MPEG－1和MPEG－2被归入所谓第一代视频编码标准。

（2）H.263作为过渡，H.263^{++}与MPEG－4－2压缩性能相当，均超过了MPEG－2－2，而H.264/AVC(MPEG－4－10，包括AVS－P2)更是能在相同的图像质量下确保编码效率不低于MPEG－2－2的2倍，故H.264/AVC不愧为第二代视频编码标准的代表。

（3）既然高效视频编码H.265作为"下一代"视频编码标准而开发，而现阶段其压缩效率已能达到H.264的2倍，显然可以代表所谓第三代视频编码标准。

而从图8.1看，由于图中标注的时间是标准首次（第一版）正式公布的年代，故而可发现一个有趣的"巧合"：

① 2003年的第二代视频编码标准H.264/MPEG－4－10相对于1993年的第一代视频编码标准MPEG－1－2，恰好是10年，压缩比翻了一番；

② 2013年的第三代视频编码标准H.265/HEVC相对于2003年的第二代视频编码标准H.264，又是10年，压缩比又翻了一番。

8.6.2 H.265/HEVC新技术预览

尽管有研究者深刻地指出，对于当前典型的通用视频混合编码技术框架，其编码效率的提高主要依赖于以运算复杂度大幅增加为代价的技术细节的微调，以提高计算复杂度来提升压缩效率的改进思路的发展空间越来越小[陈皓,2011]。但H.265/HEVC仍然在这一框架内沿用这一思路取得了令世界瞩目的进展，下面预览一下其（可能）采用的技术（甚至"技巧"）。

1. 更大的宏块类型

相对于H.264的16×16宏块类型，H.265引入了32×32、64×64甚至128×128的宏块类型，意在减少高清数字视频的宏块个数，减少用于描述宏块内容的参数信息。同时，图像分辨率越高，越有利于采用大块来提高去相关效果。当块尺寸达到128×128像素时，编码效率有明显提高。H.265的目标是能达到64×64像素。在相同的图像内，在细节上保持同样编码性能的前提下，H.265采用分层块编码方法来加大块的尺寸。大尺寸块在H.265标准中是指最大编码单元(LCU:Largest Coding Unit)，与H.264的宏块一样是从左至右扫描形成的。每个LCU可以再分割，分割出来的块可以再在一个四象限内再分层分割（类似于图7.17小波变换的子带分割）。最终的块称为编码单元(CU:Coding Unit)，不能再分割的块被定义为最小的尺寸，称为最小编码单元(SCU:Smallest Coding Unit)。

H.265普遍采用64×64大小的LCU和8×8大小的SCU，这可根据需要配置。LCU和SCU的初始大小在每个序列参数中设置一次。每个CU的编码类型是分配好的，比如Intra，P，B，Skip。每个CU会进一步分割成两个独立的四象限结构，形成预测单元(PU:Predictive

Unit)四象限和变换单元(TU:Transform Unit)四象限。PU 四象限以 CU 为基础,但采用何种预测方式取决于它是如何被分割的。

【例 8-1】一个 16×16 的 CU 被分割了一次,生成了 4 个 8×8 的 PU 块,如果这个 CU 是帧内的,那么这些 PU 块有几种不同的帧内模式;而如果这个 CU 是帧间的,则这些 PU 块可以采用几种不同的运动矢量。

TU 四象限同样也以 CU 作为基础,但它的转换是应用到块的。

【例 8-2】如果一个 16×16 的 CU 被分割成了 8×8 的 TU 块,每个 TU 块就采用 8×8 的变换,而如果一个 CU 没被分割,则这个区域内所有的 CU 都将采用 16×16 的变换。

2. 更大的变换块尺寸

H.265 会沿用 H.264 的整型变换算法,但在 H.264 的 4×4 和 8×8 变换块基础上,扩充到 16×16、32×32,甚至 64×64 的变换和量化算法,用于大大减少 H.264 中相邻变换块间的相似系数。

3. 新的运动矢量预测方式

H.265 的运动矢量采用 1/8 像素分辨率,而 H.264 的运动矢量采用 1/4 像素分辨率;

H.265 的亮度内插采用 8 抽头分离滤波器,而相应的 H.264 滤波器只采用 6 抽头。同时 H.265 还考虑了自适应插值滤波器(AIF:Adaptive Interpolation Filter)[李学明,2011];

H.265 的色度内插采用 4 抽头滤波器,而 H.264 的色度采用双线性插值法。

这些改变使得 H.265 的压缩效率明显提高。

4. 更复杂的帧内预测方法

H.264 在 4×4 和 8×8 的块中都最多只有 9 种帧内预测模式,而由于宏块类型扩大,为了提高帧内压缩效率,H.265 帧内的每个预测单元有多达 34 种预测模式(其中,模式的数量随块大小改变:64×64 有 3 种,4×4 有 17 种)。一种 DC 模式有多达 33 种定向预测模式。这意味着 H.265 的帧内预测编码比 H.264 的粒度更细。

5. 熵编码的改进

主要是在现有 H.264 CAVLC 和 CABAC 的基础上,使用并行度更高的熵编码算法,以更有利于 H.265 在并行处理硬件上快速高效实现。

6. 更灵活的自适应去块效应滤波器

H.265 采用与 H.264 类似的去块效应滤波器,但在去块滤波器之后,H.265 还额外使用了两个环路滤波器,以进一步提高视频重建效果。这两个滤波器不同于去块效应滤波器,它们不只过滤块边界,还能过滤图像中的任意像素。这两个环路滤波器由编码器控制,而且其语法元素也将在比特流里传输。第一个环路滤波器是样本自适应偏移(SAO:Sample Adaptive Offset)滤波器,在去块滤波器之后用。编码器指示是否在每个片上都使用 SAO,如果要用的话采用 6 种 SAO 中的哪一种。重构像素被分成不同的类(例如,这个像素在最底下或在边缘上)。编码器指示了偏移量,然后将其用于每个类别。另一个环路滤波器是自适应环路滤波器(ALF:Adaptive Loop Filter),编码器指示每个编码单元内的像素是否都要使用,这控制着粒度的优劣(每个片只指示一次)。编码器同时可以优化滤波器的系数并在比特流里指示。

8.7 立体视频编码技术介绍

本节对立体视频的编码技术进行一点前瞻性的介绍,供有兴趣的读者拓宽视野。

8.7.1 基本原理

随着计算机和多媒体技术的发展,视频类型经历了黑白、彩色,再到今天的数字高清视频,正朝着数字化、立体化方向发展【Onural,2007】。下一代多媒体技术也必须能提供给用户一个更加形象逼真、身临其境的感受,同时能对事物和场景进行多角度、多方位地描述和重建。与传统的平面二维视频相比较,立体图像【李诗高,2010】和立体视频【霍俊彦等,2009】【王珊,2010】可为观众提供更加直观真实的视觉体验,更加多样化和全方位的媒体交互功能。这些优点使其在影视娱乐、三维购物和导航,以及远程医疗上有着广泛的应用前景。

目前立体视频的拍摄和压缩编码方面主要针对多视角(或多视点)图像开展研究,即采用立体摄像机或多台摄像机同时进行拍摄,从而获得三维物体不同侧面的图像。与传统单视角视频相比,立体视频的数据量随着摄像机数目的增加而成倍增加。随之而来的便是数据实时处理、传输和存储方面的挑战,海量数据已成为制约其广泛应用的瓶颈。立体视频编解码目前有多种解决方案。有多视角单独编码(Simulcast)、多视角编码(MVC:Multiview Video Coding)、二维编码加深度图(2D+Z),以及混合编码(MVC+Z)。

多视角单独编码(Simulcast)【陈汀,2012】就是分别对多路视角图像进行单独编码,相互间无影响,一般作为测试其他编码方法的基准。如图 8.16 所示,立体电视摄像机产生的 L、R 信号,各自独立进行 H.264/AVC 压缩编码,形成基本流/传输流(BS/TS),由传输通道传至用户端,进行解码反变换,最后恢复出 L、R 信号供立体电视显示。该方式采用运动补偿预测(MCP:Motion Compensation Prediction)进行编码压缩时,对左、右眼图像独立编码,只利用了左、右眼图像内各自的相关性,没有利用两眼图像之间的相关性,编码效率低。该方式的优点是可向下兼容:现有二维电视机可直接显示 L 或 R 图像,而且立体图像质量高,代表着立体电视的传输方向和目标。但系统复杂,成本高。

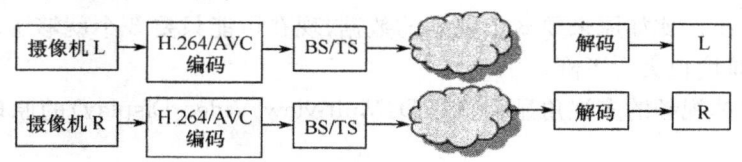

图 8.16 多视角单独编码框图

多视角编码方法【He, et al. 2007】由 JVT 提出【MPEG Video Subgroup,2008】,除了去除每路视角的时间空间上的冗余外,还去除多个视角图像间的冗余,其系统框图如图 8.17 所示,压缩效率比多路单独编码要高。相比于其他三维编解码方法,它的计算量小,还可以观看很大的视角。另外,所显

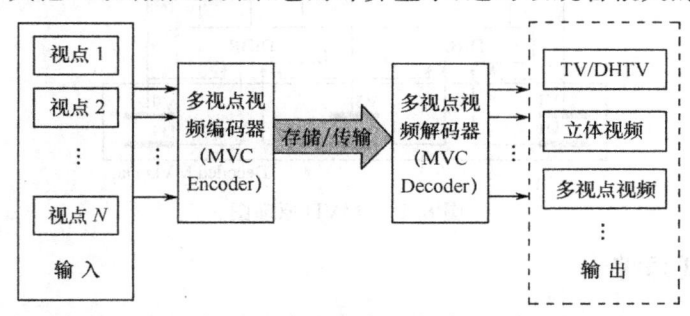

图 8.17 MVC 系统框图

即所摄,无须考虑遮挡等复杂问题,但数据量较大。

二维编码加深度图(2D+Z)的编码方式[陈汀,2012]中,二维代表二维图像,Z代表DEPTH,即景深。这种方式也叫V(VIDEO)+D(DEPTH)。可以看出,这一格式由二维图像加对应的深度图构成。深度图(depthmap)所代表的是场景到摄像机成像面的距离信息,经量化而成。它显示为场景的灰度图,图中每个像素值在0~255,分别代表各像素的景深,其中值越小(暗)表明离摄像机越远,值越大(亮)则表明离摄像机越近,如图8.18所示。在立体信号产生端除输出一个常规的彩色图像外,必须设法产生一个与彩色图像相对应的的深度图信号,这两个信号在接收端经合成处理后就构造出三维场景,并可合成任意角度的二维图像。这种方法的优点是数据量小,只比对应的二维图像略大,且与二维电视机兼容。但由于深度图特别是高质量的深度图不易获得,计算量很大,并且相当复杂,很容易出错。另一个问题是考虑到遮挡的情况,所以任意角度图像的合成需要做插补,这也很复杂。因此这种技术离实用还有距离,目前还处于研发阶段,但它是立体电视技术发展的一个重要分支,不容忽视。

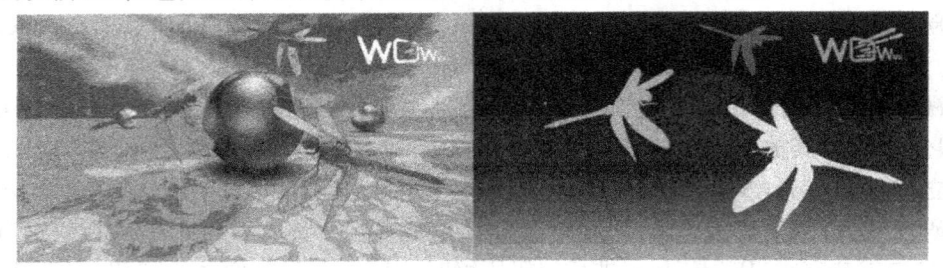

图8.18 二维图(左)和对应的深度图(右)

混合编码(MVC+Z),即对多路视角图像做MVC,同时求出该视角图像的深度,然后一起传到解码端,在解码端可以恢复出任意角度的合成图像。这样一来,对比MVC而言,需要的视角数就大大减少。比如原来要8个视角的数据,现在可能只要3个就够了;而与2D+Z对比,处理遮挡的难度也大大下降。

关于重建立体视频的多视角显示(MVD:Multiview Video Display)的原理,如图8.19所示意。

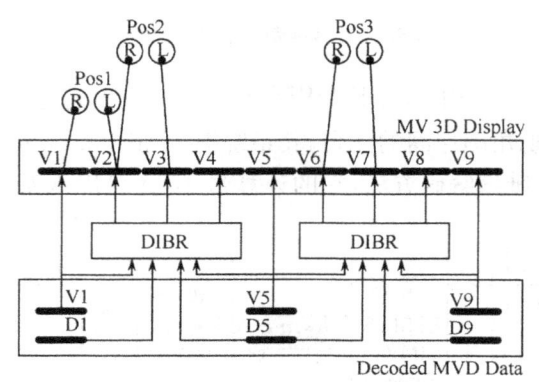

图8.19 MVD原理图

8.7.2 多视角编码

对于上述几种立体视频体制的编解码,目前有多种解决方案。从考虑视频采集设备、与现有 H.264/AVC 编码标准相兼容的角度出发,多视角编码技术是一个重要的研究方向。多视角视频是由处于空间不同位置的摄像机阵列拍摄同一场景得到的一组视频序列信号。随着摄像机数目的增加,多视角视频的数据量和冗余度也大幅度增加。随着三维电视走向市场,多视角视频海量数据的存储、压缩和传输问题就凸现出来了,成了多视角视频走向应用的瓶颈。因此,高压缩效率的多视角视频编码也就成为当前国内外信息科学的研究热点、学科前沿和亟待解决的难题。

MVC 的基本过程是:把摄像机拍摄的 N 个视角视频序列输入到 MVC 编码器,生成一个多视角压缩后的合成码流进行存储和传输;解码端接收到合成码流并恢复和显示多视角视频,并且还可以根据用户的不同需求,只解码一个或多个视角的视频信号,以提供不同的应用终端。图 8.20 具体显示了多视角视频编码的应用场景[Chen,2009]。

多视角视频编码的主要目标是实现对多视角视频的高效压缩,主要利用视角视频内部的相关性(时间相关性)和视角间图像的相关性(空间相关性)提高多视角视频的压缩效率。

根据视频编码框架的不同,多视角视频编码可分为基于小波变换的方法和基于运动补偿加块变换的方法。前者是对现有小波视频编码框架的扩展,突出优点是有良好的可分级性;而后者则是在现有运动补偿加块变换框架的基础上通过添加新技术以提高 MVC 的编码效率。目前,JVT 研究的是基于 H.264/AVC 标准的 MVC 方法,属于基于运动补偿加块变换的多视角视频编码方法的范畴。

另外,注意到深度图具有梯度稀疏的特点,因而将压缩感知(3.6 节)用于深度图的压缩编码,能极大地提高对深度图的编码效率[潘榕,2011]。

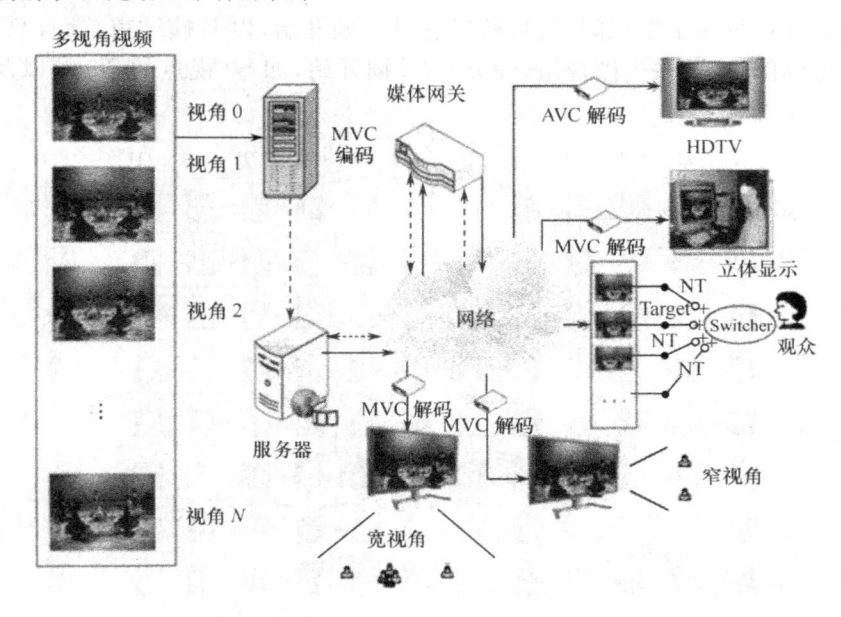

图 8.20 MVC 系统结构

8.7.3 标准化进展

MPEG 早在 2001 年就充分认识到三维音频和三维视频(3DAV:3D Audio and Video)的重要性及其广阔的应用前景,在第 58 次会议上成立了 3DAV 特别小组(3DAV ad hoc Group),专门研究 3DAV 的典型应用场景和可标准化的内容[MPEG Convener Subgroup,2001]。近年来,针对 MVC 的理论框架、方法、算法和验证以及方法改进等多次发出了提案征集,经分析、讨论和评估,给出了相应报告、文件和评述,并在 2006 年 1 月对所递交提案中的 9 个进行了主观测试,随后又进行了核心实验。第 75 次 MPEG 会议针对 MVC 分别建立了预测结构、亮度补偿、视角合成预测、视差向量估计以及非对称宏块划分 5 个核心实验(CE:Core Experiment)。

第 77 次 MPEG 会议上对这 5 个 CE 进行了综合评价,最后确定只保留亮度补偿和视图合成预测两个 CE。预测结构方面的工作可以看作是编码器的优化,不属于标准化的范围,而其他两个 CE 由于增益有限,不再作为专门的 CE 进行研究。建立 CE 的主要目的是在相同的测试条件下对不同的技术提案进行比较,并且分析各技术的性能指标,以期提高编码效率。另外,考虑到 H.264/AVC 的标准化工作一直由 JVT 负责,故在这次会议上把 MVC 的标准化工作正式移交给了 JVT,标志着 MVC 的标准化工作进入了实质性阶段。同时 JVT 发布了 MVC 的联合多视点视频模型(JMVM:Joint Multiview Video Model),将该模型作为评价 MVC 性能的公共测试平台[霍俊彦等,2009]。2009 年 3 月,MVC 作为 H.264/AVC 的修正案 IV 正式发布。

在作为公共测试平台来衡量后续各技术提案编码增益的软件参考模型 JMVC 中,不仅在单个视角中利用帧内编码和运动估计去除空间冗余和时间冗余,而且在相邻视角也利用视角间的相关性进行视差估计以去除视角间冗余。JMVC 中的一种典型预测结构见图 8.21[Chen,2009],它使用了每个视点都有可分级的 B 帧的预测结构。另外,每隔一个视点要做视点间的帧间预测,即视间预测,如这里的 S1,S3,S5。当视点数为偶数时,最后一个视点(图 8.21 中的 S7)的预测方案是既要用到奇数视点也要用到偶数视点。因为最后一个视点只有一个相邻视点可用来做视间预测,所以它以 P 帧开始,以 B 帧结束,而且只有一个视间预测帧。考虑到同步性,每个图像组(GOP)以 I 帧开始,如 S0 视点的 T0 帧以及 S0 视点的 T8 帧。

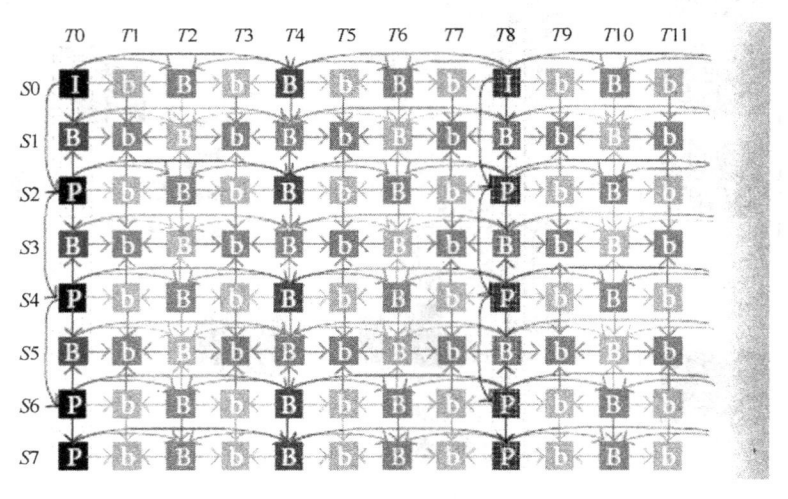

图 8.21　典型的 MVC 预测结构

从已经提交给 MPEG 的各项技术研究成果来看,不论是在相同比特率下的编码质量或者是在相同质量下的比特率,均比基于 H.264/AVC 的独立编码有明显增益。不过这是以大量增加编码复杂度为代价的。MVC 是对 MPEG-4 AVC/H.264 进行的三维扩展[Vetro,2011],在 MPEG 文档中详述了其未来发展技术,给出了关于多视角视频编码的相关要求,主要有:

(1) 高压缩效率。

(2) 支持尽可能多的可分级性。如 SNR 可分级、空间可分级、时间可分级、视角可分级和自由视角可分级。支持后向兼容性,即在任何时刻,一个视角的比特率必须符合 AVC 规定。

(3) 在运算复杂度和资源消耗上具有较高性价比。例如内存大小、内存带宽和处理能力。

(4) 支持低延迟,包括多视角编码低延迟和解码低延迟、视角变换低延迟和端到端的低延迟。

(5) 错误鲁棒性好,支持错误恢复的鲁棒性,以更利于在无线网络或其他易错网络上传输多视角视频内容。

(6) 在分辨率、颜色采样格式及比特深度上要求支持各种分辨率(QCIF,CIF,SD 和 HD)和颜色采样格式(YCbCr 4∶4∶4,4∶2∶2 及 4∶2∶0 采样或 RGB),每个像素的颜色分量的分辨率为 8 位,以后的应用可能要求更高的比特深度和颜色采样格式。

(7) 支持不同视角之间灵活的质量分配。在相同时间,不同的视角图像应该具有相当的视觉质量。

(8) 支持视角的随机访问(即视角切换)、部分解码和视角绘制的功能。

(9) 支持时间和空间上的随机访问。

(10) 其他的一些要求如支持摄像机有相对运动的多视序列的编码,解码器资源的有效管理,以及不同视角或者多视角视频分段的并行处理。

三维视频是目前多媒体技术的热点研究领域,在技术上具有很多富有挑战性的课题。深度图像估计与视频合成技术是目前的重点研究方向,直接决定了立体感的好坏;摄像机参数的编码、多视点纹理图像编码、深度图像编码、纹理和深度图像联合编码,是后续 MPEG 三维视频标准的主要内容,而且后续三维视频编码参考 HEVC 技术的可能性也很大[孙曼利,2010];另外,引入双参考帧补偿方案[刘达,2010],以及对于三维环境下重建视频图像质量本身的客观评价,也值得研究[杨嘉琛,2008]。

习题与思考题

8-1 对于 64 Kb/s 信道和 H.261 标准,如果采用 QCIF 图像格式并要求每秒传送 10 帧,试计算所需要的图像压缩比。如果是 384 Kb/s 信道、CIF 图像格式和要求每秒传送 30 帧呢?

8-2 试说明 MPEG-1 视频的解码过程,并画出解码器的简化框图。

8-3 你认为在 MPEG 标准中使用 B 图像有哪些优缺点?

8-4 MPEG-1 视频标准与 H.261 建议的主要区别是什么?各有什么用途?能否相互替代?

8-5 MPEG-2 视频标准对 MPEG-1 的主要扩充是什么?

8-6 H.263 与 H.261 有什么不同?能否相互替代?

8-7 H.263 的 PB 帧与 MPEG 的 B 图像有什么不同?

8-8 H.263$^+$ 相对于 H.263 有哪些扩充?

8-9 MPEG-4 适合于可视电话吗?为什么?

8-10 你认为 H.261(图 8.2)和 MPEG-1 视频编码器(图 8.3)中运动估计的位置有何不同?

8-11 你能否谈谈 MPEG-4-2、H.264 和 AVS 视频编码的特点?

8-12 低分辨率视频和高清视频哪个更容易压缩?为什么?

8-13 现在的视频编码标准都是以更高的复杂度来换取压缩比的提高,你认为这样做值得吗?

附录 A 习题答案

第 2 章

2-1 80 Mbit/s；0.4 MByte(3.2 Mbit)。

2-2 提示：将式(2.2.7)和式(2.2.8)代入式(2.2.4)，并注意利用式(2.2.8)的关系
$$\int xp(x)\mathrm{d}x = y_k \int p(x)\mathrm{d}x$$

2-3 ① $y_k = \dfrac{d_{k+1}+d_k}{2}, d_k = \dfrac{d_{k+1}+d_{k-1}}{2}$；

② 提示：对于本题的均匀量化，有 $\Delta_k = d_{k+1}-d_k = \dfrac{a_M-a_L}{J} = \Delta$。

[事实上，由①及 $p(x)$ 可直接推出均匀量化的判决电平与输出电平分别为
$$d_k = a_L + k\Delta, 0 \leqslant k \leqslant J; \quad y_k = a_L + \dfrac{(2k+1)\Delta}{2}, \quad 0 \leqslant k \leqslant J-1]$$

2-4 提示：记 $T=1/2B$ 为奈奎斯特抽样间隔，在离散时间域上重建误差[式(2.4.3)]及其方差[式(2.4.4)]可写成
$$e(kT) = x(kT) - y(kT)$$
$$\sigma_e^2 = R_{ee}(0) = E\{e^2(kT)\}$$

模拟输出 $y(t)$ 则是将样值 $y(kT)$ 通过所给的理想低通而得到的，可表示为 $y(kT)$ 与该理想低通冲激响应函数 $h(t) = 2B\mathrm{sinc}(Bt)$ 的卷积，其中 $\mathrm{sinc}(x) = \sin(x)/x$。同理，$e(kT)$ 经过该理想低通后的重建模拟误差信号可表示为
$$e'(t) = \sum_{k=-\infty}^{\infty} e(kT)\mathrm{sinc}[B(t-kT)]$$

于是，$e(kT)$ 可以看成是连续时间过程 $\{e(t)\}$ 的样值序列，但必须注意，由于通常 $\{e(t)\}$ 会占有相当宽的频带，因此严格限带条件下的 $e'(t)$ 与 $e(t)$ 不完全相同。

记 $\{e(t)\}$ 的功率谱密度为 S_{EE}，则其抽样后成为 $S'_{EE}(\omega) = \sum_{k=-\infty}^{\infty} S_{EE}(\omega - 2kB)$，在基带 $(-B, B)$ 中的方差即为
$$\sigma_E^2 = \int_{-B}^{B} S'_{EE}(\omega)\mathrm{d}(\omega) = \int_{-\infty}^{\infty} s_{ee}(\omega)\mathrm{d}(\omega) = \sigma_e^2。$$

2-5 $S_T(\Omega) = 2\pi \dfrac{T}{T_s} \sum_{n=-\infty}^{\infty} \dfrac{\sin\dfrac{n\pi T}{T_s}}{\dfrac{n\pi T}{T_s}} \delta(\Omega - n\Omega_s)$

与理想的 δ 取样脉冲列的频谱相比较，谱线的数目和位置完全相同，只是幅度受到了 $\sin x/x$ 函数的调制，其他关系与理想脉冲列取样的结果相同。

2-6 $2^{13} \times 8\mathrm{bit} = 2^{13}\mathrm{Byte} = 8\mathrm{KB}$。

2-7 非线性的。

2-8 对均匀分布的信号，均匀量化的均方误差最小。

2-9 时延大。因为 VQ 至少要有两个样本才能处理(即至少需要存储一个样本)。

第 3 章

3-1 提示：相互独立 → $P(X,Y)=P(X) \cdot P(Y)$，同分布 → $P(X)=P(Y)$。

3-2 提示：由 $I(a_j,b_k)=I(a_j)-I(a_j|b_k) \geqslant 0$，及 $P(a_j,b_k) \geqslant 0$，有 $I(X;Y)=0 \to I(a_j;b_k)=0$ 对一切 $1 \leqslant j \leqslant m$ 和 $1 \leqslant k \leqslant n$ 成立。

3-3 提示：利用条件概率与联合概率的关系 $P(a_j|b_k)=\dfrac{P(a_j,b_k)}{Q(b_k)} \cdot \dfrac{P(a_j)}{P(a_j)}$，式(3.2.7a)可写成

$$H(X|Y)=-\sum_{j=1}^{m}\sum_{k=1}^{n}P(a_j,b_k)\left[\log\frac{P(a_j,b_k)}{P(a_j)Q(b_k)}+\log(a_j)\right]$$

$$=-I(X;Y)-\sum_{j=1}^{m}\sum_{k=1}^{n}P(a_j,b_k)\log P(a_j)$$

$$=-I(X;Y)-\sum_{j=1}^{m}P(a_j)\log P(a_j)$$

3-4 提示：将式(3.2.2a)代入式(3.2.7a)，有

$$H(X|Y)=-\sum_{j=1}^{m}\sum_{k=1}^{n}P(a_j,b_k)[\log P(a_j,b_k)-\log Q(b_k)]$$

$$=H(X,Y)-\sum_{k=1}^{n}Q(b_k)\log Q(b_k)$$

3-5 $-\log P(a_j)+\log\dfrac{P(a_j,b_k)}{Q(b_k)}=-\log Q(b_k)+\log\dfrac{P(a_j,b_k)}{P(a_j)}$

3-6 按 $H(Y|X)$ 的定义并利用熵的极值性，即式(3.1.9)，有

$$H(Y|X)=-\sum_{j=1}^{m}P(a_j)\left[\sum_{k=1}^{n}Q(b_k|a_j)\log Q(b_k|a_j)\right]$$

$$\leqslant -\sum_{j=1}^{m}P(a_j)\left[\sum_{k=1}^{n}Q(b_k|a_j)\log Q(b_k)\right]$$

$$=-\sum_{j=1}^{m}\sum_{k=1}^{n}P(a_j,b_k)\log Q(b_k)$$

$$=-\sum_{k=1}^{n}Q(b_k)\log Q(b_k)=H(Y)$$

3-7 由式(3.4.5)，$R(D)=0$ 意味着 $I(X;Y)=0$，则由习题与思考题 3-2，X、Y 相互独立，故 $Q(b_k|a_j)=Q(b_k)$，从式(3.2.12)可得

$$D_{\max}=\min_{Q(b_k)}\sum_{k=1}^{n}Q(b_k)\sum_{j=1}^{m}P(a_j)d(a_j,b_k)$$

将式中 $\sum_{j=1}^{m}P(a_j)d(a_j,b_k)$ 记作 d_k，它可由信源概率分布与失真度量来计算，则 $D_{\max}$ 可改写为

$$D_{\max}=\min_{Q(b_k)}[Q(b_1)d_1+Q(b_2)d_2+\cdots+Q(b_n)d_n]$$

由于 $\sum_{k=1}^{n}Q(b_k)=1$，故当某个 d_m 为最小时可取 $Q(b_m)=1$ 而令其余 $Q(b_k)=0$，从而使得

$$[Q(b_1)d_1+Q(b_2)d_2+\cdots+Q(b_n)d_n]=d_m Q(b_m)=d_m$$

当然这就是最小值，于是有 $D_{\max} = \min\limits_{b_k} \sum\limits_{j=1}^{m} P(a_j) d(a_j, b_k)$，也就是对几个 b_k，依次计算 $d_k(k = 1, 2, \cdots, n)$，择其最小者即为 $D_{\max}$。

3-9　不能无损压缩，可以有损压缩。

3-10　至少可以有损压缩，如果有冗余度（信源的非等概分布）还可以无损压缩。

3-12　至少可以有损压缩。另外，"等概"未必"不相关"，例如对方波信号或锯齿波信号的均匀取样值。

3-14　设一个英文字母用 8 位表示，一个汉字用 16 位表示。

3-15　两者的熵相同。

3-16　见习题与思考题 3-12。

第 4 章

4-1　提示：设 $P(a_i)$ 和 L_i 分别表示字符 a_i 的出现概率及其对应码字长度，则逆序排列方式的码字平均长度可表示为 $l_{\min} = \sum\limits_{i=1}^{N} L_i P(a_i)$。根据定理条件，若 $P(a_r) > P(a_s)$，则 $L_r \leqslant L_s$，$r, s = 1, 2 \cdots, N$。假如改变排列顺序，比如只将 a_r 与 a_s 的码字互换，则设法证明互换后的平均码长必不小于 $l_{\min}$。

4-2　① 数据：　75 白　　　5 黑　　　9 白　　　　18 黑　　　　　1621 白 EOL

码字：1101101000　　0011　　10100　　0000001000　　0100110100010111　　000000000001

② 57 bit；

③ 30.316∶1。

4-4　令 P_{iW} 表示白长为 i 的概率，则白长的熵为 $H_W = -\sum\limits_{i=1}^{N} P_{iW} \log P_{iW}$，平均白长为 $l_W = \sum\limits_{i=1}^{N} i P_{iW}$；对白长最佳编码平均码长满足 $H_W \leqslant \overline{N}_W < H_W + 1$；令 $h_W = \dfrac{H_W}{l_W}$ 和 $\bar{n}_W = \dfrac{\overline{N}_W}{l_W}$ 分别表示白长每像素的熵值和平均码长，则有

$$h_W \leqslant \bar{n}_W < h_W + \frac{1}{l_W} \tag{P4.1}$$

同理对黑像素有

$$h_B \leqslant \bar{n}_B < h_B + \frac{1}{l_B} \tag{P4.2}$$

经过对白、黑的统计平均，可得每个像素的熵值为

$$h_{WB} = P_W h_W + P_B h_B \tag{P4.3}$$

每个像素的平均码长为

$$\bar{n}_{WB} = P_W \bar{n}_W + P_B \bar{n}_B \tag{P4.4}$$

将 P_W 与式(P4.1)相乘、P_B 与式(P4.2)相乘后所得的两式相加，再考虑到式(P4.3)和(P4.4)的关系后，即可写出式(4.4.1)。

4-5　记：$P(W)$、$P(B)$ 分别为白、黑像素出现的概率；$P(W, W)$、$P(B, B)$ 分别为两个白像素同时出现、两个黑像素同时出现的联合概率；再用 4 个条件概率 $P(W|W)$、$P(B|B)$、$P(W|B)$ 和 $P(B|W)$ 来表示状态的迁移，例如 $P(B|W)$ 就表示从某个白像素迁移到下一个黑像素的

概率。由于 $P(W,W)=P(W)P(W|W)$ 和 $P(B,B)=P(B)P(B|B)$，因此联合概率可用无条件概率和状态迁移概率来表示；又由于 $P(W,B)=P(W)P(B|W)=P(B)P(W|B)$，而 $P(W)+P(B)=1$，故 $P(W)P(B|W)=[1-P(W)]P(W|B)$，于是可得

$$P(W) = \frac{P(W|B)}{P(W|B)+P(B|W)} \quad \text{和} \quad P(B)\frac{P(B|W)}{P(W|B)+P(B|W)}$$

因此，无条件概率也可用状态迁移概率表示。又因为 $P(B|W)+P(W|W)=1$ 和 $P(W|B)+P(B|B)=1$，所以四个状态迁移概率中只有两个是独立的。

4-6 由式(4.5.3)注意到 $P(a_i)$ 非负，$C(s) \leqslant C(sa_i)$ 是显然的；因 $A(s)$ 总大于 0，故 $C(sa_i) < C(sa_i)+A(sa_i)$；再由式(4.5.1a)和式(4.5.2a)，得：

$$C(sa_i)+A(sa_i) = C(s)+P(a_i)A(s)+A(sa_i)$$
$$= C(s)+[P(a_i)+p(a_i)]A(s) \leqslant C(s)+A(s)。$$

4-7 由式(4.5.5b)，有 $C(s)=C(s1)-A(s0) \geqslant 0$，即 $C(s1) \geqslant A(s0)$；而由码区间的二分性，必有 $C(s0)<A(s0)$，考虑到式(4.5.5a)，即 $C(s)<A(s0)$。

4-8 将 $l(p)$ 和 $H(p)$ 分别对 p 求导后解联立方程。

4-10 1 黑, 15 白, 4 黑, 65 白, 5 黑, 1638 白。

4-11 ① 能对这种离散信源进行无失真压缩编码：因为是以不超过其接通或断开的最小持续时间的一半的采样间隔均匀采样，故在每一开关状态下，至少可得到连续两个相同的采样值，即信源有冗余度，而且该信源只有两个值（设用"1"表示"+5V","0"表示"0V"）；

② 可行的压缩编码方法：符号延长的霍夫曼编码，类似于 MHC 的游程编码，二进制算术编码，经过改造的字典编码（例如以 2~3 位作为 1 个"字"进行字典编码、霍夫曼编码或 Golomb 编码)等。

4-14 提示：定理 4.2 的最坏情况是熵最大，即应保证 $l \geqslant \log n = -\log \frac{1}{n}$；而 Kraft 不等式最难满足的情况则是码长最短，此时应有 $L_i(i=1\cdots,n)=l=-\log \frac{1}{n}$。

4-15 霍夫曼编码的码字不唯一；平均码长为 2.5bit/符号。

4-16 霍夫曼编码的效率为 100%。

4-17 能，但需要在编码前把 n 映射为非负值，例如可通过下式把 n 映射成 m：

$$m = \begin{cases} 2n, & n \geqslant 0 \\ 2|n|-1, & n < 0 \end{cases}$$

4-19 ① 编码输出为"00+001+1110101+001+1111110001+1010"，CR=64/29；

② 编码输出为"000111+010+100011+10011+010+00001011"，CR=64/31；

③ 编码字符串为"a(1),b(2),c(3),ab(4),bc(5),cc(6),ccc(7)"，输出为"a(1),b(2),c(3),cc(6),ccc(7)"。按 LZW 方法取 12 位码长，则 CR=64/60；而对本例若取 3 位码长，则编码输出为"001+010+011+110+111"，CR=64/15。

4-20 不妨设第 1 个码字被压缩而第 2 个被扩展，于是 n 个码字的长度分别为：

$$L_1 = \log_2 n - a, \quad L_2 = \log_2 n + b, \quad L_3 = L_4 = \cdots = L_n = \log_2 n$$

其中 a 和 b 为正数，则我们需要证明 $b>a$。因为满足定理 4.2 的二进制定长码，必须满足定理 4.1(Kraft 不等式)，即

$$\sum_{i=1}^{n} 2^{-L_i} = 2^{-L_1} + 2^{-L_2} + \sum_{i=3}^{n} 2^{-\log_2 n} = 2^{-\log_2 n + a} + 2^{-\log_2 n - b} + \sum_{i=1}^{n} 2^{-\log_2 n} - 2 \times 2^{-\log_2 n}$$

$$= \frac{2^a}{n} + \frac{2^{-b}}{n} + 1 - \frac{2}{n} \leqslant 1,$$

从而要求 $2^{-b} \leqslant 2 - 2^a$，即

$$b \geqslant -\log_2(2 - 2^a) \tag{P4.5}$$

不等式(P4.5)表明 $a<1$。因此 $a \in (0,1)$，而在此范围内 $b>a$。

第 5 章

5-1 提示：最佳预测系数 a_i 满足式(5.2.3)，该式两边同乘以 a_i 再对 i 求和，有

$$E\{(X_k - \hat{X}_k)\hat{X}_k\} = 0$$

因此

$$\sigma_{emin}^2 = E\{(X_k - \hat{X}_k)^2\} = E\{X_k(X_k - \hat{X}_k)\}$$

5-2 ① 1.82bit/pel；② 1.78bit/pel；③ 1.04bit/pel。

5-3 ① $(2dx_{max}+1) \times (2dy_{max}+1)$；

② 每个 MAD（每次搜索）需 $3 \times M \times N$ 次，整个子块需 $3MN \times (2dx_{max}+1) \times (2dy_{max}+1)$ 次；

③ $\frac{352 \times 288 \times 25}{16 \times 16} \times 3 \times 16^2 \times (2 \times 7 + 1)^2 = 1710720000$ 次/秒 $= 1711$ MOPS。

5-4 可以对习题与思考题 4-11 采用预测编码，例如取其前后之差值，将该二值信源变为"$-1,0,1$"三值信源后再进行熵编码。既然能对该信源进行无失真压缩编码，当然引入量化(SQ、VQ 或概率合并)更可以进行限失真的压缩编码。

5-6 主要利用了数据压缩的基本途径之三：利用条件概率。

5-7 还有可能对当前采样值进行预测，除非当前采样值与其前面所有采样值都统计独立。

5-8 不能。只可能得到或逼近图像的高阶熵值。

5-9 一般只利用待测像素周围的因果像素。

5-10 是希望利用信源的非平稳性(数据压缩的基本途径之五)。

5-16 ① 因为 $f(t)$ 是两个正弦波的叠加，而正弦波是周期性的相关信号，因此如果满足取样定理，则 $f(n)$ 也具有相关性，因此可以对其进行无失真压缩。不带量化器的 DPCM 显然就是一种可行的压缩编码方法。

② 当然能对 $f(n)$ 进行有失真压缩。例如，带量化器的 DPCM 编码，VQ；还可以将基本的正弦波看成是语音基音而利用 LPC 压缩方法。

5-18 一般来说有，主要因为物体的运动通常具有时间上的连续性，而相邻块像素的运动也在很大的概率上具有空间上的一致性。

5-20 主要缺点是需要存储多帧参考帧。

第 6 章

6-1 设恢复信号 $\boldsymbol{X} = \boldsymbol{Q}^{-1}\boldsymbol{Y} = (\boldsymbol{q}_1 \boldsymbol{q}_2 \cdots \boldsymbol{q}_N)\boldsymbol{Y} = \sum_{i=1}^{N} y_i \boldsymbol{q}_i$，若只保留式中前 m 个分量，对后面的 $N-m$ 个分量用 b_j 代替，则误差表达式及其均方误差为

$$\Delta \boldsymbol{X} = \boldsymbol{X} - \left(\sum_{i=1}^{m} y_i \boldsymbol{q}_i + \sum_{j=m+1}^{N} b_j \boldsymbol{q}_j\right) = \sum_{j=m+1}^{N} (y_j - b_j) \boldsymbol{q}_j$$

$$\sigma_e^2 = E\{(\Delta \boldsymbol{X})^T (\Delta \boldsymbol{X})\} = E\left\{\sum_{j=m+1}^{N} \sum_{k=m+1}^{N} (y_j - b_j)(y_k - b_k) \boldsymbol{q}_j^T \boldsymbol{q}_k\right\}$$

利用式(6.2.6b) q_j 的归一化正交性质得

$$\sigma_e^2 = \sum_{j=m+1}^{N} E\{(y_j - b_j)^2\} \tag{P6.1}$$

令 $\frac{\partial \sigma_e^2}{\partial b_j} = 0 (j = m+1, \cdots, N)$,有

$$b_j = E\{y_j\}, j = m+1, \cdots, N \tag{P6.2}$$

再根据 KL 变换关系,$Y = QX = (q_1 q_2 \cdots q_N)^T X$,故 $y_j = q_j^T X$,于是式(P6.2)可改写为 $b_j = E\{q_j^T X\} = q_j^T E\{X\} = q_j^T m_x$,代入式(P6.1)得

$$\min \sigma_e^2 = \sum_{j=m+1}^{N} E\{[y_j - E(y_j)]^2\} = \sum_{j=m+1}^{N} E\{[q_j^T X - q_j^T m_x]^2\}$$

$$= \sum_{j=m+1}^{N} q_j^T E\{[X - m]_x [X - m_x]^T\} q_j = \sum_{j=m+1}^{N} q_j^T \Phi_X q_j \tag{P6.3}$$

从而最小均方误差等于矢量信号 X 的协方差矩阵 Φ_X 的归一化正交变换的 $N-m$ 项之和。在 KL 变换下,相当于 Y 协方差矩阵 Φ_Y 最小的 $N-m$ 个对角元素之和,即

$$\min \sigma_e^2 = \sum_{j=m+1}^{N} \lambda_j \tag{P6.4}$$

由于 $\Phi_Y = \Lambda$ 只存在对角元,故 λ_j 也就代表了 y_j 的方差。即在 KL 变换下,最小均方误差值等于变换域内矢量信号的最小的 $N-m$ 个方差之和。特别有意义的是,由式(P6.1)与(P6.2)可知,若信号 Y 的各分量均值为零,则取所有的 $b_j = 0$,便可使均方误差最小。

6-2　KLT 矩阵不唯一,如

$$Q_1 = \frac{1}{2}\begin{bmatrix} 1 & 1 & 1 & 1 \\ 1 & 1 & -1 & -1 \\ 1 & -1 & -1 & 1 \\ 1 & -1 & 1 & -1 \end{bmatrix}, \quad Q_2 = \frac{1}{2}\begin{bmatrix} 1 & 1 & 1 & 1 \\ 1 & -1 & -1 & 1 \\ \sqrt{2} & 0 & 0 & -\sqrt{2} \\ 0 & \sqrt{2} & -\sqrt{2} & 0 \end{bmatrix}$$

$$Q\Phi Q^T = \mathrm{diag}(a+3b, a-b, a-b, a-b).$$

6-3　与习题与思考题 6-2 的 KLT 的结果相同。

6-6　量化前:$P+3$ 位;量化后:$P+3-\log_2 Q$ 位,其中 Q 为量化阶。

6-7　门限为 $Q(k,l)/2$ 的阈值编码。

6-12　①

(a)进行电平移位(各数据均减去 128),如图(a)所示;
(b)进行二维 FDCT,得到 DCT 系数,如图(b)所示;
(c)按式(6.3.6a)用图 6.5 的视觉加权矩阵量化,得量化系数矩阵,如图(c)所示;
(d)按 Z 形扫描得到

k:　　　0　　1　　2　　3　　4　　5　　6　　7　　8～63
$ZZ(k)$:　14　−1　−1　−1　−2　0　0　−1　　0

(e)仿照【例 6-11】,得全部码字为:01111 000 000 000 0101 111000 1010。

② 数据压缩比 $CR = \frac{8 \times 8 \times 8}{28} = 18.286$。

③ 接收端解码后按式(6.3.6b)反量化,得到量化恢复后的系数矩阵,如图(d)所示。再对其进行二维 IDCT 和移位电平恢复,得到如图(e)所示的重建图像数据电平值。

14	16	23	28	28	29	28	28
12	15	20	22	26	27	28	27
20	22	28	32	30	30	28	30
31	32	34	33	32	31	30	32
30	34	33	36	34	32	32	34
32	36	15	34	32	30	29	31
34	33	20	32	30	28	26	28
35	32	22	26	26	26	25	27

(a) 电平移位后的数据

225.0	−9.5	−4.7	2.0	6.5	−2.4	−5.4	−6.9
−14.5	−19.1	−12.5	−8.1	−5.7	3.5	7.1	6.3
−20.9	−4.5	1.5	4.0	0.5	0.9	0.4	0.2
2.5	−3.2	−0.9	2.5	2.5	−1.3	−5.4	−4.1
8.3	4.4	0.6	−3.7	−2.8	1.0	4.1	3.5
4.8	4.0	−1.0	0.3	2.0	0.8	0.5	−1.3
1.1	−0.3	−0.4	0.9	1.9	−0.2	−1.7	−3.0
3.4	−0.6	−3.9	−3.4	−0.1	1.5	2.3	0.8

(b) DCT 系数

14	−1	0	0	0	0	0	0
−1	−2	−1	0	0	0	0	0
−1	0	0	0	0	0	0	0
0	0	0	0	0	0	0	0
0	0	0	0	0	0	0	0
0	0	0	0	0	0	0	0
0	0	0	0	0	0	0	0
0	0	0	0	0	0	0	0

(c) 量化系数矩阵

224	−11	0	0	0	0	0	0
−12	−24	−14	0	0	0	0	0
−14	0	0	0	0	0	0	0
0	0	0	0	0	0	0	0
0	0	0	0	0	0	0	0
0	0	0	0	0	0	0	0
0	0	0	0	0	0	0	0
0	0	0	0	0	0	0	0

(d) 量化恢复后的系数矩阵

141	144	149	153	156	157	157	156
144	146	151	155	157	158	158	157
149	151	154	157	159	159	159	159
154	155	156	158	159	160	160	160
159	158	158	158	158	159	160	160
161	160	158	157	156	157	158	159
162	160	157	155	154	154	155	157
163	160	157	153	152	152	154	155

(e) 重建图像数据

④ 由原始图像和图(e),用式(2.3.7)算出该重建图像的归一化均方误差为

$$\text{NMSE} = \frac{792}{1562624} = 0.000507 = 0.0507\%$$

6-16 一维 DCT：N^2 次乘、$N(N-1)$ 次加法；二维 DCT：$2N^3$ 次乘、$2N^2(N-1)$ 次加法。

6-19 因为习题与思考题 5-16 的离散信源 $f(n)$ 中只有两个正弦分量,因而很适合利用 DFT 或 DCT 之类的变换编码来进行有失真的压缩编码。

第 7 章

7-1 提示:将图 7.2 中各分析滤波器的输出作为相应综合滤波器的输入,求出整个系统输入输出的频域关系式,再令有用信号和混叠信号的频率响应函数分别为 1 和 0。

7-6 采用可逆的 DWT 可以。

7-7 一般做不到无损压缩。对缺乏自相似或自仿射特点的图像压缩效率不高,通用性不佳。

7-8 只要对模型基图像编码的残差进行编码传输,就有可能做到无损压缩。

7-9 零树编码结构依赖于整幅图像的位面,不同子带的码流不具有独立性,无法满足分辨率可伸缩性的要求。

第 8 章

8-1

$$\text{CR}_1 = \frac{\text{压缩前码率}}{\text{压缩后码率}} = \frac{[176\times144+2(88\times72)]\text{像素/帧}\times10\text{ 帧/s}\times8\text{bit/像素}}{64\text{kb/s}} = 47.52;$$

$$\text{CR}_2 = \frac{[352\times288+2(176\times144)]\text{像素/帧}\times30\text{ 帧/s}\times8\text{bit/像素}}{384\text{kb/s}} = 95.04。$$

附录 B 缩写词索引

A

AAC	Adaptive Audio Coding	自适应音频编码
AAC	Advanced Audio Coding	先进音频编码
ABR	Available Bit Rate	可用比特率
	Adaptive Bit Rate	自适应比特率
AC	Alternating Current	交流
ACELP	Algebraic Code Excited Linear Prediction	代数码激励线性预测
ADC	Analog-to-Digital Converter	模数转换器
ADCT	Adaptive Discrete Cosine Transform	自适应离散余弦变换
ADPCM	Adaptive Differential Pulse Code Modulation	自适应差分脉冲编码调制
AFFC	Adaptive Frame-Field Coding	自适应帧—场编码
AIC	Advanced Intra Coding	先进的帧内编码
AIF	Adaptive Interpolation Filter	自适应插值滤波器
AIVLC	Alternative Inter Variable Length Coding	可替换的帧间变长编码
ALF	Adaptive Loop Filter	自适应环路滤波器
AMR	Adaptive Multi-Rate	自适应多速
AMT	Auditory Masking Threshold	听觉掩蔽阈
ANN	Artificial Neural Networks	人工神经网络
APM	Advanced Prediction Mode	高级预测模式
ASCII	American Standard Code for Information Interchange	美国信息交换标准代码
ASIC	Application Specific Integrated Circuit	专用集成电路
ASP	Advanced Simple Profile	先进的简单档次
ASPEC	Adaptive Spectral Perceptual Entropy Coding	自适应谱感知熵编码
ATAC	Adaptive Transform Audio Coding	自适应变换音频编码
ATARC	Adaptive Transform Acoustic Coder	自适应变换声学编码器
ATFT	Adaptive Time Frequency Tiling	自适应时频分块
ATM	Asynchronous Transfer Mode	异步转移模式
ATSC	Advanced Television System Committee	（美国）先进电视系统委员会
ATV	Advanced Television	高级电视
AU	Action Unit	动作单元
AVC	Advanced Video Coding	先进视频编码
AVO	Audio-Visual Object	视听对象
AVS	Advanced Video Standardization	音视频标准化
A/D	Analog-to-Digital Converter	模数转换（器）
A/S	Analysis/Synthesis	分析/综合
A/V	Audio/Video	音频/视频

B

BAP	Body Animation Parameters		人体动画参数
BC	Backward Compatible		向后兼容
BCH	Bose-Chaudhuri-Hocquenghem		BCH 码
BDP	Body Definition Parameters		人体定义参数
B-ISDN	Broadband Integrated Services Digital Network		宽带综合业务数字网
BMA	Block Matching Algorithm		块匹配算法
BMP	Bit Map		位图
BPF	Band-Pass Filters		带通滤波器
BQ	Block Quantization		分组量化

C

CABAC	Context-Adaptive Binary Arithmetic Coding		上下文自适应二进制算术编码
CAE	Context-based Arithmetic Encoding		基于上下文的算术编码
CATV	Cable Television		电缆电视、有线电视
CAVLC	Context-Adaptive Variable Length Coding		上下文自适应的变长编码
CBR	Constant Bit Rate		固定比特率
CCIR	Consultative Committee of International Radio		国际无线电咨询委员会
CCITT	Consultative Committee International on Telegraph and Telephone Compact Disc		国际电报电话咨询委员会
CD			袖珍（紧凑）光盘
CD	Committee Draft		委员会草案
CDDA	Cable Digital Distribution of Audio		电缆数字声分配
CDF	Cohen-Daubechies-Feauveau		（注：3个人名的缩写）
CD-DA	Compact Disc-Digital Audio		数字音频光盘（或激光唱盘）
CD-ROM	Compact Disc-Read Only Memory		紧凑光盘只读存储器
CE	Core Experiment		核心实验
CELP	Code Excited Linear Prediction		码激励线性预测
CFR	Conditional Frame Replenishment		条件帧间修补法
CIF	Common Intermediate Format		通用中间格式
CMMB	China Mobile Multimedia Broadcasting		中国移动多媒体广播
CODEC	Coder/Decoder		编码/解码器
CPU	Central Processing Unit		中央处理单元
CR	Compression Ratio		压缩比
CRC	Cyclic Redundancy Code		循环冗余码
CREW	Compression with Reversible Embedded Wavelets		可逆嵌入式小波压缩
CS-ACELP	Conjugate Structure Algebraic CELP		共轭结构-代数码激励线性预测
CSPS	Constrained System Parameter Stream		限定的系统参数流
CU	Coding Unit		编码单元

D

DAB	Digital Audio Broadcasting		数字音频广播
DAT	Digital Audio Tape		数字音频磁带
DBS	Direct Broadcasting Satellite		直播卫星

DC	Direct Current	直流
DCC	Digital Compact Cassette	数字小型盒式录音机
DCT	Discrete Cosine Transform	离散余弦变换
DF	De-blocking Filter	去块效应滤波
DFT	Discrete Fourier Transform	离散傅里叶变换
DM(ΔM)	Delta Modulation	增量调制(或 Δ 调制)
DPCM	Differential Pulse Code Modulation	差分(或差值)脉冲编码调制
DPI	Dot Per Inch	每英寸的像素点数
DRM	Digital Radio Mondiale	世界数字无线电组织
DRM	Digital Rights Management	数字版权管理
DSB	Digital Sound Broadcasting	数字声音广播
DSC	Distributed Source Coding	分布式信源编码
DSL	Digital Subscriber Loop	数字用户线
DSM	Digital Storage Media	数字存储媒体
DSP	Digital Signal Processor	数字信号处理器
DST	Discrete Sine Transform	离散正弦变换
DSVD	Digital Simultaneous Voice and Data	数字式声音数据同传
DTTB	Digital Television Terrestrial Broadcasting	数字地面电视广播
DTV	Digital Television	数字电视
DU	Data Unit	数据单元
DVB	Digital Video Broadcasting	数字视频广播
DVC	Distributed Video Coding	分布式视频编码
DVD	Digital Versatile Disc	高密度数字通用光盘
DWT	Discrete Wavelet Transform	离散小波变换
D/A	DAC：Digital-Analogue Converter	数字模拟转换器

E

EBCOD	Embedded Block Coding with Optimized Truncation	优化截断嵌入块编码
EBU	European Broadcasting Union	欧洲广播联盟
EGC	Exponential-Golomb Code	指数哥伦布码
ENG	Electronic News Gathering	电子新闻采集
EOB	End Of Block	块结束(码)
EOL	End Of Line	行结束(码)
EZW	Embedded Zerotree Wavelet	嵌入零树小波

F

FACS	Facial Action Coding System	面部动作编码系统
FAP	Facial Animation Parameters	人脸动画参数
FAPU	Facial Animation Parameter Units	人脸动画参数单元
FD	Frame Difference	帧间差值
FCD	Final Committee Draft	最后的委员会草案
FDCT	Forward Discrete Cosine Transform	正向离散余弦变换
FDIS	Final Draft of International Standard	最后的国际标准草案

FDP	Facial Definition Parameters	人脸定义参数
FFT	Fast Fourier Transform	快速傅里叶变换
FGS	Fine Granular Scalability	细粒度可伸缩性
FIFO	First In First Out	先入先出（存储器）
FIR	Finite Impulse Response	有限冲激响应
FSM	Finite State Machine	有限状态机
FSM	Full Search Method	全搜索法
FWT	Fast Wavelet Transform	快速小波变换

G

GA	Grand Alliance	（美国的高级电视）大联盟
GIF	Graphics Interchange Format	图形交换格式
GOB	Group Of Blocks	宏块组
GOP	Group of Pictures	图像组
GSTN	General Switch Telephone Network	通用交换电话网
GVF	Gradient Vector Flow	梯度矢量流

H

HAS	Human Auditory System	人类听觉系统
HDTV	High Definition Television	高清晰度（或高分辨率）电视
HEVC	High Efficiency Video Coding	高效视频编码
HHS	Human Hearing System	人类听觉系统
HLP	High Latency Profile	高潜在档次
HP	High Profile	高档次
HRT	Haar Transform	哈尔变换
HTT	Home Television Theatre	家庭电视剧院
HVS	Human Visual System	人类视觉系统

I

IC	Integrated Circuit	集成电路
ICT	Irreversible Color Transform	不可逆彩色变换
IDCT	Inverse Discrete Cosine Transform	反向离散余弦变换
IEC	International Electrotechnical Commission	国际电工委员会
IFS	Iterated Function System	迭代函数系统
IC	Integrated Circuit	集成电路
ICT	Irreversible Color Transform	不可逆彩色变换
IDCT	Inverse Discrete Cosine Transform	反向离散余弦变换
IEC	International Electrotechnical Commission	国际电工委员会
IFS	Iterated Function System	迭代函数系统
IIR	Infinite Impulse Response	无限冲激响应
IP	Internet Protocol	因特网协议
IPB	Improved PB-frames	改进的 PB 帧
IPC	Inter Personal Communication	人际通信
IPTV	Internet Protocol Television	网络协议电视
IS	International Standard	国际标准

ISDN	Integrated Services Digital Network	综合业务数字网
ISM	Interactive Storage Media	交互式存储媒体
ISO	International Organization for Standardization	国际标准化组织
ISPP	Interleaved Single-Pulse Permutation	交织单脉冲置换
ITU	International Telecommunication Union	国际电信联盟
ITU-RS	ITU Radiocommunication Sector	ITU 无线通信部
ITU-TS	ITU Telecommunication Standardization Sector	ITU 电信标准部
I/O	Input/Output	输入/输出

J

JBIG	Joint Bi-level Image Expert Group	联合二值图像专家组
JCT-VC	Joint Collaborative Team on Video Coding	视频编码联合协作组
JM	Joint Model	联合模型
JMVM	Joint Multiview Video Model	联合多视点视频模型
JND	Just Noticeable Distortion	失真刚可察觉
JSCC	Joint Source-Channel Coding	信源-信道联合编码
JTC	Joint Technical Committee	联合技术委员会
JPEG	Joint Photographic Expert Group	联合图片专家组
JPEG-LS	Lossless and near-lossless compression Standard of JPEG	JPEG 的无损/近无损压缩标准
JVT	Joint Video Team	联合视频工作组

K

KLT	Karhunen-Loeve Transform	卡亨南-洛维变换

L

LAN	Local Area Network	局域网
LBG	Linde-Buzo-Gray	(注:3个人名的缩写)
LCP	Low Complexity Profile	低复杂度档次
LCU	Largest Coding Unit	最大编码单元
LD-CELP	Low Delay-Code Excited Linear Prediction	低时延码激励线性预测
LDTV	Low Definition Television	(数字式)低清晰度电视
LFE	Low Frequency Enhancement	低频音效(低频增强)
LIFO	Last In First Out	后入先出(存储器)
LIFS	Local Iterated Function System	局部迭代函数系统
LIP	List of Insignificant Pixels	不重要像素的链表
LIS	List of Insignificant Sets	不重要集合的链表
LMS	Least Mean Square	最小均方
LMT	Lapped Modulated Transform	重叠调制变换
LPC	Linear Predictive Coding	线性预测编码
LS	Left Surrounding	左环绕
LSP	List of Significant Pixels	重要像素的链表
LZ	Lempel-Ziv	LZ 编码
LZW	Lempel-Ziv-Welch	LZW 算法(或 LZW 编码)
L/R	Left/Right	左/右(声道)

M

MAD	Mean Absolute Difference	平均绝对差
MB	Macro Block	宏块
MBE	Multi Bands Excited	多带激励声码器
MC	Motion Compensation	运动补偿
MCP	Motion Compensation Prediction	运动补偿预测
MCU	Minimum Coding Unit	最小编码单元
MD	Mini Disc	超小型激光唱盘
MDCT	Modified Discrete Cosine Transform	修正的离散余弦变换
MDS	Multi-Dimension Score	多维计分
ME	Motion Estimation	运动估值
MFCC	Mel-Frequency Cepstral Coefficients	梅尔频率倒谱系数
MHC	Modified Huffman Coding	改进型霍夫曼编码
MIDI	Music Instrument Digital Interface	乐器数字接口
MIPS	Million Instructions Per Second	每秒钟执行的百万条指令数
MMM	Multimedia Mailing	多媒体邮件
MMSE	Minimum Mean Square Error	最小均方误差
MNR	Mask-to-Noise Ratio	掩蔽噪声比
MOD	Movies On Demand	点播电影
MODEM	Modulator/Demodulator	调制/解调器
MOS	Mean Opinion Score	平均判分
MP	Main Profile	主用档次
MPEG	Moving Pictures Expert Group	活动图像专家组
MP-LPC	Multi Pulses-Linear Predictive Coding	多脉冲激励线性预测编码
MP-MLQ	Multi Pulses-Maximum Likelihood Quatization	多脉冲最大似然量化
MQ	Improved Quantization	改进的量化
MRA	Multi-resolution Analysis	多分辨率分析
MSDL	MPEG-4 Syntactic Description Language	MPEG—4 句法描述语言
MSE	Mean Square Error	均方误差
MSPN	Multimedia Services over Packet Networks	分组交换网络上的多媒体业务
MUSICAM	Masking Pattern Adaptive Universal Subband Integrated Coding And Multiplexing	掩蔽模型自适应通用子带一体化编码与复用
MV	Motion Vector	运动矢量
MVC	Multiview Video Coding	多视角编码
MVD	Multiview Video Display	多视角显示
M/S	Mid/Side	中/边(声道)

N

NAL	Network Abstraction Layer	网络提取层
NBC	Nonbackward Compatible	不向后兼容
NCCF	Normalized Cross Correlation Function	归一化互相关函数
NDB	Network Database service	网络数据库服务
NMSE	Normalized Mean Square Error	归一化均方误差
NTSC	National Television System Committee system	正交平衡调幅制

O

| OBMC | Overlapped Block Motion Compensation | 重叠块运动补偿 |

P

PAL	Phase Alternation Line	逐行倒相制
PASC	Precision Adaptive Subband Coding	精确自适应子带编码
PCM	Pulse Code Modulation	脉冲编码调制
PDA	Personal Digital Assistant	个人数字助理
PFB	Polyphase Filter Bank	多相滤波器组
PFGS	Progressive Fine Granular Scalability	渐进细粒度可伸缩性
PMSE	Peak Mean Square Error	峰值均方误差
PQF	Polyphase Quadrature Filter	多相正交滤波器
PRA	Pixel Recursive Algorithm	像素递归算法
PSNR	Peak Signal to Noise Ratio	峰值信噪比
PSTN	Public Switch Telephone Network	公用电话交换网
PU	Predictive Unit	预测单元

Q

QCIF	Quarter Common Intermediate Format	1/4 通用中间格式
QMF	Quadrature Mirror Filter	正交镜像滤波器
QMFB	Quadrature Mirror Filter Bank	正交镜像滤波器组
QoS	Quality of Service	服务(或业务)质量

R

RAM	Random Access Memory	随机存储器
RCT	Reversible Color Transform	可逆彩色变换
RELP	Residual Excited Linear Prediction	残差(余数)激励线性预测
RL	Run Length	游程长度(简称游程或游长)
RLC	Run Length Coding	游程长度编码
RLE	Run Length Encoding	游程长度编码
RMS	Root Mean Square	均方根
ROI	Region Of Interest	感兴趣区域
RPELPC	Regular Pulse Excited Linear Prediction Coding	规则脉冲激励线性预测编码
RPS	Reference Picture Selection	参考图像选择
RRU	Reduced Resolution Update	低分辨率刷新
RS	Right Surrounding	右环绕
RTC	Real-time Conversational	实时会话
RTCP	Real Time Control Protocol	实时控制协议
RTP	Real-time Transmission Protocol	实时传输协议
RVLC	Reversible Variable Length Coding	可反转变长编码
RVS	Remote Video Surveillance	远程视频监控

S

SAO	Sample Adaptive Offset	样本自适应偏移
SAOL	Structured Audio Orchestra Language	结构化的音频交响乐语言
SAQ	Successive-Approximation Quantization	逐步求精的量化

SA_DWT	Shape_Adpative DWT	适形离散小波变换
SBC	Sub-Band Coding	子带编码
SC	Sub-Committee	分委员会
SDTV	Standard Definition Television	标准清晰度电视
SECAM	Sequential Colour And Memory System	顺序传送彩色与存储制
SGCVT	Specialists Group on Coding for Visual Telephony	可视化技术编码专家组
SIF	Source Input Format	源输入格式
SLT	Slant Transform	斜变换
SMPTE	Society of Moving Picture and Television Engineers	(美国)电影电视工程师协会
SMR	Signal-to-Mask Ratio	信号掩蔽比
SNP	SNR Scalable Profile	信噪比可分级档次
SNR(S/N)	Signal-to-Noise Ratio	信号噪声比(简称信噪比)
SP	Simple Profile	简单档次
SPIHT	Set Partitioning in Hierarchical Trees	多级树集合分裂
SPL	Sound Pressure Level	声压级
SQ	Scale Quantization	标量量化
SSB-AM	Single Side-Band-Amplitude Modulation	单边带幅度调制(调幅)
SSM	Serial Storage Media	串行存储媒体
SSP	Spatial Scalable Profile	空间可分级档次
SSR	Scalable Sampling Rate	可缩放取样率
SVC	Scalable Video Coding	可伸缩视频编码
SVAC	Surveillance Video and Audio Coding	监控视音频编码
SVCD	Super Video Compact Disk	超级 VCD

T

TCQ	Trellis Coded Quantization	网格编码量化
TCX	Transform Coded Excitation	变换域码激励
TDAC	Time Domain Alias Cancellation	时域混叠消除
TDM	Time Division Multiplex	时分复用
TIFF	Tag Image File Format	标记图像文件格式
TNS	Temporal Noise Shaping	瞬时噪声成形
T-F	Temporal-Frequency	时间—频率
TSSS	Temporal, SNR, and Spatial Scalability	时域、信噪比和空域可伸缩性
TU	Transform Unit	变换单元

U

UDP	User Datagram Protocol	用户数据报协议
UMV	Unrestricted Motion Vectors	无约束运动矢量
UVLC	Universal Variable Length Coding	通用变长编码

V

VBR	Variable Bit Rate	可变比特率
VCD	Video Compact Disk	MPEG—1 数字视频光盘

VCEG	Video Coding Experts Group	视频编码专家组
VCL	Video Coding Layer	视频编码层
VCEG	Video Coding Experts Group	视频编码专家组
VHS	Video Home System	视频家用系统
VLC	Variable Length Coding	变长编码
VLSI	Very Large Scale Integrated circuit	超大规模集成电路
VM	Verification Model	验证模型
VO	Video Object	视频对象
VOD	Video on Demand	点播电视
VOL	Video Object Layer	视频对象层
VOP	Video Object Plane	视频对象平面
VQ	Vector Quantization	矢量量化
VS	Video Session	镜头

W

WG	Working Group	工作组
WHT	Walsh-Hadamard Transform	沃尔什—哈达玛变换
WSN	Wireless Sensor Netwok	无线传感器网络
WT	Wavelet Transform	小波变换
WTCQ	Wavelet Trellis Coded Quantization	小波网格编码量化
WWW	World Wide Web	环球网、万维网

Z

ZRL	Zero Run Length	零游程

参 考 文 献

全　书

[1] 吴乐南编著. 数据压缩(第二版). 北京:电子工业出版社,2005.

[2] 吴乐南编著. 数据压缩(第一版). 北京:电子工业出版社,2000.

[3] 吴乐南编著. 数据压缩的原理与应用. 北京:电子工业出版社,1995.

第 2 章

[1] ITU-T Recommendation P. 80. Methods for Subjective Determination of Transmission Quality. March 1993.

[2] ITU-T Recommendation P. 800. 1. Mean Opinion Score (MOS) Terminology. July 2006.

[3] 吴乐南. 从采集型多媒体通信定义物联网. 第六届和谐人机环境联合学术会议(HHME 2010)论文集,2010.9,洛阳

[4] 张桦. 基于视觉感知的图像质量评价方法研究. 浙江大学博士论文,2009.

[5] 王保云. 图像质量客观评价技术研究. 中国科学技术大学博士论文,2010.

第 3 章

[1] 骆源,符方伟,杜藏. 关于离散随机变量熵的一个上界. 通信学报,18(10),66-69(1997)

[2] J. D. Slepian, J. K. Wolf. Noiseless coding of correlated information sources. IEEE Trans. on Information Theory, IT-19(4), 471-480(1973).

[3] 杨胜天. 关于整数编码和Slepian-Wolf编码的研究. 浙江大学博士论文,2005.

[4] A. Wyner, J. Ziv. The rate-distortion function for source coding with side information at the decoder. IEEE Trans. on Information Theory, IT-22(1), 1-10(1976).

[5] 陆建. 分布式信源编码研究. 东南大学博士论文,2012.

[6] 汪燕. 高效信道码在分布式视频编码中的应用. 东南大学硕士论文,2009.

[7] D. L. Donoho. Compressed sensing. IEEE Trans. Inf. Theory, 52(4), 1289-1306 (2006).

[8] E. J. Candes and T. Tao. Near-optimal signal recovery from random projections: universal encoding strategies? IEEE Trans. Inf. Theory, 52(12), 5406-5425(2006).

[9] D. Baron, M. B. Wakin, M. F. Duarte, et al. Distributed Compressed Sensing. Preprint, 2006.

[10] Ji, Y. Xue and L. Carin. Bayesian compressive sensing. IEEE Trans. Sig. Proc. , 56 (6), 2346-2356(2008).

[11] Boufounos and R. G. Baraniuk. 1-Bit compressive sensing. in Proc. CISS, Princeton, NJ, USA, Mar. 2008, pp. 16-21.

[12] Bajwa, J. Haupt, G. Raz, et al. Toeplitz-structured compressed sensing matrices. in Proc. IEEE SSP, Madison, Wisconsin, USA, Aug. 2007, pp. 294-298.

[13] Rauhut. Circulant and Toeplitz matrices in compressed sensing. in Proc. SPARS, Saint Malo, France, Feb. 2009.

[14] Blanchard, C. Cartis and J. Tanner. Decay properties of restricted isometry constants.

IEEE Sig. Proc. Lett. , 16(7), 572~575(2009).

[15] Rudelson and R. Vershynin. On sparse reconstruction from Fourier and Gaussian measurements. Communications on Pure and Applied Mathematics, 61(8), 1025-1045 (Nov. 2007).

[16] S. Chen, D. L. Donoho, and M. A. Saunders. Atomic decomposition by basis pursuit. SIAM Rev. , 43(1), 129-159(2001).

[17] Boyd and L. Vandenberghe. Convex Optimization. Cambridge, U. K. : Cambridge University Press, 2004.

[18] Mallat and Z. Zhang. Matching pursuits with time-frequency dictionaries. IEEE Trans. Sig. Proc. , 41(12), 3397-3415(1993).

[19] Q. Liu, Q. Wang and L. Wu. Size of the dictionary in matching pursuit algorithm. IEEE Trans. Sig. Proc. , 52(12), 3403-3408(2004).

[20] J. A. Tropp and A. C. Gilbert. Signal recovery from random measurements via orthogonal matching pursuit. IEEE Trans. Inf. Theory, 53(12), 4655-4666(2007).

[21] D. Wei, O. Milenkovic. Subspace pursuit for compressive sensing signal reconstruction. IEEE Trans. Inf. Theory, 55(5), 2230-2249(2009).

[22] D. Needell and J. A. Tropp. CoSaMP: Iterative signal recovery from incomplete and inaccurate samples. Applied and Computational Harmonic Analysis, 26(3), 301-321 (Apr. 2008).

[23] B. Efron, T. Hastie, et al. Least angle regression. Ann. Statist. , 32(2), 407-499 (June 2004).

[24] D. L. Donoho, Y. Tsaig, et al. Sparse solution of underdetermined linear equations by stagewise orthogonal matching pursuit. Preprint, 2006.

[25] L. R. Neira and D. Lowe. Optimized orthogonal matching pursuit approach. IEEE Sig. Proc. Lett. , 9(4), 137-140(2002).

[26] M. Andrle, L. R. Neira and E. Sagianos. Backward-optimized orthogonal matching pursuit approach. IEEE Sig. Proc. Lett. , 11(9), 705-708(2004).

[27] J. A. Tropp. Greed is good: Algorithmic results for sparse approximation. IEEE Trans. Inf. Theory, 50(10), 2231-2242(2004).

[28] J. A. Tropp and A. C. Gilbert. Signal recovery from random measurements via orthogonal matching pursuit. IEEE Trans. Inf. Theory, 53(12), 4655-4666(2007).

[29] M. F. Duarte, M. A. Davenport, D. Takhar, et al. Single-pixel imaging via compressive sampling. IEEE Sig. Proc. Mag. , 25(2), 83-91(2008).

[30] R. Fergus, A. Torralba and W. T. Freeman. Random lens imaging. MIT Computer Science and Artificial Intelligence Laboratory, Cambridge, MA, Tech. Rep. MIT-CSAIL-TR-2006-058, Sept. 2006.

[31] J. Trzasko, A. Manduca and E. Borisch. Highly undersampled magnetic resonance image reconstruction via Homotopic -minimization. IEEE Trans. Medical Imaging, 28(1), 106-121] (2009).

[32] F. J. Herrmann and G. Hennenfent. Non-parametric seismic data recovery with

curvelet frames. UBC Earth & Ocean Sciences Department Technical Report TR-2007-1，2007.

[33] J. Ma and F. X. Dimet. Deblurring from highly incomplete measurements for remote sensing. IEEE Trans. Geo. Remote Sensing，47(3)，792-802(2009).

[34] Chenhao Qi and Lenan Wu. Optimized pilot placement for sparse channel estimation in OFDM systems. IEEE Signal Processing Letters，18(12)，749-752(2011).

[35] Chenhao Qi and Lenan Wu. A study of deterministic pilot allocation for sparse channel estimation in OFDM systems. IEEE Communications Letters，16(5)，742-744(2012).

[36] C. Qi, X. Wang and L. Wu. Underwater acoustic channel estimation based on sparse recovery algorithms. IET Signal Processing，5(8)，739-747(Dec. 2011).

[37] C. Qi and L. Wu. Tree-based backward pilot generation for sparse channel estimation. Electronics Letters，48(9)，501-503(Apr. 2012).

[38] J. Wright, A. Y. Yang, A. Ganesh, et al. Robust face recognition via sparse representation. IEEE Trans. Pattern Analysis and Machine Intelligence，31(2)，210-227(2009).

[39] K. R. Varshney, M. Cetin, et al. Sparse representation in structured dictionaries with application to synthetic aperture radar. IEEE Trans. Sig. Proc.，56(8)，3548-3561(2008).

第 4 章

[1] Khalid Sayood. Lossless Compression Handbook. Elsevier Inc.，2003

[2] David Salomon. Data Compression：The Complete Reference (Second Edition). Springer- Verlarge New York，Inc.，USA，2000.
中译本见：吴乐南等译. 数据压缩原理与应用(第二版). 北京：电子工业出版社，2003.

[3] 赵德斌. 静止图像无失真压缩方法研究. 哈尔滨工业大学博士论文,1997.

[4] S. W. Golomb. Run-length encodings. IEEE Trans. Inform. Theory，12(3)，399-401 (July 1966).

[5] J. Teuhola. A compression method for clustered bit-vectors. Inform. Procesing Lett.，7(10)，308-311(1978).

[6] 王建鹏. 高效视频编码理论与算法研究. 浙江大学博士论文,2010,86-89

[7] 薛晓辉. 静止图像数据压缩算法研究. 哈尔滨工业大学博士论文,1998.

[8] L. Ziv and A. Lempel. A universal algorithm for sequential data compression. IEEE Trans. Inf. Theory，23(3)，337-343(May 1977).

[9] L. Ziv and A. Lempel. Compression of individual sequences via variable-rate coding. IEEE Trans. Inf. Theory，24(5)，530-536(Sept. 1978).

[10] T. A. Welch. A technique for high-performance data compression，Computer，17(6)，8-19(1984).

[11] Wen-Yan Wang. A unique perspective on data coding and decoding. Entropy，13，53-63(Dec. 2010)；doi：10. 3390/e13010053.

第 5 ．

[1] 谈亮. 数字语音在调幅广播信道中的传输的研究. 东南大学硕士论文,2003.

[2] ITU-T Recommendation G. 723. 1. Dual Rate Speech Coder for Multimedia Communications Transmitting at 5.3] and 6.3] kbit/s. March 2006.

[3] ITU-T Recommendation G. 729. Coding of Speech at 8] kbit/s Using Conjugate-Structure Algebraic-Code-Excited Linear-Prediction (CS-ACELP). Jan 2007.

[4] 胡栋编著. 静止图像编码的基本方法与国际标准. 北京:北京邮电大学出版社,2003,88-138

[5] 杨勇. MPEG-4 中基于 VOP 的视频分割及压缩算法研究. 东南大学博士论文,2002.

[6] Q. Wang and R. J. Clarke. Motion estimation and compensation for image sequence coding. Image Communication,4(2),161-174(1992)

[7] D. J. Fleet and K. Langley. Recursive filters for optical flow. IEEE Trans. PAMI, 17(1),61-67(1995)

[8] 杨勇,王桥,吴乐南. 基于标号场的光流法二维运动估计. 电子与信息学报,23(12),1321-1325(2001)

[9] 黄波,杨勇,王桥,吴乐南. 一种自适应的光流估计方法. 电路与系统学报,6(4),92-96(2001.12)

[10] 王建鹏. 高效视频编码理论与算法研究. 浙江大学博士论文,2010,37-41

[11] 刘峰 编著. 视频图像编码技术及国际标准. 北京:北京邮电大学出版社,2005.

第 6 章

[1] 许海峰. 基于 DCT 域的图像后处理技术. 上海交通大学博士论文,2007.

[2] 赵志杰. 基于多维矩阵理论的彩色图像和视频编码研究. 吉林大学博士论文,2008.

[3] Iain E. G. Richardson. H. 264] and MPEG-4] Video Compression：Video Coding for Next-[generation Multimedia. John Wiley & Sons Ltd. , England, 2003.

[4] Khald Sayood. Introduction to Data Compression (Third Edition). Elsevier Inc. , 2006, 407-410.

[5] 蔡安妮,孙景鳌编著. 多媒体通信技术基础. 北京:电子工业出版社,2000.

[6] 王成优. 全相位双正交变换理论及其在图像编码中的应用研究. 天津大学博士论文,2010.

[7] S. Mallat. 应用数学与信号处理的会师. 数学译林,274-276(1998 年第 4 期)

[8] 徐小红. 图像信息的基函数表示方法研究. 合肥工业大学博士论文,2009.

第 7 章

[1] Rec. ITU-R BS. 1514. System for digital sound broadcasting in the broadcasting bands below 30] MHz. 2001

[2] Rec. ITU-R BS. 1348-1. Service requirements for digital sound broadcasting at frequencies below 30] MHz. 1998-2001

[3] GB/T 17191. 1—1997. 信息技术 具有 1.5Mbit/s 数据传输率的数字存储媒体运动图像及其伴音的编码 第 3 部分:音频(idt ISO/IEC 11172—3:1993)

[4] GB/T 17975. 3—2000. 信息技术 运动图象及其伴音信息的通用编码 第 3 部分:音频(idt ISO/IEC 13818—3:1995)

[5] T. Sikora. The MPEG-7] visual standard for content description-an overview, IEEE

Trans. CSVT, 11(6), 696-702(2001)

[6] E. Fossbakk, P. Manzanares, J. L. Yago and A. Perkis, An MPEG-21 framework for streaming media, 2001 IEEE Fourth Workshop on Multimedia Signal Processing, Cannes, France, 2001, 147-152

[7] Andreas Spanias, Ted Painter, Venkatraman Attit. Audio Signal Processing and Coding. New Jersey: John Wiley & Sons, Inc., 2007.

[8] 潘兴德. 感知信源编码中的若干核心技术研究. 北京邮电大学博士论文, 2003.

[9] E. Zwicker, H. Fastl. Psychoacoustics Facts and Models. New York: Springer-Verlag, 1990.

[10] B. C. J. Moore. An Introduction to the Psychology of Hearing. San Diego Jan: Academic Press, 2003.

[11] J. Johnston. Transform coding of audio signals using perceptual noise criteria. IEEE J. Sel. Areas in Comm., 6(2), 314-323(1988).

[12] J. Johnston. Estimation of perceptual entropy using noise masking criteria. In Proc. of IEEE ICASSP1988, 2524-2527(1988).

[13] B. C. J. Moore, B. Glasberg. Suggested formulae for calculating auditory-filter bandwidths and excitation patterns. J. Acous. Soc. Am., 74, 750-753(1983).

[14] 张慧芳, 金文光. 低码率下CBC算法中位平面编码的新方法. 浙江大学学报(理学版), 36(1), 37-40(2009.1)

[15] 彭鹏. AVS音频编码算法研究. 天津大学硕士论文, 2010.

[16] 马文华, 曾庆煜. DRA算法及其实时解码器设计. 电视技术, 33(5), 36-39(2009)

[17] 新标准推介. SJ/T 11368—2006: 多声道数字音频编解码技术规范. 信息技术与标准化, 2007, 4, 38-40(2007)

[18] 舒若. 感知音频编码和监控音频编码(SVAC)关键技术研究. 东南大学博士论文, 2010.

[19] 刘金慧. SVAC音频编码器的研究与实现. 大连理工大学硕士论文, 2009.

[20] 李洪刚. 第二代小波构造及若干问题的研究. 东南大学博士论文, 2002.

[21] W. Sweldens. The lifting scheme: A new philosophy in biorthogonal wavelet constructions. in Wavelet Applications in Signal and Image Processing Ⅲ, A. F. Laine and M. Unser, Eds., page 68-79. Proc. SPIE. 2569, 1995

[22] W. Sweldens. The lifting scheme: A construction of second generation wavelets. SIAM J. Math. Anal., 29(2), 511-546(1997)

[23] Honggang Li, Qiao Wang and Lenan Wu. A novel design of lifting scheme from general wavelet. IEEE Trans. on Signal Processing, 49(8), 1714-1717(2001)

[24] 李洪刚, 吴乐南. 基于任意小波的提升格式的设计. 东南大学学报, 31(4), 22-26(2001)

[25] 陈冬. 基于插值的二代小波研究及其在图像压缩中的应用. 哈尔滨工业大学, 2009.

[26] 李洪刚, 王桥, 吴乐南. 改进的SPIHT算法. 电子与信息学报, 24(4), 445-449(2002)

[27] [美]David Salomon 著, 吴乐南等译. 数据压缩原理与应用(第二版), 第5章. 北京: 电子工业出版社, 2003.

[28] [美]David S. Taubman, Michael W. Marcellin 著, 魏江力、柏正尧等译. JPEG 2000 图像压缩基础、标准和实践. 北京: 电子工业出版社, 2004.

[29] ISO/IEC JTC 1/SC 29/WG 1. ISO/IEC FDIS 15444-9:2004(E). Information Technology — JPEG 2000] image coding system — Part 9:Interactivity tools, APIs and protocols. 2004. 3. 30
[30] P. J. Sementilli, et al., Wavelet TCQ:submission to JPEG-2000, Proc. SPIE, Appl. of Digital Proc. (San Diego), pp. 2-12, July 1998
[31] 章勇,吴乐南. 正交小波变换的残余相关分析. 东南大学学报,27(4),26-31(1997)
[32] http://www.jpeg.org/JPEG2000.htm
[33] 伞兴. 静态图像压缩方法研究. 中国科学技术大学博士论文,2007.
[34] 胡栋. 静止图像编码的基本方法与国际标准. 北京:北京邮电大学出版社,2003.
[35] 解伟. 小波图像压缩技术在数字电影中的应用研究. 北京邮电大学博士论文,2007.
[36] 王爱丽. 基于小波理论的 SAR 图像压缩算法研究. 哈尔滨工业大学博士论文,2008.
[37] 王仁龙. 基于小波变换的雷达图像压缩技术研究. 哈尔滨工程大学博士论文,2009.
[38] 唐国维. 嵌入式小波图像编码算法及应用研究. 哈尔滨工程大学博士论文,2010.
[39] 王成优. 全相位双正交变换理论及其在图像编码中的应用研究. 天津大学博士论文,2010.
[40] 唐琳琳. 基于小波变换的多描述图像编码研究. 哈尔滨工业大学博士论文,2009.
[41] 李文明. 基于重叠变换和小波变换的图像压缩研究. 山东大学博士论文,2008.
[42] 李继良. JPEG2000 图像编码的若干关键性技术研究. 上海交通大学博士论文,2008.
[43] 龚劬. 小波的设计与图像压缩新方法研究. 重庆大学博士论文,2002.
[44] 高广春. 第二代小波变换理论及其在信号和图像编码算法中的应用. 浙江大学博士论文,2004.
[45] 郭迎春. 纯二维提升小波构造及其在图像压缩中的应用. 天津大学博士论文,2005.
[46] 陈红新. 基于提升小波的嵌入式图像与视频编码算法研究. 天津大学博士论文,2006.
[47] 向静波. 基于 Contourlet 变换的图像重建和图像压缩算法研究. 中国科学技术大学博士论文,2007.
[48] 郑武. 多小波在图像及视频编码中的研究. 华中科技大学博士论文,2007.
[49] 何兵兵. 基于区域的图像压缩方法研究. 中国科学技术大学博士论文,2009.
[50] 俞璐,吴乐南. 分形图像编码的矩阵表示和收敛性分析. 电子学报,32(7),1103-1107 (2004)
[51] 齐利敏. 图像分形编码的研究. 天津大学博士论文,2008.
[52] 张志远. 基于分形的多描述图像编码. 北京交通大学博士论文,2009.
[53] 杨彦从. 分形理论在视频监控图像编码与处理中的应用研究. 中国矿业大学(北京)博士论文,2010.
[54] 王强. 分形编码在图像处理中的应用研究. 大连海事大学博士论文,2011.
[55] J. Ahlberg. Model-based Coding--Extraction, Coding and Evaluation of Face Model Parameters, PhD Thesis No. 761, Dept. of Electrical Engineering, Linköping University, Sweden, September 2002
[56] 杨勇. MPEG-4 中基于 VOP 的视频分割及压缩算法研究. 东南大学博士论文,2002.
[57] 李中科. 模型基和图像基的视频描述. 东南大学博士论文,2004.
[58] D. T. Lee, and B. J. Schachter. Two algorithms for constructing a Delaunay triangu-

lation. International Journal of Computer and Information Science,9(3),219-242(1980)

[59] 杨晓辉,吴乐南. 一种采用模型基辅助的混合视频编码方法. 电路与系统学报,7(2),35-38(2002)

[60] 李中科,杨晓辉,吴乐南. 应用螺线方法的一种快速的模型基运动估计算法. 信号处理,18(3),249-253(2002)

[61] 杨晓辉,李中科,吴乐南. 模型基编码中实时三维运动估计的新方法. 东南大学学报(自然科学版),32(6),848-852(2002.11)

[62] 杨晓辉,李中科,吴乐南. 模型基辅助编码中实时运动估计的自适应方法. 信号处理,18(6),495-499(2002.12)

[63] 李中科,杨晓辉,吴乐南. 模型基编码中一种可靠的实时运动估计算法. 应用科学学报,21(1),39-43(2003)

[64] C. Y. Xu and J. L. Prince. Snakes, shapes and gradient vector flow. IEEE Trans. Image Processing,7(3),359-369(1998)

[65] 姚孝明. 基于视觉真实的视频对象压缩. 西南交通大学博士论文,2006.

[66] 杨承根. 视频通信中的人脸模型基编码研究. 浙江大学博士论文,2006.

[67] 张晓波. 面向基于对象编码的视频分割研究. 天津大学博士论文,2007.

第 8 章

[1] Iain E. G. Richardson. H.264 and MPEG-4 Video Compression: Video Coding for Next-generation Multimedia. John Wiley & Sons Ltd., England, 2003

[2] 钟玉琢,王琪,贺玉文. 基于对象的多媒体数据压缩编码国际标准:MPEG-4 及其校验模型. 北京:科学出版社,2000.

[3] ISO/IEC 11172-2:1993(E). Information Technology — Coding of Moving Pictures and Associated Audio for Digital Storage Media at up to about 1.5 Mbit/s:Video. 1993.8.1

[4] ISO/IEC 13818-2:2000(E). Information Technology — Generic Coding of Moving Pictures and Associated Audio Information:Video. Second Edition,2000.12.15

[5] ISO/IEC 14496-2:2001(E). Information Technology — Coding of Audio-Visual Objects — Part 2:Visual. Second Edition,2001.12.1

[6] ISO/IEC 15938-3:2002(E). Information Technology — Multimedia Content Description Interface — Part 3:Visual. 2002.5.15

[7] ISO/IEC TR 21000-1:2002(E). Information Technology — Multimedia Framework — Part 1:Vision, Technologies and Strategy. First Edition,2001.12.15

[8] ITU-T Recommendation H.264. Advanced Video Coding for Generic Audiovisual Services. 2005.3

[9] ITU-T Recommendation H.264.1. Conformance Specification for H.264 Advanced Video Coding. 2008.6

[10] 黄波. 视频分割与基于对象的编码研究. 东南大学博士论文,2003.

[11] 杨勇. MPEG-4 中基于 VOP 的视频分割及压缩算法研究. 东南大学博士论文,2002.

[12] N. Brady and F. Bossen. Shape compression of moving objects using context-based

arithmetic encoding. Signal Processing: Image Communication, 15, 601-617(2000)
[13] 杨勇,黄波,王桥,吴乐南. 一种基于时空信息的 VOP 分割算法. 电路与系统学报,6(2),50-54(2001)
[14] 杨勇,黄波,王桥,吴乐南. 一种基于内容表示的图像序列运动分割算法. 通信学报,22(6),102-106(2001)
[15] 黄波,杨勇,王桥,吴乐南. 一种基于时空联合的视频分割算法. 电子学报,29(11),1491-1494(2001)
[16] 黄波,杨勇,王桥,吴乐南. 基于模糊聚类和时域跟踪的视频分割. 通信学报,22(12),22-28(2001)
[17] 杨勇,黄波,王桥,吴乐南. 结合图像灰度信息和空间信息的有意义区域分割. 电子学报,31(2),252-254(2003)
[18] 杨勇,黄波,王桥,吴乐南. 一种基于内容表示的图像序列运动分割算法. 第九届全国多媒体技术学术会议论文集,59-63(2000.10)
[19] Yong Yang, Bo Huang, Qiao Wang and Lenan Wu. An object-based segmentation approach for very low bit rate video sequences. 2001] International Symposium on Intelligent Multimedia Video and Speech Processing (ISIMP 2001] Proceedings, 205-208), Hong Kong(May 2-4, 2001)
[20] 郑翔、叶志远、周秉锋. JVT 草案中的核心技术综述. 软件学报,15(1),58-68(2004)
[21] 方健. 新一代视频压缩标准算法和应用研究. 浙江大学博士论文,2008.
[22] 戴声奎. 视频编码关键技术研究. 华中科技大学博士论文,2005.
[23] 郑雅羽. 基于视觉感知的 H.264 感兴趣区域编码研究. 浙江大学博士论文,2008.
[24] 詹学峰. 视频通信中的差错掩盖关键技术研究. 南京邮电大学博士论文,2010.
[25] 马汉杰. 无线视频通信中的容错技术研究. 浙江大学博士论文,2009.
[26] 韩从道. 基于 H.264 的视频快速压缩技术研究. 浙江大学博士论文,2011.
[27] 李海燕. 基于流体系结构的 H.264 视频压缩编码关键技术研究. 国防科技大学博士论文,2009.
[28] 宋传鸣. 基于多尺度分析的视频可分级编码技术研究. 南京大学博士论文,2010.
[29] 王一拙. 数字视频可扩展性编码的研究. 北京理工大学博士论文,2005.
[30] 兰天. 视频通信中码率控制算法研究. 哈尔滨工业大学博士论文,2009.
[31] 马思伟. 基于率失真优化的视频编码研究. 中国科学院研究生院(计算技术研究所)博士论文,2005.
[32] 韦耿. 视频编码功率率失真模型及低复杂度算法研究. 华中科技大学博士论文,2007.
[33] 王建鹏. 高效视频编码理论与算法研究. 浙江大学博士论文,2010,86-89
[34] 周城. 监控视频编码与超分辨率重建方法研究. 华中科技大学博士论文,2010.
[35] AVS 工作组. 信息技术 先进音视频编码 第二部分:视频(送审稿)编制说明. 2003.12
[36] GB/T XXXXX.2-YYYY. 信息技术 先进音视频编码 第二部分:视频(送审稿). 2003.12
[37] SVAC 工作组.《安全防范监控数字视音频编解码(SVAC)技术要求》编制说明. 2009.9
[38] GB/T 25724-2010. 安全防范监控数字视音频编解码技术要求. 2010.12
[39] Singh. Recent patents on image compression-A survey. Recent Patents on Signal

Processing,2,47-62(2010)

[40] 陈皓. 基于纹理及JND建模的视频编解码研究. 武汉大学博士论文,2011.

[41] 王政. 下一代视频编码标准中的关键算法研究. 西安电子科技大学硕士论文,2010.

[42] 金惠羡. 浅谈下一代编码压缩技术--HEVC. 数字通信世界,2011(11),62-64(2011)

[43] Levent Onural. Television in 3-D: what are the prospects? Proceedings of the IEEE,95(6),1143-1145(2007)

[44] 李学明. H.265自适应插值滤波器的研究与CUDA优化. 北京邮电大学硕士论文,2011.

[45] 李诗高. 立体影像压缩方法研究. 武汉大学博士论文,2010.

[46] 霍俊彦,常义林,李明等. 多视点视频编码的研究现状及其展望. 通信学报,32(5),113-124](2010)

[47] 王翀. 立体视频压缩编码关键技术的研究. 东南大学博士论文,2010.

[48] 陈汀,刘怀林. 立体电视编码与传输. http://bp.imaschina.com/issue/3DTV/2012/13484.html

[49] MPEG Video Subgroup. Introduction to multiview video coding. W9580,83nd MPEG Meeting. Antalya,Turkey,January 2008

[50] Y.He,J.Ostermann,et al. Introduction to the special section on multiview video coding. IEEE Trans. on Circuits and Systems for Video Technology,17(11),1433-1435(2007)

[51] Y.Chen,Y.-K.Wang,et al. The emerging MVC standard for 3D video services. EURASIP Journal on Advances in Signal Processing,(1),1-13(January 2009)

[52] 潘榕. 多视点视频编码相关处理技术研究. 天津大学博士论文,2011.

[53] MPEG Convener Subgroup. AHG on 3D video coding in MPEG. 65th MPEG meeting,W4524,December,2001

[54] A.Vetro,T.Wiegand,and G.J.Sullivan. Overview of the stereo and multiview video coding extensions of the H.264/MPEG-4] AVC standard. Proc. of the IEEE,99(4),626-642(April 2011)

[55] 孙曼利,徐波,张勤慧,刘兴光. 三维视频国际标准发展的思考与探讨. 北京电力高等专科学校学报,2010(21)

[56] 刘达. 基于双参考帧运动补偿的视频编码研究. 哈尔滨工业大学博士论文,2010.

[57] 杨嘉琛. 立体图像客观质量评价与压缩技术研究. 天津大学博士论文,2008.